Grundlegung einer forstlichen Betriebslehre

Ein Lehrbuch für Theorie wie Praxis

von

Dr. Christof Wagner

Professor der Forstwissenschaft in Freiburg i. Br.
Dr. e. h. der Forstl. Hochschule Eberswalde
und der Hochschule für Bodenkultur Wien

Berlin
Verlag von Julius Springer
1935

ISBN-13:978-3-642-90514-8   e-ISBN-13:978-3-642-92371-5
DOI: 10.1007/978-3-642-92371-5

Vorwort.

Diese Schrift handelt von der technischen Betriebslehre, d. h. vom Vollzug der Forstwirtschaft durch Eingreifen in den Wald. Es war mir längst ein Bedürfnis, in das weite Gebiet einzudringen, das sich der Entwicklung unseres Fachs ähnlich einem undurchdringlichen Urwaldgebiet noch unerforscht quer über den Weg legt und es im Zusammenhäng zu bearbeiten. Merkwürdig ist, daß dieses wichtige Gebiet noch von niemand aufgeschlossen wurde. Hier sind darum noch Reichtümer zu heben, handelt es sich doch um nichts Geringeres als um die forstliche Betriebstechnik, die Technik des Waldeingriffs, also um das gerade für die praktische Forstwirtschaft wichtigste Gebiet, das die Brücke schlägt zwischen Wissenschaft und Praxis.

Die bisherige Vernachlässigung der Betriebstechnik durch die Wissenschaft trägt ohne Zweifel die Hauptschuld daran, daß die Forstwirtschaft in ihrem Betrieb bislang so langsam vorwärts gekommen ist und ihr die enge Verbindung mit ihrer Wissenschaft fehlt. Das Phänomen läßt sich kaum anders erklären, als damit, daß die, so sich mit Forstwissenschaft befassen, über deren Objekt — die Forstwirtschaft in ihrer Ganzheit — zu wenig Bescheid wissen.

Das Gebiet der Betriebstechnik muß also gründlich aufgeschlossen werden, und dazu will dieses Buch die erste Arbeit leisten und zwar auf dem Weg der Analyse des technischen Betriebs, aus deren Ergebnissen dann synthetische Folgerungen gezogen werden sollen.

Die Betriebslehre ist ohne Zweifel das wichtigste Gebiet für die Weiterentwicklung der Forstwirtschaft! Sie muß daher jedem näher gebracht werden. Dazu brauchen wir vor allem ein Lehrbuch des technischen Betriebs, für die Lehre, wie für die Praxis. Auch diese empfindliche Lücke in unserem Schrifttum soll die vorliegende Schrift schließen.

Stuttgart, 1. Oktober 1934.

Der Verfasser.

Einteilung.

Dritter Abschnitt:
Die Analyse des Eingriffs für Erziehung, Schutz und Pflege

Vierter Abschnitt:
Folgerungen synthetischer Art als Ergebnisse der Analyse

Fünfter Abschnitt:
Die Synthese des Betriebs im Schlaghochwald

Einleitung.

> „Alle Erkenntnisse der Tatsachenforschung
> bleiben totes Kapital, wenn sie nicht in
> Technik umgemünzt werden können".
>
> Baader: Allg. F. u. J.-Ztg. 1930, S. 143.

Das Wirtschaftsproblem der Forstwirtschaft ist in der Preßlerschen Reinertragslehre theoretisch gelöst. Der richtige Weg zu deren praktischer Verwirklichung unter Verbindung des eigenwirtschaftlichen (privatwirtschaftlichen) und des gemeinwirtschaftlichen Prinzips[1] dagegen wird heute noch nicht erkannt.

Der nächstliegende und von der Heyerschen Reinertragsschule auch beschrittene Weg über die rein ökonomische Organisation des Unternehmens hat nicht zum Ziel geführt, das zeigt uns die Geschichte, und konnte dies nicht tun, denn auf rein ökonomischem Gebiet braucht die Forstwirtschaft vermöge ihrer langen, mehrere Menschenalter umfassenden Erfüllungsfrist samt deren Folgen einen weiten ökonomischen Spielraum und die Umstände lassen auch einen solchen. Auch der große Einfluß des gemeinwirtschaftlichen Prinzips fordert ihn.

Auf ökonomischem Gebiet allein ist somit in der Forstwirtschaft nur geringer Erfolg zu erwarten. Davon später.

Die Lösung des Wegproblems führt vielmehr zum technischen Betrieb. Nicht ökonomische Leistungskontrolle, sondern technischer Leistungsbetrieb führt zum Ziel.

Eine wesentliche Hebung der Forstwirtschaft und ihres Erfolgs ist nur möglich auf dem Weg über einen systematischen Ausbau des technischen Betriebs, d. h. des Eingreifens in den Wald.

---

[1] Im wirtschaftlichen Leben stehen sich gegenüber: ein eigenwirtschaftliches und ein gemeinwirtschaftliches Prinzip. Ich sehe das eigenwirtschaftliche Gebiet nur innerhalb der scharfen Grenzen des allgemeinen Sittengesetzes, denn „das Moralische versteht sich immer von selbst". Was jenseits dieser Grenzen liegt, zähle ich nicht mehr zum Wirtschaftlichen, es ist verbrecherische Hab- und Raffsucht. Dann aber liegt innerhalb dieser Grenzen für mich auch das ganze gemeinwirtschaftliche Gebiet, beide decken sich, denn was hier jene Grenzen überschreitet, gehört auch nicht mehr ins wirtschaftliche, sondern ins Wohltätigkeitsgebiet. Wir vereinfachen also unsre Aufgabe, wie es die Wissenschaft von uns fordert, indem wir unter „wirtschaftlich" weiterhin das Ökonomische nur noch innerhalb der scharfen Grenzen des Sittengesetzes verstehen, also im Einklang des Eigenwirtschaftlichen und Gemeinwirtschaftlichen.

Damit tritt das **Betriebsproblem der Forstwirtschaft** in den Vorder=
grund, die Frage des Ausbaus der forstlichen Betriebstechnik, zu deren
Lösung dieses Buch beitragen soll.

Mit Technik haben wir es darum im folgenden vor allem zu tun,
denn unser „Betrieb" ist vollziehender, also auch technischer Art, geleitet
durch ökonomische und biologische Grundsätze und Rücksichten.

Und weiterhin bezieht sich der Gegenstand unserer nachfolgenden Be=
trachtungen auf das Ganze der Forstwirtschaft bzw. deren Betrieb und
gehört nach der von mir vorgeschlagenen Einteilung unseres Fachs[1] ins
Gebiet der aufs Ganze bezüglichen, der **„aufbauenden"** Lehren der
Forstwissenschaft und zwar betrifft er die Forstbetriebslehre, welche
Einrichtung und Gang des Betriebs als eines geschlossenen Ganzen lehrt,
somit alles mit einschließt, was der Betriebsführer im einzelnen plant,
anordnet, ausführt, überwacht und nachprüft.

Um den Titel des Buchs verständlich zu machen, muß vorausgeschickt werden —
was obige Schrift behandelt —, daß nämlich die forstliche Lehre als Wissenschaft von
der Forstwirtschaft zerfällt in ein Grundlagengebiet und ein Aufbaugebiet, welch
letzteres diejenigen Lehrfächer enthält, die sich mit den verschiedenen Seiten, bzw.
Aufgaben der Forstwirtschaft als Ganzem beschäftigen, mit dem Aufbau der Wirt=
schaft im allgemeinen, mit der Organisation des Betriebs (technischen Vollzugs), mit
der nachhaltigen Regelung des Ertrags und der Harmonie aller im Plane. Ich habe
sie Forstwirtschaftslehre, Forstbetriebslehre, Forstertragslehre und Forst=
einrichtungslehre genannt.

Ich mußte da, wohl oder übel, meine eigenen Einteilungsvorschläge
für unser Fach beiziehen, denn in der heute herrschenden Facheinteilung
wäre der Gegenstand schwer unterzubringen; und eben dieser Umstand
zeigt auf der einen Seite, daß die herrschende Einteilung unseres
Fachs entschiedene Mängel aufweisen muß, wenn ein doch so
wichtiger aufbauender Gegenstand in ihr nicht seinen un=
zweifelhaften und weithin sichtbaren, ja bevorzugten Platz
besitzt, läßt aber auf der andern Seite auch den Grund erkennen, wes=
halb dieses wichtige Gebiet noch so wenig bebaut worden ist,
weshalb fast alle seine Fragen noch der Lösung harren.

Eine Analyse des Betriebs als Grundlage für dessen ernst=
hafte Rationalisierung suchen wir nämlich vergebens im forstlichen
Schrifttum, sie ist noch nie im ganzen vorgenommen worden, kaum ein
Versuch, in Teilgebiete systematisch gliedernd und ordnend einzudringen.
So wenig haben sich die Fachgenossen mit diesen Dingen beschäftigt. Diese
auffallende Tatsache ist eben nur daraus zu erklären, daß unsere heutige
Facheinteilung keinen Raum für solche Betrachtungen läßt, weil eine tech=
nische Betriebslehre fehlt, die Anlaß gäbe, den forstlichen Betrieb als
Ganzes und selbständig zu betrachten, zu zergliedern und wieder aufzu=
bauen. Ein solcher Gedanke scheint überhaupt niemand geläufig, die Auf=

---

[1] Vgl. die Schrift: Der Neuaufbau der deutschen Forstwissenschaft 1929.

nahme, die meine früheren Anregungen nach der Richtung eines Betriebssystems bei den Fachgenossen fanden[1] hat dies bewiesen. Man hat meine
Forderungen der Systembildung übersehen, teils sogar bekämpft, während es sich ja doch — das folgende wird dies zeigen — um den **wichtigsten Gegenstand** handelt, über den man in der **richtig verstandenen** Forstwissenschaft als einer technischen Wissenschaft
überhaupt sprechen kann!

Ich wende mich an jeden praktisch denkenden Menschen, der die Forstwirtschaft kennt und frage:

Ist es nicht selbstverständlich, daß alle Wertbildung im Walde letzten
Endes durch das Eingreifen des Betriebsführers geleitet und bestimmt
wird, daß dieses Eingreifen vor allem, ja meist allein, den Weg bildet, die
Leistungen des Waldes zu erhöhen?

Wer mir das bejahen muß, ist damit gefangen! Das Eingreifen in den
Wald — nach Schlag und Hieb — ist der Inhalt der forstlichen Betriebstechnik, eines Gebiets, das auf Möglichkeiten und Wirkungen noch
gar nicht systematisch untersucht wurde und gelehrt wird, ja das als wichtigstes wertschaffendes sträflich vernachlässigt worden ist.

Die heutige Forstwissenschaft überläßt den forstlichen Betrieb, d. h.
den Vollzug der Forstwirtschaft im ganzen, trotzdem sie ja doch eine technische Wissenschaft ist, die auf biologischen und ökonomischen Grundlagen ruht, sich selbst, baut keine Brücke von ihren Grundlagengebieten
ins technische Aufbaugebiet der Wirtschaft hinüber, die breit, bequem und
weithin sichtbar wäre. Sie pflegt nicht die Technik, verbindet nicht durch
sie die grundlegenden Bedingungen mit einem systematischen Betriebsaufbau. Was soll uns aber alle Grundlagenforschung, in der heute so eifrig
gearbeitet wird, helfen, wenn nicht eine tragende Brücke zur praktischen
Verwirklichung ihrer Erkenntnisse hinüberführt, die die Kluft zwischen der
theoretischen Forschung und dem praktischen Vollzug überspannt.

Unserem Fach fehlt eine selbständige Forstbetriebslehre,
denn was man heute so nennt, Hundeshagens „Gewerbslehre", trägt
seinen Namen nicht zu Recht. Die Teilgebiete der wahren Betriebslehre
fristen vielmehr vollkommen zerrissen und unentwickelt, hier und dort
unter die Disziplinen zerstreut, ein kümmerliches Dasein!

Darum habe ich mich an die Arbeit gemacht, diese Lücke zu schließen.

Es gibt auch kein Lehrbuch der Betriebslehre, das diesen logisch
und stofflich in sich geschlossenen Komplex unserer Wissenschaft, ein theoretisch, wie praktisch gleich wichtiges Gebiet, systematisch aufbauen und
entsprechend eingehend behandeln würde. Unser Buch soll denn auch,
wie der Titel zeigt, die Aufgabe haben, das noch fehlende

---

[1] Vgl. die „Grundlagen der räumlichen Ordnung" usf.

Lehrbuch der Forstbetriebslehre vorzubereiten und vorläufig zu ersetzen.

Für meine Untersuchungen habe ich den Weg der Analyse gewählt, für ein Aufbaugebiet das Gegebene, ist doch die Analyse das Widerspiel der Synthese. Sie betreibt die sachliche Prüfung, Gliederung und Durchleuchtung des behandelten Gegenstands. Alles wird hier unter die Lupe genommen, was wir im Walde fortlaufend betreiben, alles wird in seine Elemente zerlegt, die letzten Bestimmungsgründe für unser Tun werden gesucht, ihre Herkunft festgestellt, ihre Berechtigung geprüft. Der Weg der strengen Analyse zerlegt unerbittlich alles, durchleuchtet alles; er bleibt daher keinem Fachgenossen erspart, ob hoch oder nieder, der nicht der Einseitigkeit und Flachheit verfallen, zum Handwerker herabsinken will. Denn die Analyse des Betriebs ist die nicht zu umgehende Voraussetzung für einen tiefen, einen wirklichen Einblick in alles forstliche Geschehen, ist Voraussetzung für umfassenden Überblick über das Ganze und klares Erkennen der wechselnden Bedingtheiten, unter denen das forstliche Handeln im Walde steht.

Die vorliegende Arbeit ist ein erster Versuch, ein noch wenig bebautes, aber sehr fruchtbares Feld erst einmal gründlich umzugraben, in der Hoffnung, es möchte künftig, systematisch bebaut, reiche Früchte der Erkenntnis tragen, hat die erste Arbeit doch schon manche wertvolle Erkenntnis aus der Tiefe zutage gefördert.

Unsere Ergebnisse laden zum Nachdenken ein über ein entscheidend wichtiges Gebiet, das solchen Vorzug bisher nur wenig genossen hat! Und es nötigt zur Nachprüfung unserer ganzen Facheinstellung. Solche Nachprüfung aber ist notwendig, das zeigt unser Schrifttum mit seinen Wirrnissen, Flachheiten und Einseitigkeiten. Im besonderen die Einseitigkeit ist das größte Übel unseres Fachs, der Grundfehler unseres forstlichen Denkens und Handelns[1]. — Warum? Das werden wir bald sehen. Wer das erkennt, hat die Pflicht, ihm mit allen Mitteln entgegenzutreten. Die Einseitigkeit soll darum auch durch dieses Buch einen kräftigen Stoß erhalten! Nicht vom Waldbau, von der Forsteinrichtung, von der Forstbenutzung usf. aus sind die Fragen des technischen Betriebs zu betrachten und zu beantworten, nicht sie haben seine Aufgaben zu lösen, wie man fast allgemein anzunehmen scheint, sondern die heute noch verkümmerte Forstbetriebslehre löst ihre Aufgaben selbst und zwar vom Ganzen, vom Betrieb aus!

---

[1] Vgl. des Verfassers Aufsätze über „Einseitigkeit": Allg. F. u. J.-Ztg. 1928, S. 208 und S. 348. Einseitigkeit ist übrigens ein Fehler nur im Aufbaugebiet der Forstwirtschaft, während ein solcher Vorwurf der reinen Grundlagenforschung gegenüber nicht begründet ist, denn diese darf, ja muß einseitig sein, wenn sie die Wirkung einzelner Faktoren erforschen will.

Der Weg der Analyse des Gegenstands, der hier eingeschlagen wurde, ist für ein Lehrbuch an sich ungewöhnlich und könnte darum beanstandet werden. Vielleicht ist es aber gerade auf dem behandelten Gebiet, wo es sich um eine so sehr praktisch gerichtete Aufgabe handelt, doch auch didaktisch vertretbar, wenn wir nicht nur den lesenden Praktiker, sondern auch den erst lernenden Studenten mitten hineinstellen in die Aufgabe des Betriebsführers, ihn gewissermaßen selbst als solchen vor seine Aufgabe des Waldeingriffs stellen als des sichtbaren und allbestimmenden Ausdrucks des Betriebs. Wir zwingen ihn dadurch, sich lebhaft in die Lage des Betriebsführers zu versetzen, sich selbst ganz in dessen Aufgabe hineinzufühlen und geben ihm damit den Anstoß, während wir den ganzen technischen Betrieb vor ihm aufrollen und zergliedern, sich seine Aufgabe selbst, bis ins letzte zu zerlegen und sich selbst immer wieder die Frage vorzulegen: „Wie leite ich den Betrieb?" „Wie greife ich in den Wald ein und erfülle dabei all die vielen Bedingungen, denen ich hier auf meinem Wege begegne in harmonischer Verbindung nach Raum und Zeit, erst im großen, dann im einzelnen?" „Was muß ich alles hier und dort bei meinem Eingreifen in den Wald beachten, wenn ich mein Betriebsziel bei technischer und wirtschaftlicher Höchstleistung fortlaufend erreichen will?" usw. Seine künftige Aufgabe wird sich dadurch lebendig und plastisch vor ihm erheben, sie wird ihn packen, sein Interesse beleben und seinen Wissensdrang wecken und wird ihn dann selbst herausfühlen lassen, was ihm als Betriebsführer alles nottut und was zu guter Arbeit erforderlich ist; wird ihm auch im richtigen Lichte zeigen, was es mit der vielgerühmten und geforderten „Freiheit des waldbaulichen Handelns" für eine Bewandtnis hat.

Eine Einführung in die Fragen des Forstbetriebs und in seine Probleme auf dem Weg der Analyse belebt also ohne Zweifel die Vorstellungswelt des Lesers in besonderem Maß und bringt auch den Anfänger am besten und nächsten an den Gegenstand heran. Der Betrieb, der ihm im Leben als fertig abgeschlossenes Ganzes entgegentritt, zerlegt sich selbst vor seinem geistigen Auge, ein Bedürfnis, das schon das spielende Kind empfindet, wenn es jede Maschine zu zerlegen sucht, um hinter ihr Geheimnis zu kommen. Der Leser lernt durch die Analyse den Betrieb durch und durch verstehen und ihm kritisch richtig gegenüber zu treten. Er erkennt vor allem, daß im Schlaghochwald Anlage und Zusammenpassen der Schläge — d. h. das Schlagsystem — die notwendige und bestimmende Grundlage für den ganzen technischen Betriebsgang ist, ebenso aber auch, daß das Auszeichnen jedes einzelnen Baums im Schlag selbst je ein Problem für sich bedeutet, jedesmal bedingt durch verschiedenartigste Bestimmungsgründe und daß die Technik des Eingriffs in den Wald zur Erfüllung des Betriebsziels eine harmonische Erfüllung ihrer aller sein muß. In kaleidoskopischem Wechsel verbinden sich dabei die vielerlei Bestimmungsgründe für das betriebstechnische Handeln des Betriebsführers zu immer neuen Bildern und Lösungen.

Das mag manchem übertrieben erscheinen, ist doch allerdings die Problemstellung beim Einzeleingriff in vielen Fällen 1000fach die gleiche, denn die Unterschiede verschwinden natürlich unter gleichartigen Verhältnissen mehr oder weniger. Die Probleme verblassen und die Verhältnisse können dann mechanische Wiederholung im großen zulassen, wie z. B. reine Fichten- und Kiefernbestockung mit Kahlschlag. Denn bei einseitig technisch eingestelltem Forstbetrieb (wie im gleichaltrigen Reinbestand besonders der Nadelhölzer) liegen die Verhältnisse natürlich einfacher und wiederholen sich gleiche Ursachen und Wirkungen immer wieder. Alles Biologische wird hier durch eine einfache Technik zurückgedrängt. Die Natur ist nicht in freier Bewegung an der Arbeit und wird nicht vom Betrieb mit vorsichtiger Hand nach dem Waldbild geleitet, sondern sie steht unter Zwangsarbeit, ist unter feste Norm gebannt; die Technik geht hier den von ihr allein bestimmten, darum einfachsten Weg.

Den **Bestimmungsgründen** für das betriebstechnische Handeln vor allem wollen wir durch alle Phasen des Betriebsgangs nachgehen und ihren Ursprung, ihre Zahl und ihr Gewicht zu ergründen suchen, dann wird uns ganz von selbst die Erkenntnis dessen als reife Frucht in den Schoß fallen, was unserem Betrieb nottut, wenn wir ihn auf sichere und rationelle Grundlage stellen wollen.

Solche analytische Betrachtung des Gesamtkomplexes „Betrieb" ist für volle Erkenntnis von dessen Wesen und Gang unerläßlich, ist auch die beste Grundlage für eine systematische Gliederung. Ausgehen vom Gesamtvorgang und seinen Wirkungen kann nur der mit Erfolg, der ihn zuerst analysiert hat. Ganz allgemein ist die Analyse die Vorbereitung einer guten Organisation, sie läßt uns alle Betriebsvorgänge und Erscheinungen nach ihrem Antrieb, Sinn und Zweck erkennen, beschäftigt sie sich doch mit Seinsfragen.

Nur eines zeigt die Analyse nicht in voller Deutlichkeit auf, es ist das Ineinandergreifen der Glieder, der Elemente, die sie vereinzelt. Sie nimmt auseinander, da tritt das Gefüge der Glieder zurück gegenüber den einzelnen Gliedern selbst und ihrem Bau. Das Ineinandergreifen tritt erst scharf in die Erscheinung bei der Synthese, bei der sich die Seinsollensfragen vordrängen, die zu harmonischem Zusammenwirken der Glieder führen, zu betriebstechnischer Zweckmäßigkeit. Und so würden wir unsere Aufgabe nur unvollkommen lösen, wollten wir nicht am Schluß wenigstens in kurzen Strichen auch wieder an ein Zusammenfügen der auseinandergenommenen Teile zum Ganzen herangehen. Das soll denn auch geschehen!

Die Analyse zeigt uns die Kräfte des Betriebs, ihren Ursprung, ihre

Einzelwirkung und ihre Bewertung und liefert uns damit die Bausteine für eine folgende Synthese, aus der uns dann wieder die Erkenntnis aller Zusammenhänge und des Zusammenspielens der Kräfte fließt.

Und wenn wir in der Synthese das Ganze systematisch erfassen und aufbauen, dann tun sich uns die Lücken unserer Erkenntnisse und damit die dringendsten Aufgaben unserer Forschung ganz von selbst auf. Wir sehen, was uns noch fehlt und auf welche Fragen wir die Antwort suchen, wir unsere Kräfte bei der Grundlagenforschung vereinigen müssen. Diese erhält hierdurch ihre nächsten Ziele! Wir können dann auch jeden neuen Baustein, den uns die Forschung liefert, stets sofort am rechten Ort einsetzen zum Nutzen des Vollzugs. Ohne Zusammenfassung aller Bausteine zum Ganzen aber schwankt alle Forschung mit ihren Zielen, wie ihren Ergebnissen frei im Raum. Was sie erkennt, liegt es nicht im Weg der heutigen Entwicklung, bleibt leicht auf lange Zeit, vielleicht für immer, toter Besitz, da der Anschluß ans Ganze fehlt.

Wir werden uns dann u. a. auch des Mottos dieser Einleitung erinnern und dem kaum je erkannten, m. E. aber wichtigsten Problem auf diesem Gebiet und seiner Lösung vielleicht näher kommen, der Frage nämlich, auf welchem Wege sich die Erkenntnisse der auf allen grundlegenden Gebieten heute so rührigen Tatsachenforschung in technische Norm und durch sie im Betrieb ausmünzen lassen, wie und wo hier die Brücke zu schlagen ist.

Im Grundlagengebiet der Forstwissenschaft kommt es mehr auf das Einzelwissen an, im Aufbaugebiet dagegen mehr auf Vorstellung, Überblick, Urteil und Organisationstalent samt Systemkenntnis.

Wer sich darum nicht ernstlich um solche Analyse des Betriebs bemüht, wem der Einblick ins einzelne und der Überblick über das Ganze fremd ist, was nur die Analyse gibt, wem also noch kein Licht der Erkenntnis das Ganze überstrahlt und durchleuchtet, der kann selbst bei größtem positiven Wissen im Grundlagegebiet den forstlichen Betriebsgang unmöglich beherrschen, kann nicht in jedem Einzelfall richtig abwägend urteilen, kann darum auch weder den Betrieb erfolgreich selbst führen und neue Erkenntnisse in Betriebswirklichkeit umsetzen, noch in Betriebsfragen überhaupt mitreden, denn jede Tat und jedes Wort verriete das Fehlen des Volleinblicks und die aus diesem Mangel geborene Einseitigkeit!

Daher ist das erste: die **Gesamtbetrachtung** forstlichen Handelns!

Die Forstbetriebslehre, die von ihr ausgeht, muß uns von der Einseitigkeit forstlichen Denkens befreien. Sie ist zu pflegen, aus ihrem Gesichtswinkel heraus müssen alle technischen Fragen betrachtet werden, wie auch alle Grundlagegebiete, ihre Aufgaben und ihre Erkenntnisse. Die Forstbetriebslehre muß in den Mittelpunkt der forstlichen Technik gerückt werden, deren Gebiet krönen. Betrachten wir aber — wie üblich — umgekehrt unsere Betriebsaufgabe von den Grundlagegebieten aus, so wird das Bild einseitig, es verzerrt sich.

Unsere Aufgabe soll es darum sein, den forstlichen Betrieb, bzw. den ihn beherrschenden, ja bestimmenden und darstellenden Betriebseingriff in den Wald nach seinen Elementen zu gliedern, deren Bestimmungsgründen nachzuforschen und sie zu untersuchen.

Mein Versuch einer Betriebsanalyse ist sicher nicht überflüssig und der aufmerksame Leser, der mir auf meinem analytischen Wege folgt, wird bald erkennen, daß dieser Weg manches aufdeckt und in neuem Lichte zeigt, daß er klar erkennen läßt, wie alles zusammenhängt, wo es unserem heutigen Betrieb noch mangelt und wo er sich gar auf falscher Bahn bewegt.

Die wichtigsten unmittelbaren Folgerungen daraus wollen wir dann im 4. Abschnitt zusammenstellen.

Allgemeine Voraussetzungen der Untersuchung.

Ehe wir in unsere Zergliederungsarbeit eintreten, gilt es, unser Arbeitsgebiet begrifflich zu bereinigen (1. Kap.), und scharf abzugrenzen (2. Kap.), damit wir auf unserem Wege möglichst wenig aufgehalten werden und damit keine Zweifel über die Richtung unserer Aufgabe aufkommen können. Diese Aufgabe, den Betrieb zu organisieren, ist die praktisch wichtigste der ganzen Forstwirtschaft (3. Kap.). Sie zu lösen ist nur durch einen systematischen Aufbau des ganzen Betriebs im Rahmen eines klaren Wirtschaftssystems möglich (4. Kap.).

Erstes Kapitel.

Begriffliche Grundlagen.

Auch hier, an der Schwelle einer analytischen Durchforschung des forstlichen Betriebs, stehe ich, wie so oft schon, zunächst vor der leidigen Notwendigkeit — der Leser wünscht ja doch Konkretes zu hören! — erst dem Begrifflichen nachzugehen, um für unseren weiten Weg festen Grund unter die Füße zu bekommen und den so beliebten „Mißverständnissen", so weit eben möglich (!), von Haus aus vorzubeugen.

Ohne klare Begriffe geht es nun einmal nicht, wenn man irgend ein wissenschaftliches Gebiet mit Erfolg beackern will! Ich möchte hier allem andern, als die Erfahrung meines Lebens, die Feststellung voranstellen: **Daß alles Begriffliche, praktisch wie theoretisch, in unserem Fach gar nicht hoch genug gewertet und sorgfältig genug behandelt werden kann!**

Man sehe sich unsere Wissenschaft und Wirtschaft nur an (!), so wird man finden:

Jeder Begriffsfehler und jede Begriffsunklarheit schafft allemal Verwirrung in der Theorie, jede Verwirrung in der Theorie aber zeugt immer Wirrnisse in der Praxis draußen!

So fällt der Schatten unklarer Begriffe weit hinaus in die Praxis! Dafür gibt es in unserem Fach klassische Beispiele!

Die verbreitete Abneigung gegen alles Begriffliche ist darum gleicherweise unwissenschaftlich und unwirtschaftlich!

Als trüber, wogender Strom ziehen all die forstlichen Schriften und Reden an mir vorüber, die auf unklaren Begriffen und Vorstellungen und einer unsicheren Terminologie sich aufbauen. Zumal bei allen waldbaulichen Erörterungen habe ich dies von jeher unangenehm empfunden. Mögen manche wohlig durch dieses trübe Gewoge plätschern; mag es für andere zum Fischen im Trüben wie geschaffen sein; Erfolg in der Wissenschaft werden sie nie haben!

Die Wissenschaft braucht klare Begriffe, sie können gar nicht klar genug sein nach Inhalt und Abgrenzung. Kristallklar muß die Flut der Wissenschaft sein, damit unser Blick bis auf den tiefsten Grund bringt, auf dem unser Fach ruht, damit wir alle Zusammenhänge erkennen und alle Grenzen sehen. — Nur auf klarstem Grund läßt sich der Bau der Wahrheit errichten, erst die Wahrheit aber wird uns frei machen!

Ist das wissenschaftliche Gebiet, das bearbeitet wird, noch unentwickelt, nach Begriffen und Terminologie, so liegen die Schwierigkeiten für den Forscher weniger in den Gedanken und Vorstellungen selbst, aus denen heraus er arbeitet und die er andern vermitteln will, denn diese bringt er zu seiner Arbeit in der Hauptsache schon mit, als vielmehr in ihrer klaren und gemeinverständlichen Formulierung, die Mißverständnisse ausschließt. Mit der Formulierung neuer Gedanken und Vorschläge ist der Hauptkampf zu bestehen, denn sie soll die Brücke zum Leser schlagen, dieser soll uns leicht verstehen! Eben bei der Formulierung stößt man dann auf die vorhandenen begrifflichen Unklarheiten in den üblichen Bezeichnungen; und wo man sie übersah, machen einen nachher die Mißverständnisse der Leser auf sie aufmerksam.

Zur Darstellung neuer Gedanken und Vorschläge sind vielfach die herkömmlichen Begriffe und Bezeichnungen nicht brauchbar, weil sie sich bei dieser Probe als nicht richtig gewählt oder übertragen, als nicht klar formuliert und abgegrenzt erweisen. Sie halten also der Probe nicht stand!

Wer sein Wissen andern nicht in einfacher Form klar zu vermitteln vermag, dem ist die Sache selbst nicht klar! Voraussetzung dazu ist aber, daß dies auch in unzweideutigen Ausdrücken geschehen kann, daß also eine eindeutige Terminologie zur Verfügung steht.

Zum ganzen Gebiet der Begriffsbildung und Terminologie möchte ich zunächst bei dieser Gelegenheit meinen grundsätzlichen Standpunkt dahin bekunden, daß wir erst selbst einmal **in unserer eigenen Wissenschaft** Klarheit und systematische Ordnung schaffen müssen, und zwar geschöpft aus ihrem eigenen Gegenstand, der Forstwirtschaft, — wie ich das auch für die Gliederung unserer Wissenschaft in Lehrfächer gefordert habe[1] — ehe wir uns andern Wissenschaften zuwenden und deren Terminologie übernehmen, denn diese

---

[1] Vgl. Z. f. Forst- u. Jagdwesen 1930, S. 353.

haben es mit anderm Gegenstand zu tun und befinden sich selbst noch voll=
kommen in Fluß und Entwicklung.

Daß wir nicht einfach Fremdes hereinholen können, was mancher so
gerne tut, der sich im eigenen Hause nicht auskennt und heimisch
fühlt, verbietet die Eigenart der Forstwirtschaft, deren lange Erzeugungs=
frist ihr eine völlige Einzelstellung schafft. Alle andern denken in Tagen
und Jahren, wir in Jahrhunderten! Diese Eigenart zwingt uns
schlechthin, unsere eigenen Wege zu gehen und das scheint mir auch
gut so! Wir müssen unsere Begriffe und Bezeichnungen zuerst und vor
allem in bezug auf die Forstwirtschaft richtig wählen, wenn wir etwas
Brauchbares schaffen wollen. Mögen dann die Systematiker der uns um=
schließenden Gebiete sich mit dieser Eigenart unseres Fachs auseinander=
setzen, sie samt deren selbstgewählter Terminologie in ihre wechselnden Be=
griffskomplexe und Systeme einreihen und mit ihnen in Einklang bringen!

Wenn ich auf begrifflich unsicherem Gebiet arbeite, so habe ich nie=
malen zuerst oder gar allein herumgehorcht, was wohl dieser oder jener
oder was die gerade neueste Leuchte darüber meint oder was in irgend
einer andern Wissenschaft heute gerade gilt, sondern ich habe mich zu=
nächst **an den Gegenstand selbst** gehalten, habe in sein Wesen und
seine Verhältnisse einzudringen versucht, habe dem allge=
meinen Sprachgebrauch und dem ursprünglichen Wortsinn
der Bezeichnungen nachgeforscht und erst in zweiter Linie nach
fremdem Schrifttum gegriffen. Ich kann nach den dabei gemachten
Erfahrungen diesen Weg nur dringend empfehlen, im Gegensatz zu
dem üblichen Herumhören bei andern Wissenschaften, das schon oft Ver=
wirrung geschaffen hat, zumal, wenn man seinen Gewährsmann nicht rich=
tig verstand!

Die Bezeichnungen und Begriffe, die wir auf forstlichem Gebiet wäh=
len, sind auch für das praktische Leben bestimmt, das dürfen wir
nicht vergessen, sie müssen daher treffend und klar — „einleuchtend" —
sein (selbst ein gutes Bild!) wie das die vom ganzen Volk in seine Sprache
übernommenen Vergleiche und Bezeichnungen regelmäßig in hohem Grad
sind, haben sie doch millionenfache Verwendung und Prüfung hinter sich,
ehe sie Gemeingut geworden. Wenn wir uns daher grundsätzlich an die
allgemeine Begriffsbildung und Ausdrucksweise unserer Sprache an=
schließen, so werden wir nie Mißverständnisse und Verwirrung schaffen.
Ich habe gefunden, daß hier der tausendfach erprobte allgemeine Sprach=
gebrauch der feinfühligste, selten versagende Mentor ist, während Unklar=
heiten und Unrichtigkeiten meist durch das Schrifttum — durch Autoren von
nicht selten großem Ansehen! — eingeschleppt wurden und daß es meist
nur notwendig ist, an die klare Quelle des guten alten Wortsinns zurück=
zukehren, um die Verwirrung zu überwinden.

Das Gleiche gilt von der allzueifrigen Übernahme von Begrif=

fen, Systemen, Bezeichnungen aus andern Wissenschaften. Sie ist ja sehr beliebt, weil es hochwissenschaftlich aussieht, wenn man allerlei Lehrmeinung und Termini fremder Gelehrten beizieht, die den Fachgenossen unbekannt sind; auch ist es sicher bequemer, auf den Stelzen anderer Wissenschaften durch das Chaos des eigenen Fachs zu steigen. Aber es ist auch sehr gefährlich, und daß es förderlicher wäre, als auf eigenen Beinen zu stehen, hat sich bis jetzt noch niemals erwiesen. Im Gegenteil! Was soll es z. B. Gutes schaffen, in sein Fach von draußen her hineinzuphilosophieren, statt seine Erkenntnisse aus ihm selbst und seinem Wesen herauszuholen.

Es ist ein Unglück für unser Fach, daß so viele, die an unserer Wissenschaft mitarbeiten, den forstlichen Betrieb nicht aus eigener Tätigkeit als langjährige Betriebsführer durch und durch kennen und darum sehr geneigt sind, in ihn hinein zu philosophieren und fremde Methoden hineinzutragen; und daß nur wenige den Gegenstand ihrer Wissenschaft — die Forstwirtschaft — wirklich kennen. Dieser Umstand hat Weg und Ziel unseres Fachs einseitig verschoben, sein Bild erscheint mir in unserem Schrifttum nicht selten verzerrt. Auch mauert heute alles an den Grundsteinen des Fachs, die wenigen aber, die im Bau selbst arbeiten, holen ihre Pläne aus fremdem Gebiet und wissen nicht genau, welchen praktischen Zwecken im einzelnen der Bau zu dienen haben wird.

In der Forstwissenschaft gilt in besonderem Maße, was Liefmann[1] von der Volkswirtschaftslehre sagt: „Wer über Wirtschaft philosophiert, ist für die Wirtschaftstheorie verloren", „denn um die Grundlagen des Wirtschaftslebens zu erkennen, darf man nicht von irgend welchen philosophischen Systemen ausgehen". „Das hieße, die Probleme einer gewiß noch unvollkommenen Spezialwissenschaft mit den Lehren einer noch viel unvollkommeneren Universalwissenschaft lösen zu wollen", sondern man muß von der Beobachtung des Erfahrungsobjekts wirtschaftlicher und technischer Vorgänge ausgehen.

Ich glaube darum, auch wir dienen unserer Wissenschaft nach jeder Seite hin, auch der begrifflichen und systematischen, am besten, wenn wir uns, wie Antaios mit beiden Füßen auf den Boden unseres eigenen Fachs und auf den des allgemeinen Sprachgebrauchs stellen: Und so soll es hier gehalten werden! Wir werden dann auch eher bei der Mehrzahl der Fachgenossen Gehör finden, die es sicher müde sind, in die Begriffsstreitigkeiten grundlegender und anschließender Wissenschaften hineingezogen zu werden, und bei deren wechselnden Strömungen immer wieder umlernen zu müssen.

Und wie mit den Begriffen, so steht es mit den Ideen und Zeitrichtungen! Große neue Gedanken sind etwas Schönes, denn sie befruchten das menschliche Tun und heben es auf höhere Stufe. Aber sie müssen in unserem praktischen Fach aus der Wirklichkeit der Forstwirtschaft heraus

---

[1] Liefmann: Silva 1930, S. 349.

entwickelt werden, müssen, wie eine schöne Blume aus dem Gestrüpp der Wirklichkeit erblühen. Nur dann sind sie sicher wertvoll und bringen uns vorwärts! Holen wir sie von außen herein, so besteht die große Gefahr, daß sie, das ist die Regel, auf dem Boden unserer Wirklichkeit nicht gedeihen, daß die Verpflanzung dorthin vielleicht sogar Schaden bringt.

Wir werden auf diesen für die Forstwirtschaft wichtigen Gegenstand und auf Beispiele aus unserem Fach noch zurückkommen.

Wenn ich nunmehr zur Sache komme, so muß ich allem andern voran betonen, daß ich hier von einer Forstwissenschaft ausgehe, deren Gegenstand die **nachhaltige Forstwirtschaft** (sog. „jährlicher Betrieb") ist, ich habe das schon mehrfach begründet[1].

Nur aus einer nachhaltigen forstlichen Wirtschaft heraus hat sich unsere ganze Forstwissenschaft entwickelt und ihre Begriffe und Methoden ursprünglich geformt (!), nicht aus dem Abbau von Holzvorräten, auch wenn ihnen Wiederbestockung folgt, dem sog. „Aussetzenden Betrieb". Der einzelne Bestand war unserer Wissenschaft von Hause aus lediglich Zerlegungsglied der Betriebsklasse im Breitschlag=Hochwald, nie selbständiger „aussetzender Betrieb", wie das später Carl Heyer und ihm folgend besonders Judeich fälschlicherweise unterstellten. Er muß ersteres bleiben, wenn nicht Wirrnis entstehen bzw. weiterbestehen soll. Eine selbständige Forstwirtschaft des Einzelbestands als Gegenstand einer Wissenschaft gibt es nicht, zu deren Bestand fehlte es an Inhalt, wie an selbständigen Aufgaben und Problemen, aus denen eine solche entstehen könnte.

Forstliche Nachhaltwirtschaften aber finden wir als vorherrschend von altersher, — um dies bei dieser Gelegenheit hervorzuheben — nur im Gebiet der germanischen Rasse und im Bereich ihrer unmittelbaren Einwirkung auf Nachbarvölker, vorab im deutschen Sprachgebiet mit seinem Staats=, Gemeinde= und Familienwald. Nur hier waren die Bedingungen für Entstehung einer Forstwissenschaft im wahren Sinn gegeben und ist eine solche auch entstanden, gleichzeitig begründet in der Liebe der nordischen Rasse zu Wald und Jagd, im großen Holzbedarf der nordischen Länder als Brennstoff und für die Bauweise des Nordens und schließlich im Vorherrschen juristischer Personen als Besitzer, die allein Träger einer Nachhaltwirtschaft sein können.

In der übrigen Welt finden sich diese Bedingungen nicht oder nur in beschränktem Maß, dort herrscht noch Abbau der Holzvorräte oder Bedarfswirtschaft vor. Auch heute noch fehlen dort in besonderem Maß die eigentlichen unmittelbaren Gegenstände unserer Wissenschaft, nämlich die Nachhaltreviere, so daß das nach deutschem Muster heute auch dort sich überall regende forstwissenschaftliche Leben, zumeist nur der Grundlagenforschung nach deutschem Muster, den Fragen der Verwertung und

---

[1] Vgl. Allg. F. u. J.=Ztg. 1929, S. 210.

vor allem der Forstpolitik sich zuwendet, während das Gebiet dieser Schrift dort noch wenig Gegenstände finden wird. Deshalb kann auch die Forstwirtschaft Mittel- und Nordeuropas von der übrigen Welt nur wenig, diese dagegen umgekehrt von ihr alles lernen.

Wir werden darum auch einer künftigen forstlichen „Weltwirtschaft" und „Weltwissenschaft" am besten dienen, wenn wir, — zumal in Deutschland — all unsere Kraft und unser Denken fürs erste der Hebung und Blüte **unserer eigenen,** der deutschen Wirtschaft und Wissenschaft widmen und so ein immer vollkommeneres Muster auch für andere schaffen, dem sie einst folgen können, wenn sie erst die erforderlichen äußeren Entwicklungsbedingungen erreicht haben werden.

Zu gleichem Ergebnis kommen wir, wenn wir unsere heutige Lage in der Welt bedenken. Auch darauf möchte ich der früher herrschenden Auffassung entgegen, die leider immer noch nicht ausgestorben scheint, dringend hinweisen. Geschichte und Volkscharakter hatten Deutschland bisher das Vorherrschen echt nationalen Denkens und Fühlens, wie es bei allen andern Völkern längst selbstverständlich ist, versagt! Doch die Not der Gegenwart hat es uns jetzt gebracht, sie wird uns unter manchem harten Schlag zusammenschweißen, denn festes allgemeines Nationalgefühl kann uns nicht dauernd versagt bleiben! Dann braucht nicht mehr auf Selbstverständliches hingewiesen zu werden, auf den festen Blick aufs Eigene auch in unserem Fach, auf die Arbeit fürs eigene Volk. Wir haben heute nicht mehr Muße, unsere Köpfe für die Forstwirtschaftsprobleme anderer Völker zu zerbrechen, solange es bei uns selbst noch so viele Aufgaben zu lösen gibt! All unser Denken auf wissenschaftlichem wie wirtschaftlichem Gebiet muß heute ohne jede Ablenkung auf das Wohl des eigenen Volkes sich vereinigen. Wir dürfen nicht weiterhin andern Landsknechtsdienste leisten, seit wir wissen, wie schlecht sie den Übereifer der liberalen Vergangenheit lohnten. Nicht einmal Frieden und Ruhe und gerechte Beurteilung haben wir uns mit unserem allerweltsfreundlichen Diensteifer der Vorkriegsjahre — teilweise auch Nachkriegsjahre! — vom Ausland erkaufen können, ein Eifer, der damals schon nach dem richtigen Gefühl guter Deutscher das begründete Maß überschritt. Nur Zurückhaltung schafft Achtung!

Solange daher im Gebiet des eigenen Volks noch so viele wichtige und schwere Aufgaben der Forstwirtschaft ihrer Lösung harren, gebührt ihnen die ungeteilte Kraft aller wahren Söhne Deutschlands!

Der Betriebsbegriff.

Treten wir nunmehr den Weg durch unsere nachhaltige Forstwirtschaft an, so werden wir uns als erstes über die Ziele klar sein müssen, die sich diese Wirtschaft steckt und die Aufgaben, die ihr gestellt sind. Sie sind, wenn wir hier alle gemeinwirtschaftlichen Bedingtheiten miteinschließen, ökonomischer Art, suchen für den Besitzer und die Allgemeinheit, in verschiedener Form, Nutzen aus dem Walde zu ziehen.

Stehen unsere ökonomischen Ziele fest, so erhebt sich bezüglich des besten Wegs zu ihnen die nächste und wichtigste Frage: Wie ist der Wald als Objekt der Wirtschaft, aus dem der Nutzen fließen soll, anzugreifen? Mit dieser Frage über den Vollzug der Wirtschaft wollen wir uns weiterhin analytisch beschäftigen, wir bewegen uns also hier vor allem auf technischem Gebiet!

Ein wichtiges Mittel der Klärung in forstlichen Dingen ist — soweit möglich — die Trennung des Ökonomischen vom Technischen.

„Technik" („techne" = Handwerk, Kunstfertigkeit) ist, allgemein verstanden = Anordnen der Dinge oder Verfahrensweise. Jede Tätigkeit hat darum ihre „Technik"! Im engeren Sinn gebraucht ist „Technik" = Verfahrensweise mit körperlichen Dingen. Hier tritt der Gegensatz zum Ökonomischen hervor, das sich mit geistigen Dingen befaßt, auf Ideelles bezieht.

Zum Begriff „Technik" wäre noch zu bemerken, daß solchen allgemeinen Bezeichnungen im Leben regelmäßig auch eingeschränkte Begriffe unterlegt zu werden pflegen. So wird z. B. Technik = Maschinentechnik gesetzt. Auch in unserem Fach spricht man von „Technik" gewöhnlich nur im Sinne der Maschinentechnik. Eine „forstliche Betriebstechnik" = Vorgehensweise beim Vollzug der Forstwirtschaft gibt es leider in der Vorstellungswelt der heutigen Generation noch nicht!

Ökonomik und Technik sind nun an sich engstens verbunden, erstere als das „Erforschen des Nutzens" durch Abwägen zwischen Aufwand und Erfolg, letztere als die dem Erforschen folgende Tat, der Vollzug.

Stellt man dagegen beide einander gegenüber, so unterstellt man auf forstlichem Gebiet stillschweigend als Ökonomik die Ökonomik der Werte und als „Technik" die Technik der Stofferzeugung.

Daneben gibt es aber auch umgekehrt eine „ökonomische Technik", etwa bei einem Plan für ein technisches Werk, der sich auch auf ökonomische Vorstellungen stützt, und umgekehrt eine „technische Ökonomie" des Zuratehaltens von Kräften und Stoffen, das im Prinzip der Technik selbst liegt.

Noch auf eine weitere Scheidung innerhalb der Technik als Verfahrensweise sei bei dieser Gelegenheit aufmerksam gemacht, weil sie in verschiedener Hinsicht unser Fach betrifft. Ganz verschieden wirkt sich die Technik aus am toten und am lebenden Gegenstand! Völlig auseinanderzuhalten sind darum: Die — mechanisch bedingte — Technik am toten Gegenstand und die — biologisch bedingte — Technik am lebenden, weil beide auf ganz verschiedenen Grundlagen sich aufbauen, die eine auf der Physik mit ihren wenigen Gesetzen, die andre auf der Biologie mit einer unübersehbaren Mannigfaltigkeit in ihrer Bedingtheit, so daß beide kaum Berührungspunkte haben. Zu ersterer zählen z. B. Maschinentechnik und Bautechnik, zu letzterer Medizin und Forstwirtschaft.

Diese Scheidung möchte ich im besonderen denen in Erwägung geben, die sich lediglich an das Wort „Technik" halten, die Forstwirtschaft als „technisches Fach" erklären und deshalb den Technischen Hochschulen zuweisen, mit denen sie nur sehr wenig zu tun hat. Sie werden dann wohl auch die Medizin an die Technischen Hochschulen verweisen müssen!

Hier soll nur der Sinn der Bezeichnungen gelten, in dem wir sie in unserem Fach gebrauchen.

Zum ökonomischen Gebiet zählen wir alle Fragen, bei denen dispositiv-organisatorische, wirtschaftliche, kaufmännische Gedanken die Hauptrolle spielen, bei denen lediglich abgewogen wird,

zum technischen Gebiet dagegen alle Fragen, bei denen Urteile über die Verfahrensweise mit körperlichen Dingen im Vordergrund stehen. Auch die Technik wird dabei, wie die Ökonomik, vom Rationalprinzip beherrscht.

Bei der Zurechnung zum ökonomischen oder technischen Gebiet kommt es immer auf den Gesichtspunkt der Betrachtung an. Jeder Komplex hat eine ökonomische und eine technische Seite.

Der Vollzug der Wirtschaft ist ihr **„Betrieb"**! Er ist der Inbegriff der unmittelbaren forstlichen Einwirkung aufs Objekt, also des Eingriffs in den Wald samt der sich anschließenden Tätigkeit. Der Betrieb soll die Natur im Walde leiten, wo nicht zwingen, uns fortlaufend denjenigen Nutzen zu gewähren, dem unsere Wirtschaft zusteuert (Wirtschaftsziel). Der Zustand des Walds, der dieses ökonomische Ziel vollkommen erreichen läßt, ist das technische Ziel des Betriebs.

Die beste Gestaltung des Betriebs nach seiner erzeugungstechnischen Seite hin im Sinne des Wirtschaftsziels, d. h. die Organisation des Waldeingriffs unter harmonischer Verknüpfung all der vielerlei Bestimmungsgründe ist die Kardinalaufgabe der Forstwirtschaft nach ihrer technischen Seite hin, ihre Lehre der Mittelpunkt des technischen Gebiets der Forstwissenschaft — die Forstbetriebslehre!

Nun in diesem Sinn zum Betriebsbegriff! Schon an anderem Ort habe ich auf den Mangel einer bestimmten klaren Begriffsabgrenzung zwischen „Wirtschaft" und „Betrieb" hingewiesen, wie er nicht allein in unserem Fach, sondern auch sonst besteht, und auf den Wirrwarr, der hier in unserer Fachsprache herrscht[1], habe auch dort eine klare Scheidung vorgeschlagen, wie wir sie notwendig brauchen.

Betrachten wir den ganzen Komplex „Forstwirtschaft" als eine „Wirt-

---

[1] Vgl. Wagner: Lehrbuch der Forsteinrichtung S. 192, sowie Z. f. Forst- u. Jagdwes. 1930, S. 354.

schaft", d. h. nach Gottl als „Ordnung in den Handlungen der Bedarfs=
deckung", so umschließt dieser Gesamtkomplex einmal ein rein dispositives
Gebiet des ökonomischen Abwägens, Bestimmens — in die Kaufmanns=
sprache übersetzt, des „Kalkulierens" und „Disponierens" —, es ist die
Wirtschaft i. e. S., das Gebiet, das wir im Auge haben, wenn wir die
„Wirtschaft" dem „Betrieb" gegenüberstellen oder, wenn wir den be=
herrschend ökonomischen Charakter der Wirtschaft betonen wollen.

Der Gesamtkomplex der „Wirtschaft" i. w. S. umschließt aber daneben
auch noch ein vorwiegend technisches Gebiet, den **Vollzug** der Wirt=
schaft am Objekt, ein Gebiet das zwar vom selben ökonomischen Prinzip
beherrscht wird, sich aber doch durch die „Verfahrensweise am Objekt"
— seine Technik — deutlich gegen das rein Ökonomische abgrenzt, es ist
der „Betrieb", der somit samt der Wirtschaft i. e. S., die wir ihm gegen=
überstellen, in das Ganze, die Wirtschaft i. w. S. eingeschlossen ist.

Ich habe an anderem Ort frei nach Oskar Spengler die Wirtschaft
i. e. S. als die Strategie, den Betrieb (die Technik) als die Taktik im mensch=
lichen Lebenskampf gegen den Zufall bezeichnet.

Mit diesem „Betrieb" haben wir uns im folgenden zu beschäftigen.
Er ist nach v. Gottl[1] „der Dauervollzug eines technischen Vorgangs
auf der Grundlage ein für allemal getroffener Vorkehrungen".

Nach v. Gottl ist der Zufall der Feind des Menschen, den dieser
durch Wirtschaft und Technik zu überwinden sucht. Dazu muß er die Be=
dingungen kennen, unter die der Erfolg gestellt ist. Vom Zufall, der seine
Bedarfsdeckung bedroht, befreit ihn die Wirtschaft, indem sie diese zu
regeln sucht und die Technik, indem sie den Vollzug der einzelnen Hand=
lungen der Erzeugung und Verteilung regelt. Beide streben der Ver=
neinung des Zufalls, der „Ordnung" zu.

In ihrer Idee ist demnach die Wirtschaft die „Ordnung der Hand=
lungen der Bedarfsdeckung", die Technik (der Betrieb!) die Ordnung „im
Vollzug dieses Handelns".

Aus der Lebensnot — dem Bedarf — entspringt das ökonomische Prin=
zip als „Prinzip des vernünftigen Handelns", dieses gehört aber
ebenso, wie es Prinzip der Wirtschaft i. e. S. ist, auch zum innersten
Wesen der Technik.

Eine solche klare Scheidung von „Wirtschaft" und „Betrieb" (Ökonomie
und Technik) sollte dem in unserem Fach herrschenden, ganz unsicheren
und unklaren Sprachgebrauch ein Ende machen, denn mit ihm kommen
wir nicht weiter!

„Betrieb" ist nach dem Besprochenen das Vollstrecken des Wirtschafts=
willens, das Betreiben der nachhaltigen Forstwirtschaft am Walde
als Betriebsobjekt, das zum Erfolg der Wirtschaft führen soll.

---

[1] v. Gottl: Grundriß der Sozialökonomie II. S. 208.

Der Betrieb ist organisierte Technik (planmäßige Werkverrichtung, Baader), Fortsetzung der ökonomischen Organisation am Gegenstand mit technischen Mitteln.

Der Betrieb wäre also, anders ausgedrückt: Der Inbegriff aller fortlaufenden und in sich zusammenhängenden technischen Handlungen, die innerhalb des forstlichen Unternehmens auf dessen ökonomisches Ziel gerichtet sind. Er ist die ausübende Tätigkeit der Wirtschaft im Gegensatz zur abwägenden und bestimmenden; Betrieb ist der technische Vollzug ihres Wollens am Gegenstand, oder, was seine erzeugungstechnische Seite betrifft, ihr Eingreifen in den Wald. Dieses Eingreifen aber umfaßt oder bedingt alles wirtschaftliche Tun im Wald selbst. Das entspricht auch dem, was man sich nach allgemeinem Sprachgebrauch unter „Betrieb" vorstellt.

Wie ich „Wirtschaft" und „Betrieb" auseinanderhalte, so trenne ich auch die „Forstliche Wirtschaftslehre" (Forstl. „Betriebswirtschaftslehre"[1]), die das rein ökonomische Gebiet der Forstwissenschaft behandelt, von der „Forstlichen Betriebslehre", die sich mit dem technischen Gebiet beschäftigt. Ins Gebiet der letzteren Lehre gehört unser Gegenstand[2].

Die Alternative: „Abwägung" (Planung) und „Vollzug", die hier Wirtschaft und Betrieb trennt, eignet sich im übrigen nicht zu weiteren Scheidungen in Facheinteilung und System, da sie das ganze Gebiet bis ins einzelnste durchdringt und man überall Zusammengehöriges zerreißen müßte, so wenig wie die Alternative: „Organische und mechanische Produktion", nach der H. W. Weber gliedern wollte. Davon später!

Noch auf ein Weiteres ist aufmerksam zu machen: Wenn wir hier dem ursprünglichen Sinn folgend, den „Betrieb" dem Wirtschaftsvollzug gleichsetzen, der von der Technik regiert wird, ihn also rein als Abstraktum betrachten, so deckt sich das nicht mit dem üblichen Gebrauch des Wortes „Betrieb" in unserem Fach und allgemein, denn man spricht auch übertragen in konkretem Sinn von „Betrieb" und erweitert dabei sogar den Begriff, denn man spricht konkret von „forstlichen Betrieben", „Großbetrieben", „Nachhaltbetrieben" usf. von staatlichen Betrieben, Gemeinde- und Privatbetrieben und meint damit konkrete forstliche Wirtschaftsunternehmungen. Jedes nachhaltig bewirtschaftete Revier bildet einen solchen „Betrieb". A. Weber nennt in diesem Sinn „Betrieb" die „technisch-ökonomische — regelmäßig räumlich bestimmt gebundene — Organisationseinheit". Hier ist somit nicht nur der Begriff unseres Be-

---

[1] Der Ausdruck „Betriebswirtschaftslehre" für die frühere Privatwirtschaftslehre ist m. E. für uns nicht glücklich gewählt und deshalb nicht zu übernehmen, denn einerseits ist es selbstverständlich, daß es sich in der Forstwirtschaft um einen „Betrieb" (hier im konkreten Sinn allerdings) handelt und andererseits ist der Ausdruck mißverständlich. Wir stellen am besten Eigenwirtschaft und Gemeinwirtschaft einander gegenüber, die Forstwirtschaft ist eine Verbindung beider.

[2] Vgl. die Schrift: Der Neuaufbau der deutschen Forstwissenschaft. 1929.

triebs ins Konkrete übertragen, sondern auch noch auf den ganzen Komplex „Wirtschaft" im konkreten Sinn ausgedehnt. Man versteht somit hier unter forstlichem „Betrieb" einen zu gemeinsamer Bewirtschaftung vereinigten Flächenkomplex samt allen Einrichtungen und Maßnahmen des Vollzugs der Forstwirtschaft auf ihm unter einheitlicher Leitung.

Diese Begriffserweiterung hat nun die üble Folge, daß der konkrete „Betrieb", der den ganzen Komplex der Wirtschaft im weitern Sinn in sich schließt, in dieser „Wirtschaft" wiederum den „Betrieb" im ursprüng=lichen, abstrakten Sinn, also den Wirtschaftsvollzug mit umfaßt, eine Lax=heit der Sprache, die kaum zu etwas Gutem führen kann.

Von „Betrieben" im konkreten Sinn zu sprechen, ist aber nicht nur unzweckmäßig, weil es zu Mißverständnissen Anlaß gibt, sondern auch falsch, weil wir, wenn wir z. B. von einem Nachhaltbetrieb oder Ge=meindebetrieb (= Gemeinderevier) sprechen, dabei doch nicht nur an die technische Vollzugseinheit denken, sondern regelmäßig die ganze wirt=schaftliche Einheit — das Unternehmen — meinen! Die Sache könnte also leicht dadurch gebessert werden, daß wir uns die Laxheit abgewöhnen und nicht mehr von forstlichen „Betrieben", sondern von forstlichen Wirt=schaften oder Unternehmungen sprechen, vom „Betrieb" aber nur, wo und soweit es sich um den technischen Vollzug der Wirtschaft handelt.

Es ist auch behauptet worden (H. W. Weber), im Betriebsbegriff sei die systematische Ordnung schon mit eingeschlossen, man dürfe daher nicht von „Betriebssystemen" sprechen. Das stimmt natürlich nicht, denn es gibt auch gänzlich systemlos geführte Betriebe, wenn solches auch bei forstlichen „Nachhaltwirtschaften" nicht möglich ist. Sollte aber, wie H. W. Weber behauptet, irgend ein Vertreter der Volkswirtschafts=lehre die Systembildung als integrierenden Bestandteil in den einfachen — abstrakten — Betriebsbegriff miteinschließen, so daß das Wort „Be=triebssystem" in unserem Sinn eine Tautologie würde, so wäre das eben falsch! Wir werden solcher Auslegung nicht folgen.

Zweites Kapitel.

Die Abgrenzung des Untersuchungsgebiets.

Der forstliche „Betrieb" im üblichen Sinn, dem wir hier folgen, also das Betreiben der Forstwirtschaft innerhalb eines Nachhalt=reviers umfaßt den gesamten laufenden Vollzug dieser Wirtschaft auf deren verschiedenen Gebieten: der Holzerzeugung, der Verwertung und der Verwaltung. Der Betrieb ist, wie wir gesehen haben, Inbegriff unseres Handelns am Walde im Rahmen der Wirtschaft, ist die wirtschaftliche Tat im Gegensatz zu jenem rein ökonomischen Abwägen, Entscheiden, Planen, dem Wirtschaften im engeren Sinn.

Ist das Wirtschaftsziel: „Bedarfsdeckung", „Nutzenbeschaffung", dann sind die Betriebsziele: Erzeugung, Gewinnung, Verwertung der Güter des Bedarfs unter Schaffen und Erhalten eines erzeugungstüchtigen Walds mit technischen Mitteln bei entsprechend geordneter Verwaltung. Wir trennen somit hier vorweg den Vollzug samt seinen Einrichtungen vom ökonomischen Abwägen und Planen und erhalten dadurch — mag auch sonst Ökonomisches und Technisches in enger Verbindung stehen — innerhalb des forstlichen Unternehmens eine klare Scheidelinie.

Auch das Vollzugsgebiet der Forstwirtschaft soll nun aber hier nicht in seiner vollen Ausdehnung behandelt werden, das hieße die Untersuchung auf die gesamte Forstwirtschaft ausdehnen, wir werden uns vielmehr auf das Erzeugungsgebiet beschränken.

Zu genauer Abgrenzung bedarf es aber erst weiterer Betrachtungen über die Gliederung des Gesamtbetriebs.

Innerhalb der Forstwirtschaft lassen sich, wenn wir von der reinen Verwaltungstätigkeit als selbständigem Komplex weiterhin absehen, zwei Vollzugsgebiete unterscheiden:

1. ein rein ökonomisches Gebiet, dem vor allem die Arbeiten zur Durchführung der ökonomischen Organisation des Unternehmens zugehören: die Verteilung und Erhebung von Nutzungen aus dem Holzvorratskapital und ihre Verrechnung und die Speisung und Verwaltung des jeder vollorganisierten Nachhaltwirtschaft eigenen Forstgrundstocks, was nicht laufende Betriebsarbeiten sind, dann aber auch alle Vollzugsarbeiten auf dem Gebiet der Verwertung, wie Verkauf, Marktpflege, Buchung und Kontrolle der Einnahmen und Ausgaben, Erfolgsrechnung, die ohne Zweifel Bestandteile des „Betriebs" sind;

2. ein erzeugungstechnisches Gebiet. Man spricht hier gewöhnlich vom „technischen Betrieb", der unmittelbar regelnd und fördernd in den Wald eingreift und sich vollziehend in ihm betätigt.

Auf diesem Gebiet finden wir den Schwerpunkt der forstlichen Betriebstätigkeit, die Leitung und Durchführung des ganzen Erzeugungsgangs. Es gehört geschlossen zum Betrieb.

Was zunächst die Abgrenzung zwischen dem ökonomischen und betriebstechnischen Gebiet betrifft, so zählen zwar die jährlichen Betriebspläne und ihre Aufstellung durch den Betriebsführer zu den Betriebsaufgaben, nicht aber die periodischen Planungen (Forsteinrichtung), auf die jene sich gründen, denn diese sind nicht Vollzug des wirtschaftlichen Willens, sondern haben ihn erst zu suchen und festzustellen und sind bestimmt, den Betrieb im Sinne des Wirtschaftsziels zu leiten, können deshalb nicht Teil seiner selbst sein.

Zum „Betrieb" zählen wir somit nicht die Aufstellung des periodischen Wirtschaftsplans! Sein Gebiet ist vielmehr die gesamte Erzeugungstechnik, bestehend im Jahresplan und allen Eingriffen in den Wald, die er bestimmt, samt den sich unmittelbar anschließenden Arbeiten, die Verwertung der Ernte und die laufende Verwaltungsarbeit — „laufender Betrieb" —.

Die Handlungen des Betriebs lassen sich einerseits s a ch l i ch und andrerseits p e r s ö n l i ch gliedern:

S a ch l i ch bestehen sie in allen Maßregeln innerhalb des Unternehmens, die den Gang der Holzerzeugung, Holzverwertung und Verwaltung fortlaufend bestimmen bzw. ausmachen. Der Betrieb läßt sich somit scheiden in einen

Erzeugungsbetrieb, bestehend in den Eingriffen in den Wald, einen
Verwertungsbetrieb — Auswertung der Ernte
Verwaltungsbetrieb — laufende Verwaltungsarbeit.

Der Betrieb wird unter ökonomischer Oberleitung ganz durch die Technik beherrscht; diese umfaßt ihn als Ganzes, als B e t r i e b s t e ch n i k i. w. S. In ihrem Rahmen scheiden wir weiter die Techniken der verschiedenen Betriebsgebiete als E r z e u g u n g s t e ch n i k, die sich wieder in W a l d b a u - t e ch n i k, S ch u tz t e ch n i k, E r n t e t e ch n i k und T e ch n i k d e r B e t r i e b s - f ü h r u n g (Betriebstechnik im engeren Sinne) gliedert, auf ökonomischem Gebiet als T e ch n i k d e r E r t r a g s r e g e l u n g (Ertragstechnik) und V e r - w e r t u n g s t e ch n i k und schließlich als V e r w a l t u n g s t e ch n i k.

Die Betriebshandlungen auf dem Gebiet der Erzeugungstechnik gliedern sich in sachlicher Hinsicht weiter in: Bodenpflegearbeiten, Waldverjüngung, Waldschutz, Pflege und Erziehung der Bestockung, Waldaufschließung, Ernte und Bringung des Holzes, die alle unter sich in engstem logischem Zusammenhang stehen als Glieder eines Erzeugungsgangs und in vorbereitende (Planung, Anweisung) und ausführende Handlungen (mechanische Arbeit, Überwachung, Kontrolle) zerfallen.

P e r s ö n l i ch — für Betriebsführer, Vollzugsgehilfen und Arbeiter — gliedert sich die Betriebsarbeit in:

1. Das fortlaufende Planen, Anordnen, Ausführen, Überwachen und Nachprüfen aller ökonomischen und technischen Maßregeln seitens des Betriebsführers und seiner Gehilfen, in deren stetigem Beobachten der Wirkungen auf den Wald durch Betrachten der Waldbilder und ihrer Entwicklung.

2. Den mechanischen Arbeitsvollzug, ausgeführt durch die Arbeiter, im einzelnen angeordnet, geleitet und überwacht durch die Vollzugsgehilfen.

Gegenstand unserer Untersuchungen in dieser Schrift soll nun, wie gesagt, **nur das erzeugungstechnische Gebiet des Betriebs** sein als das entscheidende Kerngebiet für den ganzen forstlichen Betrieb, das den Eingriff in den Wald und die unmittelbar an ihn sich anschließenden Aufgaben zum Gegenstand hat.

Wir schließen damit vorweg alle Verwertungstechnik und Verwaltungstechnik aus, weil sie ohne wesentliche Beziehungen zur Erzeugungstechnik mehr durch zufällige äußere Umstände bestimmt werden.

Im Gebiet der erzeugenden Betriebstechnik soll dann weiterhin der Schwerpunkt unserer Betrachtungen auf die „Verjüngungsernte"[1] gelegt werden. Es ist das Haupt= und Ausgangsgebiet des ganzen Betriebs, denn diese Art des Eingriffs in den Wald bestimmt den Aufbau der Bestockung, wie den ganzen weiteren Betriebsgang und gibt ihm nach allen Seiten hin sein Gepräge. Auf diesem Gebiet im besonderen wollen wir darum alle Vorgänge bis ins einzelne zergliedern und nach ihren Bedingtheiten erforschen, um dadurch den ganzen Betriebsgang und seine treibenden Kräfte von innen heraus zu verstehen. (2. Abschnitt.)

Für das übrige, die „Erziehungsernte" und die Schutz= und Pflegemaßregeln besonderer Art, genügt dann eine kürzere Betrachtung (3. Abschnitt), die deren besondere Bestimmungsgründe sucht und aufstellt, weil diese Gebiete, so wichtig sie auch für den schließlichen Erfolg sein mögen, doch den Gesamtgang des Betriebs in der Regel nicht bestimmend beeinflussen, sondern sich dem durch die Verjüngungsernte geschaffenen Wald= und Bestockungsaufbau notgedrungen eng anschließen. Nur im Schlaghochwald treten sie ja überhaupt selbständig hervor und bedürfen besonderer Betrachtung, doch richten sie sich hier ganz nach der durch die Verjüngungsernte geschaffenen Raumordnung, auf die sie keinen Einfluß haben. Sie können darum hier ohne weiteres für sich betrachtet werden, ja eine volle Abtrennung ist sogar, wie wir sehen werden, vorzuziehen.

Eine Ausnahme machen nur die besonderen Erziehungs=Betriebssysteme, welche die Erziehungsaufgabe allein in den Vordergrund stellen[2], doch haftet diesen Formen schon vorweg große Einseitigkeit in der Betrachtung der Gesamtaufgabe an; dazu verstoßen sie gegen das Rationalprinzip, das mit Recht Aufgabentrennung, „arbeitsteiligen Vollzug" fordert!

Wenn hier die Erziehungsarbeit nicht dieselbe eingehende Betrachtung erfährt, wie die Verjüngungsernte, so geschieht dies nicht, wie Gegner von Verjüngungsvorschlägen freundlich unterstellen dürften, weil die Erziehungsarbeit zurückgesetzt oder gar vernachlässigt wird! Wie sollte so etwas auch möglich sein, da doch $^4/_5$ der ganzen Erzeugungsfrist durch die Erziehungsarbeit beherrscht werden und diese das zweite notwendige Glied im Erzeugungsgang ist, das den Erfolg des Ganzen, d. h. das Maß mitbestimmt, in dem schließlich das Ziel erreicht wird. Wir anerkennen darum ohne jede

---

[1] Wir scheiden hier die „Verjüngungsernte", welche die Endnutzung liefert, als den mit Wiederverjüngung verbundenen Abschluß des Erzeugungsgangs bei Ernte des reifen Holzes, von der „Erziehungsernte" als reiner Erziehungsmaßregel, die mit Holzanfällen verbunden ist.

[2] Vgl. Wagner: Lehrbuch der Forsteinrichtung, S. 247.

Einschränkung die hohe mitentscheidende Bedeutung der Erziehung und ihres besten Vollzugs innerhalb des Erzeugungsgangs und möchten nur wünschen, daß dies die Praxis überall in gleichem Maße täte, so daß man nirgends mehr auf den Gedanken kommen könnte, daß auch im hiebsreifen Alter, d.h. zur Zeit der Verjüngung noch „Vorratspflege" als erstes Ziel gelten müsse, weil dann in den durch ihr ganzes Leben gepflegten Beständen gar keine Objekte für weitere Vorratspflege mehr vorhanden wären.

Wenn wir der Erziehung trotz ihrer Hochschätzung hier weniger Worte widmen werden und sie erst nach der Verjüngungsernte behandeln, so geschieht dies deshalb, weil sie dieser ja auch zeitlich folgt und deren Erzeugnisse übernimmt, also bereits einer gegebenen Bestockung gegenübersteht, die sie dem Betriebsziel zuzuführen hat, weil ihr somit für ihr Handeln ein enger Rahmen gezogen ist! Dafür besitzt sie aber für ihren Weg zum ökonomischen Ziel einen viel weiteren Spielraum, als man gewöhnlich annimmt, denn die verschiedenen Lockerungsgrade weichen — von Extremen abgesehen — in ihrem Massenerfolg wenig voneinander ab, so daß es vor allem die Baumwahl nach Holzart und Schaftform und ihr Grundsatz ist, welche die Wertsleistung der Durchforstungsarten bestimmen.

Aber auch innerhalb des erzeugungstechnischen Gebiets bedarf es noch einer Einschränkung bezüglich des von uns zu behandelnden Gegenstandes!

Wir werden auch dieses Gebiet nur nach der Seite der Betriebsführung hin untersuchen, weil diese vor allem wichtige Probleme bietet und das Ganze bestimmt. Die ausführende mechanische Arbeit dagegen soll nicht Gegenstand unserer Untersuchungen sein, denn sie hängt in Anordnung und Auswirkung ganz von der Betriebsführung ab und bietet nur ernte- und arbeitstechnische Probleme. Es sollen ihr deshalb gleich hier einige Worte gewidmet werden, im weitern ist sie dann nur noch bezüglich ihrer räumlichen Verhältnisse in Betracht zu ziehen.

Die mechanische Arbeit.

Sie stellt auf dem hier zu untersuchenden Gebiet Forderungen an die räumlichen Verhältnisse des Arbeitsfelds und der Arbeitsverteilung auf ihm, zeigt übrigens große Einfachheit der Bestimmungsgründe. Weiterhin ist sie in ihren Einzelbeziehungen zur Art der Arbeit arbeitstechnisch zu erfassen.

Die mechanische Arbeit richtet sich in jeder Hinsicht ganz nach den einzelnen Phasen des Erzeugungsgangs, denen sie dient und nach deren Erfordernissen, der Bodenpflege, der Verjüngung, dem Schutz und der Pflege, der Erziehung und Ernte, die ihr Aufgabe und Charakter geben, so daß sie am besten auch bei den einzelnen Gebieten der „Produktionslehre" mitbehandelt wird. Die allgemeinen Grundfätze der Arbeitslehre, denen fie folgt, entnehmen wir der Arbeitswiffenfchaft als Grundlagegebiet für mehrere forftliche Fächer.

Auf dem Gebiet der mechanifchen Arbeit ift in der Forftwirtfchaft verhältnismäßig wenig Raum für rationelle Geftaltung im großen wie im einzelnen. Für fie gilt wohl in weitem Maße Pfeils Ausfpruch vom „gefunden Menfchenverftand“[1].

Am meiften wird noch zu beffern fein auf dem Gebiet der Raumverteilung der Arbeit über die Fläche hin, die planmäßigen Erwägungen zugänglich ift, ja folche fordert. In räumlicher Hinficht fpielen einerfeits Form und Größe der Arbeitsfelder und andrerfeits die Anordnung der Einzelarbeit auf ihnen eine Rolle, in zeitlicher Hinficht die Verteilung der Arbeit über das Betriebsjahr.

Hier günftige Bedingungen zu fchaffen, wird Aufgabe des Betriebsfyftems fein bei gleichzeitiger Beachtung aller Beftimmungsgründe aus den verfchiedenen Gebieten der „Produktionslehre“. Auf die große Bedeutung die hier dem Arbeitsfeld, dem „Schlag“ bei der riefigen Ausdehnung der gefamten Betriebsfläche in der Forftwirtfchaft zukommt, habe ich fchon vor langer Zeit bringend und ausführlich hingewiefen[2], wie ich auch die Wirkung der Arbeitsvereinigung, der Arbeitszerftreuung und der Arbeitsanordnung nach Punkten, Linien und Flächen auf den Betrieb unterfuchte. Probleme ftellen auf diefem Gebiet allerdings nicht die Kahlfchlagbetriebe, um fo mehr aber die Naturverjüngungsbetriebe!

In räumlicher Hinficht find Größe und Form des Arbeitsfelds und die Anordnung der Arbeit auf ihm wichtigfte und nach ihrer Bedeutung für beften Betriebsgang noch viel zu wenig gewertete Umftände (freier Arbeitsraum, Ausweichmöglichkeit der Ernte gegenüber der Anfamung, Entfernung der einzelnen Arbeitsgegenftände voneinander und Art ihrer Lage und Verteilung über das Arbeitsfeld).

Die mechanifche Arbeit wird nämlich durch die folgenden räumlichen Bedingungen gefördert, wobei vor allem die Ernte in Frage kommt. Bei Kulturarbeit liegen die Verhältniffe ähnlich.

1. Durch überfichtliche Anordnung der Arbeitsorte (Flächen) und auf ihnen der Arbeitsgegenftände (Bäume), wobei linienförmige Anordnung, alfo Reihenbildung oder — praktifch ausgedrückt — ftreifenförmige Anordnung vor der breitflächenmäßigen oder punktweifen arbeitstechnifch weitaus den Vorzug verdient, weil fie allein gleicherweife guten Überblick und reichlichen Arbeitsraum fchafft bei einem Mindeftmaß der Arbeitswege und Höchftmaß der Arbeitsdichtigkeit, befonders wichtig im Wald, der bei großer Flächenausdehnung durch

---

[1] Vgl. Hilfs Zitat in Z. Forft- u. Jagdwef. 1930, S. 527.
[2] Vgl. „Grundlagen“ 1. Aufl. S. 238—262, 4. Aufl. S. 270—313.

seinen Aufbau den Überblick hindert und leicht zur Arbeitszerstreuung führt.

2. Durch geeignete Dichtigkeit und gegenseitige Lage der Arbeitspunkte bzw. Arbeitsgegenstände. Hier ist freier Arbeitsraum für unbehinderte und ungefährdete Arbeit erforderlich. Durchaus ungeeignet wäre also z. B. bei der Ernte eine gedrängte Anordnung wegen gegenseitiger Behinderung und Gefährdung der Arbeitenden und weil infolge von Häufung der Schlagerzeugnisse auf engem Raum mit Raummangel und Schwierigkeiten bei Fällung, Bearbeitung, Lagerung und Bringung zu rechnen wäre — es entstünde „Arbeitsgedränge". Ebenso ist aber auch zerstreute Anordnung zu vermeiden, die durch weite Wege von Arbeitspunkt zu Arbeitspunkt und von Gegenstand zu Gegenstand, durch Erschweren der Vereinigung der Anfälle in Brennholzbeigen, Reisighaufen usf., und deren Auffinden und Kontrolle zum Nachteil der „Arbeitsverzettelung" führt.

Demgegenüber wirkt ein lockeres Aneinanderreihen der Arbeitsgegenstände, bei dem jeder Gegenstand (Baum, Stamm...) leicht ringsum zugänglich ist und bei dem die Arbeitsstellen und ihre Erzeugnisse sich in übersichtlicher räumlicher Folge aneinanderreihen, arbeitstechnisch am günstigsten.

3. Durch allseits zugängliche Lagerung besonders der großen und schweren Schlagerzeugnisse — des Stammholzes — bei der Ernte für Zurichtung, Messung, Kontrolle und Bringung aus dem Schlag.

Diese, die mechanische Arbeit fördernden räumlichen Umstände werden nun im Betrieb sichergestellt einerseits durch entsprechende Form und Lage des Schlags, welche Übersichtlichkeit und Ausweichmöglichkeit für die Schlagerzeugnisse bei Naturverjüngung bietet, andrerseits durch entsprechende Form des Hiebseingriffs in den Schlag, die eine angemessene Menge und Verteilung der Erntegegenstände über die Schlagfläche sichert.

Bei der Zeitverteilung der Arbeit muß im forstlichen Betrieb stetige Arbeit, im Gegensatz zur periodisch aussetzenden, sog. „Saisonarbeit" angestrebt werden, denn Holzhauer wie Kulturarbeiter müssen als gelernte Facharbeiter möglichst ständig beschäftigt sein. Unständige Arbeit führt leicht zu ungelernten Arbeitern, weil sie nur unsichere Unterhaltsgrundlage bietet, weil Geschicklichkeit und Gewöhnung darunter verloren gehen und der unständige Arbeiter wenig geneigt ist, sich mit besten, darum teueren Werkzeugen auszurüsten und sie im Stande zu halten. Auch der Umstand verdient gerade für den forstlichen Betrieb besondere Beachtung, daß sich der ständige Arbeiter in besonderem Maß mit dem Wohl und Wehe des Walds, seines ständigen Arbeitsorts verbunden fühlt und darum auch bereit ist, sich für ihn einzusetzen. Man denke an Waldbrände, In-

sektenverheerungen, Wolkenbrüche und andere Waldplagen, wie auch an
besonders schwierige und gefährliche Arbeiten, die zuweilen sogar fordern,
daß der Arbeiter sich Tag und Nacht zur Verfügung stellt und selbst Gesundheit und Leben für den Wald einsetzt. Nun neigt aber die Forstwirtschaft an sich stark zu nur periodischer Arbeit („Saisonbetrieb"), denn
die Ernte beschränkt sich in weiten Gebieten auf die Wintermonate, die
Kulturarbeit auf Wochen des Frühjahrs. Dieser Neigung muß darum der
forstliche Betrieb bei seiner zeitlichen Anordnung nach Möglichkeit und bewußt entgegenwirken, was sowohl im Erntebetrieb, wie auf dem Ver-
jüngungs- und Pflegegebiet in verschiedener Hinsicht wohl möglich ist
(Sommerfällungen bei Fichte und Tanne, auch Eiche, Bestellung von Kul-
turwarten, Wegarbeiten in der sonst arbeitslosen Zeit, usf.).

Auf die ausführende Einzelarbeit, die Handgriffe, Werkzeuge,
Geräte und Maschinen, die bei der mechanischen Arbeit Verwendung finden, mag hier mit einigen Worten eingegangen werden, da wir weiterhin
nicht mehr auf sie zurückkommen.

Die mechanische Arbeit ist Gegenstand der Allgem. Arbeitslehre,
deren Ziel die Steigerung der Arbeitswirkung, deren Weg die Zeitstudie
ist und auf sie gegründet die Verbesserung des Arbeitsgangs und der Werkzeuge. Die mechanische Arbeit erstreckt sich hauptsächlich auf Hauung,
Bringung, Pflanzenerziehung und Kultur, spielt also besonders im Holzhauereibetrieb und Kulturbetrieb eine Rolle, während sie auf den Betriebsgang im ganzen nicht von Einfluß ist.

Die Möglichkeit einer Rationalisierung der mechanischen
Arbeit bewegt sich im Forstbetrieb — das liegt in der Natur der
Sache — in verhältnismäßig engen Grenzen.

Wenn wir von der Ausbildung guter Arbeitsverfahren für Fällung,
Aufbereitung, Pflanzenerziehung, Saat, Pflanzung usf. und von der Beschaffung zweckmäßiger arbeitsfördernder Werkzeuge hierzu absehen, weil
sie zu den einzelnen grundlegenden Gebieten, dem Waldbau, dem Forstschutz, der Forstbenutzung gehören, so wird nur unter sehr gleichartigen, einfachen Verhältnissen im Forstbetrieb eine wesentliche
Verfeinerung der mechanischen Betriebsarbeit durch Kontrolle der Handgriffe, Maschinenverwendung usf. zu erhoffen sein, nämlich in ebenen
Wäldern, auf lockerem Sand, bei reiner, gleichaltriger Nadelholzbestockung,
bei schwächeren Sortimenten usf. Der Bergwald dagegen, der Mischwald,
starke Hölzer und ungleichaltriger Wald zeigen so mannigfaltig wechselnde
Bedingungen und äußere Umstände, daß da mit der Stoppuhr, mit der
Maschine wenig zu wollen ist. Jene werden immer das Gebiet tüchtiger
Arbeiter und ihrer handwerksmäßigen Geschicklichkeit bleiben und es
wird hier vor allem Aufgabe des Betriebsführers sein, sich
solche Arbeiterschaft zu erziehen und durch geeignete zeitliche Verteilung der Arbeit (Stetigkeit) zu erhalten, sie durch

fördernde räumliche Anordnung der Arbeitsfelder und ihrer Objekte, wie durch beste Arbeitsverfahren und Werkzeuge zu unterstützen.

Hilf vor allem hat sich mit dem Gebiet der Gestaltung der mechanischen Waldarbeit im einzelnen beschäftigt und hat diesen vorher etwas vernachlässigten Gegenstand eingehend bearbeitet. Er schlägt für die Lehre und Forschung eine Loslösung der ausführenden Arbeit von den einzelnen Gebieten der „Produktionslehre", also des Waldbaues und der Forstbenutzung vor und eine Vereinigung in einem neuzuschaffenden Lehrfach, der „Forstlichen Arbeitswissenschaft"[1]. Hilf will, angeregt durch den Vorschlag einer Trennung des forstlichen Wissensstoffs nach „organischer und mechanischer Produktion"(H. W. Weber) die mechanische Arbeit (Hauungsbetrieb samt Holztransport) aus dem Körper der Forstbenutzung herauslösen und künftig vor allem nur vom arbeitswissenschaftlichen Standpunkt aus betrachten als Teil einer „Angewandten forstlichen Arbeitswissenschaft". Das Grundproblem sei hier die Frage nach der Arbeitsleistung!

Hilfs „Forstl. Arbeitswissenschaft", die sich in ihrem allgemeinen Teil mit dem Menschen als Arbeiter, mit der Arbeitstätigkeit und Arbeitsorganisation beschäftigt, behandelt die Arbeitsgestaltung im forstlichen Betrieb als „angewandte Arbeitswissenschaft" getrennt nach Holzhauereibetrieb (Arbeitsgebiet der Ernte, des Holzhauers), Holztransportbetrieb (Arbeitsgebiet teils des Holzhauers [Anrücken], teils des Fuhrmanns [Abfuhr]), Kulturbetrieb (Arbeitsgebiet der Kulturarbeiterin, des Kulturwarts), alles Gegenstände, die unsre weitere Betrachtung berühren, ferner aber auch noch Holzverwertungsbetrieb, Verwaltungsbetrieb, Bodennutzungsbetrieb — die wir oben ausgeschlossen haben.

Es ist kein Zweifel, daß auch auf den verschiedenen Gebieten der mechanischen Arbeit wichtige Bestimmungsgründe für den Betriebsaufbau liegen, doch werden wir auf sie auch auf dem Weg über ihre forstliche Seite stoßen, so daß es begründet erscheint, ihnen hier von ihrer arbeitstechnischen Seite her nicht weiter nachzugehen.

Hilf schlägt also seine „Forstliche Arbeitswissenschaft" als selbständiges Lehrfach vor; ich möchte mich aus theoretischen, wie vor allem praktischen Gründen entschieden gegen diese Neugründung und für Beibehaltung der bisherigen Gliederung aussprechen und zwar aus zwei Gründen.

Zuerst ist zu beachten, daß in allen forstlichen Arbeitsfragen das forstliche (forstwirschaftliche wie forsttechnische) Moment die übergeordnete Kategorie gegenüber der Arbeitslehre bildet, die hier als reine Grundlagewissenschaft erscheint, d.h. alle Aufgaben sind hier zuerst vom Gesichts-

---

[1] Hilf: Die Forstbenutzung als Wissenschaft. Z. Forst-u. Jagdwes. 1930, S. 523 ff.

punkt der forstlichen Ernte, Kultur usf. zu lösen, arbeitswissenschaftliche Momente treten nur ergänzend hinzu.

Dann aber wäre eine Loslösung aller Arbeitsmethoden von Waldbau, Forstschutz, Forstbenutzung usf. durchaus unpraktisch, ein Riß würde sich durch die ganze geschlossene forstliche Lehre auftun und würde zu vielen Wiederholungen und Doppelbehandlungen nötigen; denn die einzelnen Arbeiten hängen mit allen Fasern an ihren forstlichen Muttergebieten, eben aus dem ersten theoretischen Grunde. Die Kulturarbeit ruht so ganz auf waldbaulicher Grundlage und hängt so eng und allseitig mit allen andern Waldbaufragen zusammen (und von ihnen ab), die Erntearbeit so voll= kommen mit den technischen Eigenschaften des Holzes und seiner Verwer= tung und Verwendung, daß sie unmöglich allein um ihrer arbeitstechnischen Seite willen von ihren Muttergebieten losgetrennt werden können. Da ist es doch viel praktischer, diese Gebiete bei ihren Arbeitgebern zu belassen und das Wenige, was an allgemeinen Sätzen der Arbeitswissenschaft für den Forstmann wissensnotwendig ist, an geeignetem Ort unter den Grund= lagen einzuflechten. Wir dürfen m. E. auch als Lehrer nicht den bereits im Übermaß mit Einzelfächern beschwerten Studen= ten mit der neuen Last eines weiteren selbständigen Lehr= und Prüfungsfachs beladen, ich möchte bei dem Vielerlei unseres Fachs vielmehr einer Entlastung das Wort reden und Lehrfächer, wie Forstgeschichte, Forstverwaltungslehre usf. als selbständige Prüfungs= fächer streichen. Gebiete, die in ihren Teilen überall auftreten und be= handelt werden oder ihres kleinen Stoffs wegen anderswo untergebracht werden können, herauszuheben, und nochmals im Zusammenhang zu behandeln und gar als selbständige Prüfungsfächer aufzustellen, überlastet unser ohnehin mit Verschiedenartigem schwer beladenes Studium ohne Not. Das gilt übrigens ganz allgemein für jede Gliederung nach „organischer und mechanischer Produktion". Beide lassen sich wohl rein gedank= lich nebeneinander stellen, können aber niemals zu einer systematischen Scheidung auf irgendeinem Gebiet führen, denn das Organische und das Mechanische in der Holzerzeugung, also die Tätigkeit der Natur einerseits und des wirtschaftenden Menschen andrerseits sind selbstverständlich in jedem einzelnen Betriebsvorgang so eng verbunden, daß jede Trennung zur unheilvollen Zerreißung von Zusammengehörigem würde. Die mensch= liche Tätigkeit beschränkt sich ja — wenn richtig verstanden — bei unserem Fach in weitem Maß auf die geistige Leitung der Natur und die Er= gänzung ihrer Leistungen im Sinne von Wirtschaftsziel bzw. Betriebs= ziel durch Arbeit.

Am meisten wird sich bei der heutigen Facheinteilung die auf dem Gebiet der Ernteorganisation noch so wenig entwickelte Forst= benutzung dazu eignen, in ihren Grundlagen ein kurzes Kapitel über Arbeitswissenschaft aufzunehmen.

Bei richtiger Facheinteilung dagegen gehören die allgemeinen Fragen der Arbeitsgestaltung in das Gebiet der Forstbetriebslehre (in unserem Sinn), die als Lehrfach noch nicht besteht; dort wären die allgemeinen Fragen der Arbeitsleistung, die Methoden ihrer Beurteilung und die systematische Erforschung der Bedingungen, von denen die Arbeitsleistung abhängt, zu behandeln.

Daß gerade die Forstbenutzung, wie übrigens unsere meisten Lehrfächer nach Inhalt und Abgrenzung systematisch manches zu wünschen übrig läßt, das ist nur zu richtig, sie ist noch, ähnlich der heutigen Forsteinrichtung, wie auch dem Waldbau, eine praktische Zwecklehre, die alles in sich aufgenommen hat, was die Nutzung im Walde berührt, mag es nun erzeugungstechnischer, rein arbeitstechnischer oder ökonomischer Art sein. Aber auf dem Gebiet der Forstbenutzung ist die Vereinigung der Stoffe nach rein praktischen Gesichtspunkten ohne Zweifel die beste, denn gerade bei Ernte und Verwertung liegt der Übergang aus dem erzeugungstechnischen (Fällung, Aufbereitung, Bringung) ins rein ökonomische Gebiet (Verwertung). Aufbereitung und Verwertung stehen durch Sortimentsbildung, Preisbildung, Markt in so inniger Wechselbeziehung, daß eine Scheidung nicht ohne ein Zerreißen von Zusammengehörigem möglich wäre.

Auf dem Gebiet der mechanischen Arbeit befaßt sich somit der Betrieb mit:

1. einer arbeitsgerechten Ausgestaltung des Arbeitsfelds und des Eingriffs in dasselbe und zwar im Betriebssystem, im Sinne höchster Förderung der Arbeitsleistung.

2. Gewinnung und Erhaltung gewandter und geübter Arbeiter und ihrer Ausstattung mit besten Arbeitsmethoden, Werkzeugen und Maschinen.

3. Überwachung der Arbeitsmethoden im Sinne höchster Arbeitsleistung und ihrer Weiterführung unter Anwendung der von Hilf vorgeschlagenen Bezifferungsverfahren.

Drittes Kapitel.

Die „Rationalisierung" der Forstwirtschaft.

Wenn von „Rationalisierung der Forstwirtschaft" gesprochen wird, was heute so vielfach geschieht, so ist das Wort allerdings kein schönes Lehnwort und wohl geeignet, zum Schlagwort zu werden! Es birgt auch nicht immer einen dem Walde vorteilhaften Sinn. Um so selbstverständlicher aber ist die Aufgabe, die es uns bei richtiger Deutung stellt.

Wer sich am Fremdwort stößt, möge „vernunftmäßige Einrichtung der Forstwirtschaft" übersetzen, was dann allerdings manchen

Gegner der „Rationalisierung" verstimmen mag, aber auch verstummen lassen wird. Man versteht nämlich unter „Rationalisierung" die übrigens uralte und selbstverständliche, dabei aber immer wieder neue Aufgabe einer vernunftmäßigen, d. h. einerseits den gegebenen Voraussetzungen und andrerseits den Zwecken verstandsgemäß angepaßten Anordnung und Ausgestaltung der Forstwirtschaft im ganzen und in allen ihren Teilen! Eine solche Anordnung aber kann nur eine systematisch aufgebaute sein!

An dem Ziel einer **wirklich** vernunftmäßigen Ausgestaltung der Forstwirtschaft kann sich gewiß niemand stoßen, ist dieses Ziel ja doch das richtig verstandene Endziel jeder Forstwissenschaft als einer technischen Wissenschaft, die Aufgabe ihrer aufbauenden Gebiete, für die alle grundlegenden Gebiete die Bausteine beischaffen. Sie sollen dem besten Erreichen des Ziels, der erfolgreichsten Erfüllung der Aufgaben der Forstwirtschaft dienen. Einer Rationalisierung der Forstwirtschaft strebt schließlich alle Arbeit unserer Wissenschaft zu, mag sie Bausteine beischleppen und formen, mag sie am Aufbau der Wirtschaft als ganzem oder ihres Betriebs im besondern unmittelbar mitwirken. Wer rationalisieren will, sagt damit nur aus, daß er an der Hebung der Forstwirtschaft irgendwie vernunftmäßig mitarbeiten möchte. Zum „Schlagwort" aber kann jedes Ziel werden (!), wo ernstes Streben durch Oberflächlichkeit verdrängt wird. Mir jedenfalls gilt die „Rationalisierung" als selbstverständliche, alles beherrschende Aufgabe unserer Wissenschaft und Wirtschaft.

Den vielseitigen Aufgaben innerhalb der Forstwirtschaft entspricht das alles umfassend Gesamtziel der Rationalisierung. Suchen wir kurz nach den Einzelzielen, so können diese ökonomischer und technischer Art sein, wir können ökonomisch, und im Rahmen dieses Ziels, technisch rationalisieren! Sombart fordert nun von der Rationalisierung: Planmäßigkeit, Zweckmäßigkeit und Rechenmäßigkeit. Wir müssen somit vor allem auf gute Planung abheben, was in der Forstwirtschaft durch die langen Zeiträume und ausgedehnten Flächen, mit denen wir arbeiten, in ganz besonderem Maße nahegelegt wird und notwendig ist. Wir müssen weiterhin Wirtschaft und Betrieb nach dem Gesichtspunkt des Zwecks organisieren, den wir im Walde verfolgen. Die Rechenmäßigkeit endlich begegnet in der Forstwirtschaft eigenartigen, kaum zu überwindenden Schwierigkeiten (Erfolgsrechnung), was einer Hebung der Rationalität in mancher Hinsicht hinderlich ist.

In der Forstwirtschaft stehen sich als bestimmende Mittel zur Rationalisierung gegenüber: Das wirtschaftliche Urteil und die technische Messung, welch letzterer sich vor allem die Tatsachenforschung im exakten Versuch bedient. Ist es nun aber z. B. in der Maschinentechnik die Messung die das Feld beherrscht und dieses Gebiet auf die Höhe exakter Bestimmtheit hebt, so herrscht in der Forstwirtschaft bei deren ökonomischem Charakter und biologischen Unterlage das wirtschaftliche Urteil, denn an die Ergebnisse reiner Tatsachenforschung kann sich hier doch immer wieder nur ein Urteil anschließen, das sich auf das Ganze und seine Umwelt stützt. Die Ergebnisse eines exakten Versuchs allein würden nur zu Einseitigkeiten verleiten, kann doch dieser nie zu völliger Isolierung der Bestimmungsgründe gelangen. Hier kann die Messung dem wirtschaftlichen Urteil nur Hilfsdienste leisten, nie allein bestimmend werden. Alle Messung, Rechnung, Statistik ist auf forstlichem Gebiet bestimmt, das freie wirtschaftliche Urteil zu stützen. Das muß erst klar erkannt werden. Wir brauchen zuerst Rationalisierung des wirtschaftlichen und betriebstechnischen Urteils!

1. Die Rationalisierung auf ökonomischem Gebiet.

Sie folgt dem Ziel bester Umsetzung des ökonomischen Prinzips in die Tat durch bestabgewogene Bemessung der wirtschaftlichen Kräfte, die zur Vollausnutzung der gegebenen Bedingungen im Unternehmen eingesetzt werden.

Sie kann in verschiedenem Sinne erfolgen:

a) Durch lohnendste Ausnutzung aller natürlichen — darum unentgeltlichen — Erzeugungskräfte auf technischem Weg.

Ihre besonderen Erzeugungs- und Marktverhältnisse nötigen die Forstwirtschaft, im Gegensatz zur Landwirtschaft, dazu, die Natur nach der Richtung des Betriebsziels mehr zu leiten, als zu zwingen. Es ist falsch, den Forstmann als „Diener der Natur" zu bezeichnen. Wir sind nicht Diener der Natur, sondern Diener der Technik und als solche Leiter der Natur mit technischen Mitteln nach unserem ökonomischen Ziel. Dabei darf keine der nützlichen Naturkräfte brach liegen bleiben. Dieses Ziel wird mit Mitteln der Technik erreicht.

b) Durch Verkürzung der Erzeugungsfrist (Umtrieb), d.h. durch intensive Ausnutzung der Zeit bei der Holzerzeugung, die eine Verkleinerung des erzeugenden Kapitals (der Holzvorräte) mit sich bringt. Sparen an Zeit und Geld!

Hier hindert die Unsicherheit jeder Rechnung infolge der langen Zeiträume, innerhalb deren Bewertung und Markt sich ändern, ein Streben nach höchster Rentabilität, ebenso die fließende Bewegung der Holzmassen, die schwer zu erfassen sind und die fortgesetzte Gefährdung des Ganzen. Auch zieht schließlich die Nachhaltigkeit enge Grenzen.

Auf diesem Gebiet haben die einfachen und klaren Gedankengänge Preßlers uns die Erkenntnis vermittelt über die Wirkungsweise der ökonomischen Grundkräfte in der Forstwirtschaft und ihre Beziehungen zur Zeit, in der wir unser ökonomisches Ziel erreichen können. Diese Erkenntnis gibt uns einfache Winke für unser Schätzen, Messen, Rechnen. Manche anderen ökonomischen Betrachtungen der neueren Zeit erscheinen dieser Einfachheit gegenüber wie ein schönes Feuerwerk, das mehr unser Auge verwirrt, als die Gegend erhellt.

c) Durch Verbesserung der Erzeugnisse, und damit Hebung des Wertzuwachses, durch Wahl wertvollster Holzarten, gleichwüchsig geschlossene Erziehung des Holzes, sorgfältige Baumwahl bei der Durchforstung usf. Auch hier sind unserer Wahl enge Schranken gezogen.

d) Durch Sorge für beste Verwertung der Erzeugnisse.

Der erste Weg — lohnendste Ausnutzung aller Erzeugungsmittel — leitet über zu:

2. Technische Rationalisierung.

Rationalisierung des Wirtschaftsvollzugs, des Betriebs.

Sie ist ein Ausfluß der ökonomischen Rationalisierung und besteht in:

a) einer Mechanisierung, Typisierung der auszuführenden mechanischen Arbeit — Handarbeit und Maschine — ein Gebiet, das in der Forstwirtschaft wie schon gezeigt wurde, für technische Ausgestaltung wenig Raum läßt.

b) einer Rationalisierung in Person und Verwaltung einer wichtigen, ins Gebiet der Verwaltung gehörenden Aufgabe in der Forstwirtschaft[1].

c) einer Organisation des Betriebsgangs in räumlicher und zeitlicher Hinsicht durch geeignete Betriebsgestaltung.

d) einer Hebung der Holzerzeugung durch Leistungskontrolle.

Reinhold unterscheidet eine: Rationalisierung des Werkvorgangs, der Technik (sachliche Rationalisierung), Rationalisierung der Arbeitszu- und -einteilung (Personelle Rationalisierung), Rationalisierung der Verwaltung), Rationalisierung der Kapitalerhaltung (beste Verzinsung des Anlagekapitals), Rationalisierung der Unternehmerpolitik, Rationalisierung der Rechenhaftigkeit.

Die Rationalisierung fördert auf technischem Gebiet die Betriebsführung und den Arbeitsvollzug, führt sie zu höherer Leistung und kleinerem Aufwand (Verbilligung), ordnet die räumlichen und zeitlichen Verhältnisse im großen und kleinen.

Auf dem Gebiet des Arbeitsvollzugs im besonderen bringt die Rationalisierung Verminderung des Aufwands durch geeignete Handgriffe, Werkzeuge und Maschinen bei Ernte und Kultur; sie erleichtert, verbessert und verbilligt die Einzelausführungen aller Art.

Alle Organisation auf technischem Gebiet stützt sich auf Normung und es fragt sich nun: Was ist im forstlichen Betrieb normierbar?,

---

[1] Vgl. 4. Abschn., 5. Kap. II und III.

wobei zu beachten ist, daß es sich in der Forstwirtschaft um eine auf freie Naturwirkung sich stützende Technik — „biologische Technik" — handelt (S. 15).

Da die mechanische Arbeit unsere Betrachtungen nicht weiter berühren soll, so beschränkt sich unsere Untersuchung auf die erzeugende Betriebstechnik: Was ist hier normierbar? Antwort: Alles rein Technische, alles was nicht unmittelbar naturbedingt ist, sei es nun waldbautechnischer, schutztechnischer, erntetechnischer oder allgemein betriebstechnischer Art. Es ist in der Hauptsache, wie wir sehen werden, alles das, was sich auf den Waldeingriff im großen — die Schlagbildung — bezieht.

Nicht normierbar dagegen ist — neben manchem Ökonomischen, das hier außer acht bleiben kann — alles Naturbedingte, Biologische, weil es von den Mannigfaltigkeiten des Standorts, der Holzarten und des Waldzustands abhängig ist.

Das ist eine sehr wichtige Erkenntnis, die im weiteren Verlauf unserer Untersuchungen und bei der Systembildung eine entscheidende Rolle spielen wird. Wir werden später mehrfach auf sie zurückkommen.

Die Vernunft stellt nun aber auf dem gesamten Gebiet des wirtschaftlichen Lebens den Grundsatz an die Spitze, daß, welchen Nutzen wir auch in unserer Wirtschaft anstreben mögen, wir dies tun müssen auf dem Weg geringsten Aufwands und bester Ausnutzung der gegebenen Kräfte!

Wir nennen ihn das Prinzip der Wirtschaftlichkeit! Gegen die Wirtschaftlichkeit als ein im Begriff der „Wirtschaft" ruhendes Prinzip kann vernünftigerweise nichts eingewendet werden (Rationalprinzip). Sie ist der kategorische Imperativ aller Wirtschaft, also auch der Forstwirtschaft, mag dieses Prinzip auch gerade hier oft gröblich verletzt werden, wo z. B. wirksame Naturkräfte, die ihre Leistung fast unentgeltlich anbieten, durch teure Technik ausgeschaltet werden und brach liegen bleiben.

In der Forstwirtschaft bezieht sich der Grundsatz vernunftmäßiger Anordnung sowohl auf das Ganze, wie auf jedes Teilgebiet für sich und zwar wie gezeigt wurde, auf deren ökonomische, wie technische Seite.

Es wären daher vor allem zu scheiden:

Eine Rationalisierung der Wirtschaft (ökonomische Rationalisierung), eine Rationalisierung des Betriebs (technische Rationalisierung) und auf letzterem Gebiet wäre wieder zu trennen: Der Gesamtbetrieb und seine Leitung von den einzelnen Teilvorgängen des Betriebs z. B. der ausführenden mechanischen Arbeit.

Gewöhnlich bezieht man nun in unserem Fach — in der so beliebten Nachahmung anderer Zweige der Volkswirtschaft — die Rationalisierung entweder auf das rein ökonomische Gebiet, also die Wirtschaft als Unternehmung, auch wenn man dabei von „Betrieb" spricht (!), oder aber auf die ausführende mechanische Arbeit (Taylor), also gerade auf die beiden

Gebiete, in denen bei der Forstwirtschaft nicht viel zu rationalisieren ist! Man redet da den andern nach und beachtet die völlige Sonder=stellung der Forstwirtschaft nicht, denn was in Industrie, Hand=werk und selbst Landwirtschaft usf. richtig, ja selbstverständlich sein mag, ist es darum noch nicht in der Forstwirtschaft. Hier ist nämlich der Ort, der einer Rationalisierung am dringendsten bedürftig und am zugänglichsten ist, nicht die ökonomische Organisation und nicht die Arbeitsorganisation, sondern vielmehr die Betriebsorganisation, an die man gewöhnlich höchstens im Sinne der Organisation der mechanischen Arbeit denkt, wenn man von Rationalisierung spricht. Auf diesem Gebiet aber ist, wie wir sehen werden, noch sehr viel zu erreichen!

Eine ökonomische Rationalisierung auf direktem Weg, etwa durch Einsetzen des wirksamsten Erzeugungskapitals, durch Einhalten des finanziellen Umtriebs, durch Nutzung jedes Baums zur Zeit seiner finanziellen Hiebsweise — theoretisch unzweifelhaft richtiger, aber in der nachhaltigen Forstwirtschaft unausführbarer Forderungen — scheitert be=kanntlich an der langdauernden, sich über drei oder vier Generationen er=streckenden Erzeugungsfrist, an der Unmöglichkeit einwandfreier Bewertung des veränderlichen Erzeugungskapitals und Bezifferung des Zinsfußes u.a. Das hat auch dem einstigen Glauben an eine scharfe Erfaßbarkeit des ökonomischen Beststands allmählich den Boden entzogen und der Er=kenntnis Raum geschaffen, daß dieser Weg einer Rationalisierung der Forstwirtschaft samt seinen Mitteln höchst problemati=scher Natur ist und hat die Praxis zur gutachtlichen Schätzung zurück=geführt, soweit sie solche überhaupt verlassen hatte.

Höchste ökonomische Rationalität in Form höchsten Reinertrags, wie sie letztes Ziel jeder nicht gebundenen Wirtschaft ist, schwebt in der Forst=wirtschaft stets in mehr oder weniger nebelhafter Ferne. Ihr können wir das Schiff unserer Wirtschaft nur vorsichtig kreuzend zulenken. Die prak=tische Forstwirtschaft kann sich ökonomisch nur in mehr oder weniger wei=tem Rahmen bewegen und diesen Spielraum gewähren ihr auch die tat=sächlichen Verhältnisse.

Ähnliches gilt — in gewissem Maß — auch für die mechanische Ar=beit, an deren Rationalisierung ebenfalls vor allem gedacht wird. Auch ihr sind, wie gezeigt wurde, enge Grenzen gezogen durch die Be=schränkung der Möglichkeit technischer Vervollkommnung auf einfache Verhältnisse!

Um so wirksamere Möglichkeiten winken der Forstwirt=schaft auf dem Gebiet der **technischen Betriebsführung**! Daß die räumliche Gestaltung in der Forstwirtschaft die wirksamsten Möglichkeiten für Rationalisierung bietet, das kann bei dem großen Flächenraum, auf dem sie sich vollzieht und bei der entscheidenden Bedeutung gerade der räum=lichen Verhältnisse vor allem in erzeugungstechnischer Hinsicht nicht Wun=

der nehmen. Man vergleiche hier mein Buch über die Grundlagen der räumlichen Ordnung im Walde!

Gerade deshalb entscheidet der Eingriff in den Wald nach Arbeitsfeld (Schlag) und Eingriffsform in dasselbe (Hieb) in besonderem Maß über den Erfolg des Ganzen und ist — vielleicht im Gegensatz zu anderen Wirtschaftszweigen — so recht die Stelle, an der die „Rationalisierung" ihren Hebel ansetzen muß! Hier, im ausführenden Betrieb, winkt vor allem Erfolg, denn hier treffen ökonomische Rationalisierung und Arbeitsrationalisierung in wirksamster Weise zusammen. Hier werden die Werte geschaffen! Das muß jeder erkennen, der selbst draußen im Walde einer Verbesserung seines Betriebs und höherer Intensität seiner Wirtschaft zustrebt!

Wenn ich in unserem Schrifttum lese, die Rationalisierungsmöglichkeiten ständen bei uns „im Mißverhältnis zu dem Eifer, mit dem diesem Ziel nachgestrebt werde", wobei noch von „Schematismus" und „Verkehrtheiten" die Rede ist, so kann ich dieses Urteil wohl für das ökonomische Gebiet gelten lassen, keinenfalls aber für das betriebstechnische. Hier gilt es zwar auch, aber umgekehrt (!) wie es gemeint ist, denn es ist geradezu auffallend, wie wenig man sich von jeher der Verfeinerung der forstlichen Betriebstechnik zugewendet hat, wie reich dort die Möglichkeiten sind und wie notwendig eine Rationalisierung dort tatsächlich gewesen wäre. Das kann allerdings nur der erkennen, der mit ökonomisch wie biologisch offenem Auge mitten im wirklichen Betrieb im Walde draußen steht. Dort ist der Ort der technischen und dadurch dann ökonomischen Hebung — „dort liegt", wie man zu sagen pflegt, „das Geld auf der Straße"!

Der wirksamste Weg einer Rationalisierung der Forstwirtschaft ist also die beste Anordnung des räumlichen wie zeitlichen Betriebsgangs!

Um aber diesen Betriebsgang vollkommen zu durchschauen und alle Bedingungen für beste Anordnung in räumlicher wie zeitlicher Hinsicht zu erkennen — von denen keine vergessen bleiben darf! — muß er analysiert und nach seinen letzten Bestimmungsgründen restlos durchforscht und zergliedert werden. Erst wenn wir den technischen Betrieb vollkommen zergliedert und durchleuchtet haben, sind wir befähigt, ihn ganz zu verstehen, zu beherrschen und dann auch an seine Rationalisierung heranzutreten. Für sie soll dieses Buch die Bahn der Erkenntnis frei machen.

Für die Rationalisierung soll also hier durch Analyse eine erste feste Grundlage geschaffen werden mit dem Wunsche und der Erwartung für unser Fach, diese Analyse möchte im Laufe der Zeit immer weiter durchgearbeitet werden, während ich ihr hier nur in groben Zügen folgen will. Die Gliederung wird dann auch zu mancher weiteren Klarlegung der Bestimmungsgründe und Beziehungen innerhalb des forstlichen Betriebs Anlaß geben, mindestens eine richtigere Beurteilung der Betriebswege sicherstellen, als sie bisher üblich war. Ich werde mich hier, wie bereits gezeigt, auf das Kerngebiet des Betriebs beschränken.

Viertes Kapitel.

Das Betriebssystem.

Als ein „System" (in unserem Sinn) betrachten wir: Die logische und zielgerechte Ordnung eines in sich geschlossenen Komplexes von Dingen (z. B. der „Wirtschaft", des „Betriebs"), nach beherrschendem Leitgedanken. Diese Ordnung verfolgt den Zweck, das Ganze zu überblicken, seine Teile in ihrem Wesen, in ihren gegenseitigen Beziehungen und ihrem Zusammenhang zu erkennen und zu würdigen, mit dem Ziel, das Ganze zu beherrschen und zielgerecht zu leiten. Die Systembildung gibt Anlaß, das Ganze zu zergliedern, um es zielgerecht wieder zusammenzufügen.

Das System ist uns also ein technisches Hilfsmittel des Geistes zur Beherrschung der Vielgestaltigkeit des Gegenstands.

In unserem Fall haben wir es nun mit einer zielbewußten Ordnung des forstlichen Betriebs zu tun. Hier erfolgt der Zusammenschluß im System einerseits zur Erleichterung seiner Leitung und andrerseits zu einheitlich geschlossener Zusammenarbeit aller seiner Glieder.

Um die Stellung des Betriebssystems im Ganzen der Forstwirtschaft zu kennzeichnen, sei folgendes festgestellt:

Planmäßige Forstwirtschaft bildet zunächst ein Wirtschaftssystem, das die ganze Wirtschaft, also die Aufgaben der ökonomischen Organisation des Unternehmens, der nachhaltigen Ertragsregelung und der technischen Betriebsordnung umfaßt. Die letztere wird, als selbst in sich geschlossener Komplex wiederum systematisch aufgebaut zum „Betriebssystem"[1].

Das Wirtschaftssystem umschließt somit auch das Betriebssystem als selbständiges Teilgebiet. Es beruht auf dem Willen des Waldbesitzers, genauer auf dessen wirtschaftlichen und rechtlichen Verhältnissen, weil diese seinen Willen bestimmen, er nach ihnen sein Wirtschaftsziel wählt.

Das Betriebssystem dagegen baut sich auf den gegebenen Erzeugungsbedingungen auf, wie sie das einzelne Revier besitzt, und gleichzeitig auf dem jeweiligen Stand der Entwicklung von Erzeugungstechnik und Markt. Damit ist also das Betriebssystem einerseits durch Standort und Bestockung, andrerseits aber durch die Verjüngungs-, Erziehungs- und Erntemethoden, wie durch die Verwertungsmöglichkeiten der Zeit bedingt.

Nun zeigt unser technischer Betrieb in der Nachhaltwirtschaft, wie wir ihn im zweiten Kapitel abgegrenzt haben, stark komplexen Charakter und sehr vielseitige und wechselnde Bedingtheiten, deren wahres

---

[1] Über Begriff und Wesen des Betriebssystems darf ich auf mein Lehrbuch der Forsteinrichtung S. 230—251 verweisen.

Maß wir erst im Laufe unserer weiteren Untersuchungen im vollen Umfang erkennen werden, sein Gang bedarf daher einer planvollen systematischen Regelung! Ja! Ich behaupte: Systembildung ist bereits überall vorhanden und nachweisbar, wo im Schlaghochwald überhaupt zielbewußt Nachhaltwirtschaft getrieben wird. Ohne systematische Ordnung der vielerlei Dinge samt ihren verwickelten und langwierigen Beziehungen untereinander ist ein reibungsloser Betrieb überhaupt nicht denkbar, im Schlaghochwald schon gar nicht ohne ein Schlagsystem als festes und sicheres Gerippe. Das zeigt die Geschichte unseres Fachs!

Da nun mein Eintreten für Systembildung auf dem Gebiet des forstlichen Betriebs vielfach bekämpft und als ein Hineintragen von Schematismus und Zwang in die freie Forstwirtschaft gekennzeichnet worden ist, so mag hier eine kurze, vor allem geschichtliche Betrachtung zeigen, einmal, daß Systembildung auf diesem Gebiet im Schlaghochwald etwas ganz Unentbehrliches ist, dann aber auch etwas Althergebrachtes, mag man sie nun als solche erkannt und gepflegt haben oder nicht[1].

Die Notwendigkeit eines Schlagsystems.

Mit dem einmütigen Übergang aus der Ungleichaltrigkeit der Bestockung im Blender- und Mittelwaldbetrieb zur gleichwüchsigen Holzerziehung im Schlaghochwald, wie er sich in Deutschland vor mehr als einem Jahrhundert vollzog, hat ein allbestimmender Umstand als Betriebsfaktor seinen Einzug in den deutschen Wirtschaftswald gehalten, dessen entscheidende Wirkung auf den Betrieb in der Folge und bis zum heutigen Tage noch viel zu wenig erkannt worden ist. Es ist die **Unselbständigkeit aller Glieder der Bestockung**, vom Baum bis zum Bestand und zum ganzen Wald, und aus ihr geboren deren **Deckungsbedürftigkeit** gegen alle, besonders die von der Seite her drohenden äußeren Gefahren, wie Sturm, Bodenwind, Sonne, Duft, dann auch Frost, Unkraut usf.

Statt der früheren Einbettung des alten Holzes in den Jungwuchs, der ihm Fuß und Schaft deckte und den Boden schützte und umgekehrt der Beschirmung des Jungholzes durch die alten Bäume, die selbst standfest erwachsen konnten, stehen heute im Schlaghochwald die Bäume mit hochgetriebenen Kronen neben ihresgleichen ohne Fähigkeit, sich allein gegen Sturm zu behaupten, Krone und Schaft seitlich selbst zu schützen und den Boden zu decken. Flächenweise, nach Altersklassen, getrennt haben sie dafür unter sich im geschlossenen Bestand eine strenge Deckungsgemeinschaft eingegangen, durch die sie sich gegenseitig der seitlich andringenden Naturkräfte zu erwehren suchen. Sie schützen einander gegen Sturm,

---

1 Vgl. meinen Vortrag vor der Deutschen Forstversammlung zu Stuttgart 1932.

decken sich gegen Sonne, beschirmen sich gegenseitig und beschatten einander den Fuß gegen Sonne und Wind.

Aber in diese natürliche Deckungsgemeinschaft greift der Betrieb notgedrungen mit rauher Hand ein und gefährdet das Ganze, im großen bei Wahl seiner Arbeitsfelder (Schlagbildung), im kleinen und einzelnen beim Eingriff ins Arbeitsfeld und der Stellung der Baumstände (Hiebsart). Das zwingt den Betrieb zur Vorsorge! Darum beherrscht das **Deckprinzip** den ganzen Eingriff in den Wald in räumlicher Hinsicht, den ganzen Betrieb im Schlaghochwald oder müßte ihn beherrschen.

Das Deckprinzip ist ein spezifisches Betriebsprinzip des Schlaghochwalds. Es fordert Deckung jedes Baums und gleichaltrigen Bestands im Luftraum gegen Sturm, Sonne, Duft, am Boden gegen Bodenschäden durch Sonne, Wind, Frost, Unkraut; die Wirkung ist also teils eine waldschützende, teils eine unmittelbar biologische. Dabei ist sehr zu beachten, daß jede Deckung stets nur auf geringe Tiefe — auf eine (Sonne, Wind) oder wenige Baumlängen (Sturm) — wirkt und daß sie, einmal in Anspruch genommen nun auch dauernd gewährt werden muß, da sich der Wald von ihrem Zwang nicht oder höchstens sehr langsam und vorsichtig wieder zu lösen vermag.

Geschichtlicher Nachweis der Systembildung.

Dieses Deckungsbedürfnis hat man denn auch fast schon vom Eintritt in den Schlaghochwald ab — wenigstens beim Nadelholz und im großen in der Schlagfolge — erkannt und ihm durch systematische Ordnung des Flächeneingriffs Rechnung getragen. Noch nicht tat dies G. L. Hartig, da seine Riesenschläge solcher Ordnung nicht bedurften und da er von der Buche ausging, wo die Sturmdeckung wenig Bedeutung hatte; um so nachdrücklicher aber hat gleichzeitig Cotta auf systematische Ordnung in der Schlagbildung und Schlagfolge hingewiesen. Er ging vom besonders deckungsbedürftigen Nadelwald aus und hat, indem er die Abteilungen zum Periodenschlag machte (Grundsatz der Abteilungseinheit) und diese Schläge zu Schlagreihen (Periodentouren, Hiebszügen) verband, als erster Schlagsysteme gebildet. Ihm sind alle Fachwerker durch das ganze 19. Jahrhundert und ihm ist dann auch Judeich in seiner Bestandswirtschaft gefolgt und alle Verwaltungen bis auf den heutigen Tag. Alle haben Schlagsysteme gebildet, auch wenn sie diese nicht als solche erkannten und benannten. Sie bestanden in entsprechender Formung der Schläge und Aneinanderreihung zu bestimmt gerichteten Schlagreihen, die schließlich in nach außen gesicherte Hiebsbahnen (Hiebszüge) geleitet wurden. Abteilungseinheit und Bestandswirtschaft, Schlagreihen und Decksysteme, Hiebszüge und Hiebszugsnetze sind der sichtbare Ausdruck dieser Systembildung.

Wer sich gegen meine Forderung der Systembildung auf diesem Ge-

biete wenden wollte, müßte sich darum schon mit Cotta, den Fach=
werkern, mit Judeich, ja mit der gesamten Forsteinrichtung des 19. Jahr=
hunderts und bis zum heutigen Tage auseinandersetzen, nicht erst mit
mir!

Im Betrieb des Schlaghochwalds hat man also gleich von Anfang
an und immerzu Schlagsysteme gebildet, mußte solche bilden, denn die
ganze Struktur seines Waldaufbaus, vor allem sein Deckungsbedürfnis,
zwang dazu. Seit 100 Jahren ist in Deutschland kein Nachhaltrevier ohne
Schlagsystem eingerichtet worden!

Trotzdem hat man das Schlagsystem in seinem wichtigsten Punkt — der
Schlagform — in keiner Weise weiterentwickelt, ist vielmehr in seinen
Systemen immer beim Breitschlag (Abteilung oder Bestand) als Grund=
lage stehen geblieben, hat durch ihn Großbestände gebildet und aneinander=
gereiht, hat somit durch ein ganzes Jahrhundert bis heute
immer nur **Breitschlagsysteme** gebildet und gekannt, von Cotta bis
Judeich!

Der Grund dieses Stillstands in der Entwicklung ist wohl allein der,
daß das Schlagsystem ausschließlich nur im Dienste der Er=
tragsregelung stand, und nur die Aufgabe hatte, dafür zu sorgen, daß
die Bestockungseinheiten, Abteilungen oder Bestände, wenn hiebsreif auch
jederzeit für die Ernte greifbar zur Verfügung standen, daß also alle Schlag=
hindernisse weggeräumt wurden. Man sah darum nur den zwingenden
Sturm und die Sonnengefahr für die Nadelholzbestände als Bestimmungs=
gründe.

Die Eingriffsweise in die Schläge dieser Breitschlagsysteme be=
stimmte und regelte dann weiterhin immer bis zum heutigen Tage die
gewählte „Betriebsart" des Waldbaus, welche Hiebsart und Hiebsgang
vorschreibt. Man weiß das gar nicht anders und kann es sich gar nicht an=
ders vorstellen, darum verstehen mich auch nur die Wenigen wirklich, die
sich tatsächlich und ernstlich mit meinen Vorschlägen beschäftigt haben!

Die „Betriebsart" ergänzt das Schlagsystem zum **geschlos=
senen Betriebssystem** seitheriger Prägung und dieses beherrscht heute noch,
ohne als solches erkannt zu sein, die ganze Forstwirtschaft.

Dieses Betriebssystem ist nun aber nicht allein nach der Seite hin voll=
kommen festgelegt und gebunden, nach der dies berechtigt, ja notwendig
ist, nämlich nach der betriebstechnischen Seite — eben durch das
Schlagsystem — sondern es ist ebensosehr in waldbaulich=biologischer
Hinsicht festgelegt — durch die bestimmte „Betriebsart", die auch den gan=
zen Einzeleingriff, Hiebsart und Hiebsgang, bis ins letzte bestimmt.

Wir haben somit hier, wovon später die Rede sein soll, ein geschlos=
senes oder gebundenes System vor uns.

Eben die Mängel dieser Art von Systembildung, von der die Geg=
ner ausgehen, weil sie keine andere kennen, die uns auch weiter=

hin aus der nachfolgenden Analyse entgegentreten werden, sind es ge=
wesen, die den Verfasser veranlaßt haben, allem Bestehenden ein ganz
anders geartetes System entgegenzustellen, ein freies, offenes
Betriebssystem, das in seinem Grundelement, dem Schlag, beweglich
und technisch entwicklungsfähig ist, das den Deckungsschutz für Bestand und
Baum, nach allen Richtungen hin, bis ins letzte durchführt und das
schließlich — nicht zuletzt — dem waldbaulichen Eingriff, d. h. **dem
Einzeleingriff, der die Baumstände schafft, freie Hand gibt!**

Obgleich, wie wir im ersten Kapitel festgestellt haben, Planmäßigkeit
nicht im Begriff des „Betriebs" liegt, wird doch solcher Aufbau bei größeren,
vielseitig bedingten Betrieben zur Notwendigkeit, dies um so mehr,
je vielseitiger bedingt und verwickelter sie sind und auf je längere Sicht sie
arbeiten. Es bedarf somit als Beweis dafür, daß ein Betrieb systematische
Ordnung erfordert, nur des Nachweises einer nicht übersehbaren Größe
und Dauer, sowie mannigfaltigen Bedingtheit seines Vorgehens. Sol=
chen Nachweis aber wird unsere Analyse im folgenden Abschnitt für den
forstlichen Betrieb in erdrückendem Maße erbringen.

Unsere Analyse wird zeigen, wie in der forstlichen Nachhaltwirtschaft
der Komplex „Betrieb" sich so weitgehend gliedert, und wie er in seinen
Elementen je durch so zahlreiche und verschiedenartigste Bestimmungs=
gründe regiert wird — neben allgemein geographischen, klimatischen, ge=
meinwirtschaftlichen usf. vor allem durch solche speziell biologischer, öko=
nomischer und betriebstechnischer, besonders aber erzeugungstechnischer
Art —, daß nur ein klarer systematischer Aufbau, eine durchsichtig
geordnete Synthese dieser Vielgestaltigkeit und Vielbestimmtheit gerecht
werden kann und einen sicheren Weg zur Rationalisierung des Ganzen weist,
ja daß es befremden muß, wenn man genötigt wird, vor
Fachgenossen über solche Selbstverständlichkeit überhaupt
ein Wort zu verlieren! In dem verbreiteten Mangel dieser Erkennt=
nis steckt die ganze Wirrnis unserer Betriebslehre. Es ist unbegreiflich,
wenn von fachlicher Seite für ein Objekt, wie es der forstliche Betrieb
ist, System und Ordnung abgelehnt und einem Betrieb von Fall zu Fall
das Wort geredet wird oder wenn man ihn gar, was die schädliche Ursache
solchen Standpunkts ist, unter den leitenden Gesichtspunkt einer ganz be=
stimmten Sparte stellt —, etwa des Waldbaus, wie fast regelmäßig ge=
schieht! Das muß notwendig zu Einseitigkeiten führen, die ja aller=
dings gerade in unserem Fach zuweilen tolle Blüten treiben! Beide Wege
— Betrieb von Fall zu Fall und dessen einseitige Einstellung auf eine be=
stimmte Teilaufgabe — entsprechen leider heute noch verbreiteter An=
schauungen, ja der herrschenden Meinung. Es wird deshalb eine Haupt=
aufgabe dieser Untersuchungen sein, sie als unhaltbar und jeden Fort=
schritt hemmend nachzuweisen.

Die Gegnerschaft eines systematischen Aufbaus tut sich viel auf „Stand=

ortsgebundenheit" zugute, wobei sie sich im Kampfe des „Eisernen Gesetzes" als Schild bedient. Ihr gegenüber sei festgestellt:

Standortsgebunden sind:

1. Wirtschaftssysteme insofern, als Hauerlöhne, Bringungskosten, Verjüngungskosten und Verwaltungskosten auf sie Einfluß üben können (Güte der Standorte, Entfernung vom Markt), z. B. insofern auf geringen Standorten oder in vom Markt abgelegenen Gebieten arbeitsintensive Formen sich nicht mehr lohnen und die Erzeugung mehr oder weniger der Natur überlassen werden muß.

2. Betriebssysteme insofern, als sie bestimmte Erziehungsformen des Holzes zugrunde legen, die nicht auf jedem Standort ohne besondere Gefährdung durchgeführt werden können. Auch bezüglich der Waldbegründungsformen kann Standortsgebundenheit vorliegen.

So ist z. B. gleichwüchsige Erziehung des Holzes und damit Schlaghochwald unmöglich in Hochlagen der Mittelgebirge.

Zur Systembildung hat sich Rebel bei Besprechung des Buchs von Vanselow kritisch geäußert und vor allem auch meine Vorschläge herangezogen. Da seine Äußerungen stets überaus anregend wirken, so möchte ich hier auf sie, soweit sie die Systembildung betreffen, kurz erwidern.

Rebel hat mit seinen Einwänden, um das vorauszuschicken, ohne Zweifel vollkommen recht, wo es sich um **wirkliche** Übertreibungen handelt, im übrigen aber muß ich widersprechen. Wenn Rebel von der Systembildung sagt: „sie erquickt nicht, wenn es uns nach den Lebensquellen dürstet", so ist das Bild falsch gewählt und stimmt auch in dem nicht, was es ausdrücken will. „Erquicken" kann doch nicht Aufgabe der Systembildung sein, sie ist nicht selbst „Quelle", sondern ja nur **Weg** zu den Lebensquellen, nämlich zur Erkenntnis, zum Verständnis des Fachs, zum Einblick in das Wesen der Elemente und zur Möglichkeit, aus der Quelle der Natur ungehindert zu schöpfen. Sie ist das technische Hilfsmittel des Geistes, unentbehrlich um den Quellen des Lebens näherzukommen und sie auszuschöpfen, unentbehrlich vor allem auch für Wissenschaft und Unterricht, wie für die Praxis zur Beherrschung des Gegenstands.

Ein System ist dann gut, wenn es gelingt, alle Erscheinungen der Wirklichkeit zwanglos in es einzufügen!

Den Ausspruch Rebels: „je mehr sein Denken überwuchert wird vom Wahn der Allgemeingültigkeit just seiner Einteilung, ausgerechnet seines Systems" darf ich wohl im Zusammenhalt mit „Wagners Anschauungen der betriebsumfassenden Bedeutung eines Systems" auf mich beziehen! Da bin ich nun aber sehr gespannt, wie Rebel seinen Ausspruch nun auch **beweisen** wird, nachdem ich nunmehr meinen „Wahn" einer weitgehenden Gemeingültigkeit des **Technischen** nochmals eingehend begründet habe, denn daß bei meinem System nur ganz allein die Technik festgelegt wird, nicht etwa Biologisches oder Ökonomisches, muß er ja längst bemerkt haben.

Diesen Beweis ist er mir aber schuldig geworden; er muß ihn nunmehr nach vollem Einblick in alle Grundlagen, die dieses Buch gibt, führen oder seinen Standpunkt richtigstellen. Dazu ist allerdings auch ein nochmaliges eingehendes Studium meiner früheren Ausführungen seinerseits notwendig, das den Geist und Sinn meiner gesamten Vorschläge erfaßt, sich nicht an einzelne Worte klammert, denn das alles scheint mir Rebel nach seinen mehrfachen Äußerungen nicht mehr recht im Gedächtnis zu haben, siehe später.

Die „Betriebsarten" und meisten „Einrichtungsmethoden" sind Aufbausysteme, die allerdings nur waldbaulich bzw. ertragsreglungstechnisch umfassend **sein wollen,** die aber tatsächlich betriebsumfassend **sind** und darum auch nur einseitige Bildungen sein können!

Rebel selbst gibt uns das beste Beispiel für die Notwendigkeit der Systembildung, um zur Quelle zu gelangen. Er meint, in einem Buch über natürliche Verjüngung des Wirtschaftswalds „wäre mir das Wichtigste ein Ermitteln und Ergründen der oft unerklärlichen, häufig nur unzureichend erklärten lokalen Verschiedenheiten hinsichtlich der Ansamungswilligkeit". Er fragt: „Warum kommt bei aller Raffiniertheit kein Anflug?" — Das biologische Rätsel! — Im Gebiet der wirklichen Waldstandorte kann das aber doch nur in zeitlicher Beschränkung behauptet werden. Schließlich kommt der Anflug doch! Nur der Fall ist hoffnungslos, wo man nicht verhüten konnte, daß der Boden inzwischen an eine andre Pflanzenformation übergegangen, d. h. hoffnungslos verwildert ist.

Das Maß der Ansamungswilligkeit eines Standorts ist allerdings eine wichtige waldbauliche Frage. Für den Betrieb aber und sein technisches System ist dieses Maß in jedem Fall standörtlich usf. gegeben, spielt also hier nur insofern eine Rolle, als das System jedem Maß von Ansamungswilligkeit Rechnung tragen muß. Denn es handelt sich für die Praxis zunächst um eine Unbekannte, die nicht Stütze der Technik sein kann. Ein richtiger technischer Aufbau des Systems wird aber das mögliche Maß jedes einzelnen Falls feststellen, wobei sich zeigen wird, daß bei bestangepaßtem Hieb und Baumstand die Ansamungswilligkeit eine viel größere ist, als man nach den üblichen Systemen des Breitschlags heute annimmt.

Es ist deshalb auch völlig abwegig, daß Rebel die zu so häufiger Erwähnung in dieser Hinsicht ganz ungeeignete Arbeit Haufes über Geildorf beizieht, ohne zu sehen, daß diese für meinen Fall nichts, aber auch gar nichts besagt, sondern nur die altbekannte Wahrheit auch für Geildorf feststellt, daß die Standorte sehr verschiedene Besamungswilligkeit haben. Bei den gleichartigen Baumständen des Blendersaumschlags war das ja besonders schön festzustellen. Aber das Ergebnis war nicht neu. Was Haufe feststellte, stand bereits im Wirtschaftsplan von 1902 — vor Beginn der Saumwirtschaft.

Wie lange solls noch dauern, bis man endlich erfaßt, daß mein technisches System mit dem biologischen Moment der Ansamungswilligkeit der Standorte nicht das mindeste zu tun hat, läßt dieses ja doch alles Biologische frei!

Ansamung kommt dann nicht, wenn kein Samen keimt, wenn die Keimlinge verloren gehen, nicht Fuß fassen, wenn der Anflug später wieder verdorrt, aus Lichtmangel eingeht, abgebissen wird usf., was örtlich, wie zeitlich wechselt. Daran kann der Boden, der Baumstand, die Witterung, das Wild usf. die Schuld tragen, auch fordert das Wirtschaftsziel meist raschen Erfolg, es fehlt die Geduld, wie die Möglichkeit, zu warten. Das alles mag der Waldbau prüfen und feststellen. Ich verstehe aber nicht, wie Rebel sich das Buch denkt, das er fordert, das auf alle Variationen von Standort, Holzart, Waldzustand, Witterung usf., also von Fall zu Fall Antwort gibt. Ich glaube nicht, daß er je zu einem solchen Buch käme. Und hätte ers, so fehlte immer noch die Brücke zum einzelnen Fall! Solche Einwände laufen immer wieder auf ein Festnageln variabler Dinge hinaus!

Variablen Dingen gegenüber hilft uns die Technik die örtlich günstigsten Bedingungen finden und auf die ganze Fläche gleichmäßig und fortlaufend übertragen. Das machen wir ja eben durch das saumförmige Arbeitsfeld. Möchte man doch endlich einsehen, daß es da auf größere oder kleinere Ansamungswilligkeit gar nicht ankommt! Man hilft überall nach, soweit es örtlich nötig ist! Im Waldbaubuch sind nur die Holzarten, Standorte, Baumstände, Bodenzustände usf. scharf zu kennzeichnen, den technischen Aufbau behandelt die Betriebslehre!

Der technische Gedanke des Betriebs bei Naturverjüngung ist einfach. Wir haben

dafür zu ſorgen, daß auf jedem Arbeitsfeld der Erdnutzung ununterbrochen beſte Be=
dingungen für Anſamung und deren Erhaltung gegeben ſind, wie ſie der Waldbau
lehrt und das Waldbild zeigt, bei gleichzeitiger Beachtung aber auch **aller
anderen** Beſtimmungsgründe für den Betrieb (!) und daß die Möglichkeit
beſteht, beim Verſagen der Anſamung rechtzeitig künſtlich nachzuhelfen. Allen Be=
ſtimmungsgründen gleichzeitig beſtens Rechnung tragen aber können wir techniſch
nur durch ſyſtematiſchen Aufbau des Ganzen, durch entſprechende Geſtaltung aller
Arbeitsfelder nach Größe, Form, Lage und Folge, alſo durch ein Schlagſyſtem. Das
iſt für jeden Unbefangenen eine Selbſtverſtändlichkeit!

Damit erledigen ſich auch Rebels Ausführungen darüber, daß „Vanſelow und
Wagner der Anſicht ſind, man könne mit Axt und Säge allein ein Keimbett ſchaffen".
Das iſt unter normalen Bedingungen, wo nicht immer, ſo doch ſicher in vielen Fällen
möglich. Dieſe Fälle aufzufinden und auszunutzen, iſt eben Aufgabe der Betriebs=
technik und des Syſtems. Wo es nicht geht — es gibt ja zahlreiche Hinderniſſe, die
ich nicht aufzuzählen brauche — da hat das „Syſtem" ſeine Pflicht getan, wir helfen
da künſtlich nach. Je naturempfindender bei gutem Syſtem die Hand iſt, die die Axt
lenkt, deſto weniger künſtliche Hilfe wird notwendig ſein!

Und daß man endlich mit einer „Randbeſamung" weder theoretiſch noch praktiſch
arbeiten könne, das iſt nur zur Hälfte wahr! Theoretiſch, d. h. rein biologiſch be=
trachtet, kann man es ohne Zweifel, praktiſch aber, d. h. ökonomiſch betrachtet, geht
es ſelbſtverſtändlich nicht, ſchon allein, weil wir angeſichts unſerer gleichaltrigen Groß=
flächen, den Erzeugniſſen des Breitſchlags durch 150 Jahre, viel zu langſam vorwärts
kämen. Daran denkt deshalb auch kein vernünftiger Menſch! Ich habe
wenigſtens noch nie von jemand gehört, der das hätte behauptet oder
tun wollen! Rebel kennt, wenn er ſolchen Gedanken Raum gibt, meine Vor=
ſchläge denn doch noch ſehr ungenau, oder kann ſich nicht in ſie hineindenken.

Ob ferner der Saumſchlag zu Dauermiſchung führen wird oder nicht, das
hängt, — genau wie bei andern Schlagformen — von Hiebsart und Hiebs=
gang und den nachfolgenden Erziehungseingriffen ab, die ja ſämtlich frei ſind, das
Syſtem alſo gar nicht berühren!

Zu den weiteren Ausführungen Rebels werde ich mich ſpäter äußern, Rebel
vergleicht da immer noch, wie früher, **Unvergleichbares**!

Zur Sache möchte ich nur bemerken: Der Blenderſaumſchlag geht vom
Randſtand als Grundſtellung aus und greift dann nach Art und Tiefe **frei** in
den Saum ein, das bayriſche Verfahren geht — wenn überhaupt verglichen
werden könnte, dann müßte das betont werden — umgekehrt von einer **feſtbeſtimm=
ten** Eingriffsform ins **Innere** aus und beachtet jetzt, nachdem ich darauf auf=
merkſam gemacht habe, auch die Randſtellung! So ſchwenkt z. B. Seeholzer nach
Norden um. Früher war von Randſtellung nichts zu leſen!

Die Bezeichnung „Betriebsſyſtem" wurde gewählt gleichſinnig
andern Bezeichnungen als Syſtem eines Betriebs, wie z. B. „Fluß=
ſyſtem" als Syſtem eines Fluſſes, ſeines ganzen Einzugsgebiets ſamt
allen Quellen und Zuflüſſen uſf. Ein Mißverſtändnis darüber, was wir
in der Forſtwirtſchaft unter „Betriebsſyſtem" zu verſtehen haben, kann
nicht entſtehen, wenn es nicht von außen hereingebracht wird.

Dies iſt jedoch geſchehen! Gegen die ſelbſtverſtändliche Bezeichnung iſt eingewen=
det worden, ſie ſei ebenſo „überflüſſig", wie „falſch" und „unbrauchbar" (H. W.
Weber), einmal weil das Syſtem ſchon im Betriebsbegriff ſtecke, dann aber, weil
in der Nationalökonomie man unter Betriebsſyſtem eine ſyſtematiſche **Verbin=**
dung mehrerer Betriebe verſtehe. Man vergleiche ſolcher Behauptung gegen=

über Baader[1], dem wir überdies in einem Vortrag über: „Was versteht man unter Betriebssystem und …“[2] eine schöne und klare Begründung des Betriebssystems verdanken.

Den ersten Einwand habe ich schon oben als falsch abgelehnt; daß auch der zweite nicht stimmt, liegt auf der Hand. Sollte jemand eine systematische Verbindung mehrerer Betriebe (als welche übrigens auch das forstliche Betriebssystem betrachtet werden könnte, wenn man Kulturbetrieb, Erziehungsbetrieb und Erntebetrieb trennt) ein „Betriebssystem“ nennen, so hätte er sich in der Bezeichnung vergriffen, denn er meint nach Analogie von Nervensystem, Planetensystem, Strahlensystem tatsächlich ein „Betriebesystem“.

Im übrigen wird ja die nachfolgende Zergliederung und Durchforschung des forstlichen Betriebs bis ins einzelne das Maß seiner Systemfähigkeit oder Systembedürftigkeit klar erweisen.

Für diese Systembildung müssen allerdings im Wald gewisse Voraussetzungen geschaffen sein bezüglich der Waldflächen, auf denen sie durchgeführt werden soll:

1. eine vermessene und gut eingeteilte Waldfläche, die unter gemeinsamer Wirtschaft steht,

2. eine für die Bringung der Schlagerzeugnisse durch ein Bringungsnetz systemgemäß aufgeschlossene Waldfläche bzw. die Herstellung eines solchen Netzes bei Durchführung des Systems.

Auf ebener Fläche und im Hügelland bildet meist das Ganze eine Bringungseinheit, die nun in Teileinheiten zergliedert und mit einem gemeinsamen Bringungsnetz überzogen wird. Je höher jedoch die Berge, um so ausgeprägter scheidet sich die Betriebsfläche in selbständige Bringungseinheiten, die durch Gebirgszüge, Grate, Talsysteme usf. begrenzt sind und um so mehr differenzieren sich innerhalb dieser wieder die Teilflächen nach Bringungsmöglichkeit und Bringungsrichtung. Hier wird nicht nur die Bringung im ganzen, sondern auch die aller Teilgebiete Gegenstand der Systembildung sein, also ins Betriebssystem mit eingeschlossen werden müssen.

3. Eine nach bestimmtem Plan zeitlich geregelte Nutzung. Ein Betriebssystem in unserem Sinn ist nur für eine Nachhaltwirtschaft denkbar!

Das Betriebssystem ist dann gekennzeichnet durch einen nach bestimmtem Plan geordneten Eingriff in den Wald, woraus sich ein betriebsgerechter Aufbau des Walds entwickelt.

Baader[3] weist dem Betriebssystem die Aufgabe zu, „alle wiederkehrenden Vorgänge einer fortlaufenden Produktion zu einem vernünftigen Ablauf zu ordnen“. Baader entwickelt am selben Ort Forderungen der technischen Betriebslehre an das System.

Mit Ausdrücken, wie „doktrinär“, „graue Theorie“ usf. sucht man in unserem Fach mit Vorliebe Darlegungen und Vorschläge abzutun, deren praktischen Zweck man entweder nicht erkennt oder die einem nicht in den Kram passen. Man versperrt ihnen durch solches Urteil nur zu leicht den Weg in die forstliche Praxis. Das ist auch meiner Forderung nach Systembildung im Betrieb begegnet, der auch sehr gerne das

---

[1] Allg. F. u. J.-Ztg. 1930, S. 362. [2] Silva 1930, S. 233.
[3] Allg. F. und J.-Ztg. 1930, S. 140.

beliebte Schlagwort „Schematismus“ angehängt wird. Da solche Urteile auch gegen=
über der nachfolgenden Analyse und ihren Ergebnissen zu erwarten sind, scheint es
angezeigt, diese Ausdrücke hier einmal zu beleuchten und dadurch vor ihrem Miß=
brauch zu warnen!

„Doktrinär“ denkt, wer ohne volle Kenntnis und Beachtung des Wesens der
Sache einer bestimmten Lehrmeinung folgt, aus ihr deduktiv Vorschläge ableitet oder
Ansichten und Urteile äußert, wer also auf einem Gebiet sich tummelt, das er nicht
beherrscht! Wer den Forstbetrieb geistig beherrscht, — der klarblickende Praktiker —
erkennt auf den ersten Blick alles Doktrinäre als solches und lehnt es als „graue
Theorie“ ab.

Mit dieser Bezeichnung läßt er jedoch der Sache das ihr umhängende wissenschaft=
liche Mäntelchen, statt auch dieses wegzuziehen und sie einfach und richtig als „Un=
kenntnis“ zu brandmarken. Er tut aber auch mit diesem Ausdruck der „Theorie“
bitter unrecht, die heute ohnehin in unserem Fach — sehr zu dessen Schaden — nicht
hoch im Kurse steht; ich möchte deshalb die „Theorie“ samt dem „Theoretiker“ —
auch diesem Titel wird gerne ein Tadel angehängt — hier in Schutz nehmen. Man
tut ihnen beiden bitter Unrecht und beweist nur seine eigene mangelhafte theoretische
Vorbildung, wenn man sie als solche verantwortlich dafür macht, daß so oft lange und
verwickelte Gedankengänge und streng logische Deduktionen zu praktischen Unmöglich=
keiten führen. Dieses Ergebnis hat natürlich mit der logischen Methode und da=
mit der „Theorie“ als solcher nicht das Mindeste zu tun.

Hier handelt es sich nicht um „graue“, d. h. weltfremde Theorie, sondern ganz
einfach um **Unkenntnis des Gegenstands**, mit dem man sich deduzierend beschäftigt,
über den man spricht und urteilt, so daß die ganze Gedankenarbeit mangels richtiger
Unterlage in die Irre schweift. Wer praktisch unbrauchbare, wenn auch logisch un=
anfechtbare Gedanken über Forstwirtschaft entwickelt, oder praktisch brauchbare theo=
retisch nicht versteht und darum bekämpft, ist nicht „Theoretiker“, wie man ihn fälsch=
lich nennt, — man tut ihm damit zu viel Ehre an — sondern einfach ein „Unkundiger“,
der sich fahrlässig mit Dingen bemengt und sich über sie ein Urteil anmaßt, die er
nicht oder nicht voll beherrscht, — eine leider überall da nicht seltene Erscheinung,
wo die Unmöglichkeit exakten Nachweises den Nährboden für jede Rechthaberei
schafft. Die ebenso unschuldige, wie nützliche, ja gerade für unser Fach schlechthin
unentbehrliche Theorie darf dadurch nicht in Mißkredit gebracht werden.
Wir müssen sie vielmehr hochhalten, denn wir brauchen sie, gerade im
forstlichen Betrieb, notwendig, wie das tägliche Brot!

Wer frisch und frei — „aus dem Handgelenk“ —, dabei aber wirtschafts=
und naturgerecht in den Wald eingreifen will — das schönste im Beruf des
Forstmanns — um sich an dessen frohem, ungestörtem und ungefährdetem
Wachstum und am Heranreifen wertvoller Früchte zu erfreuen, für den
reicht weder ein robustes wirtschaftliches Gewissen, noch auch waldbau=
licher Götterblick aus, er braucht vielmehr zweierlei:

Zunächst sorgfältigste **theoretische** Vorbildung in seiner Wissenschaft
und auf ihrer Grundlage aufgebaut gute praktische Bildung, d. h. er
muß viel beobachtet und über die Probleme seines Fachs nachgedacht haben.
Dadurch wird ihm das forstliche Auge geöffnet und er vermag aus dem
Buch der Natur — dem Waldbild — alles herauszulesen, was er für
seinen Betrieb braucht.

Nirgends ist eine volle theoretische Beherrschung des Fachs nötiger,
als in der Forstwirtschaft, denn nirgends ist der Betrieb gleich undurch=

sichtig und verwickelt, nirgends weniger Raum für rein handwerks=
mäßige Arbeit gegeben, ja nirgends die Gefahr einer handwerksmäßigen
Betätigung größer.

Man denke darum als Forstmann ja nicht gering von der
Theorie, man erniedrigt sonst seine Arbeit und damit sich selbst zum
Handwerker.

Daneben aber muß sich der Betriebsleiter auch noch auf ein gutes Be=
triebssystem stützen können. Dieses ist dazu bestimmt, dem theoretisch
voll Ausgebildeten für gute praktische Auswirkung seiner Tätigkeit Halt
und Stütze zu bieten. Das Betriebssystem wird dabei zum wichtigsten,
für freie Bewegung unentbehrlichen Glied des ganzen Aufbaus der Forst=
wirtschaft, also gerade das Gegenteil von einer „vollkommen überflüssigen
Bezeichnung“ (H. W. Weber) von „Schematismus“ oder „Zwangs=
jacke“.

Wir finden im Gegenteil — das soll dieses Buch beweisen — im Be=
triebssystem den Vermittler alles Fortschritts in der Forstwirt=
schaft als Brücke zwischen forstlicher Erkenntnis und ihrer
Verwirklichung.

Die Analyse der Verjüngungsernte.

Erstes Kapitel

Die Zergliederung des Endeingriffs und seine Bestimmungsgründe.

Wir beschränken uns zunächst auf eine Analyse des Ernte- und Verjüngungsgangs und lösen dieses Kernstück aus dem Betrieb heraus, um es weiterhin zum Hauptgegenstand unserer Betrachtungen zu machen, bildet doch die „Verjüngungsernte" (vgl. S. 22), im Gegensatz zu der im nächsten Abschnitt zu besprechenden „Erziehungsernte" — welche Form wir auch wählen mögen — den schärfsten und bestimmenden Einschnitt ins Waldleben, wie in den Betriebsgang, denn sie ist die Übergangsphase aus einem Erzeugungsgang (Produktionsprozeß) in den andern, umfaßt gleichzeitig den Abschluß des alten und die Eröffnung des neuen Umtriebs mit allen Möglichkeiten neuer Zielsetzung.

Und noch mehr! Der Eingriff der Verjüngungsernte bestimmt auch den ganzen künftigen Aufbau des Waldes und seiner Glieder durch die Art seiner Durchführung in räumlicher und zeitlicher Hinsicht und gibt damit dem ganzen Betrieb, ja der ganzen Wirtschaft, ihr eigenstes Gepräge. Denn dieser Eingriff bestimmt den Aufbau des Waldes nach Altersklassen, nach Holzarten, nach Baumständen (Standraum der einzelnen Bäume), gibt also dem Wald schon rein äußerlich seine Gestalt, seinen entscheidenden Aufbau, weil er den Gegenstand der Wirtschaft nach allen Seiten hin, erzeugungstechnisch, betriebstechnisch, ertragsregelungstechnisch ja verwaltungstechnisch formt.

Die Gestalt, welche die Verjüngungsernte dem Walde gibt, bildet vor allem die räumliche Grundlage für alle Einwirkungen des Betriebs, wie für die Leistungen des Walds, denn sie entscheidet über Lebensbedingungen und Gestaltung jedes einzelnen Bestockungsglieds, wie über das Zusammenwirken der Glieder und ihre Rückwirkung auf den Boden, also schlechthin über das Gedeihen des Ganzen!

Beim Endeingriff in den Wald spielen nun Raum- und Zeitgliederung eine beherrschende Rolle, denn einmal bewegt die Forstwirtschaft sich auf sehr großen Betriebsflächen, die alle andern Wirtschaftsarten weit in den Schatten stellen und auf denen die Waldbestockung auch noch

den Überblick wehrt, und dann übertreffen ebenso die Wirtschaftszeit-
räume, die zum Erreichen des Betriebsziels erforderlich sind, die Umtriebe, alle im wirtschaftlichen Leben sonst vorkommenden Fristen in noch
viel stärkerem Maße. Sie stellen die Forstwirtschaft geradezu außerhalb
des Kreises der andern Wirtschaftsgebiete.

Wir richten nun an den Betrieb die Frage: Was wird beim Endeingriff alles gemacht und wodurch ist jede einzelne Handlung
bedingt? Wir stellen uns also vor den fertigen laufenden Betrieb und
fragen zunächst nach den einzelnen Gliedern des Betriebsgangs und
dann nach ihren Bestimmungsgründen. Wir versetzen uns damit in
die Lage des Betriebsführers, der in den Wald eingreifen und den Betrieb
fortlaufend im Gang halten soll und fragen: Was hat er zu tun und was
sind die Gründe, die sein Tun bestimmen?

Sein Tun besteht einerseits in vorbereitenden Arbeiten, in fortlaufender Planung, andrerseits in unmittelbarem Eingreifen in den
Wald, dem Vollzug. Beide machen Kern und Wesen des Betriebs aus,
denn an sie schließt sich alle weitere Gestaltung, schließen sich alle ferneren
Handlungen des Betriebs unmittelbar oder mittelbar an. Dieses Tun wollen
wir in seine Elemente zerlegen und für jedes Element feststellen, durch
welche Umstände es bestimmt wird. Die „Bestimmungsgründe" für
unser Tun sollen gesammelt und gegeneinander abgewogen werden, um
ein Urteil zu gewinnen über die wechselnden Bedingtheiten unseres Tuns
als Betriebsführer in jeder Phase des Betriebs.

Festzustellen ist dabei auch, welche Grundlagengebiete der Forstwissenschaft hier und dort Forderungen stellen, welches Gewicht
und welcher Charakter einer jeden von ihnen unter verschiedenen Umständen zukommt.

Der Betrieb findet also seinen äußeren sichtbaren Ausdruck vor allem
im Endeingriff in die Waldbestockung. Dieser beherrscht das Ganze,
da er nicht nur alle Einzelarbeit, sondern auch den künftigen Aufbau
der ganzen Bestockung bestimmt.

So wollen wir nunmehr zuerst die Eingriffsweise allgemein gliedern (I),
den Aufbau der Bestockung als Ergebnis des Endeingriffs untersuchen (II)
und das Verhältnis von Endeingriff und Aufbau erörtern (III), um dann
weiterhin den Endeingriff in seine Elemente zu zerlegen (IV), deren Bestimmungsgründe zu suchen (V), den Quellen der Bestimmungsgründe
nachzuforschen (VI) und schließlich die Bestimmungsgründe gruppenweise
übersichtlich zusammenzufassen (VII).

I. Die Gliederung der Eingriffsweise.

Man gebraucht beim Eingriff in die Bestockung die beiden Bezeichnungen „Schlag" und „Hieb", für sich, wie in zahlreichen Zusammensetzungen und zwar leider in durchaus ungeregelter Weise, meist gleich-

sinnig, jedenfalls ohne klare Begriffstrennung, obgleich beide Begriffe in unserer Wissenschaft in wichtigen Bezeichnungen längst eindeutig festgelegt sind und obgleich auch der allgemeine Sprachgebrauch beide scharf trennt. „Schlag" ist eine Fläche, „Hieb" eine Handlung.

Trotzdem blicken wir hier in unserem Schrifttum in ein Gebiet unbegreiflicher Wirrnis, das ein klares Verstehen der Begriffe allgemein vermissen läßt. Wir brauchen jedoch für unsere weiteren Untersuchungen Klarheit auf diesem Gebiet und werden bald erkennen, daß sich in der klaren Trennung von „Schlag" und „Hieb"[1] eine Spaltfläche öffnet, die das ganze Betriebsgebiet durchzieht und bis in dessen Grundlagen hinabreicht. Sie soll uns im weiteren Verlauf unserer Untersuchungen überaus wertvoll für unsere Erkenntnisse werden, da sie überall klare Trennungsflächen schafft.

Und ebenso werden wir auch vielfach auf Unklarheiten stoßen, die aus der mangelnden Abgrenzung beider Begriffe stammen und werden daraus erkennen, daß eine bestimmte Scheidung hier nicht zu umgehen ist. In unserer Wissenschaft ist sie ja, wie gesagt, längst unzweideutig erfolgt, der Schlagbegriff ergibt sich aus Bezeichnungen wie „Schlagweishauen" (im Gegensatz zum Blendern), „Schlaghochwald" usf., der Hiebsbegriff in solchen wie „Hiebsart", „Hiebsgang" usf.

Verfasser selbst hat seit langen Jahren immer wieder und mit Nachdruck auf die Notwendigkeit eines klaren Auseinanderhaltens der Begriffe Schlag und Hieb hingewiesen, auch bei den zusammengesetzten Bezeichnungen, aber bei den Waldbauvertretern tauben Ohren gepredigt. Man hat eigensinnig das alte Durcheinander der Bezeichnungen beibehalten, ja noch verstärkt. So aber kann es unmöglich dauernd bleiben! Man wird sich endlich doch entschließen müssen, auch hier mehr begriffliche Sorgfalt walten zu lassen und den doch schon alten Feststellungen der Wissenschaft nachzuleben, wenn man nicht wissenschaftlich rückständig werden will.

Nach zahlreichen längst allgemein übernommenen und unzweideutigen Bezeichnungen unseres Schrifttums haben wir zu verstehen unter:

1. „Schlag" — und zwar im gewöhnlichen, engeren Sinn des „Schlaghochwalds" — eine Waldfläche, die in sich geschlossen oder in geschlossenen Verband (Schlagreihe) eingereiht ist, und die in bestimmter Frist (Jahr, Periode) oder bei übergreifender Ernte allmählich in steter Folge vollkommen abgeerntet und verjüngt wird.

Zu scheiden sind dabei: räumlich und zeitlich geschlossene Jahres- oder Periodenschläge (gewöhnliche Form) und stetig fortschreitende und übergreifende, räumlich und zeitlich offene Jahresschläge (stetiger Saumschlag).

Im Vordergrund steht hierbei der Nutzungsstandpunkt (wie schon die Bezeichnung sagt) und damit das Betriebstechnische. Der Schlag ist ein Gegenstand der Betriebstechnik!

Der Schlag wird nun bestimmt:

---

[1] Vgl. meinen Aufsatz: „Schlag und Hieb" im D. Fw. 1932, S. 433 f.

räumlich durch seine Form, seine Größe, seine Lage und die Folge der Schläge,

zeitlich durch die Schlagfrist, Jahr oder Periode.

Es handelt sich somit hier um einen Flächeneingriff in den Wald im großen, nach Arbeitsfeldern. Der Schlag ist, wo er ausgeschieden wird, das Arbeitsfeld der Forstwirtschaft für Ernte und Verjüngung in bestimmter Frist und damit der Vater der Bestockungseinheit, des „Bestands".

Baader teilt die „Schlagarten" in folgende Gruppen ein:

I. Gruppe: bestimmend ist allein die Form: Breitschlag und Schmalschlag.

II. Gruppe: bestimmend sind Form und Größe: Großbreitschlag und Kleinbreitschlag.

III. Gruppe: bestimmend sind Form und Lage im Innern: Horst- und Kulissenschlag.

IV. Gruppe: bestimmend sind: Form, Randlage und Folge: Saumschlag.

2. „Hieb" ist eine Handlung, nämlich der Einzeleingriff in die Bestockung des Schlags. Er befaßt sich daher nicht mehr mit der Fläche und ihrer Aberntung, sondern erfaßt die einzelnen Bäume, die auf der Schlagfläche stehen, regelt die „Baumstände" (Standraumverhältnisse) dort nach biologischen und daneben waldsichernden und ernteökonomischen Gesichtspunkten.

Die Art, wie der Hieb räumlich von der Schlagfläche Besitz ergreift, nennen wir „Hiebsart". Sie ist durch den Baumstand gekennzeichnet, den sie schafft.

Den zeitlichen Gang dieses Besitzergreifens heißen wir „Hiebsgang", bestimmt durch die Befristung des Schlags und die Gangart (das Tempo) des Hiebsfortschritts.

Aus dieser Begriffsscheidung ergibt sich ohne weiteres die Notwendigkeit des oben geforderten Auseinanderhaltens von Schlag und Hieb. Während sich der Schlag als ein Gegenstand der Betriebstechnik erweisen wird, als deren Organ, das vor allem den Rahmen für die Betätigung von Ernte und Verjüngung bildet, ist der Hieb eine Tätigkeitsform die, was keines Beweises bedarf, vorwiegend durch biologische Rücksichten bestimmt wird. Beide fallen also in ganz verschiedene forstliche Gebiete, der Schlag in die Betriebstechnik, der Hieb in die Erzeugungslehre (Produktionslehre).

Auch zwischen den Schlaggebilden und den Erscheinungsformen des Hiebs läßt sich eine klare und immer sichere Grenze ziehen, mag diese auch nicht bei allen Formen scharf hervortreten. Definieren wir nämlich den Schlag, wie oben, als begrenztes und befristetes Arbeitsfeld, dann kann nie ein Zweifel bestehen, was an räumlichen Gebilden ins Gebiet des Schlags, was in das des Hiebs gehört.

Schlaggebilde sind gekennzeichnet durch ihre Eigenschaft als selbständiges Arbeitsfeld auf zusammenhängender Fläche. Für sie kommen somit an der Untergrenze noch in Frage: der Horst im Sinn des Mayrschen Kleinbestands, die hessische „Gruppe", der Saum, der Keil, die Kulisse und ähnliche Bildungen, sofern sie eben **selbständige Arbeitsfelder** sind, andernfalls sind sie Hiebsgebilde, wie z. B. der Eberhardsche Keil (Periodenbreitschlag mit mehreren Keilen im Innern), in der Regel auch die Kulisse, wenn mehrere Kulissen nebeneinander in einen Bestand gehauen werden.

Als Hiebsgebilde dagegen werden immer erscheinen, weil sie vermöge ihrer Kleinheit nie selbständig und flächenmäßig als Arbeitsfeld auftreten können: Gruppenhieb, Rändelhieb usf. Dem Hieb gehören alle Gebilde an, die innerhalb des abgegrenzten Arbeitsfelds durch Ernteeingriffe entstehen. Sie können im kleinen dieselben Formen annehmen, wie die Schläge im großen.

Liegt somit klar, daß Schlag und Hieb scharf zu trennen sind und dies keine „Begriffsüberspitzung" bedeutet, so ist es lehrreich und notwendig, diese Bezeichnungen auch in ihren Zusammensetzungen durch unser Schrifttum zu verfolgen und dieses systematisch von Falschbildungen zu reinigen! Wir wollen versuchen, dies in dieser Schrift durchzuführen.

Zu trennen wären z. B. künftig: „Schlagfolge" und „Hiebsfolge", die beide das räumliche und zeitliche Nacheinander einerseits der Schläge und andrerseits der Hiebseingriffe in die Schlagflächen betreffen, wie sie im Aneinanderreihen der Verjüngungsflächen innerhalb Schlags zum Ausdruck kommen.

Räumlich setzt eine geordnete „Schlagfolge" eine bestimmte Richtung des Fortschreitens der Schläge nach dem Deckprinzip voraus. Man kann dabei die Schläge entweder in dieser Richtung unmittelbar aneinanderreihen, „Schlagreihen" bilden, oder man kann auf unmittelbare Folge ausdrücklich verzichten, Sprung- oder Wechselschläge hauen.

Den Mangel geordneter Schlagfolge nennt Baader „Wirrbau".

Eine bestimmte „Hiebsfolge" findet sich bei allen Hiebsarten, die von der Periodenschlagfläche nur allmählich, nicht zumal, Besitz ergreifen, wie z. B. der Blenderhieb beim Bayrischen Femelschlag, der Keilhieb und die Keilsäumungen bei Eberhards Schirmkeilschlag.

Zu trennen wären ferner:

„Schlagführung" und „Hiebsführung", von denen erstere in der Regel durch das Schlagsystem bestimmt wird, während die letztere eine freie, von Fall zu Fall zu lösende Aufgabe waldbaulicher Art ist, die dem Betriebsführer bleiben sollte, jedoch gewöhnlich durch die „Betriebsart" festgelegt wird.

Ebenso sind zu trennen:

„Schlagordnung" und „Hiebsordnung",

„Schlagrichtung" und „Hiebsrichtung", die auseinanderlaufen können,

„Schlagsystem" und „Hiebssystem", ersteres vertreten z. B. durch die Reußsche Schablone oder das Hiebszugsnetz von Judeich, während man als letzteres die waldbaulichen „Betriebsarten" des Breitschlags bezeichnen könnte.

Die Bezeichnung „Hiebszug", ist nicht zu beanstanden, weil er Einheitsfläche für das Hinziehen sowohl der Schläge als dann auch des Hiebs über die Hiebszugsfläche ist.

Um so mehr ist zu beanstanden das ganze Gebiet der Betriebsarten bezüglich deren Benennungen, wo der Wirrwarr zwischen Schlag und Hieb Orgien feiert, wo man Schläge „Hiebe" und Hiebe „Schläge" nennt! Wir brauchen hier nicht näher auf diese bekannte Erscheinung einzugehen, es mag später geschehen.

Zeitlich betrachtet kann die Folge der Schläge sein:

1. eine stetige, was z. B. bei Saumschlag Vorbedingung ist, da sonst Steilränder und andere Nachteile entstehen,

2. eine periodische — ruckweise, bei Breitschlag genügt periodische Folge der Schläge mit bis zu 20—30jähriger Pause (Ausfallen einer Altersklasse), die aber nicht überschritten werden darf, weil sonst die Möglichkeit der Betrauung verloren geht und deshalb späterhin Schlagfolgeschwierigkeiten eintreten würden.

Im Gegensatz dazu wäre „zeitliche Hiebsfolge", richtig betrachtet, das zeitliche Nacheinander der Hiebe auf der einzelnen Schlagfläche, also nur auf Periodenbreitschlag möglich.

Dort ist sie gekennzeichnet durch die Gangart (Tempo) des Einzeleingriffs und befristet durch die Nutzungsperiode des Schlags.

II. Der Aufbau der Bestockung und seine Gliederung.

Der Eingriff bestimmt den künftigen Aufbau! So müssen wir uns also auch mit der Aufbaugliederung beschäftigen.

Wo Schläge gebildet werden, also vor allem im Schlaghochwald, entstehen aus ihnen im Rahmen der Räumungsfrist gleichaltrige Bestockungseinheiten, „Bestände" genannt, die weiterhin Einheiten des Betriebs sind.

Wegen dieser Bildung können wir den Aufbau der Bestockung des Schlaghochwalds wieder scheiden in:

1. den Waldaufbau, als den Aufbau des Waldes nach den wirtschaftlichen Bestockungseinheiten, den Beständen oder Schlagreihen, wie er durch Schlagbildung und Schlaganordnung entsteht.

2. Den Bestockungsaufbau, als den Aufbau der Bestockung nach Bäumen und Baumgruppen innerhalb der betriebstechnischen Bestockungs-

einheiten, wie er nach Art und zeitlicher Folge des Hiebseingriffs in die Schläge aus den dort gebildeten Baumständen entsteht.

Der Waldaufbau entsteht somit aus der Schlagbildung, der Bestockungsaufbau aus dem Hiebseingriff in den Schlag. Ersterer wird vor allem durch technische Momente bestimmt, durch Überblick, Ordnung und Sicherung der Grenzen, letzterer durch das Ziel höchster Leistung und Sicherung der Holzerzeugung, durch vegetative Bedingungen, also biologische bzw. ökologische Momente, wie sie durch die Baumstände geschaffen werden.

Da jede Eingriffsform zu einem bestimmten Aufbau führt, so arbeitet man in der Forstwirtschaft beim Eingriff stets — sei es bewußt oder unbewußt — auf einen in jeder Hinsicht (nach Erzeugung und Betrieb) günstigst wirkenden Aufbau der Bestockung hin, einen „Normalzustand", für den dem Betriebsführer ein Idealschema vorzuschweben pflegt. Bei dessen Formung haben alle Bestimmungsgründe der Wirtschaft, die ökonomischen, technischen und biologischen, Pate gestanden, oft leider auch nur einseitig — einzelne von ihnen!

Vor allem spielt dieser Normalzustand beim Waldaufbau eine Rolle. Da die Schlagflächen zugleich auch die Bestockungseinheiten tragen, so bilden sie zusammen den Waldaufbau nach Altersklassen.

Diesen Normalzustand hat man bislang durchweg auf dem Wege reiner Konstruktion abgeleitet aus einem Breitschlagsystem (für Waldaufbau) in Verbindung mit einer „Betriebsart" des Waldbaus (für Bestockungsaufbau) und zwar auf dem Umweg über Umtrieb und „Normalität" der Altersklassen, wie dies Heyers Lehre vom Normalwald anregte.

Bei richtigem Vorgehen kann man nun zwar die Ableitung aus der Regel auf den Eingriff im großen — das Schlagsystem — anwenden, weil bei ihm die Technik bestimmend ist; man müßte sie aber auf den Waldaufbau beschränken, weil beim Einzeleingriff des Hiebs dem Wirken der Natur zu folgen, das Vorgehen also aus dem Zustand und der Entwicklung des Walds abzuleiten wäre, wie diese sich aus dem Waldbild ergeben. Wir werden später darauf zurückkommen.

In der Forstwirtschaft müssen wir zwei Wege der Ableitung unseres Vorgehens im Walde unterscheiden:

1. eine Ableitung aus der Regel, ein Handeln nach Vorschrift, das dem Plan oder der Betriebsregel entnommen ist. Von der allgemeinen Regel können wir in der Forstwirtschaft bei allem ausgehen, das mehr allgemein bedingt, von technischen Gesetzen abhängig ist, wie die Wahl des Arbeitsfelds, die Aufstellung des Schlagsystems usf.

2. eine Ableitung nach dem Befund, ein Handeln nach dem Zustand im Wald und seiner Entwicklung, das wir dem Waldbild und der Beobachtung seiner Entwicklung entnehmen. Dieser Weg ist zu beschreiten bei nur örtlicher Bedingtheit, bei vielseitiger, durch schwer faßbare und wechselnde Faktoren bestimmter Abhängigkeit, also bei nicht sicher vorausbestimmbaren Bedingungen — ökonomischen und vor allem biologischen, wie ökonomischer Vorrat, Hiebseingriff usf.

Bezüglich des Bestockungsaufbaus wäre noch darauf hinzuweisen, daß der Eingriff des Hiebs in die Bestockung bestimmte Stellungen der Bäume zueinander und zum Boden schafft, und damit auch Aufbauformen von verschiedener Art. Wir haben sie „Baumstände" genannt. Die möglichen Baumstände finden sich aufgezählt und besprochen in meinem Aufsatz in der Allg. F. u. J.=Ztg. 1929, S. 137 und in meinem Lehrbuch des Forstschutzes S. 75.

Die Lehre von den Baumständen, die doch das Waldbild bestimmen und über die Holzerzeugung entscheiden, ist nach Begriffen und Abgrenzungen bis in die neueste Zeit nur wenig entwickelt worden[1]. Das ist bemerkenswert, denn es fehlt damit auch der forstlich=biologischen Grundlagenforschung auf diesem Gebiet noch der sichere Boden für ihre Feststellungen. Von waldbaulichen Schriftstellern untersucht erst Vanselow 1931 in seinem Buch über „Natürliche Verjüngung im Wirtschaftswald" (S. 160ff.) ausdrücklich die verschiedenen Baumstellungen und stellt sie einander gegenüber.

Es ist hier zunächst darauf hinzuweisen, daß die biologische Wirkung jedes Eingriffs in den Wald, im besonderen bei der Verjüngung, bezüglich des Baumbestands bestimmt wird:

1. Durch die Stellung und durch die Kronenbildung der alten Bäume, die auf der Fläche selbst stehen — den Baumstand auf der Fläche — Einheit ist hier die Gruppenfläche, über welche die biologische Wirkung gewöhnlich nicht hinausgeht und deren Waldbild sich mit einem Blick umfassen läßt.

2. Durch den Baumstand der umschließenden Fläche (man könnte von „Aufstand" und „Umstand" sprechen, wenn das nicht so sehr zweideutig wäre).

So zeigt z. B. „gedeckter Schirmstand": Schirmstand auf der Gruppenfläche selbst, Schlußstand (Vollstand) rings um die Fläche herum oder doch nach der maßgebenden Seite hin, während bei „ungedecktem Schirmstand" auch die umgebende Fläche sich im Schirmstand befindet.

Wollen wir in dieses Gebiet tiefer eindringen, und dort klar sehen, so müssen wir erst alle Eingriffsmöglichkeiten — Hiebsarten — feststellen, definieren und gegeneinander abgrenzen. Aus ihnen entstehen dann die zugehörigen Baumstände. Leider läßt uns hier das forstliche Schrifttum fast ganz im Stich.

Verfasser hat in verschiedenen Veröffentlichungen, zuletzt in der Allg. F. u. J.=Ztg. 1929, S. 140 geschieden:

Kahlhieb, Schirmhieb, Blenderhieb, Randhieb und kombinierte Erscheinungen wie Lückenhieb, Lochhieb, Buchten=, Keil=, Kulissenhieb usf. Ihnen entspricht, wenn wir vom dichten, vollen und lockeren

---

[1] Vgl. Grundlagen der räumlichen Ordnung, 4. Aufl., S. 124—128.

Schlußstand (Dichtstand, Vollstand, Lockerstand) ausgehen, ein Kahl=
stand, ungedeckter und gedeckter Schirmstand, Blenderstand
(wobei auch das Alter der Bäume verschieden ist), Randstand; ferner
Verbindungen dieser ursprünglichen Baumstände, wie Lückenstand,
Lochstand, Kulissenstand, Keilstand, Buchtenstand usf.[1]

Es ist hier nicht der Ort, auf die verschiedenen Baumstände als Äuße=
rungen des Hiebs gliedernd bzw. scheidend näher einzugehen, es mag nur
an einem Beispiel gezeigt werden, wie notwendig hier Klarlegung als
Grundlage für die biologische Forschung, aber auch für die Benennung
und Beurteilung in der Praxis ist. M. E. muß auch hier unser Fach bei
seinen Bezeichnungen den feinen Unterscheidungen unserer Sprache fol=
gen, sie ausnutzen und vertiefen, statt sie durch wahllosen Gebrauch
gleicher Bezeichnung für verwandte und ähnliche Dinge zu verflachen.
Solcher Verflachung begegnet man leider gerade in unserem Fach so
häufig — vgl. Wirtschaft und Betrieb, Schlag und Hieb usf., usf. Nicht
„Überspitzung" sondern Verflachung ist unsere Gefahr!

Mein Beispiel seien die Bezeichnungen: Lockerung, Lücke und Loch für ver=
schiedene Baumstände, die meist nicht auseinandergehalten werden, jedenfalls nicht
nach festem Maß getrennt sind.

Von „Lockerung" sprechen wir, wo noch die Möglichkeit eines Wiederzusammen=
wachsens gegeben ist, wo also der Haubarkeitsverband der Bestockung noch erhalten ist.
Bei Lücke und Loch ist das nicht mehr der Fall.

Das Wort „Lücke" bezieht sich allgemein auf ein System räumlich geordneter,
d.h. gleichartig gestellter bzw. verteilter Gegenstände, z.B. einen Zaun, eine Allee,
eine Zahnreihe, eine geschlossene Waldbestockung. Werden aus solcher geschlossener
Anordnung einzelne Gegenstände herausgenommen, so entsteht nach gewöhnlichem
Sprachgebrauch eine „Lücke", das System gleichmäßiger Anordnung erscheint örtlich
gestört, durchbrochen.

Das Wort „Loch" bezeichnet im Gegensatz dazu eine Fläche, setzt eine sonst ge=
schlossene Fläche voraus, die auch wieder flächenweise durchbrochen ist — z.B. ein
Loch im Boden, im Kleid, in der Bestandskrone, im Dach.

Man wird somit im Wald, wo die vorher gleichmäßig aus Bäumen bestehende
Bestockung durch das Fehlen einiger Bäume durchbrochen ist, von diesem Fehlen von
Bäumen ausgehend von einer „Bestandslücke" sprechen, während beim Fehlen
zahlreicher Bäume nebeneinander der flächenmäßige Mangel in der Bestands=
krone und am Boden hervortritt, weshalb man hier von einem „Loch" spricht. Da=
durch ist begründet, daß man eine kleine Durchbrechung des Bestands eine „Lücke",
eine größere aber ein „Loch" nennt, und es fragt sich nun nur noch, wo die Grenze
zwischen beiden zu ziehen ist. Erst wenn wir diese haben, können wir über die doch
offenbar sehr verschiedene biologische und schutztechnische Wirkung beider Gebilde
etwas Positives aussagen. Wo aber, wie bisher in unserem Schrifttum, eine sichere
Abgrenzung fehlt, darf man sich nicht wundern, daß z.B. über die biologische Wirkung
des Lochstands diametral entgegengesetzte Urteile nebeneinander ausgesprochen wer=
den und dabei jeder recht hat, weil der eine dabei die Lücke, der andre das Loch im Auge
hat! Für die Abgrenzung wird die ökologische Seitenwirkung des umstehen=

---

[1] Vanselow unterscheidet: Lückenschirmstellung, Großflächenschirmstellung, Kahl=
stellung, Gruppenschirmstellung, Randstellung und kombinierte Formen.

den Holzes (Schattenwirkung) und damit auch die Bestandshöhe bestimmend sein; die Beziehung zu letzterer ist unverkennbar! Was im hohen Holz als Lücke erscheint und wirkt, tut dies im Jungwald als Loch.

Mag, was die biologische Wirkung dieser Gebilde des Baumstands betrifft, eine „Lücke", wie sie aus Blenderstand, Pilzwirkung, Blitzschlag, Insektenfraß oder Schnee entsteht, auf bestimmtem Standort biologisch noch günstig wirken (wandernde Sonnenflecke), so ist dies doch beim „Loch", wie es durch „künstlichen Femelschlag", durch Schnee, Sturm usf. erzeugt wird, schon wegen plattenweiser Dauerbesonnung nicht mehr der Fall, je größer das Loch ist, um so weniger, denn hier decken die Ränder nicht mehr die entstandene Blöße; Wind, Sonne, Sturm dringen ein. Das können wir offenen Auges in jedem Wald feststellen. — Solch starke Durchlöcherung des Kronendachs (künstlicher Femelschlag, hessische Gruppenwirtschaft) bedeckt den vorher geschlossenen selbstgesicherten Waldkörper mit schwärenden Wunden, die — selbst wenig erzeugungstüchtig — Schadenkräften den Zugang ins Innere gewähren. Wir werden mehrfach darauf zurückkommen.

III. Das Verhältnis von Eingriff und Aufbau.

Da der Eingriff in den Wald dessen künftigen Aufbau bestimmt, so werden auch, wie bereits gezeigt wurde, die Flächeneingriffe im großen durch Abgrenzung von Arbeitsfeldern für Vollaberntung, wie sie der Schlaghochwald übt, eine andre Aufbauwirkung haben, als die Einzeleingriffe des Hiebs und ihre Baumstände. Dies ist, wie gezeigt wurde, tatsächlich der Fall:

Die Schlagformen schaffen für den künftigen Wald die Formen des Waldaufbaus, die Formen der Bestandslagerung; die Hiebsarten dagegen bestimmen den künftigen Bestockungsaufbau, d. h. die Baumstände innerhalb der Bestockungseinheiten. Es bedingen sich also:

Heutige Schlagform und heutige Hiebsart einerseits und künftiger Waldaufbau und künftiger Bestockungsaufbau andrerseits, wir können sie beiderseits als **„formgleich"** bezeichnen, ihr Verhältnis ist normal. Sind dagegen die heutige Schlagform oder die heutige Hiebsart **andere, als die früheren**, aus denen die heutige Bestockung entstanden ist, dann fehlt dieser Einklang, dann entspricht der Eingriff nicht mehr dem gegebenen Aufbau, beide sind **„formverschieden"** und zwar kann sich Formgleichheit wie Formverschiedenheit auf den Waldaufbau, wie den Bestockungsaufbau beziehen. Im ersteren Fall ist die Wirkung der Formverschiedenheit vorwiegend ökonomischer Art, im letzteren treten biologische Momente in den Vordergrund.

Wir müssen somit, wollen wir den Betrieb zergliedern (analysieren), vorweg zwei Fälle scheiden, wenn nicht Widerspruch mit der Wirklichkeit und damit Verwirrung und Mißverständnis entstehen soll:

1. Die vorhandene Bestockung ist formgleich dem beabsichtigten Eingriff, d. h. sie ist einst aus gleicher Eingriffsweise entstanden — normaler, aber seltener Fall —.

2. Die vorhandene Bestockung ist anders — formverschieden auf-

gebaut, d.h. einst aus anderer Eingriffsweise entstanden — abnormer aber meist gegebener Fall —.

In beiden Fällen werden die Bestimmungsgründe für den Eingriff, wie dessen Wirkung verschieden sein. Davon später.

IV. Die Elemente des Endeingriffs.

Steht man nun als Betriebsführer vor seinem Wald, um erntend und verjüngend in ihn einzugreifen und damit zugleich auch den Grund zum erwünschten künftigen Aufbau der Bestockung zu legen, so muß man nacheinander über folgende Fragen Entscheidung treffen:

1. Soll fortgesetzt und regellos über die ganze Betriebsfläche hin erntend und verjüngend eingegriffen werden? Oder aber

Soll dies mit Beschränkung auf abzuscheidende Arbeitsfelder geschehen, die in bestimmter Frist voll abgeerntet und verjüngt werden, d.h. sollen Schläge gebildet werden?

Werden aber Schläge gebildet, dann ist die weitere Frage:

2. Wie sind diese zu formen, nach ihrer Größe zu bemessen und zu lagern und wie sollen sie sich folgen?

(Regelung des Flächeneingriffs in den Wald und des Waldaufbaus, Frage der Schlagordnung.)

3. Wie soll in die Bestockung des einzelnen Schlags räumlich eingegriffen werden, welche Baumstände sind dort zu schaffen und zu entwickeln?

(Regelung des Bestockungseingriffs und -aufbaus, Frage der Hiebsart.)

4. In welcher Frist und welcher Gangart (Tempo) soll die Aberntung und Verjüngung des einzelnen Arbeitsfelds erfolgen?

(Regelung des Verjüngungszeitraums und Verjüngungsgangs, Frage des zeitlichen Hiebsgangs.)

Im Schlaghochwald gliedert sich somit der Willensantrieb des Betriebsführers zur Tat bei der Verjüngungsernte in drei getrennte, im Einzelfall verschieden stark hervortretende Denkbestimmungen:

1. Die Wahl des Arbeitsfelds.

Sie regelt den Flächeneingriff in den Wald, die Schlagform usf. Dieser Flächeneingriff kann sich dauernd auf die Gesamtfläche erstrecken oder aber auf Schläge beschränken, welche bestimmten Zeitabschnitten zur Vollaberntung und Verjüngung überwiesen werden.

Wählen wir den letzteren Weg, so gestattet wiederum der Schlag eine Ausformung in verschiedener Weise. Dadurch schafft er der Technik allerlei Möglichkeiten! Der Schlag kann in verschiedenen Formen, Größen, Lagen auftreten und die Schläge können in verschiedener Folge gebracht werden.

Die **Schlagform** ergibt sich aus dem Verhältnis der beiden Flächenausmaße zueinander, der „Länge" und der „Tiefe" — die Bezeichnung „Breite" wirkt hier mißverständlich und wird deshalb besser vermieden —, wobei die Tiefe das Ausmaß der Richtung bezeichnen soll, in welcher — sofern dies der Fall — die Schläge fortschreiten, bzw. aus der die Gefahren drohen. Je nach dem Verhältnis beider Ausmaße zueinander, bzw. je nach der mehr oder weniger großen Erstreckung der Tiefe des Schlags, kann man „Breitschlag" und „Schmalschlag" unterscheiden, während „Saumschlag" ein Schmalschlag ist, der weiterhin durch seine Lage am Bestandsrand und seine dehnbare Tiefe bestimmt wird.

Die **Schlaggröße** ist die Flächenausdehnung des Schlags, gemessen an ihren ökologischen und betriebstechnischen Wirkungen.

Man muß hier scheiden:

1. die Gesamtbetriebsfläche als Schlag,
2. den Großschlag,
3. den Kleinschlag.

Die **Schlaglage** wird bezogen entweder auf eine bestimmte Himmelsrichtung (Gefahrrichtung) oder auf das Gelände, seine Neigungsrichtung.

Als richtunggebend kommen in ersterer Hinsicht alle seitlich einwirkenden Schadenkräfte in Frage, vor allem seiner mechanischen Wirkung wegen der Sturm, aber auch wegen ihrer biologischen Wirkung Sonne, Bodenwind usf. Bei Breitschlag spielt nur die Sturmdeckung eine Rolle, während der Saumschlag ihr die biologischen Sicherungsmomente gleichwertig an die Seite stellt. Aus den verschiedenen Richtungen, die in Wettbewerb treten, kann auch eine mittlere Gefahrrichtung abgeleitet werden, gegen die der Schlaghochwald seine unselbständigen Einheiten ihrem Deckungsbedürfnis entsprechend zu decken sucht.

Von ähnlicher Bedeutung wird die Schlaglage im Berggelände, wo die Bringungsrichtung und die Ausweichrichtung für die Ernte bei allen stärker geneigten Flächen durch die Neigungsrichtung des Hangs bestimmt werden, weil das Holz nicht bergauf befördert werden kann, sondern in der Neigungsrichtung abfließt.

Die **Schlagfolge** endlich ist die räumliche Anordnung der Schläge in Reihen behufs entsprechender zeitlicher Folge der Aberntung in Hinsicht auf Deckungsschutz.

Beträgt die Schlagfrist nur ein Jahr (Jahresschlag), so ist das ganze Arbeitsfeld gleichzeitig auch Verjüngungsfläche, d.h. diejenige Fläche, die sich zu gleicher Zeit in Besamungszustand befindet.

Nicht nur der Kahlschlagbetrieb bildet solche „Jahresschläge", sondern auch der stetige Saumschlag bedient sich ihrer ausschließlich, nur greifen hier die Schläge dachziegelförmig mehr oder weniger tief übereinander.

Ist dagegen der Schlag periodisches Arbeitsfeld (Breitschlag = Periodenschlag), dann kann ebenfalls die ganze Schlagfläche gleichzeitig auch Verjüngungsfläche sein, wie beim Schirmbreitschlag, die Verjüngung kann aber auch nur allmählich und zwar in verschiedenen Formen („Hiebsfolge") vom Schlag Besitz ergreifen. Dieser und die gleichzeitige Verjüngungsfläche decken sich dann nicht, wie beim Bayrischen Femelschlag und Eberhards Schirmkeilschlag.

Für den Betriebsführer erhebt sich nun die Frage: Was bestimmt uns allgemein oder im Einzelfall, bei der Wahl zwischen den verschiedenen Möglichkeiten der Schlagbildung und Schlaganordnung dieser oder jener Möglichkeit zu folgen?

2. Die Wahl der Hiebsart,

d.h. des Hiebseingriffs in die Bestockung des Arbeitsfelds in räumlicher Hinsicht.

Hier gibt es, wie unter II gezeigt wurde, verschiedene Eingriffsformen in die Bestockung, unter denen Wahl getroffen werden kann!

Kahlhieb, Schirmhieb, Blenderhieb, Randhieb und als Sonderformen: Lückenhieb, Löcherhieb, Buchtenhieb, Keilhieb, Kulissenhieb. Ihnen entsprechen je sie kennzeichnende „Baumstände" mit besonderen biologischen und betriebstechnischen Eigenschaften. Die Wahl der Hiebsart erfolgt im Hinblick auf ihre Baumstände vor allem nach biologischen Gesichtspunkten.

Überblicken wir die verschiedenen Möglichkeiten der Hiebsführung, so ergibt sich wiederum die Frage: Welche Umstände bestimmen uns allgemein oder im einzelnen Fall, die eine oder andere Form des Eingriffs bzw. Aufbaus zu wählen?

3. Den zeitlichen Hiebsgang im Schlag,

d.h. die zeitliche Folge der Hauungen auf der Schlagfläche.

Der Hiebsgang wird durch zweierlei bestimmt:

a) Durch die Frist für Abwicklung der Vollaberntung und der Verjüngung des Schlags als Zeitrahmen, also durch die Nutzungsperiode der Ertragsregelung, welcher der Bestand zugeteilt ist, und gleichzeitig durch den Allgemeinen Verjüngungszeitraum der gewählten Betriebsart, die somit übereinstimmen müssen.

b) Durch die Gangart (Tempo) des Hiebs innerhalb des Zeitrahmens der Nutzungs- und Verjüngungsperiode, den Rhythmus der Hauungen, der in der Verteilung der Erntemassen und in der Wiederkehr der Eingriffe (Umlauf) zum Ausdruck kommt.

Die Frage ist für den Betriebsführer auch hier: Durch welche Umstände wird die Wahl dieses oder jenes Hiebsgangs bestimmt?

Zu was führt nun aber die Entscheidung dieser drei Fragen?

Sie bestimmt den Eingriff in den Wald im großen wie im einzelnen und damit dessen Wald- und Bestockungsaufbau.

Aus den Schlägen formen sich Bestände und Schlagreihen als Bestockungseinheiten. Systematische Schlagordnung (Schlagsystem) ergibt bei Ausbau auch der seitlichen Sicherheit Hiebszüge und Hiebszugnetz. Diese Ordnung verfolgt vor allem technische, im besondern betriebstechnische Ziele und stützt sich auf erzeugungstechnische, schutz- und erntetechnische neben allgemeinbetriebstechnischen Momenten.

Der Schlag ist das Organ des technischen Prinzips in der Forstwirtschaft.

Anders der Hieb nach Art und Gang: Er schafft die Baumstände und ihre Entwicklung und damit Art und Folge der Besiedlung der Schlagfläche durch die Holzarten und Altersstufen, den Aufbau auf der Schlagfläche nach Holzart und Alter durch das ganze Bestandsleben.

Der Hieb bestimmt das Relief des Walds am einzelnen Ort, das Waldbild!

Die Hiebsfolge auf der Schlagfläche wird in räumlicher Hinsicht durch die Hiebsart bestimmt. Dem gleichförmigen Flächeneingriff (Schirmhieb und Kahlhieb) und dem stetig zusammenhängenden streifenförmigen Vorgehen (Randhieb mit Vorlockerung des Randstreifens) steht hier das Zerreißen der Verjüngungsfläche innerhalb Schlags in zahlreiche, verschieden geformte Teilflächen gegenüber (Blenderhieb, Löcher mit Ringblenderung, „Gruppenwirtschaft").

In zeitlicher Hinsicht ist es der Hiebsgang, der mehr noch, als die räumliche Folge auf das Ganze wirkt, besonders auf biologischem und waldsicherndem Gebiet. Dabei wirken Stetigkeit, Rücksicht auf den Jungwuchs und Lichtungszuwachs bestimmend.

Der Hiebsgang schafft zusammen mit der Hiebsart den Bestockungsaufbau und zwar besonders den Altersaufbau, aber auch auf die Vertretung der Holzarten übt er Einfluß, insofern langsamer Hiebsgang die Schatthölzer, rascher Hiebsgang die Lichthölzer begünstigt.

Der Hieb verfolgt fast ausschließlich ökologische und damit Erzeugungs- und Sicherungsziele. Das geht daraus hervor, daß er — im Gegensatz zum Schlag mit seiner vorherrschend betriebstechnischen Wirkung aufs Ganze — nur Einzelwirkung auf die Bestockung zeigt, auf deren Baumstände, und daß er damit die vegetativen Bedingungen der Bestockung bestimmt.

Der Hieb ist biologisch bestimmt! Alle biologische Wirkung des Eingriffs in den Wald hängt am **Einzeleingriff** und an seinem Erzeugnis, dem **Baumstand**!

Ist somit der Schlag, wie gezeigt wurde, vorwiegend ein Organ der Betriebstechnik, so wird der Hieb vor allem durch Waldbau und Forstschutz bestimmt. Auf den Schlag greifen die biologischen Belange nur über, soweit er den Hieb beeinflußt, und zwar dessen Baumstände durch die Schlagform, dessen zeitlichen Gang durch die Schlagbefristung.

Wenn wir hier sehen, daß sich der Hieb biologisch auf kleinstem Raum auswirkt, so werden wir an den Satz erinnert, den Dengler auf S. IV des Vorworts zu seinem „Waldbau" ausspricht: „Aller Waldbau ist örtlich, ja sogar auf kleinstem Raum bedingt." Das ist für die Standortsbedingungen und ihren häufigen Wechsel gemeint, der zu Pfeils „Eisernem Gesetz des Örtlichen" und zum Bestockungseingriff nach Befund im kleinen führt, von dem später die Rede sein soll.

Der Satz gilt aber darüber hinaus auch noch für den Bestockungseingriff, den Hieb. Auch dieser wirkt zunächst vor allem auf kleinstem Raum im einzelnen Baumstand, den er schafft. Wir können dem Satz daher den Zusatz anfügen, „wie sein Eingreifen selbst zunächst auf kleinstem Raume wirkt".

Die unmittelbar ökologischen, vor allem biologischen Wirkungen unserer Waldeingriffe erfolgen immer nur auf kleinstem Raum, der Gruppenfläche, als waldbaulicher Flächeneinheit, im örtlich geschaffenen Baumstand, d. h. in dem, was an Bäumen auf der Flächeneinheit steht und was sie umgibt, wie es sich im einzelnen Waldbild darstellt.

Aus dem Besprochenen folgt jetzt schon — wir werden darauf zurückkommen —:

Der betriebstechnische Faktor „Schlag" läßt sich vorausbestimmen, nicht aber der biologische Faktor „Hieb".

Die Annahme ist irrig, es lasse sich allgemein und sicher voraussagen, mit Hilfe welcher Verjüngungsform und in welcher Verjüngungszeit, d. h. welcher Baumstandentwicklung — welches räumlichen und zeitlichen Gangs des Hiebs — sich ein gegebener Bestand am besten verjüngen lasse. Dazu hängt der Erfolg meist von zu vielen, selbst wieder variablen und in sich gegenseitig bedingenden Faktoren ab. An dieser falschen Annahme krankte der gesamte Waldbau der Vergangenheit („Betriebsarten")!

Der beste Weg zur Verjüngung durch Einzeleingriff (Regelung der Baumstände), also die Hiebsform, läßt sich nicht nach Regeln bestimmen, sondern nur aus dem Befund im Wald (vgl. S. 53). Dazu ist sichere Dauerbeobachtung am Waldbild notwendig, die am besten bei linearer Anordnung „am laufenden Band" erfolgen kann. Nur dadurch kann der Zufall und damit das Mißlingen ausgeschaltet werden, denn der Zufall ist der Feind des wirtschaftenden Menschen! Ihn gilt es auch bei der Verjüngung auszuschalten, und zwar durch technische Mittel!

Das Verhältnis von Schlag und Hieb.

Wenn wir vom „Schlag" sprechen, so stellen wir den betriebstechnischen Gesichtspunkt voran, stellen uns auf den Nutzungsstandpunkt; beim

„Hieb" dagegen steht der erzeugungstechnische Gesichtspunkt im Vorder=
grund, wir stellen uns auf den Verjüngungsstandpunkt. Die Nutzungs=
fläche des Schlags wird zur Verjüngungsfläche des Hiebs. Doch decken
sich beide Flächen, wie wir gesehen haben, durchaus nicht. Der Hieb und
damit die Verjüngung kann räumlich und zeitlich in verschiedener Weise
von der Schlagfläche Besitz ergreifen.

Sie kann das Besitzergreifen ganz der Natur überlassen und ihr nur
mit der Axt folgen, sie kann aber auch ein bestimmtes Betriebsziel ver=
folgen und bedarf dazu bestimmter Hiebsführung, wieder verschieden,
wenn sie Naturbesamung oder künstlichen Anbau anstrebt oder beide ver=
bindet.

Die Besiedlung des Schlags kann eine zusammenhängende flächen=
weise sein und zur Gleichwüchsigkeit der Bestockung führen, sei es in
Breit=, Schmal= oder Saumschlägen, sie kann aber auch punktweise oder
auf Gruppenflächen erfolgen und führt dann zur Ungleichwüchsigkeit.

Allgemein mag hier darauf hingewiesen werden, daß die Technik des
Waldbaus, räumlich betrachtet, drei verschiedene Arten des Ernte= und
Verjüngungseingriffs in die Betriebsfläche kennt, die teils in der Schlag=
form, teils in der Hiebsart zum Ausdruck kommen.

Wir können hier scheiden:

1. ein Punktprinzip mit Erweiterung bis zur Gruppenfläche bei
regellos punktförmigem Eingriff auf der ganzen Betriebsfläche, verwirk=
licht z. B. im Blenderbetrieb und in der Hiebsart des „Femelschlags";

2. ein Linienprinzip mit Erweiterung zum Streifen, bei linien=
oder in der Regel streifenförmiger Anordnung der Eingriffspunkte, wobei
der Eingriff in den Bestockungskomplex meist seitlich und mehr oder
weniger stetig einsetzt und in bestimmter Richtung weiterläuft, verwirk=
licht z. B. im Saumbetrieb und bei der Ründelung;

3. ein Flächenprinzip, das seinen Angriff über Flächen mit nach
beiden Seiten hin etwa gleichen Ausmaßen ausdehnt, verwirklicht, z. B.
in den Breitschlagbetrieben.

Die zeitliche Folge auf der Schlagfläche wirkt neben der räumlichen
bestimmend. Sie ist abhängig von der Jungwuchserzeugung und vom
Schutz der Jugend bis zu deren biologischer Selbständigkeit.

Schlagbildung und Hiebsführung erfassen zusammen den
ganzen Endeingriff, bilden die „Betriebsform" und teilen sich
klar in deren Aufgaben.

Wenn man im Waldbau von „Verjüngungsformen" spricht, so
schließt man in ihnen gewöhnlich Schlagform, Hiebsart und Hiebsgang
zusammen. Das ist bezüglich Hiebsart und Hiebsgang richtig, da diese vor=
wiegend durch biologische Gründe und darum auch durch das Verjün=
gungsziel bestimmt sind. Nicht richtig ist dies dagegen bezüglich der Schlag=
form. Ihr Verhältnis zum Verjüngungsziel bedarf besonderer Betrachtung.

Bei der Schlagbildung sprechen nämlich zahlreiche andere Betriebs=
faktoren mit, wo sie nicht allein den Ausschlag geben. Bezieht man bei
den Verjüngungsformen auch noch die Schlagform mit ein, so entstehen
Betriebsformen, die nicht mehr Gegenstand des Waldbaus sind.

Nun ist aber eine Trennung von Schlag und Hieb nicht bei allen Ein=
griffsformen der Wirklichkeit in gleicher Schärfe möglich. Dies ist nur der
Fall beim Breitschlag, während je schmäler der Schlag wird, um so
mehr fließen Schlag und Hieb in ihren Auswirkungen zusammen, so daß
bei sehr schmalem Schlag die einzelne Hiebsart kaum mehr bestimmend
hervortritt, sie geht im Schlag auf. Damit geht auch die biologische Auf=
gabe des Hiebs mehr oder weniger auf die Schlagform über. Rein äußer=
lich hatte dieses Zurücktreten zur Folge, daß alle andern Betriebsarten
der Vergangenheit ihre Namen von der Hiebsart herleiten, der Saum=
schlag allein von der Schlagform.

Umgekehrt tritt beim Blenderbetrieb als Gegenspiel des Schlaghoch=
walds der Schlag, der hier die ganze Betriebsfläche umfaßt, völlig zurück,
während die Hiebsart das Ganze beherrscht.

Scharfe Trennung ist also gegeben beim Flächeneingriff, kaum noch
bei Linieneingriff, nicht mehr bei Punkteingriff.

Der nach Schlagform, Hiebsart und Hiebsgang gegliederte Eingriff in
den Wald hat ökologisch betrachtet die Aufgaben der Verjüngung und
des Deckungsschutzes:

Der Schlag begrenzt und deckt, die Hiebsart schafft und ent=
wickelt und der Hiebsgang erhält die Kinderstube des Walds in
günstigem und gesichertem Zustand.

Betriebstechnisch dagegen, vor allem erntetechnisch, scheidet sich die
Gesamtaufgabe nicht gleichmäßig nach diesen drei Elementen, hier ist viel=
mehr der Schlag das beherrschende, weit umfassende Element, der Hieb
hat in seinem Rahmen nur eine Einzelaufgabe, die ökologische.

Die drei Elemente des Waldeingriffs sind aber nicht erst bei der Pla=
nung durch den Betriebsführer auseinanderzuhalten, Schlag und Hieb
fallen vielmehr, wie unsre Untersuchung zeigen wird, schon in den Grund=
lagegebieten auseinander, auf denen sie ruhen. Sie werden darum
auch durch ganz verschiedenartige Bestimmungsgründe beherrscht. So
zieht, wie schon oben angedeutet wurde, die Spaltfläche zwischen Schlag
und Hieb von den Grundlagen ausgehend durch den Betriebseingriff, um
schließlich im Aufbau der Bestockung sichtbar in die Erscheinung zu treten.

Betrachten wir das Ganze und in ihm die logische Folge unserer
Gliederungselemente, so ist ohne Zweifel das Arbeitsfeld, wo es die Ge=
stalt des Schlags annimmt, nach Form (Tiefe!), nach Lage im Raum
(Gelände) und nach räumlicher und zeitlicher Folge das zuerst zu be=
stimmende Element des Betriebseingriffs, also auch gliederungstechnisch
das Erstgültige. Der Eingreifende steht zuerst vor dieser Frage, sie gibt

den Ort und schafft Bedingungen und Rahmen für den Hieb in räumlicher, wie zeitlicher Hinsicht.

Der Schlag ist — wir werden uns näher damit zu beschäftigen haben —
das Gebiet der technischen Einwirkung, ist der Technik in hohem Maße
zugänglich. Er beherrscht damit den ganzen Betriebsgang und vereinigt
auf sich fast alle technischen Bestimmungsgründe, ist technisch betrachtet das
umfassendste, das Ganze beherrschende Element. Auf biologischem Gebiet
dagegen tritt seine Bedeutung zurück.

Die Hiebswahl folgt, zunächst chronologisch betrachtet, der Wahl des
Schlags nach. Die Bestimmungsgründe des Hiebs stammen auch aus einem
ganz andern, das Betriebsganze wenig berührenden, keinenfalls bestimmenden Gebiet, er ist vor allem das waldbaulich und damit örtlich bedingte
Element des Betriebseingriffs.

Die logische Folge: Arbeitsfeld, Hiebsart, Hiebsgang wird auch bestimmend sein müssen für die systematische Gliederung der Methoden, die
sich aus ihnen zusammensetzen, für die sog. „Betriebsarten".

Einen schönen bildlich dargestellten Überblick über den geplanten räumlichen und zeitlichen Betriebsgang gewährt die „Betriebskarte", wenn
in ihr die Schläge nach Form, Lage und Folge, daneben auch die Hiebsart
und der Hiebsgang übersichtlich dargestellt sind. Das ist mit einigen Strichen
möglich! Durch solche Darstellung wird die „Bestandskarte" („Wirtschafts-
karte" ist nicht der richtige Ausdruck!), die den Bestockungszustand darstellt,
erst zur wahren Betriebskarte. Sie ist, in der besprochenen Form ausgebaut,
das wichtigste Hilfsmittel in der Hand des vollgebildeten Betriebsführers, der den Befund im Walde am Waldbild prüft, um dann
an der Hand der Betriebskarte und des Nutzungssatzes zu entscheiden.

Zur Frage der Betriebskarte sei hier bemerkt, daß die Praxis bezüglich der Darstellung der Grundlagen (Holzart, Alter, Bestockungsweise) vielfach keine glückliche
Hand hatte. Statt der ganz selbstverständlichen Darstellung der Holzarten in verschiedenen Farben und der Altersklassen in Abtönungen dieser Farben stellt man vielfach
die Altersklassen in verschiedenen Farben dar und macht dadurch jeden Überblick über
die Lagerung der Altersklassen unmöglich, wozu kommt, daß bei der notwendig will-
kürlichen Farbenwahl für die Altersklassen jede Verwaltung ein anderes Farben-
spektrum zeigt.

V. Die Bestimmungsgründe (Determinanten) des Waldeingriffs im allgemeinen.

Die Elemente, in die wir den technischen Betriebsgang zerlegt haben —
Schlaggröße, Schlagform, Schlaglage, Schlagfolge, dann Hiebsart und
Hiebsgang — werden nun in ihrer Gestaltung durch Einflüsse bestimmt, die
aus den verschiedensten Gebieten der Forstwirtschaft stammen, aus dem
ökonomischen der Allg. Forstwirtschaftslehre, dem gemeinwirtschaftlichen
der Forstpolitik, in besonderem Maß aber aus den biologischen und technischen Grundlagegebieten unseres Fachs, der Erzeugungslehre („Produk-

tionslehre"), also Waldbau, Forstschutz und Forstbenutzung und vor allem aus der Betriebslehre selbst. Wir wollen diese Einflüsse die „Bestimmungsgründe" des Waldeingriffs nennen und im folgenden zunächst allgemein betrachten.

Sie treten als Forderungen an Betriebseingriff und Waldaufbau mit verschiedenem Nachdruck auf, als zwingende, oder als nur erwünschte, als gemeingültige (generelle) oder als nur örtlich oder fallweise bestimmende, einzelgültige (spezielle), als stetige oder als im zeitlichen Wechsel wirkende, wechselnde usf.

Von besonders einschneidender Bedeutung für den Betrieb und seine Methoden ist die Verschiedenheit in der Erfaßbarkeit der Bestimmungsgründe. Es stehen sich solche gegenüber, die feststehen und sich leicht allgemein ableiten und vorausbestimmen lassen, die darum auch für die Betriebsordnung auf Ableitung aus der Regel (S. 53) hinweisen, wie z. B. die rein technischen Bestimmungsgründe, während andere stark wechselnder Art sind und sich sicherer Vorausbestimmung mehr oder weniger entziehen und damit nur der Ableitung aus dem Befund (S. 53) zugänglich sind, wie z. B. die biologischen Bestimmungsgründe.

Endlich haben die meisten Bestimmungsgründe für den Betrieb sehr verschiedenes, oft örtlich und zeitlich wechselndes Gewicht, wechseln besonders mit den biologischen und Gefährdungsumständen, wie Klima, Witterung, Boden, Bestockung, von Fall zu Fall, aber auch mit den ökonomischen Umständen der wirtschaftlichen Umwelt, dann mit den Wirtschaftszielen und den Betriebszielen.

Von „zwingenden" Bestimmungsgründen sprechen wir, wenn diese aus lebenswichtiger Grundlage fließen, den Wirtschafts= und Betriebserfolg maßgebend bestimmen, also den Waldeingriff beherrschen müssen, wie das z. B. bei den meisten biologischen und den auf Abwehr vernichtender Waldplagen gerichteten Gründen in die Augen fällt, während die erwünschten und beachtenswerten Bestimmungsgründe, vor allem solche, die sich auf Nebenziele der Wirtschaft beziehen, wie z. B. Waldschönheit, nur in dem Maße auf den Waldeingriff wirken sollen, als sie nicht durch gewichtigere Gegengründe ausgeschaltet werden. Bei den zwingenden darf das natürlich nie der Fall sein, aber auch bei den nur erwünschten wird ein guter Betrieb immer Mittel und Wege finden, sie mit entgegenstehenden Bestimmungsgründen in Einklang zu bringen, ein regelmäßiger Vorgang im wirtschaftlichen Leben; denn jedes Außerachtlassen irgend eines Bestimmungsgrunds würde den Erfolg mindern oder eine Gefährdung bedeuten. Im wirtschaftlichen Leben ist man deshalb daran gewöhnt, überall auf Einklang zwischen sich widerstreitenden Bestimmungsgründen hinzuarbeiten.

Bestimmungsgründe mehr allgemeingültiger Art, d. h. solche, die weite Gebiete beherrschen, zahlreiche Verhältnisse umfassen oder die stetig gelten, werden sich leicht zur Grundlage gemeingültiger Regelungen machen lassen, während Gründe, die nur örtlich und zeitlich wechselnd auftreten, Besonderheiten des Betriebs in jedem Einzelfall bedingen.

Gleiche Wirkung haben auch Bestimmungsgründe von örtlich wechselndem Gewicht. Diese finden wir vor allem auf den Gebieten der Biologie und der Waldsicherung. Sie führen hier zu dem ebenso oft angeführten, wie mißdeuteten „Eisernen Gesetz des Örtlichen" von Pfeil, und zwar wechselt hierbei das Gewicht mit der verschiedenen Beschaffenheit der grundlegenden Umstände, wie Klima, Boden, Bodenzustand, Bestockung, Bestockungszustand usf.

Je mehr die Umstände wechseln, um so mehr wechselt mit ihnen auch das Gewicht vieler, aber durchaus nicht aller (!!!) Bestimmungsgründe. Es sind vielmehr, wie wir sehen werden, gewisse Gruppen, die dem Wechsel stark unterliegen, während andere bei auf weiten Flächen gleichen Grundlagen — z. B. ökonomischen und rein technischen — auch weithin gleiches Gewicht zeigen.

Wer somit dem andern wahllos und allgemein das „Eiserne Gesetz des Örtlichen" entgegenhält, wenn er allgemeiner Regelung auf bestimmten forstlichen Gebieten zustrebt oder wer bei jeder sich bietenden — passenden oder unpassenden — Gelegenheit betont, in der Forstwirtschaft „dürfe selbstverständlich nirgends verallgemeinert werden", der verflacht dadurch nicht allein eine forstliche Wahrheit zum Schlagwort[1], sondern er sucht auch den Splitter des „Generalisierens" in des Bruders Auge, während ihm selbst der Balken generalisierender Einseitigkeit im Auge steckt und ihn am Erkennen der Verschiedenheit der Umstände hindert. Wenn gewisse Gruppen von Bestimmungsgründen einer generalisierenden Abstraktion widerstreben, so darf dies nicht generalisierend auf alle Bestimmungsgründe des Waldeingriffs übertragen werden! Davon später.

Wir finden nun die vielerlei Bestimmungsgründe des Betriebseingriffs, und erkennen ihre Art und ihr Gewicht, wenn wir den Quellen nachgehen, aus denen sie fließen. Haben wir sie auf diesem Wege gefunden, so ist es leicht, sie übersichtlich zusammenzustellen und ihr Wirkungsgebiet abzugrenzen.

Dazu wäre zu bemerken, daß wir uns hier nicht mit allen einzelnen Bestimmungsgründen selbst befassen können, denn ihrer ist Legion, sondern nur mit Kategorien solcher; die einzelne Determinante und ihr Gewicht zu erörtern, würde uns zu tief ins einzelne Grundlagengebiet hineinführen,

---

[1] Man freut sich so sehr, manchmal unter der hoch aufgetürmten Spreu unseres Schrifttums auch ein volles Korn der Wahrheit zu finden! So nennt Weck (D. Fw. 1933 Nr. 95) das „Eiserne Gesetz des Örtlichen" ein Schlagwort, das hemmend wirkt. Eisern sei nur Lage und geologische Abstammung des Bodens, nicht Bestockungsform und ihre Wirkung (Kleinklima) usf. Man „kapituliere vor Fesseln, die keineswegs eisern sind". Der Irrtum mit seinen schädlichen Folgen liege darin, eine bestimmte Bestandsverfassung als eisernes Standortsgesetz zu werten! Weck zeigt hier mit Recht, daß selbst auf biologischem Gebiet der eiserne Panzer Lücken aufweist!

dem sie entstammt. So können wir z. B. nicht alle die einzelnen biologischen Momente oder alle Gefahren aufzählen und untersuchen, die dem Wald da und dort drohen. Wir müssen und wollen vielmehr das Herausarbeiten des einzelnen Bestimmungsgrunds und seine Bewertung ganz den Grundlagegebieten überlassen und möchten diese ausdrücklich hier auf diese ihre wichtigste Aufgabe hinweisen, die sie erkennen und erfüllen müssen, wollen sie anders im Betrieb auf Beachtung ihrer Forderungen rechnen! Wir werden uns hier auf eine gruppenweise Betrachtung der Bestimmungsgründe beschränken, einzelne höchstens als Beispiele oder aus besonderem Anlaß erwähnen.

VI. Die Quellen der Bestimmungsgründe für den Betriebseingriff.

Wir haben sie zu suchen zuerst auf ökonomischem Gebiet in der **Wirtschaft**, die ja mit ihren Zielen den ganzen Betrieb zwingend beherrscht und vor allem die Beachtung dieser Ziele und ihrer Grundsätze fordert. Da aber die Eigenwirtschaft stets unter gemeinwirtschaftlicher Kontrolle steht und gerade in der Forstwirtschaft durch das gemeinwirtschaftliche Moment besonders stark beeinflußt und abgeändert wird, so wollen wir hier sofort einen gemeinwirtschaftlich beeinflußten Betrieb unterstellen. Dadurch werden die an sich außerhalb des rein wirtschaftlichen Komplexes stehenden forstpolitischen Bestimmungsgründe als besondere Gruppe ausgeschaltet und brauchen keiner besondern Besprechung unterzogen zu werden. Sie treten meist als Nebengründe auf, wie die aus Klimawirkung, Wasserhaushalt, Waldschönheit usf. fließenden Forderungen.

Weiterhin sind es die Erzeugungsgrundlagen, ist es **der Standort** bezogen auf die Holzart, als Ausdruck des Naturfaktors, und der gegebene **Zustand** von Boden und Bestockung, dann aber die **Technik** samt ihren Regeln und schließlich der **Mensch** als ausführendes Organ, die wir als Quellen für die Bestimmungsgründe des Betriebs zu untersuchen haben, also:

1. Die Wirtschaft, Eigen- und Gemeinwirtschaft.
2. Der Standort, bezogen auf die Holzart, als Ausdruck des Naturfaktors.
3. Der gegebene Zustand von Boden und Bestockung.
4. Die Technik und ihre Regeln.
5. Der Mensch als ausführendes Organ.

1. Die Wirtschaft.

Der Waldeingriff ist eine wirtschaftliche Handlung und wird durch eine Reihe von variablen wirtschaftlichen Größen bestimmt, deren Funktion er ist — vor allem durch das Wirtschaftsziel, beruhend auf Bedürfnisbefriedigung, Gewinnstreben und Sparsamkeit. Die verschiedenen möglichen Wirtschaftsziele werden verbunden durch das Rationalprinzip, das volle Wirtschaftlichkeit für alle technischen Wege zum Ziel und Höchstausnutzung aller freien Naturgaben fordert.

Die Bestimmungsgründe für den Eingriff, die sich hier ergeben, — die „ökonomischen" — sind erstgültiger (primärer) Art, ja sie stehen allen andern voran, eben weil sie der übergeordneten Kategorie des Wirtschaftlichen entstammen. Sie haben somit zwingenden Charakter.

Sie sind teils gemeingültiger Art, teils werden sie für den einzelnen Fall durch die wirtschaftliche Umwelt bestimmt, die in der wirtschaftlichen Lage des Grundstücks, vor allem seiner Lage zum Markt, zum Ausdruck kommt.

Über die allgemein-ökonomischen Determinanten ebenso, wie über die gemeinwirtschaftlichen Aufgaben und Ziele, da diese meist nur rein ökonomischer, selten technischer Art sind, können wir hier hinweggehen, da sie ja von Haus aus die ganze Wirtschaft und damit den ganzen Betrieb in allen seinen Phasen beherrschen und durchdringen; sie sind neben der Wirtschaftlichkeit jeder Maßnahme auf die Vollausnutzung aller Erzeugungskräfte, vor allem der unentgeltlich tätigen, und auf den rechtzeitigen Abschluß des Erzeugungsgangs samt der Möglichkeit gerichtet, diesen schadlos abzuwickeln.

Unmittelbar abändernd auf die ökonomischen Bestimmungsgründe wirken die gemeinwirtschaftlichen, denn dieses Gebiet ist dem eigenwirtschaftlichen, sofern der Begriff der „Wirtschaft" richtig aufgefaßt wird, innerlich so eng verbunden, daß das Ökonomische nie ohne die Begrenzung durch das übergeordnete Sittengesetz auftritt, dieses vor allem die Wirtschaftsziele abändernd beeinflußt.

Hier kommen zahlreiche Bestimmungsgründe, besonders auch solche nur erwünschter Art in Frage, auf die ich nicht im einzelnen eingehen möchte. Ich will nur die Waldschönheit herausgreifen, die auf dem Gebiet des Waldeingriffs besonders stark in Mitleidenschaft gezogen ist.

Auf dem Gebiet der Waldschönheit handelt es sich besonders darum, das Landschaftsbild, auf das der Wald besonders starken Einfluß übt, zu erhalten, gegebenenfalls zu verbessern, ferner ist innerhalb des Walds das Waldbild zu pflegen.

Ein Haupterfordernis für Waldgenuß ist Mannigfaltigkeit der Formen auf den an sich ausgedehnten Flächen, Eintönigkeit aber ist auch bei an sich schönen Formen sein Tod. Wer lange, zuweilen stundenlang durch geschlossenen einförmigen Wald läuft, der sehnt sich bald nach einem Ausblick, nach einem Sonnenstrahl, nach einem andern Anblick! In den Bergen werden ihm die schönsten Ausblicke vorenthalten, er weiß kaum mehr, wo er ist! Die Eintönigkeit aber wächst mit der Größe der Schlagfläche und mit der Gleichaltrigkeit, findet sich also vor allem beim Breitschlag (in gewissem Sinn auch im Blenderwald) und ist um so weniger vorhanden, je kleiner der Schlag. Größte Mannigfaltigkeit, die meiste Kontrastwirkung, die schönsten Ausblicke schafft innerhalb des Schlagwalds nach meinen Wahrnehmungen der Saumschlag, man muß sich nur von der Strenge der geraden Linie und den üblichen „Normal"-Vorstellungen freimachen. Den häufig gegenteiligen Urteilen muß ich erwidern: Ein Stümper, der nicht fähig wäre, mit Hilfe des so beweglichen formenreichen Saumprinzips sowohl die Waldschönheit im großen, das Landschaftsbild, wie im kleinen und einzelnen, das Waldbild, aufs höchste zu pflegen und für Mannigfaltigkeit der Formen und Bilder in jeder Hinsicht zu sorgen, ohne ökonomischen und technischen Belangen irgendwie zu nahe zu treten. Dabei ändert sich bei Saumwirtschaft das Landschaftsbild auch im Laufe langer Zeit kaum; alle unschönen Großflächenräumungen fallen weg.

Nur eine allgemein-ökonomische Forderung aus dem Gebiet des Schlaghochwalds mag hier erwähnt werden, weil sie der Betriebstechnik eine bestimmte klare Aufgabe stellt, während doch nirgends ausdrücklich und mit gebührendem Nachdruck auf sie hingewiesen wird. Sie bezieht sich auf die Zuwachskluft die sich im Schlaghochwald beim Übergang von einem Umtrieb zum andern auf jeder Fläche auftut.

Beim Abtrieb des alten Holzes hört der Holzzuwachs auf der Fläche plötzlich auf, um dann am jungen Holz erst langsam mit dessen Entwicklung wieder in Gang zu kommen. Jahre vergehen, bis die Kluft ganz geschlossen ist; inzwischen bleiben wertvolle Erzeugungskräfte des Walds brach liegen und dem Unkrautwuchs überlassen. Am deutlichsten tritt dies bei Kahlschlag zutage, zumal, wenn ihm mehrjährige „Schlagruhe" (Rüsselkäfer!) folgt.

Beim Schlaghochwald klafft im Bestandsleben stets eine mehr oder weniger große Zuwachslücke, welche der Blenderbetrieb nicht kennt.

Diese Kluft nach Möglichkeit zu schließen, ist somit im Schlaghochwald eine wichtige ökonomische Forderung an die Betriebstechnik. Bei Vorverjüngung, besonders Naturverjüngung läßt sie sich meist befriedigend erfüllen, wenn es gelingt, altes Holz ohne nachfolgenden Fällungs- und Bringungsschaden und ohne Gefährdung des Betriebsziels für den künftigen Wald so lange über dem jungen Wald stehen zu lassen, bis dieser Fuß gefaßt und Boden und Luftraum möglichst weitgehend in Besitz genommen hat. Je mehr die Technik den Jungwuchs unter das Altholz zu schieben vermag, desto mehr wird sie die ökonomische Scharte auswetzen, die der Betriebsgang des Schlaghochwalds bezüglich seiner Zuwachsleistung aufweist.

Einer besonderen Betrachtung bedarf im Gegensatz zu den allgemein-ökonomischen Bestimmungsgründen ein in sich geschlossener Komplex innerhalb dieses Gebiets, den ich den „ernteökonomischen" nennen möchte.

Es wären das diejenigen Bestimmungsgründe für den Ernteeingriff, die letzten Endes aus der Aufgabe der Bedarfsdeckung fließen und die Ansprüche erheben, die der Käufer als Verbraucher an die Ernteerzeugnisse stellt. Der Markt tut sie uns in seinen Preisverhältnissen kund, nach denen der Betrieb seine wertschaffende Holzart wählt und nach deren Winken er seine Holzsorten nach Ausmaßen und inneren Holzeigenschaften erzieht.

Es sind vor allem die sog. „Technischen Eigenschaften der Hölzer", die der Markt, je nach Verwendungsart verschieden ausgeprägt, von unserer Ware fordert, teils äußerlich sichtbar und daher für jeden zu erkennen, wie Stärke, Gerad- und Langschaftigkeit, Vollholzigkeit, teils im Innern verborgen und erst bei der Verarbeitung voll zutage tretend, wie Astreinheit, Gleichringigkeit, Feinringigkeit, Gradfasrigkeit, Freisein von inneren Schäden, alles Eigenschaften, die neben der Holzart vor allem vom Baumstand abhängen, d.h. von den Standräumen, die den Bäumen in den verschiedenen Lebensaltern gewährt wurden, wie ferner von der Auswahl der Haubarkeitsstämme bei der Erziehung.

Die technischen Eigenschaften des Holzes werden deshalb durch den Waldeingriff in ganz besonderem Maße bestimmt, weil ja dem jeweiligen Eingriff ein bestimmter Bestockungsaufbau entspricht, d.h. eine bestimmte Verteilung der Altersklassen über die Fläche, die wieder größten Einfluß auf den Standraum der einzelnen Bäume übt. Wir stellen hier eine **gleichwüchsige** und **ungleichwüchsige** Erziehung des Holzes einander gegenüber.

Die ernteökonomischen Bestimmungsgründe wirken deshalb sowohl auf die Wahl der Aufbauform des Walds und damit auf den Endeingriff, als auch auf die Erziehungsgrundsätze nach Baumwahl wie Standraumgewährung, also den Voreingriff. Sie gehen auf höchsten Wertszuwachs und höchste Güte der Erzeugnisse aus, sind somit zwingender Art.

2. Der Standort bezogen auf die Holzart.

Die Natur als die Grundkraft unserer Holzerzeugung, die sich im Standort, also in Boden, Klima und Lage auswirkt, bestimmt das vegetative Gedeihen der als Betriebsziel gewählten Holzarten, wie auch deren Gefährdung.

Es handelt sich somit hier für den Waldeingriff[1] um naturgesetzliche Bestimmungsgründe ökologischer Art, die aus dem Standort fließen, die ich weiterhin in solche rein biologischer und solche waldsichernder Art scheiden möchte, weil beide Gruppen in mancher, vor allem tech-

---

[1] Ich betrachte das ökologische Gebiet als eine Verbindung des biologischen und waldsichernden Gebiets.

nischer Hinsicht getrennter Betrachtung bedürfen; die „biologischen"
Bestimmungsgründe beziehen sich auf das vegetative Gedeihen der Holz=
arten einschließlich ihrer Verjüngbarkeit, die „waldsichernden" dagegen
auf die Gefährdung von Boden und Bestockung durch Übel und Plagen,
die dem Walde drohen. Die ersteren bestimmen die Waldbautechnik, die
letzteren die Schutztechnik.

Der Standort samt seinen einzelnen Bedingungen für den forstlichen
Betrieb bildet nun zwar in jedem einzelnen Fall die gegebene und fest=
stehende Grundlage, doch ist er selbst wieder ein wenigstens in gewissem
Maß durch die bisherige Behandlung bestimmter und durch die fernere Ein=
griffsweise beeinflußbarer Faktor, ich erinnere z. B. an Frostlagen.

Aus dem Standort fließen für den Waldeingriff durchaus erstgültige
(primäre) Bestimmungsgründe biologischer und waldsichernder Art in
großer Zahl und zwar meist zwingende, während die nur erwünschten
hier zurücktreten. Jene stammen vorwiegend aus dem Waldbau, der sie dem
Betrieb zu liefern hat, dem aber keine unmittelbare Betriebsaufgabe zu=
erkannt werden kann, da er Grundlagegebiet ist.

Der Waldbau ist Grundlagegebiet für den Betrieb, kann diesen nicht selbst
aufbauen!

Es kann somit auch keine waldbaulichen „Betriebsarten" geben. Solche zu
lehren war, wie wir bereits feststellten, ein grundsätzlicher Fehler der Vergangenheit,
der der Forstwirtschaft Schaden bringen mußte. Es handelt sich hier nicht nur um
eine systematische, sondern auch um eine ungeheuer wichtige, praktische Frage!

Die richtige Stellung des Waldbaus in unserem Fach und damit seine Aufgabe
erhellt aufs klarste aus der Fachgliederung, die ich in meiner Schrift: „Der Neuaufbau
der deutschen Forstwissenschaft" vorgeschlagen habe. Diese Aufgabe ist danach rein
grundlegender Art. Der Waldbau erforscht alles rein biologisch Bestimmte und
findet seine Grenzen einerseits an den andern Grundlagegebieten, andererseits am
Aufbaugebiet und zwar der Betriebstechnik. Sie erst baut wirklich auf und zwar
auf den Bestimmungsgründen, die ihr sämtliche Grundlagefächer liefern. Wollte
der Waldbau allein aus Eigenem aufbauen, so entstände ein einseitig waldbauliches
Gebilde.

Der Waldbau hat z. B. nur geringen Einfluß auf die Schlagbildung, über welche
die Bestimmungsgründe anderer Grundlagegebiete vor allem entscheiden, dagegen
steht ihm die erste Stimme über Hiebsart und Hiebsgang zu, dann über den künstlichen
Anbau, die Erziehung, die Mischform usf.

Wo immer der Waldbau aufzubauen sucht, stoßen wir auf seine Grenzen, so z. B.
beim Verjüngungsverfahren. Auch dieses gehört nur nach seiner biologischen
Seite hin zum Waldbau— die Baumstände, ihre klein=klimatische Wirkung, ihre biolo=
gische Würdigung von Standort und Holzarten, ihre Entwicklung auseinander, die bio=
logische Wirkung aus dieser Entwicklung —. Schon das Verjüngungsverfahren zeigt
eine betriebstechnische Seite, folgt es doch Bestimmungsgründen des Schutzes, der
Ernte, der Betriebsführung, muß solche beachten, wenn es nicht scheitern soll, ist
also ohne sie nicht denkbar.

Wir sehen m. E. an diesem Beispiel, daß systematische Schwierigkeiten entstehen
müssen, wenn der Waldbau ins Aufbaugebiet übergreift, denn alle Aufbaugebilde
sind nicht nur waldbaulich, sondern auch anderseitig bestimmt und es müssen notwen=
dig Einseitigkeiten entstehen, wo ein Grundlagegebiet aufbaut. Der Waldbau mag da=

her eigene Gebilde z. B. Verjüngungsverfahren auf seiner biologischen Grundlage auf=
bauen wie es Banselow tut, wir müssen uns aber darüber klar bleiben, daß es noch
keine geschlossenen Betriebsgebilde sind. Der Betrieb kann sie erst dann in sein System
einreihen, wenn er sie daraufhin geprüft hat, ob sie auch den Bestimmungsgründen
der andern Grundlagegebiete entsprechen und nachdem er gegebenenfalls Änderun=
gen in diesem Sinn an ihnen vorgenommen hat. Die „Betriebsart" dagegen als ge=
schlossenes Betriebsgebilde ist kein waldbaulicher Gegenstand mehr. Der Schaden, den
manche waldbaulichen „Betriebsarten" durch ihre Einseitigkeit gestiftet haben, ist be=
kannt. Wir werden darauf zurückkommen (vgl. 4. Abschnitt, 2. Kapitel).

Daß der Waldbau sich in Wirklichkeit so weit in das eigentlichste Betriebsgebiet aus=
dehnen konnte, wie er es tatsächlich getan hat, hat seinen Grund darin, daß es keine Be=
triebslehre gab, die das Gebiet hätte vertreten können.

Ich vermute den Einwand, dem „Waldbau" das selbständige Aufbauen verwehren
zu wollen, widerspräche seinem althergebrachten Namen. Das wäre ein Irrtum! Der
Waldbau hat seinen Namen vom Waldanbau, also einer biologischen Aufgabe, nicht
vom Waldaufbau, einer betriebstechnischen Gesamtaufgabe. Der Waldbau mag also
seinen Namen als durchaus bezeichnend ruhig behalten, denn er bestimmt den Waldan=
bau und liefert wesentliche, zwingende Bestimmungsgründe für den Waldaufbau!

Die für den Betrieb praktisch wichtigste Eigenschaft der standört=
lichen Bestimmungsgründe ist ihr starker Wechsel von Standort zu
Standort nach ihrer Zusammensetzung, wie nach ihrem Gewicht, hinab=
gehend bis in die feinsten Abstufungen. Nicht nur räumlich, sondern selbst
zeitlich wechseln die Bedingungen und ändern sich, vor allem unter Ein=
wirkung des veränderlichen Faktors „Witterung" und bei wechselnder Verfas=
sung von Boden und Bestockung, wie bei jeder Holzart und Mischform. Dabei
sind die jeweiligen Bestimmungsgründe auch noch schwer sicher festzustellen.

Diese Umstände führen dazu, daß die Beachtung der standörtlichen Be=
stimmungsgründe die ganze Technik des Einzeleingriffs beherrscht und be=
stimmt.

Die biologischen und waldsichernden Bestimmungsgründe in ihrer
ganzen Mannigfaltigkeit und Veränderlichkeit hier darzustellen, kann, wie
schon S. 66 festgestellt wurde, nicht unsere Aufgabe sein. Diese Bestim=
mungsgründe festzustellen, zu formulieren und zu sammeln ist vielmehr
Hauptaufgabe der einzelnen Grundlagefächer selbst, hier Waldbau und
Forstschutz. Ich habe mein Lehrbuch des Forstschutzes ganz in diesem Sinne
aufgebaut; vgl. S. 1, 25—26 und 333—338.

Immerhin mag hier ein Vorstellungskomplex Worte finden, der das Gebiet der
naturgeborenen Bestimmungsgründe allgemein beleuchtet:

Die Lebensgemeinschaft Wald besteht aus einem Zusammenleben vieler verschie=
denartigster Organismen auf gemeinsamem Standort. Daher folgt aus ihren Bezie=
hungen als entscheidendes — übergeordnetes Generalprinzip das der Gegensei=
tigkeit. Träger des Gegenseitigkeitsgedankens ist das Individuelle, Verschiedene der
Glieder. Die Gegenseitigkeitsbeziehungen streben nun nach zwei Gegenpolen, einem
positiven (Aufbau) und einem negativen (Zerstörung), ersterer im Betrieb vertreten
durch die biologischen, letzterer durch die waldsichernden Bestimmungsgründe.

Der Wald als Lebensgemeinschaft bildet nämlich:

einerseits nach außen hin eine Kampfgenossenschaft, deren Glieder sich im
Lebenskampf gegenseitig stützen und ergänzen. Daraus ergibt sich als Teilprinzip das

Gegenseitigkeitsprinzip für die positiven Kräfte (biologische Bestimmungs=
gründe):

anderseits nach innen ein Schlachtfeld des Daseinskampfes aller gegen alle, auf dem die Glieder sich gegenseitig niederzuringen suchen. Daraus ergibt sich das Kampfprinzip nach der negativen Seite hin (waldsichernde Bestimmungsgründe).

Das Bestehen des Walds trotz dieses Kampfs nach außen und innen beweist einen Gleichgewichtszustand der Kräfte, der um so stärker und wirksamer, je größer die Gegensätzlichkeit der Glieder. (Heraklits Harmonie der Gegensätze.)

Die aus dem Standort bzw. aus der vegetativen Tätigkeit der Natur und deren Gefahren fließenden Bestimmungsgründe zerfallen in folgende Kategorien.

a) **Die biologischen Bestimmungsgründe.** Der forstliche Betrieb wird durch allgemein ökonomische Gründe auf intensivste Ausnützung der freien Gaben der Natur hingewiesen, d. h. nicht nur allgemein auf ein Benützen der Naturkräfte, sondern ganz im besonderen auf ein intensivstes Aus= nützen in der Form eines Lenkens der selbsttätigen Natur nach der Richtung der Wirtschaftsziele und Betriebsziele ohne weiteren Aufwand, im Gegensatz zu einer meist kostspieligen Ausübung von Zwang nach dieser Richtung. Das erreicht der Betrieb, wenn er den biologischen Bestimmungsgründen sorgfältig folgt, die der Waldbau aufstellt.

Man nennt das einen „naturgemäßen Betrieb"! Auch hier legen es Mißdeu= tungen nahe, auf den Begriff einzugehen.

Der Natur folgen wir, indem wir ihr Wirken erkennen und uns in unseren Eingrif= fen ihm anpassen und zwar im Rahmen der Ordnung, die uns eine gute Technik liefert, um unser ökonomisches Ziel sicher zu erreichen.

„Naturgemäß" ist danach ein Betrieb, wenn er sich in Art und Maß seines Ein= griffs auf die Erfordernisse der Natur stützt, nachdem er sie ihr abgelauscht, wenn er also aus den Erscheinungen im Wald und deren Entwicklung, d. h. aus dem Waldbild die biologischen Bestimmungsgründe zu ergründen sucht und diese Bedingungen dann im Walde auch schafft und mit kundiger Hand weiterentwickelt, die Natur dabei gleichzeitig lenkend und meisternd. „Naturgemäß" gehandelt ist es deshalb noch lange nicht, wenn man bei Naturverjüngung jedem zufälligen Anflug oder Aufschlag nachhaut, um sich mehr und mehr in ein betriebstechnisches Chaos hineinzuarbeiten, das nicht selten das Gegenteil von naturgemäßen Zuständen schafft.

Es liegt also hier eine bedauerliche Verwechslung vor. Wer jeder Ansamung nach= haut, folgt **nicht der Natur, sondern dem Zufall** (der örtlich für Ansamung geeignete Verhältnisse schuf), dem größten Feind des Menschen auf wirtschaftlichem Gebiet, der ihn ja gerade nötigt zu „wirtschaften", d. h. planvoll vorzugehen!

Um die Natur in diesem Sinne zu lenken, braucht und fordert der Be= trieb für seinen Einzeleingriff dauernd freie Beweglichkeit nach Art und Gangart des Hiebs, da diese mit dem Wechsel des Standorts und der Änderung anderer äußerer Umstände von Ort zu Ort jederzeit müssen ge= ändert werden können. Auch die Ungewißheit der Naturforderungen im Einzelfall macht ein stetes Abtasten des Standorts notwendig, wenn die beste Form des Hiebs gefunden werden soll.

b) **Die waldsichernden Bestimmungsgründe.** Eine andre Gruppe von Bestimmungsgründen dient der Vorbeugung von Waldschäden durch

Pflege der Gesundheit („Waldhygiene“) und Widerstandskraft (Wald-
festigung) gegen innere Schäden, wie äußere Gewalten, im Gegensatz zu
den besonderen Vorbeugungs- und Abstellungsmethoden der Schutztechnik. Es ist die Gruppe der waldsichernden Bestimmungsgründe. Sie
beziehen sich auf den schutzgerechten (gesunden und gefestigten) Aufbau
des Walds. Eine besondere Rolle spielt im Schlaghochwald gerade hier
aus Gründen, die schon oben (S. 37) nachgewiesen wurden, der Dek-
kungsschutz, der vor allem schmiegsame Schlagformen fordert, die
eine deckende Anlehnung an ein festes Gebilde, den geschlossenen Bestand,
erleichtern.

Man kann bezüglich Waldsicherung je nach dem Gewicht dieser Bestimmungsgründe scheiden, wenn man sich an Frostlagen, Schneedruck-
lagen, Duftlagen, Windflarren, sturmexponierte Orte usf. erinnert:

1. Standorte mit unbehindertem Betrieb wo kein einzelnes
Schutzmoment zwingend und alles beherrschend auftritt und daher den
ganzen Waldeingriff in seinen Bann legt, so daß sich hier auch andere, vor
allem ökonomische und technische Bestimmungsgründe bei Wahl der Betriebsform voll zur Geltung bringen können, Standorte also, auf denen
allen ökonomischen, biologischen und technischen Momenten gleicherweise
Rechnung getragen werden kann,

2. Standorte mit behindertem Betrieb, wo die sonst beherrschenden ökonomischen und biologischen Bestimmungsgründe, sowie die
freie Gestaltung der Technik zurücktreten müssen vor einem bestimmten
zwingenden Schutzmoment, das Betriebseingriff und Waldaufbau beherrscht.

Es handelt sich hier um Standorte, auf denen der Wald als solcher, oder
aber bestimmte Holzarten oder Aufbauformen in bestimmter Hinsicht gefährdet sind. Besonders kommen Gefahren in Frage für gleichwüchsig geschlossene Erziehung des Holzes (Schlaghochwald). Zu diesen Standorten
gehören vor allem die Hochlagen der Gebirge, wo Schnee, Duft, Eis und
Sturmbruch einen gleichwüchsig geschlossen Stand des Holzes nicht zulassen, dann Flugsandschollen, Steilhänge, nach verbreiteter Ansicht auch
Auewälder, kurz alle Schutzwaldflächen und schließlich der Parzellwald, weil hier nach Form, Lage und Größe der Flächen ein ausreichender Deckungsschutz fehlt, wie ihn der Schlaghochwald fordert und weil
deshalb Sicherungsmöglichkeiten ausgeschlossen sind, ohne die ein gleichwüchsiger Stand auf die Dauer nicht erhalten werden kann. Siehe später.

In ähnlicher Weise wirken an sich waldgefährdende oder betriebs-
hemmende Ziele der Wirtschaft wie sie im Servitudwald, Parkwald,
Jagdgehege usf. vorliegen.

Diese Scheidung in Standorte mit behindertem und unbehindertem Betrieb gibt Anlaß, hier eine allgemeine Trennung vor-
zuschlagen, die bestimmt ist, viele Mißverständnisse und Einwendungen

aus der Welt zu schaffen, die in unserem Fach geradezu ermüdend und hemmend wirken, wo immer betriebstechnische Erörterungen gepflogen werden.

Es gibt nämlich zahlreiche Standorte in Deutschland mit solcher Gefährdung durch bestimmte atmosphärische Einwirkungen, daß auf ihnen eine gleichwüchsige Erziehung des Holzes ausgeschlossen oder doch stark gefährdet ist. Auf ihnen ist deshalb ein gesicherter Betrieb im Schlaghochwald nicht durchführbar, vielmehr nur ungleichwüchsige Erziehung möglich, also Blenderbetrieb oder seine Verwandten. Hier beherrschen die waldsichernden Bestimmungsgründe das Ganze!

Aus den Wuchsbedingungen auf diesen letzteren Standorten, die doch in Deutschland der Fläche nach wenig vertreten sind, und darum als Ausnahme gelten können, leitet man nun einerseits mit Vorliebe bis zur Ermüdung wiederkehrende Einwände gegen allgemeine betriebstechnische Vorschläge ab, die sich auf die weit vorherrschenden Flächen mit unbehindertem Betrieb als der Regel beziehen und gründet auf sie andrerseits selbst Methoden, die dann allgemein empfohlen werden. Um unsere Untersuchungen von diesem Hemmnis zu befreien, schlage ich eine gemeingültige Scheidung vor:

von **„Schlagwaldstandorten"** und **„Blenderwaldstandorten"**, die ersteren fakultativer, die letzteren absoluter Art.

Die Schlagwaldstandorte sollen dadurch gekennzeichnet sein, daß auf ihnen die äußeren Bedingungen für eine ungestörte gleichwüchsige Erziehung des Holzes in jeder Form gegeben sind, also jede Betriebsform, auch der Schlaghochwald, gleicherweise möglich ist und damit die Beachtung aller ökonomischen Bestimmungsgründe! Es ist das Gebiet des freien Wirtschaftswalds!

Im Gegensatz dazu hindern auf den Blenderwaldstandorten äußere Gefahren schon von Haus aus eine freie Betriebswahl und lassen nur ungleichwüchsige Bestockung, also den Blenderbetrieb und seine Verwandten zu, während sie eine gleichwüchsige Erziehung des Holzes, also Schlaghochwald, wegen Gefährdung ausschließen, da gleichwüchsige Bestockung regelmäßig im Laufe des Umtriebs in wirtschaftlich schädlicher Weise durchbrochen oder sonst geschädigt wird. Waldsichernde Bestimmungsgründe zwingender Art treten somit hier beherrschend in den Vordergrund.

Als Beispiel greife ich aus dem laufenden Schrifttum Ausführungen von Heger[1] heraus:

Heger will beim Aufbau des Waldes nicht nur den Sturm, sondern alle Gefahren des Walds beachtet wissen und will darum vom Einzelbaum, nicht vom Wald ausgehen, Einzelbaumwirtschaft treiben. Er gelangt somit zur grundsätzlich ungleichaltrigen Bestockung.

Der Beachtung aller Gefahren ist voll zuzustimmen[2]. Heger hat auch vollkommen

---

[1] Heger: Sudetendeutsche F. u. J.-Ztg. 1934, S. 52 ff.
[2] Vgl. Wagner: Lehrbuch des Forstschutzes.

Recht für alle gefährdeten Hochlagen — Blenderwaldstandorte —, von denen er offenbar allein ausgeht, weil dort der Forstschutz mit zwingenden, darum den Betrieb beherrschenden Bestimmungsgründen auftritt. Man dürfte aber die daraus für den Betrieb sich ergebenden Forderungen nicht auf das weite Gebiet der Schlaghochwaldstandorte übertragen, denn auf diesen Standorten haben wir nicht in erster Linie sturm= und schneefeste Fichten zu erziehen, wie auf den Blenderwaldstandorten, sondern ein Höchstmaß wertvollsten Fichtenholzes mit geringstem Aufwand. Hier treten nämlich ernteökonomische Bestimmungsgründe neben diejenigen des Forstschutzes!

Es dürfte sich nun sehr empfehlen, diese absoluten Blenderwaldstandorte in Theorie, wie Praxis weit sorgfältiger gegen das Schlaghochwaldgebiet abzuscheiden, als dies bisher geschah, in der Theorie, weil sonst nur zu leicht Mißverständnisse entstehen, in der Praxis aber, weil der Mangel scharfer Flächentrennung ein betriebstechnischer Fehler ist, der sich in Reibungen und leichtvermeidbaren Schäden rächt, denn der forstliche Betrieb steht bei beiden Gruppen von Standorten unter grundverschiedenen Bedingungen.

Trennen wir solcherweise klar, so werden auch gegen Vorschläge, die sich lediglich auf die eine Kategorie von Standorten beziehen, nicht mehr Einwände erhoben werden können, die nur für die andere Kategorie gelten. Welchen Sinn sollte es dann z. B. noch haben, festzustellen, daß betriebstechnische Vorschläge für Schlaghochwald im Blenderwaldgebiet auf Schwierigkeiten stoßen oder nicht anwendbar sind?

Hier soll nun weiterhin, soweit nicht ausdrücklich anderes gesagt wird, für alle unsere Betrachtungen stets nur Schlaghochwaldstandort unterstellt werden, also das Gebiet der freien Wahl von Eingriff und Aufbau —des ungebundenen Wirtschaftswalds. Er umfaßt ja auch 90% der deutschen Waldfläche!

Über die Abgrenzung beider Standorte gegeneinander kann man ja dann natürlich im Einzelfall abweichender Meinung sein, z. B. in den höheren Lagen des Mittelgebirges. Das berührt jedoch das Grundsätzliche der Scheidung nicht.

Auch der Auewald wird vielfach unter die gebundenen Standorte gezählt und bald dem Blenderbetrieb, bald dem Mittelwald zugewiesen, so von Rebel. Im Gegensatz zu ihm sagt Bauer[1]: „Nirgends läßt sich die Frage so eindeutig und grundsätzlich zugunsten der räumlich geordneten Altersklassenwirtschaft beantworten, als im Auewald" und begründet dies eingehend.

Diese entgegengesetzten Urteile erklären sich neben den verschiedenen Standortsbedingungen, die ihnen offenbar zugrunde liegen, aus dem leitenden Wirtschaftsziel. Ruht der Schwerpunkt auf Erhaltung und Festigung des Bodens gegen Abschwemmung, wird vor allem auf Anzucht des zum Flußbau erforderlichen Faschinenreisigs abgehoben und lohnt sich hoher Kultur= und Pflegeaufwand voraussichtlich nicht, dann ist Mittelwald oder Blenderwald am Platz, dann aber muß auch der Natur die Leistung überlassen bleiben, der Betrieb darf nur leitend eingreifen. Entspricht jedoch das Wirtschaftsziel demjenigen freier Standorte, d. h. ist es auf höchstmögliche Wertserzeugung

---

[1] Bauer: Forstwiss. Zbl. 1931, S. 629 ff.

gerichtet, dann allerdings dürfte Bauer Recht haben, denn nirgends steht der Betrieb auf der Breitfläche, zumal bei Mischung von Altersklassen und Holzarten, den Unbändigkeiten der Natur in Unkraut= und Strauchwuchs so hilflos gegenüber, wie im Auewald, nirgends scheint es mir darum notwendiger, die Natur betriebstechnisch an die Kandare zu nehmen, wenn man bestes erreichen will.

Das Urteil wird hier davon abhängen, in welchem Maße man nach Lage der Umstände hoffen darf, hier bestimmte Betriebsziele ohne zu hohen ökonomisen Einsatz durchführen zu können!

Auch die einzelnen Waldparzellen habe ich oben (S. 74) den Flächen mit behindertem Betrieb zugezählt, insofern auf ihnen den Deckungs= und Traufbedürfnissen des Schlaghochwaldes nicht mehr in ökonomisch vertretbarer Weise Rechnung getragen werden kann. Auch solche Flächen haben somit als Blenderwaldstandorte zu gelten.

Ebenso möchte ich die geringsten Standorte, von denen später nochmals die Rede sein soll, hierher zählen, weil auf ihnen ein Aufwand, wie er zu gleichaltriger Vollbestockung erforderlich wäre, ökonomisch nicht mehr tragbar ist. Man wird diese Flächen der Natur unter mehr oder weniger kostenloser Leitung überlassen, wird also auch hier zur Blenderung gelangen, während Schlaghochwald — diesmal aus ökonomischen Gründen — ausgeschlossen ist.

3. Der gegebene Zustand von Boden und Bestockung.

Die durch die besprochenen Faktoren an sich gegebenen Bestimmungsgründe für den Waldeingriff werden nun aber zumeist stark abändernd beeinflußt durch den gegebenen Zustand des Walds, durch Bodenzustand[1] und Bestockungszustand. Hier spielen bei den häufig abnormen Altersklassen in erster Linie allgemein ökonomische, dann aber auch ertragstechnische Bestimmungsgründe eine entscheidende Rolle und drängen die sonst herrschenden biologischen zurück, wo Hiebsreife und Hiebsalter nicht übereinstimmen. Bei schlechtem Bodenzustand und unvollkommener Bestockung dagegen herrschen die biologischen Bestimmungsgründe, während die erntetechnischen und allgemein betriebstechnischen durch abnorme Waldzustände kaum berührt werden.

Im besondern werden die Bestimmungsgründe für den Betriebseingriff sehr stark dadurch beeinflußt, ob die Bestockung, in die der Eingriff erfolgt, diesem selbst formgleich (vgl. S. 56) aufgebaut ist, ob also Einklang zwischen Aufbau und Eingriff besteht, oder ob dies nicht der Fall ist. Sind Aufbau und Eingriff formverschieden, so werden stets — hier also zweitgültig (sekundär) — allgemein ökonomische Bestimmungsgründe auftreten, die ein Einhalten des ökonomischen Ernterahmens fordern. Dies wird sehr häufig der Fall sein, weil die Betriebsziele der Gegenwart sich mit denjenigen der fernen Vergangenheit, denen der heutige Aufbau seine Entstehung verdankt, nur noch selten decken. Es werden deshalb meist Betriebsumwandlungen stattfinden und dabei im formverschiedenen Wald die ökonomischen Bestimmungsgründe stets ein starkes Übergewicht zeigen, ja selbst die sonst zwingenden biologischen Gründe zurückdrängen. So wird man aus ökonomischen Gründen nicht selten rasche

---

[1] Wir scheiden Bodengüte (normal) und Bodenzustand (abnorm).

Kahlhiebe führen müssen, wo an sich langsame Naturverjüngung erwünscht wäre, wie z. B. in großen hiebsreifen Fichtenbeständen mit verbreiteter Rotfäule.

Ebenfalls zweitgültig erscheinen in solchen Fällen noch andere biologische und erzeugungstechnische Bestimmungsgründe, die bei Einklang von Eingriff und Bestockungsaufbau nicht oder doch mit anderem Gewicht auftreten würden, und beherrschen das Feld.

Das mag ein Beispiel erläutern:

Dem Eingriff in Breitschlägen (Großschlagbetriebe) ist ein nach mehr oder weniger gleichaltrigen Großbeständen gegliederter Waldaufbau formgleich, wie er ja heute als Frucht einer über 100jährigen Fachwerksherrschaft im deutschen Wald überall vorhanden ist. Dem Saumschlag dagegen ist ein in bestimmter Richtung im Alter nach Schlagreihen abgestufter Waldaufbau formgleich. Geht man nun, wie heute vielfach geschieht, vom Breitschlag zum Saumschlag über, so stehen wir überall einer formverschiedenen Bestockung, einem Mißklang zwischen Eingriff und Aufbau gegenüber. Es können hier nicht mehr die biologischen Momente allein für den Ernteeingriff nach Schlagtiefe, Hiebsart und vor allem zeitlichem Hiebsgang bestimmend sein, wie sie es bei stetig abgestuften Schlagreihen, also formgleichem Aufbau gewesen wären, sondern es tritt der durch Alter und Gesundheit der Bestockung bestimmte ökonomische Rahmen für die Hiebsreife bestimmend in den Vordergrund und mit ihm ein zwingender ökonomischer Bestimmungsgrund, der mit dem biologischen in Wettbewerb tritt, ja diesen nicht selten mehr oder weniger zurückdrängt und ein Einhalten seiner Grenzen beim Eingriff fordert. Diese Anpassung dient nicht mehr den Bedürfnissen der Naturbesamung und des Jungwaldes allein, sowie der Schutz- und Erntetechnik, hat vielmehr rasches Fortschreiten und mehr oder weniger weitgehende Beiziehung von allerlei Beschleunigungsmitteln und schließlich Kunstverjüngung, ja Kahlhiebe zur Folge!

Im formgleichen Wald wird sich der Eingriff ganz den erstgültigen Bestimmungsgründen, besonders den biologischen anpassen, er wird also dem Waldbild folgen können, wir erhalten diejenige Form des Eingriffs, die unserer Norm entspricht — die Normalform! —

Im formverschiedenen Wald dagegen werden meist — wie gezeigt wurde — allgemein-ökonomische Bestimmungsgründe zweitgültiger Art stark abändernd einwirken, ja beherrschend auftreten — Anpassungsformen.

Unsere allein auf erstgültige Bestimmungsgründe von Natur, Wirtschaft, Technik eingestellten Feststellungen werden somit zunächst meist idealer Art sein. Wir werden darum in den meisten Fällen neben ihnen auch noch die durch die gegebene Bestockung veranlaßten zweitgültige Bestimmungsgründe zu Rate ziehen müssen, wenn wir erreichen wollen, daß in jedem einzelnen Fall der Erfolg nicht ausbleibt. Das mag jedem Praktiker als selbstverständlich erscheinen, doktrinäre Kritiker übersehen es jedoch meist, weshalb es hier gesagt werden muß!

Wir können den Satz aufstellen:

Jeder Waldeingriff wird nicht allein erstgültig durch die allgemeinen Wachstums-, Wirtschafts- und Betriebsgründe

bestimmt, sondern auch durch Bestimmungsgründe des zufällig gegebenen Boden- oder Bestockungszustands, die
zweitgültig hinzutreten.

4. Die Technik.

Wesentlichen Einfluß übt auf den Betrieb weiterhin die forstliche Technik, d.h. die zweckdienliche Anordnung aller Maßregeln des Vollzugs am
Gegenstand, durch die wir in unserem Handeln das Betriebsziel zu erreichen
suchen. Diese Anordnung ist eine regelmäßige, ja vielfach gesetzmäßige, also
nach ihren Bestimmungsgründen leicht zu erfassen. Obenan steht hier die
gesamte Erzeugungstechnik (Produktion).

Die erzeugungstechnischen Bestimmungsgründe zerfallen wie-
der nach den erzeugungstechnischen Gebieten der Forstwissenschaft — dem
Waldbau, dem Forstschutz und der Forstbenutzung — und entsprechend den
Äußerungen der Technik auf diesen Gebieten bezüglich der Forderungen des
Holzwuchses, der Panzerung des Walds gegen Gefahren und der hem-
mungslosen Abwicklung von Ernte und Bringung in mehrere Gruppen.

Wir können scheiden: waldbautechnische, schutztechnische und
erntetechnische Bestimmungsgründe, die je in großer Zahl auftreten
und unseren Einzeleingriff in den Wald vor allem bestimmen.

Die **Waldbautechnik** lehrt die verschiedenen Möglichkeiten des Einzeleingriffs in die Bestockung (des Hiebs) und ihre biologische Wirkung, betont dabei in ihren Bestimmungsgründen mit Nachdruck Übersichtlichkeit und freie Beweglichkeit des Betriebs nach Hiebsart und Hiebsgang!

Die **Schutztechnik** umfaßt alle Maßregeln, die der Herstellung und Erhaltung eines gesicherten Waldzustands dienen, auch beim Eingriff selbst, sie
beschränkt sich nicht auf Abstellungsmaßregeln bei einbrechenden Schäden,
wie Pilz- und Insektenbekämpfung, sondern sie erstreckt sich in ihren zahlreichen Bestimmungsgründen weitausschauend ebenso auf alle Maßregeln,
der Vorbeugung gegen die verschiedensten Gefahren, die dem Wald, sei
es im Ruhezustand, sei es während des Ernteeingriffs und durch ihn drohen.

Die **Erntetechnik** endlich strebt eine übersichtliche und geeignete Lage
der Arbeitsgegenstände für Fällung, Aufbereitung, Lagerung und Bringung an, d. h. genügenden Arbeitsraum und freie Bahn für Weg-
schaffung des Holzes. Sie will in gleicher Weise Arbeitshäufung wie
Zerstreuung im Schlag vermieden wissen, denn erstere führt zur Arbeits-
behinderung, letztere zur Arbeitszersplitterung mit weiten Arbeitswegen
und Verlust des Überblicks.

Bezüglich der Bringung[1] wäre anzufügen, daß jeder systematisch geordnete Waldeingriff freie Beherrschung der Gesamtfläche (im Schlagsystem)

______
[1] In der Bezeichnung „Bringung" fassen wir Anrücken aus dem Schlag und
Abtransport über die Wege usf. zusammen.

voraussetzt, also Aufschließung durch ein gut ausgebautes Bringungsnetz; wir haben das schon zu Anfang als allgemeine Voraussetzung bezeichnet. Die Betriebsfläche muß im Sinne des Schlagsystems zweckmäßig aufgeschlossen sein oder durch das System selbst aufgeschlossen werden. Wir können das Bringungsnetz geradezu in das Schlagsystem als dessen Bestandteil miteinschließen, so eng ist es mit ihm verbunden und durch das System mitbestimmt, das erst durch ein geeignetes Bringungsnetz „betriebsgerecht" wird. Die hieraus fließenden Bestimmungsgründe richten sich somit an das Schlagsystem als ganzes.

Zur Bringung zählt auch das Anrücken der Schlagerzeugnisse, d. h. das Wegbringen aus dem Schlag mindestens an den nächsten Weg durch Holzhauer oder Fuhrmann. Auch auf dieses Anrücken beziehen sich sehr wichtige Bestimmungsgründe für den Eingriff, besonders die Forderung, daß die Bahn vom Ernteort zum nächsten Weg, bei Geländeneigung bergabwärts, stets freigehalten werden soll von Jungwuchs und anderen Hindernissen.

Zu diesen erzeugungstechnischen Gebieten treten dann noch sehr wichtige **Bestimmungsgründe der Betriebsführung** selbst, wir wollen sie kurz die „betriebstechnischen" nennen — genauer die betriebsführungstechnischen —. Sie alle entspringen dem Ordnungsprinzip und weisen auf übersichtliche, leicht zu beherrschende Formen hin, so z. B. bei Naturverjüngung auf Streifenform des Schlags, bei Holzartenmischung auf leicht zu erhaltende Aufbauform, bei der Erziehung auf einfache Richtpunkte bezüglich Standraum oder Stammzahl.

Allgemein betrachtet ist die Reihenbildung mit Ausweichmöglichkeit nach der Seite hin die übersichtlichste und arbeitsfördernddste Anordnung der Arbeitsgegenstände auf der großen Fläche, sie kann als durchgreifende Forderung der Betriebsführung gelten, die auf fortlaufenden Überblick, Überwachung des alten und jungen Walds und seiner Entwicklung im Waldbild, seiner Bedürfnisse nach Lockerung, Pflege, Ergänzung, Schutz und Erziehung ausgeht.

Gerade hier im besondern werden wir zu der allgemeinen Forderung gelangen, die räumlichen Bedingungen für den Eingriff in die Bestockung so einfach und übersichtlich als möglich zu gestalten und alles fern zu halten, was leichten Überblick gefährdet, denn die an sich schon sehr verwickelten und vielseitig bedingten Aufgaben des forstlichen Betriebs müssen möglichst erleichtert werden. Wir werden im 4. Abschnitt auf diese wichtige allgemeine Betriebsaufgabe zurückkommen. Die Praxis hat nämlich allen Grund dazu, ihre ohnehin schwierig zu lösende Aufgabe durch äußere Umstände und verwickelte räumliche Bedingungen, die sich vermeiden lassen, nicht auch noch weiter zu verwirren und zu erschweren.

Auf einen besondern betriebstechnischen Bestimmungsgrad muß schließlich noch nachdrücklichst hingewiesen werden, daß wir nämlich in Beachtung

der vielerlei Bestimmungsgründe unseres Betriebs nicht zu sehr ins
Kleine gehen dürfen. Auch darauf werden wir im 4. Abschnitt zurück=
kommen.

Zu nennen wären schließlich noch **„ertragstechnische“**, genauer ertrags=
regelungstechnische Bestimmungsgründe räumlicher und zeitlicher Art,
die den erwünschten zugezählt werden können, jedenfalls aber nicht
mehr als schlechthin zwingend betrachtet werden dürfen, wie
dies in der Vergangenheit leider geschah.

Die ertragstechnischen Bestimmungsgründe haben den forstlichen Be=
trieb durch das ganze 19. Jahrhundert beherrscht, denn das entscheidende
Prinzip der „Abteilungseinheit“ beim Fachwerk läßt sich nicht anders als
ertragstechnisch begründen.

5. Der Mensch.

Als Quelle für Bestimmungsgründe zum Waldeingriff des Betriebs ist
schließlich auch noch der Mensch zu nennen, und zwar der Mensch als Träger
des Betriebs — als Betriebsführer!

Dem Betriebsführer sind — das muß vorausgeschickt werden — hohe
Werte zu treuen Händen anvertraut, in weitem Maß auch das Wohl und
Wehe vieler Waldumwohner. Seine Arbeit wirkt nicht allein auf die Gegen=
wart, sondern auf Generationen hinaus, ohne daß sie sicher überwacht und
nach ihrem inneren und äußeren Wert leicht beurteilt werden könnte. Der
Betriebsführer braucht ein hohes Maß von Selbständigkeit für seine Arbeit,
die sich kaum kontrollieren läßt, und trägt damit schwere Verantwor=
tung, wie sie nur von sittlich hochstehenden Menschen voll erfaßt und
getragen werden kann. Es müßte darum für diese Stellung schärfste Aus=
lese Platz greifen! Der Erfolg hängt, wie beim Arzt, vor allem an der
Person des Betriebsführers.

Gleichzeitig aber gibt es nur wenige Berufe, die ein solches Maß von
Berufsfreudigkeit zu wecken und zu entwickeln vermöchten, wie gerade die
Arbeit im Walde — ich brauche das nicht zu begründen —, so daß jeder ent=
schieden seinen Beruf verfehlt hat, dem diese Arbeit, welcher Art sie auch sei,
nicht all sein Denken ausfüllt, ihn nicht ganz gefangen nimmt und ihm
höchste Befriedigung schafft. Das erleben wir ja an jedem guten Forstmann!

Deß ungeachtet wurde jedoch auch in unserem Fach neuerdings auf die
„psychologischen Gefahren der Rationalisierung“, auf die „Ent=
seelung der Arbeit“ durch Betriebsorganisation hingewiesen —man wollte
ja doch hinter einer wichtigen Strömung draußen im wirtschaftlichen Leben
nicht zurückbleiben und hat auch das in unser Fach hereingeholt (vgl. S. 2).
So hat man von „Knechtung und Versklavung der höheren Forstbeamten“,
von Vernichtung der Berufsfreudigkeit durch schematische Ordnung des
Betriebs gesprochen, denn als Errungenschaft des Marxismus galt ja nicht
mehr in analoger Übertragung Vischers geflügeltes Wort: „Das Mo=

ralische versteht sich immer von selbst!" Hoffen wir übrigens, daß in der neuen Zeit auch bei uns solche Strömungen bald gänzlich verschwinden, nachdem ihre Brutstätten, die Beamtengewerkschaften verschwunden sind.

Trotzdem dürfen wir nicht achtlos an so schweren Bedenken vorüber= gehen, die so oft bei Betriebsorganisationen erhoben werden. Wir müssen also den Faktor „Berufsfreudigkeit" in den Kreis unserer Betrachtungen ziehen. Er ist gewiß auf unserem Gebiet beim Fehlen fast jeder Kontroll= möglichkeit, wie kaum in einem andern Beruf ein wichtiger Bestim= mungsgrund! Ich selbst habe ja doch einst für die von mir vorgeschlagene Eingriffsweise in den Wald die bestimmte Erwartung ausgesprochen, sie werde „eine Steigerung des waldbaulichen Interesses und der Freude an forstlicher Tätigkeit" zur Folge haben[1], habe also damals selbst schon den Wert der Berufsfreudigkeit in Betracht gezogen. Ich habe auch inzwischen in reichem Maße die Erfahrung machen dürfen, daß die Erwartung ein= getroffen ist und zwar, was mich mit besonderer Befriedigung erfüllt, gerade bei denen, die ich als wertvollste forstliche Persönlichkeiten kannte oder in= zwischen kennen gelernt habe.

Mein Vorschlag hat aber leider ebenso vollkommen entgegengesetzte psychische Wirkungen ausgelöst, sonst hätte man ihn nicht als „Schematis= mus", als „Zwangsjacke" und wie die schönen Vergleiche alle heißen, emp= finden können, der den Betriebsführer knechtet und versklavt. In jeder ab= lehnenden Beurteilung klingen solche Vorstellungen durch. Es muß also wohl zweierlei Menschen geben, wenn derselbe Vorschlag so entgegen= gesetzt verschieden auf ihre Psyche wirkt. Welcher von beiden Psychen soll ich nun bei meiner Analyse des Waldeingriffs folgen? Ich helfe mir aus der Verlegenheit, indem ich von meiner eigenen Psyche ausgehe, diese kenne ich nämlich genau, während ich mich in die andere Richtung schlechterdings nicht hineinfühlen könnte, um deren „Lust= und Unlustgefühle" zu ergrün= den; denn mich selbst ergreift sofort ein heftiges Unlustgefühl, sobald ich mit ihr auch nur in Berührung komme!

Immerhin sind also auch psychologische Bestimmungsgründe für den Waldeingriff anzuerkennen. Wir werden im 4. Abschnitt nochmals auf sie zurückkommen, allerdings in ganz anderem Sinn, als sonst gemeint wird. Im übrigen sei hier schon bemerkt, daß die menschliche, zumal die deutsch empfindende Psyche bei einem so allseitig anregenden und an= spannenden Beruf, wie dem des forstlichen Betriebsführers, wohl kaum An= laß hat, Unlustgefühlen Raum zu geben, es sei denn bei naturwidrigen und waldverödenden Betriebsformen.

Wir werden darum die Arbeit des Betriebsführers wie aller Hilfskräfte und Arbeiter leicht dadurch zu beseelen vermögen, daß wir jede Naturwidrig= keit meiden.

---

[1] Vgl. Grundlagen der räumlichen Ordnung, 4. Aufl., S. 313.

Gleichzeitig aber ist zweierlei zu fordern: Dem Betriebsführer müssen durch beste theoretische Ausbildung und Fortbildung die Augen geöffnet, muß der Blick geschärft, und die Urteilsfähigkeit gesteigert werden. Davon soll später die Rede sein. Die Betriebstechnik aber muß ihm wie seinen Gehilfen durch günstige Anordnung sowie reibungs= und hemmungslose Gestaltung allen Vollzugs und durch übersichtliches Herausheben der Waldbilder und ihrer Entwicklung solche äußere Bedingungen für die Arbeit schaffen, daß jeder auch wahre Freude und Befriedigung aus der Arbeit schöpfen kann, daß der Betriebsführer vor allem die Leitung des Ganzen fest in der Hand hat.

Für unsere weiteren Betrachtungen möchten wir zunächst scheiden, je nach der Einstellung des Arbeitenden zur Arbeit an sich:

1. eine Arbeit, die sittlichen Beweggründen folgt, mit sachlicher Triebfeder, die eben, weil sie in erster Linie auf die Sache gerichtet ist, auch eine freie wird. Richard Wagner nennt sie „Deutsche Arbeit" und wir wollen sie weiterhin hier so bezeichnen. Ihr stellen wir gegenüber:

2. eine Arbeit, die nur auf eigenen Gewinn gerichtet ist ohne Interesse an der Sache oder die unter äußerem Zwang steht, darum der Aufsicht bedarf, die also seelische Bindung zeigt, dem Arbeitserfolg innerlich fernsteht (Sklavenarbeit).

Die Entscheidung darüber, ob eine Arbeit der einen oder anderen Art zugehört, bestimmt weniger der Inhalt der Arbeit, als vielmehr der Arbeitende selbst, seine Stellung zur Arbeit als solcher. Jeder kann seine Arbeit, selbst die geringste, zu deutscher Arbeit veredeln. Aufgabe der Betriebstechnik aber ist es, und damit ein wichtiger betriebstechnischer Bestimmungsgrund, die Bedingungen dafür zu schaffen, daß alle Arbeit im Walde leicht zu deutscher Arbeit veredelt werden kann. Dies geschieht durch entsprechende Ausgestaltung ihrer Technik.

Die Forstwirtschaft hat es auch in ganz besonderem Maß nötig, — wir haben das bereits angedeutet — daß ihre Arbeit mit besonderer Liebe und Hingabe an die Sache geleistet wird, mit seelischem Einsatz für sie (!), das bedarf keines Beweises; ebensowenig aber auch, daß die Verwirklichung dieses Ideals gerade in der Forstwirtschaft leicht und in weitestem Maße möglich ist. Jede Tätigkeit im Walde, die der Natur folgt, also nicht mechanisiert ist, feuert den Arbeitenden an, sein Bestes einzusetzen, er gewinnt durch den Erfolg, durch die Antwort der Natur auf sein Tun, Freude an seiner Arbeit und wird stolz darauf, sie gut und erfolgreich weiterzuführen.

Auf dem Gebiete der Naturverjüngung erhebt sich z. B. die Frage: Wird der Erfolg durch den Standort, oder wird er durch die Person bestimmt? Und die Antwort wird lauten müssen: Der Standort bestimmt die Möglichkeiten, die Person aber den wirklichen Erfolg!

Zu freudiger Arbeit im Walde tragen verschiedene Umstände bei, zu=

nächst in besonderem Maß der, daß die Waldarbeit das Streben des Unternehmers nach materiellem Gewinn, das auf andern wirtschaftlichen Gebieten so ausschließlich, ja oft aufdringlich hervortritt und das Ganze beherrscht, ganz zurückdrängt. Aus der Stickatmosphäre des Eigennutzes wird die Forstwirtschaft dadurch hoch emporgehoben, daß in unserem Betrieb der Empfänger der reinen Rente — übrigens zumeist ein Organ der Allgemeinheit — stark zurücktritt gegenüber den im Betrieb tätigen und in ihrer wirtschaftlichen Existenz an ihn gebundenen Personen. Noch mehr ist dies der Fall gegenüber dem Wald selbst und seinen Erfordernissen als lebende Baumgemeinschaft, dem zu Liebe alle Beteiligten zusammenarbeiten. Und schließlich liegt ja der Schwerpunkt der forstlichen Arbeit in vieler Hinsicht gar nicht bei den Belangen der lebenden Generation, sondern bei denen der fernen Zukunft: Die Forstwirtschaft arbeitet zur Hälfte zum Nutzen noch ungeborener Geschlechter!

VII. Die Zusammenfassung der Bestimmungsgründe für den Endeingriff des Betriebs.

Auch ohne daß wir auf die Anzahl einzelner Bestimmungsgründe eingingen, wie sie im Betrieb vorkommen, zeigte uns dieses Kapitel doch schon aus der nur kategorienweisen Aufzählung, durch welche Zahl und Mannigfaltigkeit der Kräfte der forstliche Betrieb bewegt und bestimmt wird, deren Resultante der schließliche Eingriff in den Wald sein soll.

Die Mannigfaltigkeit der Formen und Wege für Eingriff und Aufbau gibt uns den Ausblick auf viele Möglichkeiten auf dem Gebiet der Betriebstechnik, die Unzahl der Bestimmungsgründe aber zeigt deren Notwendigkeit, soll ihnen allen Rechnung getragen werden. Doch dürfen wir uns durch das bunte Bild nicht verwirren lassen, sondern müssen Ordnung in die Sache zu bringen suchen.

Zunächst seien deshalb die besprochenen Kategorien von Bestimmungsgründen hier nochmals kurz aufgezählt und zusammengestellt, damit wir einen Überblick gewinnen. Die Zusammenstellung soll uns in übersichtlicher Fassung zeigen, welcherlei Rücksichten das technische Handeln im Walde nehmen muß und welcher Art die Bedingungen sind, die durch den Eingriff erfüllt werden müssen, soll anders die Technik des Unternehmens zu höchster Leistung führen. Die Zusammenstellung gibt uns aber auch den Überblick, der uns gestattet, die Bestimmungsgründe zum Zweck ihrer Verwirklichung zu gruppieren.

Zusammenstellung der Bestimmungsgründe für den Betriebseingriff nach Kategorien.

I. Aus dem Gebiet der Wirtschaft und ihrer Ziele.

Auf ökonomischem Gebiet treten Bestimmungsgründe von zwingendem Gewicht auf, da sie der übergeordneten Kategorie des Wirtschaftlichen angehören und darum das Ganze beherrschen und bestimmen. Sie sind teils einzelwirtschaftlicher, teils gemeinwirtschaftlicher Art. Beide Prinzipien treten ja in der Forstwirtschaft eng verbunden auf. Wir haben hier zu scheiden:

1. Allgemeinökonomische Bestimmungsgründe,

gegeben durch die Wirtschaftsziele und stammend aus der allgemeinen Forstwirtschaftslehre.

2. Ernteökonomische Bestimmungsgründe,

die sich auf die wirtschaftliche Eignung der Forsterzeugnisse, ihre technischen Eigenschaften und Ausmaße, beziehen, wie sie die Forstbenutzung feststellt.

3. Ertragstechnische Bestimmungsgründe,

genauer ausgedrückt: ertragsregelungstechnische Bestimmungsgründe. Sie betreffen die nachhaltige Verteilung der Walderzeugnisse über die Umtriebszeit. Sie stammen aus dem Gebiet der Ertragsregelung. Ihr einst beherrschender Einfluß auf Eingriff und Aufbau besteht heute nicht mehr.

II. Aus dem Gebiet der **Natur** und damit des Standorts, bezogen auf die Holzart,

als der stofferzeugenden Kraft, mit der die Forstwirtschaft arbeitet. Die Bestimmungsgründe kommen aus dem ökologischen Gebiet und sind biologischer und waldsichernder Art. Der jeweilige Zustand von Boden und Bestockung wirkt sehr stark auf den Eingriff, jedoch nicht nach eigenen Bestimmungsgründen, sondern nur modifizierend auf die allgemeinen.

4. Biologische Bestimmungsgründe,

eine große Gruppe zwingender Gründe, die auf das vegetative Gedeihen des Waldes gerichtet sind. Sie stammen aus dem Gebiet des Waldbaus.

5. Waldsichernde Bestimmungsgründe,

eine umfangreiche Gruppe vielfach zwingender Gründe, die auf Festigung, d. h. Gesunderhaltung und Wappnung des Waldes gegen die große Zahl seiner inneren und äußeren Feinde gerichtet sind. Sie sollen Waldschäden vorbeugen und stammen aus dem Forstschutz.

III. Aus dem Gebiet der **Technik.**

wobei Erzeugungstechnik und Betriebsführung zu trennen sind.

6. Allgemein betriebstechnische Bestimmungsgründe,

genauer ausgedrückt: betriebsführungstechnische Bestimmungsgründe wie sie aus Leitung und Vollzug des Betriebs fließen.

7. Waldbautechnische Bestimmungsgründe,

die sich auf die Maßregeln zur Herstellung verschiedener biologischer Bedingungen im Walde beziehen. Sie stammen aus dem Gebiet des Waldbaus.

8. Schutztechnische Bestimmungsgründe,

die sich auf besondere technische Maßregeln zur Vorbeugung und Abstellung von Waldschäden beziehen und aus dem Gebiet des Forstschutzes stammen.

9. Erntetechnische Bestimmungsgründe.

Sie fließen aus den äußeren Bedürfnissen von Ernte und Bringung und ihren Wirkungen auf das Ganze und werden von der Forstbenutzung festgestellt.

IV. Aus dem Gebiet der **menschlichen Psyche**
von Betriebsführer, Betriebsgehilfen und Arbeitern.
10. Psychologische Bestimmungsgründe.

Als Grundlage für ihre Erfüllung läßt sich dieses Heer von Bestimmungsgründen leicht erkennbar allgemein in zwei Gruppen scheiden:

1. in gemeingültige (generelle), die sich allgemein feststellen und festhalten lassen und

2. in einzelgültige (spezielle), die von Fall zu Fall wechseln, also in jedem einzelnen Fall erst ermittelt werden müssen.

Die Gruppe der gemeingültigen Bestimmungsgründe ist systematisch erfaßbar, diejenige der einzelgültigen dagegen fordert Freigabe des Eingriffs für den einzelnen Fall, soweit die Technik das irgend zuwege bringt.

Nicht nur einzeln, sondern auch gruppenweise folgen die Bestimmungsgründe ganz gut dieser Scheidung, dabei zählen zu den gemeingültigen im allgemeinen ein Teil der ökonomischen, die meisten technischen und die psychologischen Gründe, zu den einzelgültigen die biologischen die waldsichernden und ein Teil der ökonomischen. Von besonderer Bedeutung ist es, daß die technischen Bestimmungsgründe gemeingültiger, die biologischen und waldsichernden dagegen einzelgültiger Art sind.

Die gemeingültigen Bestimmungsgründe lassen sich nun praktisch in ein System bringen; sie führen zum Schlagsystem, das aber ein offenes System sein muß, das den Eingriff in den Schlag freigibt, soll der Forderung der einzelgültigen Bestimmungsgründe nach freier Entscheidung im Einzelfall Rechnung getragen werden können. Wir werden mehrfach auf dieses wichtige Moment zurückkommen.

Ein Leugnen jeder systematischen Ordnung nur, weil ein Teil der Gründe sich nicht fügt, das zeigt unsere Zusammenstellung, bedeutet ein Sichbeugen unter die Herrschaft der Mannigfaltigkeit und damit des Zufalls, den doch der Menschengeist ordnend besiegen soll! Es führt zu unsicherem Tasten durch das Labyrinth der Bestimmungsgründe oder zu einem Kreisgang im Nebel. Am Ende steht das Chaos!

Alle obigen Bestimmungsgründe zusammen treten nun dem Betriebsführer im praktischen Fall in kaleidoskopischem Wechsel entgegen, bald als zwingende, bald als erwünschte, bald mit großem, bald mit kleinem Gewicht, bald erstgültig bestehend, bald erst zweitgültig als Folge des heutigen Waldzustands hinzutretend. In seinem Eingreifen in den Wald soll er sie alle zumal erfassen und nach Möglichkeit zu einmütigem Zusammenwirken verbinden!

Dies ständig zu erreichen, ist jedoch angesichts der bestehenden Gegensätze ohne besondere betriebstechnische Anordnungen ganz unmöglich. Es ist daher auch das letzte und höchste technische Betriebspro-

blem, solchen Einklang durch geeignete Anordnung und Gestaltung des ganzen Betriebs **dauernd sicherzustellen** (Heraklits
Harmonie der Gegensätze!).

Mit den auf diesem Gebiet leider üblichen, oft recht flachen Redens-
arten allgemeiner Art, die nur einen frommen Wunsch ausdrücken, ist es hier
allerdings nicht getan. Wendungen, wie wir sie besonders in Waldbau-
aufsätzen zum Überdruß vorgesetzt erhalten, wie z. B. „dies oder jenes müsse
‚natürlich‘ beachtet werden oder müsse geschehen“, die nicht in die Sache eindringen und vor allem keinen sicheren Weg angeben, auf dem die Forderung immer erfüllt werden kann, sind ja völlig wertlos. Mit ihnen ist kein
Betriebsfortschritt zu erzielen, mit ihnen lassen sich höchstens Zeitschriften
und Lehrbücher füllen. Wir müssen vielmehr die Stellung der verschiedenen Betriebselemente zu den zahlreichen Betriebsforderungen klarlegen
und diejenige Form der Elemente suchen, die uns den Einklang vermitteln kann!

Interessant ist hier eine medizinische Parallele aus alter Zeit:
Betrachtet man mit Bier[1] die Darstellung des Hippokrates in seinem Buch
„Über die alte Medizin“ §14 bezüglich der im menschlichen Körper zusammenwir-
kenden Dinge als eine symbolische, so kann man sie ohne weiteres auch auf Wald und
Forstwirtschaft übertragen. Auch hier wirken 10000 Dinge (vertreten durch unsere
Bestimmungsgründe) zusammen. Solange dies in Harmonie geschieht, d. h. jedem
Ding nach Kraft, Größe, Stärke seine richtige Stellung und Verbindung im ganzen
zugewiesen wird, gedeiht das Ganze und hat Erfolg; tritt aber eines aus seinem
Kreis, so ist die Harmonie gestört, der Schaden da.
Nach Bier sagt Hippokrates am angegebenen Ort: „Es sind im Menschen enthalten das Bittere, das Salzige, das Süße, das Saure, das Scharfe, das Fade und
10000 andre Dinge von jedmöglicher Kraft, Größe und Stärke. Dies alles miteinander gemischt und untereinander gebunden, macht sich weder bemerkbar, noch
schadet es dem Menschen. Wenn sich aber eines von ihnen absondert und für sich
selbständig wird, dann macht es sich sowohl bemerkbar, als auch schädigt es den
Menschen.“
Bier erklärt diese Lehre nächst derjenigen von der Physis als der schaffenden,
erhaltenden und heilenden Naturkraft für die bedeutendste in der ganzen Biologie
und darüber hinaus für eine der größten und fruchtbarsten der ganzen griechischen
Philosophie und Medizin, die Ewigkeitswert beansprucht.
Auch für die Forstwirtschaft gilt diese Lehre des alten Griechen und der Leser
wird in diesem Buch überall Analogien finden. Auch Wald und Wirtschaft verbinden sich zu einem organismusähnlichen Gebilde.

Wir werden im weitern Verlauf unserer Betrachtungen zu der Erkenntnis kommen, daß für die von Fall zu Fall zu lösenden Aufgaben des Eingriffs — vor allem die biologischen — eine gleichmäßige und harmonische
Erfassung aller Bestimmungsgründe nur durch entsprechende Anordnung der räumlichen Bedingungen für den Betrieb und zwar durch entsprechende Ausformung des Schlags und eine systematische Vereinigung der Schläge zum Schlagsystem erreicht werden kann!

---

[1] Bier: „Med. Klinik“ 1934, Nr. 37.

So wird also die Analyse des Betriebs zu einem Sichrechenschaft=
geben über die letzten Beweggründe alles technischen Han=
delns im Walde führen, zu einer Zergliederung des ganzen Handlungs=
komplexes nach seinen Antriebskräften. Sie wird dadurch unendlich wert=
voll für die Erkenntnis der den Betrieb bewegenden Kräfte, sie wird aber
auch ein Anreiz für den Betriebsführer werden, sich seiner Aufgabe durch
Organisation voll gewachsen zu machen.

Und so geht schließlich (vgl. S. 45) **das praktische Ziel unserer
Analyse** dahin, den Weg zu finden von den theoretischen Er=
kenntnissen auf allen Grundgebieten der Forstwissenschaft,
die uns Tatsachenforschung vermittelt, zur Umsetzung in
unsere Technik. Unser Ziel ist, eine Brücke zu schlagen zwischen
Erzeugungslehre und Betrieb, zwischen „Theorie und Praxis".

**Haben wir den Weg gefunden, so muß er breit und hindernislos aus=
gebaut werden!**

Weil man bisher die Lehre vom Betriebsaufbau zerrissen, und in we=
sentlichen Teilen ins Grundlagegebiet, in den Waldbau, verwiesen bzw.
hinübergezogen hatte, so konnte man auch keine Brücke schlagen, die **alle**
Grundlagengebiete gleicherweise und gleichmäßig mit dem
ganzen Aufbaugebiet verbunden hätte.

Zweites Kapitel.

Das Arbeitsfeld.

Soll bei hochentwickeltem, jährlichem Nachhaltbetrieb, wie er diesen
Untersuchungen ausschließlich zugrunde gelegt wird, erntend in den Wald
eingegriffen werden, so ist erste Aufgabe, deren Lösung den ganzen
weiteren Betriebsgang, wie den künftigen Waldaufbau entscheidend be=
stimmt: Die Feststellung und Abgrenzung der Flächen, auf de=
nen gleichzeitig eingegriffen werden soll, die Bestimmung der
Form des Flächenangriffs im großen, d. h. die Wahl des **Arbeitsfeldes**
für die jährliche oder periodische Aberntung und Verjüngung.
Hier sind verschiedene Möglichkeiten gegeben, deren Bestimmungsgründe
wir vor allem andern feststellen müssen.

Die Entscheidung über das Arbeitsfeld besitzt gerade in der Forstwirt=
schaft schon darum hohes Gewicht, weil diese immer auf an sich schon sehr
ausgedehnten und infolge ihrer Bestockung unübersichtlichen Flächen arbeitet
und weil diese Arbeit sich dazu noch meist über lange Zeiträume erstreckt;
ebenso aber auch, weil, wie wir bald sehen werden, das Arbeitsfeld in der
Forstwirtschaft der Angelpunkt der gesamten Betriebstechnik ist.

Suchen wir nämlich unser Arbeitsfeld für Ernte und Verjüngung in
zweckmäßigster Weise zu formen, so ist ganz allgemein klar, daß hier das
Ordnungsprinzip, das jedes zielbewußte menschliche Tun beherrscht,

an erster Stelle bestimmend auftritt und mit ihm die Technik; denn es
sind beim Eingriff zuerst die Erfordernisse der Betriebsleitung, der Arbeitsausführung auf der Fläche, der Verteilung des Arbeitsmaßes über sie,
und der zweckmäßigen Lagerung des Holzanfalls auf ihr, die entscheidenden
Einfluß üben. Aufgaben, wie Übersichtlichkeit und Beherrschung des Gegenstandes der Arbeit, Arbeitsvereinigung im großen, zweckmäßige Arbeitsverteilung über die Flächen und Aneinanderreihung auf den Flächen
treten hier in allgemein betriebstechnischen und erntetechnischen, ebenso
aber auch in waldbau- und schutztechnischen, wie schließlich in ertragstechnischen Bestimmungsgründen in die Erscheinung.

Die Technik ist es also, die zunächst vor der Frage des Arbeitsfelds
steht! Soll es allumfassend bzw. unbegrenzt oder soll es räumlich und zeitlich beschränkt sein und welche Formen soll es alsdann haben? In der Entscheidung über diese Fragen liegt schon unsere gesamte Betriebstechnik
beschlossen.

Überblick und übersichtliche Anordnung der Arbeitsgegenstände üben beherrschenden Einfluß auf das Arbeitsfeld und sind erste Bedingung für reibungslosen Erfolg der Forstwirtschaft, während biologische
und ökonomische Momente hier kaum Einfluß üben. Daraus geht schon
jetzt hervor, daß auf dem Gebiet des Arbeitsfelds Bestimmungsgründe
allgemeingültiger Art entscheiden, solche, die auf großen Gebieten gleichartig und andauernd gelten.

Das Arbeitsfeld ist somit vor allem Träger der äußeren
Ordnung und des zielbewußten Vollzugs im Gegensatz zu
Zufall und Willkür, es ist also auch das gegebene Werkzeug
der Technik.

Im einzelnen wirken dann die Bestimmungsgründe bald auf Größe und
Form der Arbeitsfelder, bald auf ihre Lage und Folge, so daß wir diese
Elemente je für sich betrachten können.

I. Die Frage der Gestaltung des Arbeitsfelds im allgemeinen.
(Blenderbetrieb oder Schlaghochwald?)

Wenden wir uns zunächst der Größe des Arbeitsfelds im besonderen zu, so stoßen wir sofort auf ein Problem von so weittragender,
dabei schwieriger Art, auf eine Frage von so ganz allgemeiner Wirkung, daß
sie allen andern Fragen voraus beantwortet werden muß. Sie gehört ins
Gebiet der allgemeinen Betriebsorganisation und bestimmt alle weiteren
Wege der Betriebstechnik: Wollen wir, so lautet die Frage, unsern Ernte- und Verjüngungseingriff fortlaufend über die
ganze weite Betriebsfläche hin ausdehnen, den ganzen Wald
grundsätzlich und ununterbrochen Arbeitsfeld für die Endnutzung sein
lassen, ihn fortgesetzt über seine ganze Fläche hin unter unserer Verjüngungsart halten, oder aber ist es besser „Schläge" zu bilden, uns also

jeweils auf Teile der Betriebsfläche zu beschränken, die wir behufs befristeter Vollaberntung und Verjüngung abscheiden, wie es der „Schlaghochwald" tut? Oder anders betrachtet: Wollen wir das Holz ungleichwüchsig oder gleichwüchsig erziehen?

Die Frage ist von uns bereits entschieden für alle „Blenderwaldstandorte" (vgl. S. 75) und zwar hier zugunsten der ersteren Lösung, des Blenderbetriebs. Sie erhebt sich nur auf den „Schlagwaldstandorten", also auf Standorten, wo sich sowohl ungleichwüchsige wie gleichwüchsige Erziehung des Holzes ohne vernichtende Gefahren durchführen läßt, so daß hier freie Wahl besteht.

Wir haben unsere Untersuchungen bereits oben (S. 76) ganz auf die Schlagwaldstandorte beschränkt, die, bei uns wohl über 90% umfassend, diejenigen des freien Wirtschaftswalds sind.

Auf den Schlagwaldstandorten bestehen also zwei Möglichkeiten
1. fortlaufender Betrieb über die ganze Fläche hin,
2. Schlagbildung mit Vollaberntung der Schläge in bestimmten Fristen.

1. Der fortlaufende Betrieb über die ganze Fläche hin verzichtet auf die Ausscheidung räumlich und zeitlich begrenzter Arbeitsfelder, wir haben also hier ein allumfassendes Arbeitsfeld, oder aber, da auf großer Gesamtbetriebsfläche in der Regel nicht das Ganze alljährlich vom Hieb erfaßt werden kann, zunächst ein unbestimmtes Arbeitsfeld ohne Befristung der Ernte. Dehnen wir nun aber unsern Waldeingriff fortlaufend über die ganze Betriebsfläche aus und verzichten wir auf Schlagbildung im engern Sinn, so legen wir damit gleichzeitig auch die Eingriffsform im einzelnen fest! Denn der Einzeleingriff kann dann im Nachhaltwald nur der **Blenderhieb** sein! Und ebenso dehnen wir damit den Ernte- und Verjüngungszeitraum auf den **ganzen Umtrieb** aus. Der Hiebsgang muß während dieser Frist ein mehr oder weniger stetiger sein.

Es sind also mit dem allumfassenden Arbeitsfeld sofort auch Hiebsart und Hiebsgang festgelegt und damit ist die „Betriebsart" wie sie der Waldbau lehrt, fertig! — Blenderhieb mit stetigem den ganzen Umtrieb umfassendem Hiebsgang, d.h. der „Blenderbetrieb"!

Die hierin liegende räumliche und zeitliche Bindung des Hiebs wird hier nur darum nicht schädigend wirksam, weil dem Hieb ja die ganze Betriebsfläche und die ganze Umtriebszeit zur Verfügung steht. Der Hieb ist nach Ort und Zeit vollkommen freigegeben, seine Ungebundenheit in räumlicher und zeitlicher Hinsicht bietet rein biologisch betrachtet die günstigsten Bedingungen. Ja man kann sagen: daß die Verjüngungsfrist die ganze Umtriebszeit umfaßt und dadurch jede zeitliche Bindung fehlt, ist der waldbauliche Hauptvorteil des Blenderbetriebs gegenüber dem zeitlich befristeten Breitschlaghochwald bisheriger Prägung, dessen größter biologischer Mangel, wie wir sehen werden, die zeitliche Bindung durch Befristung ist.

Auf größeren Waldflächen macht sich nun aber doch beim Verzicht auf die Abgrenzung von befristeten Arbeitsfeldern ein betriebstechnischer Bestimmungsgrund geltend, der für Ordnung und Überblick dringend eine gewisse Gliederung von Zeit und Raum fordert. Er ergibt sich aus der Unmöglichkeit für den laufenden Betrieb, die Gesamtfläche alljährlich zu bewältigen. Ihm trägt der „geordnete Blenderbetrieb" technisch dadurch Rechnung, daß er die Riesenfläche durch seine Waldeinteilung in kleinere Einheiten zerlegt und durch Wahl einer kurzen Umlaufszeit von 3—5 Jahren und Aufteilung der Flächeneinheiten unter die Jahre des Umlaufs, für eine Verkleinerung des jährlichen Arbeitsfelds behufs Überblick und Kontrolle sorgt.

So entstehen jährliche „Blenderschläge" (d. h. „Schläge" in anderem — weiterem — Sinn, als demjenigen des Schlaghochwalds) die in kurzem Umlauf von der Axt betreut werden. Da dem kurzen Umlauf entsprechend die Jahreserntefläche immer noch sehr groß ist und die Ernte unbefristet bleibt, so ändert diese Gliederung nichts an dem Wesen des Blenderbetriebs in technischer Hinsicht, sowie vor allem am Waldaufbau!

Den technisch vollendetsten Blenderbetrieb lehrt ohne Zweifel Biolley und gibt ihm ein eigenes lehrreiches Wirtschafts= und Betriebssystem mit auf den Weg. Auf seine Lehren werden wir zurückkommen. Biolley greift nach Maßgabe des Waldbilds blendernd in die Bestockung ein und strebt einem räumlichen und zeitlichen Normalzustand zu unter gleichzeitiger Leistungskontrolle der Massenerzeugung mit Hilfe einer engmaschigen Waldeinteilung, die in gewissem Sinn dem Schlagsystem des Schlaghochwalds entspricht, da sie das Ordnungsprinzip verkörpert, so weit das hier eben möglich ist.

Hier liegt aber auch bereits für den Blenderbetrieb die Grenze technischer Entwicklungsmöglichkeit! Das ist kennzeichnend und bestimmend für ihn und muß festgehalten werden! Der Technik bleibt nämlich im Blenderbetrieb nur geringer Raum für Entwicklung, da ihr das erforderliche Organ für solche Entwicklung, der Schlag fehlt. Das gilt, wie wir sehen werden, für das ganze technische Gebiet und zwar für Waldbautechnik und Schutztechnik nicht weniger, als für Erntetechnik und allgemeine Betriebstechnik, bei welch letzterer die Unmöglichkeit einer Entwicklung ganz besonders in die Augen fällt. Schon aus diesem Grunde kann die Blenderung **nie allgemeines** Leitprinzip des Betriebs der Forstwirtschaft werden.

Sie ist einer technischen Weiterentwicklung der Eingriffsweise nur in geringstem Maße fähig, obgleich gerade sie an die Technik in Betriebsführung, Ernte, Bringung, Holzartenaufbau besonders bezüglich der Mischung, Holzgüte usf. **die schwersten Anforderungen stellt!**

Dem Blenderbetrieb, der „Baumwirtschaft", könnte technisch nur im Sinn intensivster Kleinarbeit geholfen werden, mit engstem Wegnetz und Einteilungsnetz, höchster Arbeitsintensität in Betriebsführung und Arbeitsvollzug, also auch mit kleinsten Revieren (Vierteilung der heutigen!), ein Weg, der den allgemeinen ökonomischen Bedingungen der Forstwirtschaft stracks zuwiderläuft.

2. Die andere Möglichkeit ist die Schlagbildung. Bilden wir Schläge, d.h. zerlegen wir die Gesamtfläche in scharf begrenzte Teilflächen, die je in gekürzter Frist voll abgeerntet und verjüngt werden, so können wir dies wie wir auf S. 57 ff. gesehen haben in verschiedenster Weise tun, können diese Gebilde nach Größe, Form, Lage und Folge verschieden gestalten und anordnen, es eröffnet sich also hier der Technik sofort ein weites Feld für mannigfaltige Gestaltung des Betriebseingriffs und des Waldaufbaues im großen!

Aber auch innerhalb dieser Schläge steht der Technik die Wahl frei für ihren Einzeleingriff in räumlicher wie in zeitlicher Hinsicht. Hiebsart und Hiebsgang sind an sich noch nicht festgelegt, wie auf dem umfassenden Arbeitsfeld, sondern können und müssen von Fall zu Fall frei gewählt und durchgeführt werden.

Wir haben also **im Schlaghochwald ein weites Gebiet von Gestaltungsmöglichkeiten für unsere Betriebstechnik** vor uns.

Aber auch noch vor eine **ökonomisch entscheidende Alternative** stellt uns die Wahl zwischen den beiden Möglichkeiten, nämlich vor die Alternative einer grundsätzlich **ungleichwüchsigen** und einer mehr oder weniger (d.h. im Rahmen des Verjüngungszeitraums) **gleichwüchsigen Holzerziehung,** denn der rein blendernde Eingriff schafft ungleichaltrigen und damit ungleichwüchsigen Wald, der Schlag dagegen läßt ein beliebiges Maß von Gleichaltrigkeit und damit Gleichwüchsigkeit zu.

Es erhebt sich also die Frage:

Erreichen wir im ganzen betrachtet auf den Schlagwaldstandorten das Endziel unseres Betriebs und unserer Wirtschaft besser auf dem Wege der gleichwüchsigen oder der ungleichwüchsigen Holzzucht?

Diese ökonomische Kernfrage — es handelt sich um keine unmittelbar waldbauliche Frage oder Schutzfrage, als welche sie vielfach behandelt wird; biologische und technische Bestimmungsgründe wirken nur einschränkend! — führt sofort alle nur denkbaren Bestimmungsgründe der Forstwirtschaft zusammen auf den Plan, weil ihre Lösung von den verschiedensten Seiten her das Wirtschafts- und Betriebsziel berührt. Wir müssen uns erst, wenn wir uns in dieser Vielheit der Einflüsse zurechtfinden wollen, die Bedingtheiten des einen und des anderen Wegs getrennt vor Augen halten.

Zunächst spitzt sich unsere Frage auf das Problem der besseren ökonomischen Eignung der ungleichwüchsigen oder der gleichwüchsigen Erziehung des Holzes zu, weil ja die Güte der Erzeugnisse vor allem vom **Standraum** abhängt, der den Bäumen im Laufe ihrer Entwicklung gewährt wird.

Hier weisen die ernteökonomischen Bestimmungsgründe, und zwar mehr noch die inneren technischen Eigenschaften als die äußerlich sichtbaren (vgl. S 70), die der Verbraucher von unsern Erzeugnissen fordert und deren Wertschätzung wir am Marktpreis erkennen können, mit einer alles andre ausschließenden **Eindeutigkeit** auf gleichwüchsige Erziehung des Holzes hin; ja, man kann weitergehen, und sagen, daß die ernteökonomischen Bestimmungsgründe entschieden gegen Ungleichaltrigkeit sprechen, weil diese, selbst wenn ihr größere Massenleistung zuerkannt wird, was eine sehr vollkommene Bestockung voraussetzt, doch sicher in der entscheidenden Wertsleistung weit hinter der Gleichwüchsigkeit zurückbleibt.

Übrigens sei in der Frage der Massenleistung allgemein festgestellt, daß die landläufige Vorstellung, die Forstwirtschaft nutze für ihre Holzerzeugung eine Fläche aus, falsch ist, sie nutzt vielmehr einen Raum aus, eine Schicht der Bodenoberfläche, begrenzt durch zwei Flächen, von denen die eine durch die Spitzen der Bäume, die andre durch die Wurzelenden bestimmt ist. Diese Räume sind bei Flächenscheidung der Altersklassen, also Gleichwüchsigkeit, für die Altersklassen verschieden, am verschiedensten beim jüngsten 1—2 m hohen und ältesten 20—30 m hohen Holz, bei Ungleichwüchsigkeit dagegen sind sie für die ganze Betriebsfläche gleich. Die Frage ist nun: bestimmt der Mehrraum für Holzerzeugung, den ohne Zweifel die Ungleichaltrigkeit zeigt, auch einen entsprechenden Mehrzuwachs?

Die reine Massenleistung spricht bei guter Bestockung (!) wohl für Ungleichaltrigkeit.

Aus was besteht nun aber diese Masse vom Gesichtspunkt unserer ernteökonomischen Ziele aus betrachtet? Sie besteht, das liegt in der Natur der Sache, zu einem erheblichen Teil aus astigen und abfälligen Stämmen, dazu viel Astholz usf., durchaus im Gegensatz zur Gleichwüchsigkeit, die zu Astreinheit, Vollholzigkeit und einem Mindestmaß von Astholz führt.

Inwieweit der oft sogar gerühmte Minderanfall an Schwachhölzern bei ungleichwüchsiger Erziehung einer hochentwickelten Landwirtschaft (Stangenholzbedarf), dem Grubenbetrieb, der Zellstoffherstellung usf. gegenüber ungünstig wirken würde, mag dahingestellt bleiben, denn dem Einwand gegen die Gleichwüchsigkeit, sie liefere einen zu großen Anteil an Schwachhölzern, kann füglich der große Ast- und Reisholzanfall der Ungleichwüchsigkeit gegenübergestellt werden, wie die weit gleichmäßigere innere Güte der Starkhölzer des gleichwüchsigen Bestands, bilden diese doch ein weit erleseneres Material, das zudem in gleichaltriger Umgebung hochgewachsen ist.

Auf dem Gebiet der Wertsleistung besteht nun aber leider beim Forstmann eine Erkenntnisschwierigkeit. Er kennt meist nur die äußeren Eigenschaften seines Holzes, Lang= und Geradschaftigkeit, Vollholzigkeit, nicht oder nur wenig dessen innere Güte: Astreinheit usf., weil er der Verarbeitung seiner Erzeugnisse fernsteht. Darum ist er auch nicht imstande, sich ein sicheres vergleichendes Urteil über das Innere der Stämme aus den beiden Erziehungsformen zu bilden. Wir werden darauf zurückkommen. Das gilt besonders vom Nadelstammholz, das meist noch bezüglich seiner inneren Güte „im Ramsch“ verkauft wird, weniger für das Laubstammholz, zumal die Eiche, die der gute Eichenwirtschafter auch innerlich genau kennt und kennen muß.

Die ungleichwüchsige Erziehung des Holzes ist dem Blenderbetrieb eigen, die gleichwüchsige dem Schlaghochwald. Sehen wir also erst einmal zu, wie sich die verschiedenen Bestimmungsgründe des forstlichen Betriebs zu diesen Wegen stellen!

1. Die Bestimmungsgründe des Blenderbetriebs.

Der Blenderbetrieb folgt ausgesprochenermaßen ökologischen Bestimmungsgründen und zwar biologischen, die auf das vegetative Gedeihen des Walds hinzielen und solchen der Waldsicherung, die ein festes, gesundes Waldgefüge anstreben. Und beste Möglichkeit einer Erfüllung aller dieser Bestimmungsgründe kann und darf auch dem Blenderbetrieb nicht abgesprochen werden, denn der dauernde Blenderstand der ganzen Bestockung liefert — theoretisch wenigstens — durch Ausbildung eines den ganzen Luftraum ausfüllenden Kronendachs die beste Dauerdeckung und Pflege von Boden und Jungwald und sichert eine stete und volle Ausnutzung von Boden und Luftraum durch die Bestockung mit einem Maximum von Blatt= und Wurzelvermögen — größtem Wuchsraum —, stellt dadurch höchste Massenleistung in Aussicht, besonders dadurch, daß er die Zuwachskluft des Schlaghochwalds in der Übergangszeit aus einem Umtrieb in den andern nicht kennt. Er verbindet damit die Erfüllung der Bedingungen für Gesundheit und Kraft des Waldes, die der Forstschutz stellt; daher sind auch die Schutzbedingungen die günstigsten. Der alte Wald beschirmt dauernd den jungen und eine gleichmäßige Verteilung fester und selbständiger Bäume und Gruppen, wie die Mischung verschiedener Holzarten verleihen dem ganzen Gefüge des Blenderwalds alle auf diesem Weg erreichbare Sicherheit nach außen und innen, dieses bedarf somit keiner besondern Deckmaßregeln. Für die Schlaghochwaldstandorte bilden denn auch die biologischen und waldsichernden Bestimmungsgründe die fast einseitige Begründung des Blenderbetriebs. Gerade in dieser einseitigen Wirkungsweise liegt ja, wie wir gesehen haben, der

Grund seiner Überlegenheit auf den meisten hochgefährdeten Standorten und ebenso im Parzellwald, dem die für Schlagbetrieb erforderlichen Deckungsmittel infolge seiner Kleinheit und Flächenform fehlen. Das alles setzt nur eines voraus, nämlich, daß immer junges Holz unter dem alten ankommt und sich erhält, was nicht auf jedem Standort, bei jeder Holzart und vor allem bei jedem Wildstand möglich sein dürfte.

Diese Überlegenheit des Blenderwalds legt auch den Gedanken nahe, gefährdete Schlagwaldgebiete mit Blenderwaldbändern zu umgeben und zu durchziehen, besonders gefährdete Stellen oder Linien dieser Form zuzuweisen.

Diesen Bestimmungsgründen gegenüber treten schon die ökonomischen auffallend zurück, am meisten, wie wir gesehen haben, die ernteökonomischen, während das ganze Gebiet der Technik geradezu ausgeschaltet erscheint, sind doch aus den oben genannten Gründen ihrer Entwicklung engste Grenzen gezogen. Das gilt nicht allein für das Gebiet der Betriebstechnik im engeren Sinne mit dem Ordnungsprinzip an der Spitze, dem der Blenderbetrieb mit seinen ungegliederten Riesenflächen und Zeiträumen geradezu feindlich gegenübersteht, das gilt ebensosehr von der Erntetechnik, wo der Mangel besonders in die Augen fällt; denn wenn auch die Verteilung der Ernte über weite Flächen hin einige Vorteile für die Fällung des Holzes bietet im Verhältnis zu dem gedrängten Stand des alten Holzes auf den Verjüngungsflächen des Schlagwalds, so ist doch im übrigen der Ernte= und Bringungsvollzug der schwächste Punkt des Blenderbetriebs. Daß hier der Technik engste Grenzen gezogen, gilt schließlich selbst auf waldbautechnischen und auf schutztechnischem Gebiet wo man gewöhnlich kaum darauf achtet, weil die sonstigen Bedingungen in biologischer und waldsichernder Hinsicht an sich schon sehr günstig sind. Der Nachteil liegt hier darin, daß der Technik bezüglich des Hiebs nur ganz beschränkte Möglichkeiten geboten sind, eben nur der Blenderhieb, denn dem Einzeleingriff fehlt jeder Bezug aufs Ganze! Nur vom Ganzen, von der Fläche, her können wir auf technischem Weg Leitung und Arbeit verfeinern, denn nur die Schlagbildung gibt reiche Formen frei für Weiterentwicklung der Betriebstechnik. Die Riesenmaße an Raum und Zeit auf denen der Blenderbetrieb sich ungeteilt aufbaut, wirken an sich schon in jeder Hinsicht feindlich gegen alles Technische.

Daß es hier selbst auf waldbau= und schutztechnischem Gebiet an technischer Gestaltungsmöglichkeit fehlt, mögen zwei Beispiele erhärten:

So steht der Blenderbetrieb immer hilflos da und bietet keinen technischen Weg, wo die Natur nicht im Sinne des Betriebsziels wirkt, sondern andre Wege geht, wie z.B. auf ausgesprochenen Buchenstandorten, wo aber heute meist nutzholztüchtige Lichthölzer erstes Betriebsziel sind. Man erhält bei Blenderbetrieb hier eben Buchenwald, während die Lichthölzer nicht aufzubringen sind, es sei denn mit großen Kosten.

Eine Ausnahme machen hier nur besonders lichtintensive Hochlagen des Hochgebirgs, wo wir selbst Kiefer und Lärche im Unter- und Zwischenstand begegnen, wie sonstwo den Schatthölzern.

Nur, wo das Betriebsziel mit dem freien Wirken der Natur auf dem fraglichen Standort völlig in Einklang steht, läßt es sich im Blenderbetrieb erreichen. Dieser ist somit **fast rein naturbestimmt,** nur in sehr geringem Maße **wirtschaftsbestimmt** und fast gar nicht **betriebsbestimmt!** Das schließt ihn als Werkzeug der Rationalisierung aus!

Dürfen wir aber die Technik als die „Ordnung im Vollzug der Bedarfsdeckung" betrachten, als die Taktik in unserem Kampf gegen den Zufall — hier gegen die Wirkungen der Natur, die dem Ziel der Wirtschaft entgegenstehen — so müssen wir von unserm Betrieb und damit vom Waldaufbau fordern, daß er der Technik ihre Aufgabe einer sicheren Leitung der Natur in der Richtung des Wirtschaftsziels erleichtert, nicht unmöglich macht!

Geht der Bedarf z. B. auf Lichthölzer, so müssen diese im Betrieb ohne Schwierigkeit erzogen werden können. Im Blenderbetrieb aber ist dies zumeist nicht in ausreichendem Maße möglich.

Ebenso zeigt — ein weiteres Beispiel — der Blenderwald zwar selbst gute Wappnung gegen vielerlei Gefahren — kann selbst als Schutzsystem bezeichnet werden —, der Schutztechnik jedoch gibt er keine Möglichkeiten zu weiterer Betätigung, denn Technik fordert vor allem ein gewisses Maß von Übersichtlichkeit, zumal für ihre Überwachungs- und Bekämpfungsmaßregeln, die hier fehlt, z. B. bei Waldbränden, Insektenschäden usf., denn auch der Blenderwald ist nicht gegen jede Gefahr gefeit.

Daß auch die Technik der Ertragsregelung durch Blenderung erschwert wird, weil hier der einfach zu handhabende und gleichbleibende Flächenfaktor als Ertragsmaßstab gänzlich ausscheidet, darf zwar nicht entscheidend in Betracht gezogen werden, denn die Ertragsregelung hat sich zu bescheiden und sich samt Buchung und Kontrolle grundsätzlich der Erzeugungstechnik unterzuordnen und damit dem durch diese gegebenen Betriebsgang anzupassen. Sie darf ihn nicht bestimmen, wie sie es durch ein Jahrhundert in schädlicher Weise getan hat, aber als erwünscht darf die Möglichkeit der Verwendung dieser sicheren, weil unveränderlichen Grundlage seitens der Ertragsregelung immerhin in die Wagschale des Betriebs geworfen werden.

2. Die Bestimmungsgründe des Schlaghochwalds.

Mit der Schlagordnung und der durch sie bedingten Gleichaltrigkeit der Bestockung halten zwei neue betriebstechnische Faktoren ihren Einzug in den Wirtschaftswald — das muß vorweg hervorgehoben werden, da es stets übersehen wird —, aus denen sich wichtige Bestimmungsgründe für den Betrieb ableiten.

Das ist einmal das **Deckungsbedürfnis** aller Bestockungsglieder des Walds, der Einzelbäume, Gruppen, Bestände usf. (vgl. S. 37). Sie alle sind durch die Schlagbildung unselbständig geworden, sind auf gegenseitigen Deckungsschutz angewiesen. Das **Deckprinzip tritt im ganzen Schlagbetrieb beherrschend auf** und bestimmt Wald= und Bestockungsaufbau, wie Betriebseingriff. Es durchdringt den ganzen Wirtschaftswald!

Das Zweite aber ist das **Ausweichbedürfnis** der Ernte und Bringung. Die Schlagbildung drängt nämlich alles alte Holz auf engem Raum zusammen. Die Flächen dieser Vereinigung schwerer Erntehölzer in den Altholzbeständen sind aber bei Naturverjüngung gleichzeitig Verjüngungsort und Kinderstube des Waldes. Das schafft ein lebhaftes Ausweichbedürfnis bei der Fällung, Aufbereitung, Lagerung und Bringung. Der Erntevollzug muß **seitlich** freien Raum zur Betätigung haben, frei von jungem, darum gefährdetem Holz, sonst droht ihm selbst allerlei Behinderung, dem Jungwuchs aber Vernichtung. Auch dieser Umstand stellt im Schlagwald scharfe Forderungen an die Eingriffsform.

Die Schlagbildung ändert somit die räumlichen Bedingungen im Walde von Grund aus. Die Formbarkeit der Schläge und die Gliederung der Altersklassen durch die Schlagbildung drängen das **technische Prinzip** in den Vordergrund. Dieses fordert hier freie Bahn und beherrscht darum Waldeingriff und Waldaufbau.

Zusammen mit ernteökonomischen Zielen haben ja einst ganz besonders auch allgemeine betriebstechnische Erwägungen den ersten Anstoß zur Schlagbildung gegeben.

Trotz ihrem Übergewicht auf diesem Gebiet ist jedoch zu fordern, daß die Technik sich nicht auf die Pflege des allgemein betriebstechnischen Gebiets beschränkt, wie sie es einst tat, als sie den gordischen Knoten des Ausweichbedürfnisses der Ernte durch Kahlschläge zerhieb, sondern daß sie gleicherweise auch dem erzeugungstechnischen Gebiet und allen sonstigen technischen Momenten Rechnung trägt, also ihr freies Feld im Schlagwald auch zur Entfaltung nach allen Seiten hin nützt.

So sind denn im Schlaghochwald die technischen Bestimmungsgründe, vorab die allgemein betriebstechnischen nur scheinbar allein maßgebend, denn hinter ihnen und sie bestimmend stehen sowohl die ökonomischen, wie alle biologischen und waldsichernden Momente. Auch sie können voll zur Geltung kommen, wo die Technik in ihren Dienst tritt und ihnen entsprechende Voraussetzungen schafft. Sie ist ja nicht Selbstzweck, sondern hat die besten Bedingungen für Holzerzeugung zu schaffen!

Zunächst zeigt ja allerdings der Schlagwald eine gewisse Ungunst der Verhältnisse, gerade auf den Gebieten, welche der Blenderbetrieb einseitig allein pflegt, dem biologischen und waldsichernden, da er das Tätig=

keitsgebiet für seinen Eingriff durch Schlagbildung räumlich wie zeit=
lich einschränkt, doch ist die Wirkung nur eine mittelbare, da das Biologische
ja keine unmittelbaren Beziehungen zum Schlag hat, vielmehr erst inner=
halb des Schlags wirkt. Aber gerade diese mittelbar ungünstige
Wirkung kann die Technik leicht in ihr Gegenteil wandeln,
mindestens ausschalten, denn so wenig der Blenderbetrieb für die Technik
zugänglich ist, so weit öffnet ihr der Schlagbetrieb seine Tore und so viel
ist hier von ihr zu erhoffen.

Es ist noch gar nicht erwiesen, daß die biologischen und waldsichernden
Vorteile, die zugunsten des Blenderbetriebs geltend gemacht werden,
unmittelbar an seinem allumfassenden Arbeitsfeld und seiner freien Be=
wegung auf ihm haften! Sie fließen vielmehr aus den angewen=
deten Baumständen! Und ebensowenig ist erwiesen, daß es der Tech=
nik, wenn wir sie erst richtig entwickeln — und das haben wir ja noch gar
nicht getan —, nicht möglich sein wird, auch im Schlag alle jene dem Blen=
derbetrieb nachgerühmten Vorteile in mindestens ausreichendem Maße
zu entwickeln. Daß es wirklich möglich ist, wird das Nachfolgende zeigen.

So zeigt z. B. der Schlagwald zunächst zwar größere Gefährdung als
die Blenderung, dafür ist aber bei ihm der Schlag bzw. die aus ihm er=
wachsende Bestockungseinheit zugleich Bekämpfungsort und schutztechnische
Einheit gegen viele Schäden und bietet dabei mancherlei technische Mög=
lichkeiten, den Gefahren zu begegnen und dadurch die an sich größere Ge=
fährdung der gleichwüchsigen Bestockung in hohem Maß auszugleichen.

3. Nun gilt es für die Schlagwaldstandorte abzuwägen, zwischen Blenderbetrieb und Schlaghochwald.

Welche Bestimmungsgründe sprechen für den einen, welche für den
andern, für ein räumlich und zeitlich unbegrenztes oder für ein verkleinertes
und befristetes Arbeitsfeld?

Da müssen wir uns zuerst darüber klar sein, daß auf solch komplexem
Gebiet keine exakt mathematische, sondern immer nur eine gutachtliche
Entscheidung durch abschätzende Wertung möglich ist, allgemein und
im einzelnen Fall, wie bei so vielen Fragen des wirtschaftlichen Lebens.
Das gilt für heute, wo die Leistungsverhältnisse beider Eingriffsformen
noch wenig geklärt sind, wird aber wohl immer so bleiben, denn an dieser
Frage hängen so viele und mannigfaltig bedingte, wie von Fall zu Fall
im Gewicht wechselnde Bestimmungsgründe, daß sie nie auf eine starre
Formel gebracht werden können, sondern stets nur gutachtlicher ökonomi=
scher Abwägung zugänglich sein werden. Das ist aber kein Unglück, bildet
es ja doch im wirtschaftlichen Leben geradezu die Regel. Je nach dem Ge=
wicht, das dem einen oder andern Bestimmungsgrund allgemein oder
örtlich zukommt bzw. gutachtlich zugeschrieben wird, muß sich die Frage so
oder so beantworten. Daher haben wir hier leider auch das schönste Feld

für „falsche Propheten". Hier hilft nur klarer Überblick über das
Ganze aber nicht nur über die Forstwirtschaft allein, sondern auch über
die Forderungen der Verbraucher an die Erzeugnisse, also zunächst über
den Sägwerksbetrieb und seine Anforderungen an die Holzeigenschaften,
sowie die Schnittergebnisse der beiderlei Betriebsformen!
Wem dieser Überblick eigen ist, wer alle Möglichkeiten und ihre Wirkungen
zu überblicken und richtig abzuwägen vermag, nur der wird richtig ur=
teilen, den richtigen Weg finden und auf ihm vorwärtskommen. Wem
dagegen solch umfassender Überblick fehlt, oder wer solch zusammenfassen=
der Geistesarbeit nicht fähig ist, der wird irre gehen! Ein Unglück für die
Forstwirtschaft ist dabei nur, im Gegensatz zu andern Wirtschaftsgebieten,
daß sich bei ihr der Irrweg erst sehr spät sicher nachweisen läßt!

Für Deutschland und seine Verhältnisse hat durch mehr als hundert
Jahre das Urteil fast aller Forstwirte zum Schlaghochwald geführt und an
ihm festgehalten. Es waren immer nur einzelne einseitig Eingestellte,
— wie schon deren Ausführungen selbst zeigen — denen vor allem der
sichere Überblick über das Ganze und ein gutes ökonomisches und betriebs=
technisches Urteil fehlte, besonders aber die Kenntnis des Sägewerks=
betriebs, auch wenn sie als Waldbauer Hervorragendes leisteten[1], die
für den Blenderbetrieb eintraten.

Darum darf, das kann nicht oft genug ausgesprochen wer=
den, **vor seinem Gewissen** nur **der** es wagen, in dieser ebenso
schwierigen, wie entscheidenden Frage urteilend das Wort
zu ergreifen, der **beide Formen** des Betriebsgangs nach Voll=
zug und nach Wirkungen auf die Erzeugnisse genau, d. h. **aus
eigener Tätigkeit** kennt, und nur der, dem auch die **innere Güte**
der erzeugten Waren aus der Verarbeitung des Holzes
beider Betriebsformen vergleichbar bekannt ist. Wer nicht ein
Sägewerk verwaltet und dort die Blenderwald= und Schlagwalderzeug=
nisse nebeneinander verarbeitet hat, der kann unmöglich in der Gesamt=
frage maßgebend urteilen. Er möge sich daher auf die Erörterung der ihm
bekannten waldbaulichen Grundlagen für die Entscheidung der Frage
beschränken, er würde mit einem Gesamturteil, da es einseitig ausfallen
müßte, lediglich Verwirrung stiften. Denn ihm folgte dann der Scholastiker,
um alle solche anfechtbaren Urteile zu sammeln und fein säuberlich zu
einem erdrückenden Beweis gegen den Schlaghochwald zusammenzu=
schmieden!

---

[1] So liefert uns Stephani: Allg. F. u. J.=Ztg. 1933, S. 1, ein allgemein an=
erkannter Wirtschafter, ein Beispiel logischer Unklarheit infolge Mangels einer
systematischen Trennung und Gliederung von gleichwüchsiger und ungleichwüchsiger
Holzerziehung. Die eine trennt Verjüngung und Vorratspflege, die andre ver=
mengt sie und muß dies tun, weil junges Holz zwischen dem reifen steht. Ohne Klar=
heit über diese Dinge kommen wir der Wahrheit nicht näher!

Unser Schrifttum zeigt ja tausend Urteile in dieser Sache, doch klebt nur zu vielen von ihnen der Makel der Unkenntnis oder Einseitigkeit oder der „Liebe" zu diesem oder jenem Vorgehen auf der Stirn. All diese Urteile nach scholastischer Methode zusammenzusuchen, hat daher keinerlei Wert oder Beweiskraft und ist wissenschaftlich schon im Grundsatz abzulehnen!

Gleicherweise müßig wäre es, einen Streit um die Blenderwaldfrage zu entfachen — nicht weniger, als etwa über die Reinertragsfrage —, er könnte nur mangelnde Klarheit über die Fragestellung zutage fördern. Man sollte in der Forstwirtschaft seine Kraft dankbareren Aufgaben widmen!

Es sollen darum hier nur Bausteine zur Klärung der Frage, Grundlagen zur Schöpfung eines sachlichen Urteils beigeschafft werden.

Wer sich, auch auf Schlaghochwaldstandort, für den Blenderbetrieb entscheidet, hebt in der Regel ganz ausgesprochen nur dessen biologische Eignung und Waldsicherung hervor, denn nach dieser Seite hin besticht der Blenderbetrieb durch unberührte Waldbilder, und verleitet zu einseitigem Urteil. Er stellt dagegen die allgemeinen betriebstechnischen Bestimmungsgründe der Ordnung und des Überblicks, dann aber auch die erntetechnischen und ganz auffallend sogar die besonders gewichtigen ernteökonomischen stark zurück oder übersieht sie ganz. Das erklärt sich wohl daraus, daß der Beschauer des Blenderwalds sein Urteil meist ausschließlich aus dem Blick auf schöne Waldbilder schöpft, die nur die vegetative Wirkung des Eingriffs, also das Biologische, verbildlichen, während er den Gang des Betriebs mit all seinen Reibungen wohl meist nicht kennt und vollends nie Gelegenheit hatte, die innern Eigenschaften der Erzeugnisse auf dem Sägewerk an den dort hergestellten Sägewaren kritisch zu vergleichen.

Dazu kommt, daß sich heute der Blenderbetrieb natürlich ganz auf die ihm günstigsten Standorte und Umstände zurückgezogen, alle weniger günstigen längst an den Schlaghochwald verloren hat, so daß es gefährlich erscheint, aus vorhandenen Blenderwäldern allgemeine Schlüsse zu ziehen.

Ebenso steht dem Blenderwald beim Vergleich heute das Ergebnis eines Schlagbetriebs gegenüber, der die Gunst seines Bildungsprinzips — die reichen technischen Möglichkeiten — noch kaum erkannt, darum auch noch lange nicht ausgeschöpft hat, vielmehr einer ähnlich einseitigen Wertung — hier betriebs= und ertragsregelungstechnischer Bestimmungsgründe — seine Entstehung verdankt.

So ergibt sich meist ein auf beiden Beinen hinkender Vergleich und man wird, da wir nun einmal durchweg Schlagwald haben, in Zukunft gut daran tun, **dessen technische Möglichkeiten erst einmal voll auszuschöpfen,** ehe man überhaupt daran denkt, den weiten Rückweg zur Blenderwirtschaft anzutreten, einen Weg, der doch wohl meist nur zu verhauenen Wäldern, also in die Irre führen müßte.

Bei aller Naturbestimmtheit drängt also der Blenderbetrieb Ökonomik und Betriebstechnik als Bestimmungsgründe völlig zurück, was um so auffallender ist, als wir es doch nicht nur mit einem Naturgeschehen zu tun haben, sondern mit einer „Wirtschaft", mit meist sehr ausgeprägten wirtschaftlichen Bedürfnissen der Menschen, zu deren Gunsten die Natur in der Richtung des menschlichen Nutzens durch die **Betriebstechnik** geleitet werden soll.

Sollte nicht bei dieser Leitung der Natur vor allem die Ökonomik und die in ihrem Sinn arbeitende Technik voll zu Wort kommen müssen? Das allumfassende Arbeitsfeld und die ungleichwüchsige Erziehung des Blenderbetriebs aber verhindern dies in besonderem Maß!

Der schwächste Punkt des Blenderbetriebs ist aber wohl wie bereits mehrfach betont wurde, der **ernteökonomische**. Zwar wird natürlich volle Erfüllung auch dieser Bestimmungsgründe für den Blenderbetrieb in Anspruch genommen. Aber es scheint mir denn doch das zulässige Maß von Begründungseifer zu überschreiten, wenn man auf der einen Seite die stark gegliederte Bestandskrone hervorhebt und alle ihre Vorteile, voran die waldbaulichen und die innere Festigung des Waldgefüges gegen Sturm, Schnee usf. rühmt, die sich auf das starke Gerippe von Freiständern und Gruppenträufen bei großer Ungleichaltrigkeit gründet, auf der andern Seite aber daneben auch noch ein gleich hohes Maß von Astreinheit, Vollholzigkeit, Langschäftigkeit, Geradheit, Gleichringigkeit, Fehlen alter Schlagschäden usf. für seine Erzeugnisse in Anspruch nimmt, wie sie der Schlaghochwald sichert. Dies Maß kann unmöglich vorhanden sein. Hier ist vielmehr der Blenderbetrieb in einem Maße ungünstiger gestellt, das in die Augen springt, sich darum nicht abstreiten läßt. Es bedarf dazu nicht einmal vergleichender Messungen, sondern nur eines Einblicks in den Sägmühlebetrieb, der, wie alle Äußerungen der Blenderwaldfreunde in unserem Schrifttum deutlich zeigen, bei ihnen allgemein fehlt. Hier erheben sich ernsteste ökonomische Bedenken!

Dafür nur ein Beispiel aus dem praktischen Leben, das mir schwerer wiegt, als tausend gegenteilige Urteile aus unserem Schrifttum — von Leuten, die sie eigentlich gar nicht abgeben dürften!

Ein Holzhändler, der mit Nadelholzstammholz aus Privatblenderwäldern nach dem Rhein handelte, ein alter Mann von besonders anerkannter praktischer Erfahrung mit Millionenumsatz an Nadelstammholz, bot mir einst für mehrere Stammholzlose aus geschlossenen gleichaltrigen Beständen unter der Hand einen ganz ungewöhnlich hohen Preis und erklärte diesen damit: „Er brauche das schöne Holz notwendig zur Verbesserung eines großen Postens Blenderwaldholz, sonst bekomme er beim Wiederverkauf in Duisburg Schwierigkeiten wegen Astigkeit und Abfälligkeit!" Im Gespräch erfuhr ich weiter, daß er solche Mischung immer vornehme, um sein Blenderwaldholz verkäuflich zu machen! Sein Holz stammte aber nicht aus dem Blenderwald der Idee, sondern aus dem der Wirklichkeit.

Ähnliche Tatsachen ließen sich noch in großer Zahl mitteilen.

Verfasser selbst hat die Erzeugnisse beider Betriebsformen, die in seinem Wirtschaftsbezirk je auf großen Flächen vertreten waren, durch Jahre nebeneinander auf zugehörigem Sägewerk im Eigenbetrieb verarbeiten lassen und hatte dabei zu gründlichster Vergleichung der beiderseitigen äußern, wie innern Holzgüte Anlaß und schönste Gelegenheit, etwa 30000 Fm Schlagwaldholz gegen 10000Fm Blenderwaldholz. Er ist durch diesen Vergleich von jeder Blenderwaldneigung aufs gründlichste und für immer geheilt worden und betrachtet seither jede Empfehlung dieser Betriebsform für Deutschland außerhalb des Gebiets der reinen Blenderwaldstandorte im großen als volkswirtschaftliche Schädlingsarbeit, unverantwortlich zudem, wo sie sich nicht auf eigene genaueste Kenntnis nicht nur beider Betriebsformen, sondern auch ihrer Sägemühlprodukte gründet. Möge Deutschland vor solchem Rückschritt und dem notwendig folgenden Schaden dauernd bewahrt bleiben. Das ist mein sachkundiger Wunsch, den ich mit begründeter Sorge für die Zukunft unseres deutschen Walds ausspreche!

Im Gegensatz zu dieser ganzen Beurteilung des Blenderbetriebs nach seiner ernteökonomischen Seite hin steht eine Abhandlung von Flury[1], in der er feststellt, daß bei Starkholzstämmen im Blenderwald der Jahrringbau zwischen Kern und Peripherie gleichmäßiger sei, als bei Hochwaldstämmen, daher auch die Ausbeute an erstklassiger Schnittware bei Starkholz des Blenderwaldes prozentual größer. Ausnahmen sollen vorkommen, aber diese für Tanne und Fichte gültige Regel bestätigen!

Dieses Ergebnis steht in diametralem Gegensatz zu meinen eigenen Wahrnehmungen. Wie ist solcher Gegensatz denkbar?

Eine Erklärung gibt vielleicht der weitere zahlenmäßige Nachweis Flurys aus seinen Versuchsflächen, daß der völlig astreine Teil des Schafts bei Fichte aus dem Blenderwald 31%, im gleichaltrigen Hochwald nur 15% der Gesamtlänge umfasse, bei Blenderwaldtannen seien 32% astrein. Da müssen doch wohl allergünstigste Blenderwaldverhältnisse allerungünstigsten Schlagwaldverhältnissen (nur 15% des Schafts astrein!!!) gegenübergestellt worden sein.

Meine Feststellung auf dem Sägewerk war übereinstimmend mit meinem Werkführer, der die Bretter immer selbst sortierte und das seit einem Menschenalter getan hatte, daß die Blöcke aus geschlossenen Hochwaldbeständen (Fichte vorherrschend) durchschnittlich bis zu 20% astreine und sonst normale Schnittwaren (Bödseiten und Bretter I) lieferten, die aus ungleichaltrigen, bis vor 30—40 Jahren im Blenderbetrieb erzogenen Blöcke (vorwiegend Tannen, unmittelbar nebenan auf vollkommen gleichem Standort erwachsen) dagegen 0% normale Schnittware. Allerdings stammen meine Zahlen nicht aus dem exakten Nachweis von Versuchsflächen, sondern nur aus groben Zahlen von vielen tausenden Festmeter der großen Wirklichkeit, haben aber für den, der mit sehenden Augen durch den Wald geht, sehr viel für sich.

Je geringer der Standort, um so schärfer treten die ernteökonomischen Bestimmungsgründe hervor, denn um so astiger und abfälliger sind die Erzeugnisse der Blenderung, müssen doch die alten Bäume um so weiter auseinanderrücken, soll dem Zwischenstand Lebensraum geschaffen werden.

Trotzdem möchte ich aber — auf diese Gefahr hin — für **geringste** Standorte den ökonomischen Grundsatz der Beschränkung aufstellen (vgl. S. 77), auf das, was die Natur ohne viel Aufwand bietet, dem höchstens in bescheidenem Umfang nachgeholfen werden soll. Das führt allerdings zur Blenderung, wovon später.

---

[1] Flury: Mitteilungen der Schweizer Anstalt für forstl. Versuchswesen Bb. 18, 1, 1933.

Auch die Technik — selbst diejenige des Waldbaus und Forst=
schutzes —, erhebt ernste Bedenken gegen den Blenderbetrieb, vor allem
wegen des großen ungegliederten Arbeitsfelds. Wenn man diesen Nach=
teil bisher wenig bemerkte, so mag das daher rühren, daß in der Vergangen=
heit die Technik auch im Schlaghochwald leider sehr wenig gepflegt wurde,
wenig Beachtung und Bearbeitung fand und darum noch merkwürdige
Lücken aufweist.

Kennzeichnend für die Technik der Blenderung ist auch — verwaltungs=
technisch — daß sie keinen Dienstwechsel des Betriebsführers ohne Schaden
erträgt, sowie — ertragsregelungstechnisch —, daß sie keine verjüngte
Fläche nachweist.

Waldbaulich ist es vor allem die Mischverjüngung, die ja doch
heute mit Recht zum Prinzip erhoben ist, deren erste technische Voraus=
setzung wäre, daß der Führer den Betrieb fest in der Hand hält, daß
er in beweglichem Hieb die ganze Verjüngungsfläche räumlich, wie zeitlich
beherrscht, d. h. jederzeit in beliebiger Weise eingreifen kann, um die Ver=
jüngung dem Betriebsziel sicher zuzuführen, denn wir streben ja doch im
Wirtschaftswald nicht Mischung an sich an, sondern eine ganz bestimmte,
eine „ökonomische Mischung". Je größer, vor allem breiter aber die
Fläche, um so schwerer ist es, sie waldbaulich zu beherrschen!

Auch die Bedürfnisse der allgemeinen Betriebstechnik sprechen
gegen Blenderbetrieb im großen. Jede Technik muß allerstärksten Nach=
druck auf Übersichtlichkeit legen, da diese für jede Rationalisierung des
Betriebs ein schlechthin zwingender Bestimmungsgrund ist. Bei Blender=
betrieb bildet Biolleys engmaschige Waldeinteilung die letzte Möglich=
keit nach dieser Richtung. Das große Arbeitsfeld wird jedoch eine wahre
Rationalisierung des Blenderbetriebs immer verhindern, denn auch
Biolleys Einteilung wird die übermäßige Größe der jährlichen Arbeits=
felder und die Zersplitterung von Arbeit und Schlagerzeugnissen durch die
unübersichtliche Anordnung der Arbeitsobjekte nicht aus der Welt schaffen.
Selbst Schätzle, ein Kronzeuge für ungleichaltrigen Betrieb aus alter Zeit
sagt nach Bauer[1] „er mache einen Wald nicht unregelmäßig, wenn er ihn
regelmäßig haben könne".

Ebenfalls im Sinne der Rationalisierung fordert die Arbeitstechnik
„Arbeitsteiligen Vollzug", also die Trennung von Ernte, Ver=
jüngung und Erziehung des Holzes, soweit dies ohne Schaden mög=
lich ist, damit jede Arbeit ungehindert und unbeeinflußt von andern Rück=
sichten ihren eigenen Bedürfnissen entsprechend ausgeführt werden kann.
Diese Forderung arbeitsteiligen Vollzugs verletzt aber der
Blenderbetrieb in schärfster Form, indem er alle drei Aufgaben auf
kleinster Fläche (Gruppe) und in einem einzigen Akt zusammendrängt.

---

[1] Bauer: Forstwiss. Zbl. 1931, S. 629 ff.

Jeder Eingriff in die Bestockung ist hier gleichzeitig Ernte=
eingriff, Verjüngungseingriff und Erziehungseingriff. Allen
diesen vielen und verschiedenartigen Bestimmungsgründen soll der Be=
triebsführer mit seinem Eingriff gleichzeitig gerecht werden. Dadurch
wird seine Aufgabe, wie diejenige des Arbeitsvollzugs selbst aufs äußerste
erschwert und verwickelt, beide Aufgaben werden nicht selten vor unlös=
bare Schwierigkeiten gestellt. Wir werden im 3. und 4. Abschnitt darauf
zurückkommen. Dazu kommt bei solcher Vereinigung der Aufgaben die
Gefahr der Einseitigkeit, der Voranstellung einer der Aufgaben
unter Hintansetzung der andern, wie sie in den Bezeichnungen „Erziehungs=
verjüngung", „Vorratspflege" (sc. unter Zurückstellung der Verjüngung)
usf. ihren Ausdruck finden, während doch **alle** Aufgaben gleicher=
weise, **jede für sich,** höchster Pflege und Beachtung bedürfen
und wert sind!

Übrigens haben, richtig betrachtet, die Erziehungs= und Pflegemaßregeln
nach Erfahrungen des Verfassers im Vollzug, auch im ungleichaltrigen Wald, der
Ernte des reifen Holzes stets erst nachzufolgen, denn um in das junge Holz
richtig eingreifen und das „Edelste" pflegen zu können, muß man doch erst wissen,
was nach der Ernte und Bringung des Alten davon noch unbeschädigt übrig geblieben
und was noch erholungsfähig ist. Denn die Ernte und Bringung des Alten reißt
doch manche Lücken in das Junge!

Man darf sich füglich wundern, wie glatt bei Betrachtung des ungleichaltrigen
Betriebs ein nicht wegzuleugnender Umstand übergangen wird, wenn man
dem Schlagwald entgegenzuhalten wagt, im Blenderbetrieb „greife eine Veredelungs=
auslese Platz, den edelsten und wertvollsten Gliedern werde geholfen"; als ob dieser
Grundsatz nicht ebenso die ganze lange Erziehungsphase des Schlaghochwaldes be=
herrschte, wo sich doch wohl viel mehr edelstes Material zur Auslese findet! Dazu
ist der Grundsatz dort nicht nur viel leichter und unbehindert durchführbar,
sondern auch viel sicherer und das führt mich zu dem nicht beachteten
Punkt (!):

Es sind nämlich die berühmten „Tücke des Objekts", die im ungleichaltrigen
Wald unsere besten Absichten durchkreuzen. Nach praktischer Erfahrung möchte man
diese Tücke geradezu als unentrinnbares Betriebsprinzip aufstellen und unter die
zwingenden Bestimmungsgründe aufnehmen! Was hilft es auch, wenn ich die „Edel=
sten" unter den Edeln ausgelesen und freigestellt habe, und sie fallen dann den Schlag=
oder Rückungsschäden zum Opfer? Wie oft hatte ich einen schönen Vorwuchs oder
mittelwüchsigen Baum, einen Lichtholzstamm oder eine Jungwuchsgruppe, die eine
Blöße decken sollte, zu besonderer Pflege auserkoren, hatte mit Rücksicht auf sie in
aller Sorgfalt die Wurfrichtung der Bäume gewählt, das Vollzugspersonal und die
Arbeiter ermahnt, ja die Schützlinge gegen Schädigung selbst mit Pflöcken umgeben
lassen und wie oft habe ich sie mit beschädigten oder abgeschlagenen Kronen, mit
Streifplatten, den Jungwuchs schiefgedrückt und am Fuß angeschleift wiedergefunden,
wobei Holzhauer und Fuhrleute — durchaus nicht die schlechtesten! — tausend Gründe
wußten, warum es so gehen mußte! Das ist die Wirklichkeit! Alle wahren Praktiker
werden mich verstehen! Im Blenderwald der Idee kommt ja so etwas natürlich
nicht vor, dort stoßen sich nicht hart im Raum die Sachen!

Die deutsche Forstwirtschaft hat die Blenderwaldfrage längst — und
sicher richtig — beantwortet, indem sie seit Mitte des 18. Jahrhunderts

allgemein und in seltener Einmütigkeit zum Schlaghochwald übergegangen ist und seither ohne Schwanken an ihm festgehalten hat.

Mag auch immer wieder gegen diese Lösung der Betriebsfrage Sturm gelaufen werden, so wird die deutsche Forstwirtschaft doch sicherlich zu ihrem Segen dauernd an ihr festhalten. Das gutachtliche Massenurteil vieler forstlicher Generationen hat sich für den Schlag entschieden, vor allem die Praxis, und Vorstöße gegen ihn entstammen zumeist nur gedanklicher Arbeit oder generalisierender Abstraktion von Einzel= vor allem Kleinvorkommen. Mag auch der Schlaghochwald, so wie er durch ein Jahrhundert geübt worden ist, und den Waldaufbau geformt hat, heute noch **stark reformbedürftig** sein, so ist er dafür aber auch in hohem Maße **reformfähig**, also keineswegs überlebt, wie seine Gegner annehmen, hat er es ja doch, wie gezeigt wurde[1], bisher noch in auffallendem Grade versäumt, seine Technik zu entwickeln. Gerade auf diesem Gebiet aber ist er noch sehr entwicklungsfähig und hat seine Möglichkeiten noch lange nicht erschöpft, kaum erkannt! Er wird auf diesem Wege seine beherrschende Stellung für die Zukunft stark befestigen können, so daß sich uns kein Grund erkennen läßt, ihn zu verlassen. Wir werden uns deshalb hier weiterhin ausschließlich seiner Untersuchung als der dringendsten Aufgabe widmen.

Man wird gegen dieses Urteil einwenden, Standorte und wirtschaftliche Umstände seien so verschieden, daß sich hier nicht generell urteilen lasse. Bei aller Verschiedenheit der Umstände gehen jedoch nach Ausscheidung der Blenderwaldstandorte, sowie vielleicht auch der geringsten Standorte, also auf den Schlagwaldstandorten die Abweichungen wohl kaum je so weit, daß sie in der Blenderwaldfrage zu einem andern Urteil führen könnten. Die hier entscheidenden ökonomischen und technischen Bestimmungsgründe zeigen nämlich im ganzen Schlaghochwaldgebiet eine bemerkenswerte Übereinstimmung. Nur wenn man die Blenderwaldstandorte und ihre Umstände miteinmengt, ergibt sich ein getrübtes Blickfeld für die Beurteilung und Unklarheit.

II. Das Arbeitsfeld des Schlaghochwaldes.

Von den beiden Möglichkeiten einer Bildung des Arbeitsfelds in der Forstwirtschaft haben wir bisher nur die eine näher ins Auge gefaßt, die zum Blenderbetrieb führt. Weit reicher gestaltet sich der zweite Weg, der Schläge bildet und den Schlaghochwald schafft, mit dem wir uns weiterhin allein beschäftigen werden.

Im Schlaghochwald ist das geschlossene Arbeitsfeld, auf dem sich die

---

[1] Vgl. Wagner: Vortrag vor der Deutschen Forstversammlung 1932, S. 123 bis 130.

Haupttätigkeit des Betriebs fortlaufend vollzieht, wie schon der Name sagt, der Schlag, die Teilfläche des Betriebsganzen, die in Jahr oder Periode vollkommen abgeerntet und verjüngt wird. Dieses verkleinerte und räumlich wie zeitlich abgegrenzte Arbeitsfeld ist somit hier das kennzeichnende Merkmal für den Waldeingriff im großen. Seine elementaren Eigenschaften: seine Größe, seine Form, seine Lage, und die Folge der Schläge bestimmen den ganzen Betriebsgang und seinen Erfolg, bestimmen auch den Aufbau der Bestockung im großen — den Waldaufbau —, denn die **Schlagbildung trennt die Bestockung nach Altersklassen** in Bestände und Schlagreihen und bestimmt die Ausdehnung und Form, wie die Lagerung der Altersklassen zueinander. Ihnen entsprechen Bestandesgröße, Bestandesform, Bestandeslagerung und Altersklassenfolge.

Um näheren Einblick zu gewinnen, wären darum des weiteren die Elemente der Schlagbildung, also Schlaggröße, Schlagform, Schlaglage und Schlagfolge auf ihre Bestimmungsgründe zu untersuchen.

Wir haben bereits beim Vergleich des Schlagbetriebs mit dem Blenderbetrieb verschiedene für die Gestaltung des Schlags wichtige Feststellungen gemacht und darunter das Wichtigste festgestellt, was über Schlagbildung überhaupt ausgesagt werden kann:

1. Die Schlagbildung verleiht dem Betrieb größte Variationsmöglichkeit. Die Formbarkeit des Schlags bietet allein schon die Möglichkeit, alle **technischen** Bestimmungsgründe zu erfüllen. Darum ist auch der Schlagbetrieb das **gegebene Feld für die Weiterentwicklung der Technik,** aber nicht nur, weil er sein Arbeitsfeld beliebig zu verkleinern, zu formen und zu lagern vermag, sondern er ist dazuhin auch noch **frei in der Wahl der Hiebsart und des zeitlichen Hiebsgangs** innerhalb der Schläge, während sich der Blenderbetrieb hier, wie wir gesehen haben, auf Blenderhieb und Umtriebszeit festlegt.

Damit eröffnen sich zahlreiche technische Möglichkeiten und ist der Schlaghochwald der Weg der Technik, der Weg des betriebstechnischen Fortschritts!

2. Die Schlagbildung bewirkt durch flächenweise Trennung der Altersklassen zweierlei, was für Form und Lage des Schlags entscheidend ist:

einmal die Unselbständigkeit aller Glieder des Waldes, sie fordert Deckungsschutz,

dann ein Zusammendrängen allen alten Holzes auf der Verjüngungsfläche. Das erschwert die Ernte und gefährdet den Jungwuchs, schafft damit ein Ausweichebedürfnis für Ernte und Bringung (S. 97).

3. Betrachten wir den Schlag als Ganzes im Hinblick auf seine Bestimmungsgründe, so weisen die beiden Gruppen der erntеökonomischen und der technischen Bestimmungsgründe schon ganz allein ausschließlich

auf Schlaghochwald hin, die ersteren, weil die Schlagbildung zu gleich=
wüchsiger Erziehung des Holzes führt, die allein die Erfüllbarkeit der ernte=
ökonomischen Forderungen sicherstellt, die letzteren weil der Schlag die
Domäne der Technik ist.

Dagegen treten die biologischen Belange zunächst ganz
zurück, denn der Einzeleingriff in die Bestockung, der für alles Bio=
logische bestimmend ist (der „Hieb") wird durch die Schlagbildung kaum be=
rührt. Biologische Bestimmungsgründe treten hier nur bei großer Rand=
entwicklung und dadurch gesteigerter Möglichkeit biologischer Einwirkung
von außen her auf, also bei einer bestimmten Schlagform, dem Saum.

1. Die Schlaggröße.

Die Wahl des Schlaghochwalds bedeutet schon vorneweg den Weg
einer Verkleinerung, sowie räumlichen und zeitlichen Abgrenzung des
Arbeitsfelds gegenüber dem Blenderbetrieb. Die landläufige Annahme,
letzterer arbeite auf kleinstem Arbeitsfeld ist betriebstechnisch betrachtet
falsch, wie ich längst nachgewiesen habe[1], denn er arbeitet nur waldbau=
lich, nicht aber betriebstechnisch auf kleinster Fläche, sonst müßte
man ja auch beim Schlaghochwald jeden einzelnen Baum als Arbeitsfeld
betrachten.

Damit ist auch schon die Untergrenze für die Schlaggröße gegeben.
Diese ist nicht waldbaulich, sondern rein betriebstechnisch be=
dingt und zwar genauer durch ernte= und verwertungstechnische Momente,
durch dasjenige Mindestmaß an Arbeitsgelegenheit und Anfall von Holz=
masse, das noch eine selbständige Flächeneinheit für den Betrieb bedingen
kann, ohne das Merkmal der Arbeitszersplitterung und Verkaufserschwe=
rung zu zeigen.

Auf der anderen Seite ist die mögliche Obergrenze für die Schlag=
größe wohl unbestritten die „Einheit der Waldeinteilung", die Abteilung,
die Flächenausdehnung der Wirtschaftsfigur für Orientierung, Betriebs=
führung und Buchung im Walde, also 10—20 ha.

Eine praktische Rolle spielt die Scheidung von großer und kleiner
Schlagfläche — das sei vorweg bemerkt — nur beim **Breitschlag,** denn
beim schmalen Saumschlag z.B. erhalten wir stets Kleinschlagwirkung
in technischer, wie ökologischer Hinsicht und sollte der Schlag selbst
viele Kilometer lang sein.

Die Abteilung hat dem Fachwerk durch ein Jahrhundert als mehr oder
weniger realer Periodenschlag gedient gemäß seinem Grundsatz der „Ab=
teilungseinheit".

Übrigens bedarf's hier zur Scheidung von Groß= und Kleinschlag keiner
festen Zahlen. „Groß" und „Klein" sind relative Begriffe und das ist
hier sogar gut! Die Grenze soll flüssig sein, nicht starr, soll sich mit

---

[1] Allg. F. u. J.=Ztg. 1929, S. 145—146.

den äußeren Umständen ändern. Denn das wirtschaftliche Leben kennt keine starren Grenzen und Zahlen! Wir scheiden hier groß und klein von Fall zu Fall, wo bestimmte, einerseits ökologische, andererseits betriebstechnische Wirkungen eintreten oder aufhören, ökologisch im Schlagwald vor allem, wo der Deckungsschutz die Grenze zieht, technisch, wo der Betrieb an Überblicksmangel zu leiden beginnt; also praktisch ausgedrückt: der Kleinschlag geht in den Großschlag über, wo bestimmte klimatische Einwirkungen der Bestockung aufhören, wo Gefährdung eintritt, weil der Deckungsschutz schwindet oder wo die Technik sich genötigt sieht, zur Erhaltung des Überblicks weitere Flächengliederungen vorzunehmen.

So hängt unser Urteil über Groß- und Kleinschlag von den Umständen des einzelnen Falls ab, vom Standort, von der Holzart, von der Bestockungsweise, von der Geländegestalt und selbst, wie wir sehen werden, von der Form des Arbeitsfelds, so daß sich die Bestimmungsgründe für Größe und Form teilweise überdecken.

Solches mag nun dem Registrator recht fatal sein, ja unmöglich erscheinen, kann er da doch nicht mehr geistlos mit dem Maßstab erscheinen und jeden Fall fein säuberlich nach der Ziffer einregistrieren! Doch für unsre wirtschaftlichen Zwecke genügt solche Begriffsrelativität vollkommen! Wir werden im Walde draußen nie im Zweifel sein, welche Flächen gegebenenfalls für unsern Betrieb als groß oder klein anzusprechen sind. Genaue Bezifferung würde den schädlichen Anlaß schaffen, das Wesen der Sache zu vergessen und sich in Zahlenreiterei, Gedankenlosigkeit und oberflächlich formaler Kritik zu ergehen.

Auf die **Größe des Arbeitsfelds** beziehen sich zwei Gruppen von Bestimmungsgründen:

1. Technische und zwar aus allen Gebieten der Technik stammende, deren Aufgabe es ist, auf der ganzen Fläche gleichmäßig den erwünschten Zustand zu schaffen und fortlaufend zu erhalten. Vorab ist es hier das Gebiet der Betriebsführung, das sich mit Bestimmungsgründen meldet, dann aber auch die Waldbautechnik (Beherrschung der Fläche), die Schutztechnik (gleichmäßiger Deckungsschutz) und die Erntetechnik (Ausweichen und Arbeitsverteilung).

Alle Forderungen auf technischem Gebiet laufen, da es sich beim Forstbetrieb ohnehin um sehr große Flächen handelt, auf Schaffung von Überblick für ein sicheres Beherrschen der Betriebsfläche hinaus behufs Erfassung, Planung, Ausführung, Überwachung und Ortsbestimmung.

Die Bestimmungsgründe der Übersichtlichkeit, der Deckung und Ausweichmöglichkeit beherrschen die gesamte Technik und ihre Durchführung und zwar sowohl bei der Betriebsleitung als solcher wie bei der ausführenden Arbeit und ihrer Überwachung und schließlich bei der Überwachung der natürlichen Weiterentwicklung auf den Schlägen im Waldbild. Je übersichtlicher jedes Arbeitsfeld in seiner Größe, desto reibungsloser der Betrieb auf ihm und desto intensiver seine Einwirkung.

2. Ökologische. Im Schlaghochwald gibt wegen der Unselbständigkeit aller Bestockungsglieder der Deckungsschutz den Maßstab ab. Hier vermögen sich Bäume, Gruppen, Bestände weder selbst gegen äußere Gewalt aufrecht zu erhalten, noch sich und ihren Fuß gegen Bestrahlung, Wind usf. zu decken.

Der Deckungsschutz aber ist durch seine nur geringe Tiefenwirkung gekennzeichnet, was auf kleines bzw. schmales Arbeitsfeld hinweist. Wir werden auf die Deckungsmaße bei der Schlagform zurückkommen.

Alle Bestimmungsgründe, die technischen, wie die ökologischen weisen somit übereinstimmend auf ein kleines Arbeitsfeld hin, auf ein Verlassen der großen Arbeitsfelder der Vergangenheit und zwar mit der Steigerung der Intensität also mit dem Mehr der Einwirkung des Betriebs auf die Fläche.

Das bestätigt auch die Geschichte unseres Fachs und in ihr die Entwicklung des Arbeitsfelds.

Die Bestimmungsgründe von Ordnung und Überblick waren es, die schon vor 1½ Jahrhunderten die deutschen Forstwirte in geschlossener Front aus dem „wilden Blenderbetrieb" zum Schlaghochwald führten, an dem sie fast einmütig allen Sirenengesängen trotzend bis zum heutigen Tage festhalten. Erst die Verkleinerung des Arbeitsfelds bzw. überhaupt erst die Ausscheidung eines solchen aus der großen Gesamtfläche schützte den Wald vor dem „wilden", d. h. ungeregelten Zugriff, schuf die Grundlage für nachhaltige Waldbenutzung, dann aber weiter für Schutz, Pflege und Kultur des Waldes, für Ausbildung ökonomischer und technischer Methoden und brachte damit den Aufstieg! Und mit diesem Aufstieg, der Zunahme der Betriebsintensität, ist auch das Bedürfnis nach Ordnung und Überblick größer und größer geworden und von ihm gedrängt hat auch die Forstwirtschaft, zwar zögernd und unbewußt und daher ziellos ihr Arbeitsfeld mehr und mehr verkleinert.

Erst war es die große Abteilung (Hartigs „Distrikt" von 200 Morgen) als Periodenschlag des Fachwerks, dann wurde die Abteilung (unter Cottas Einwirkung) immer kleiner (12—15 ha) und schließlich hat die Bestandswirtschaft sie durch eine Teilfläche der Abteilung, den „Bestand" ersetzt und ist heute an der Arbeit, auch den Bestand immer weiter zu verkleinern (ideelle Teilfläche). Abschließen wird die Entwicklung des Arbeitsfelds mit der Kleinfläche in übersichtlicher Form, d. h. am langen Band.

Grundsätzlich abzulehnen ist dagegen die Vorstellung von einer Entwicklung: „Großbestand — Kleinbestand — Baumwirtschaft" weil sie zum Ausgangspunkt zurückführen würde[1].

Einst gab den ersten Anstoß zu dieser Entwicklung (zur Schlagbildung)

---

[1] Vgl. Wagner: Allg. F.- u. J.-Ztg. 1929, S. 170.

die gesteigerte Schutzmöglichkeit gegen menschliche Übergriffe vor allem der Berechtigungen aller Art, z. B. der Weide; ihm folgte das Streben nach Erntevereinigung auf geschlossener Fläche und nach Schaffung vollkommener Bestockung durch Kultur und Pflege (Sperrung der Schläge) und nicht zuletzt auch nach leichter und sicherer Ertragsregelung, Nachhaltkontrolle, Aufsicht usf.

Heute treten mehr und mehr die erzeugungstechnischen Bestimmungsgründe in den Vordergrund, gleicherweise veranlaßt durch ökologische, wie technische Momente, die im gleichen Sinn, aber viel stärker, verkleinernd wirken.

So führen also alle für den Betrieb maßgebenden Bestimmungsgründe heute schon auf weitere Verkleinerung der Schlagfläche hin und werden dies in Zukunft immer mehr tun. Dabei kann die Wirkung der Schlagverkleinerung in erheblichem Maß unterstützt werden durch bestimmte Schlagform, so daß dann in der Größe bei gleicher Wirkung mit dem Maß weniger weit herabgegangen zu werden braucht.

2. Die Schlagform.

Die Schlagform steht im Mittelpunkt aller Betriebsbelange, sie wirkt wesentlich stärker bestimmend auf den Betrieb, als die Flächengröße des Schlags. Idealform ist die durch zwei Parallelenpaare begrenzte Fläche, das Rechteck, doch begnügen wir uns in Wirklichkeit je nach den Umständen mit möglichster Annäherung an diese Form, wo und soweit solche möglich.

Die Schlagform wird weiter bestimmt durch die beiden Ausmaße (Dimensionen) der Figur, in deren Bezeichnungen schon eine Beziehung auf bestimmte Richtungen (die Lage) steckt:
Die Länge und die Tiefe (Breite).

Länge nennen wir im Schlag das Ausmaß senkrecht zur Richtung der Deckung bzw. des Schlagfortschritts, weil wir hier die größere Erstreckung unterstellen. In der Schlagreihe ists umgekehrt, hier liegt die Länge in der Richtung des Fortschritts.

Tiefe (vgl. S. 58) ist im Schlag die Erstreckung in der Deck- und Schlagrichtung, in der wir das kleinere Ausmaß suchen, weil wir bereits unterstellen, daß die Schläge in bestimmter Richtung sich aneinander schließen und fortschreiten und daß sie in dieser Richtung aus Deckungsgründen die kleineren Ausmaße besitzen.

Von beiden Ausmaßen hat die Schlaglänge wenig betriebstechnische Bedeutung, ihr Maß wird gewöhnlich durch die Geländeausformung, die Waldeinteilung und das Wegnetz bestimmt, bei schmalen Formen (geringer Tiefe) der Schläge auch durch den Holz- und Arbeitsanfall im Schlag.

Um so größere Bedeutung hat die **Schlagtiefe**! Sie ist das wichtigste Maß im ganzen Schlagsystem.

Im Wald haben wir zwei Formen zu unterscheiden und einander gegenüberzustellen, je nach dem Verhältnis der Tiefe zur Länge. Steht dieses Verhältnis der Zahl 1 nahe (dem Quadrat oder Kreis), so ergibt sich die Breitform, der „Breitschlag"; sinkt es dagegen weit unter 1, unter $1/4$—$1/5$ und tiefer herab — ohne daß ich dadurch die Grenze zahlenmäßig festlegen möchte, — so ergibt sich die Streifenform, sonst von mir „Schmalschlag" genannt. Und diese Streifenform gewinnt wieder als Randstreifen besondere Bedeutung durch ihre bestimmte Lage im Bestand und deren ökologische Eigenschaften. Der Randstreifen ist deshalb vom gewöhnlichen Schmalschlag zu trennen. Wenn der Streifen an der Außenseite, dem Rand, eines größeren Bestockungskomplexes (Bestands) liegt, nennen wir ihn „Saum" = äußeren Randstreifen.

Der Saumbegriff ist allgemein durch drei Momente bestimmt:

1. die langgestreckte, nach der Tiefe dehnbare Form;

2. die Randlage zur Bestandsfläche;

3. die stete Folge der Streifen.

Die Bestimmungsgründe für die wichtigste Größe, die „Schlagtiefe", sind nun mannigfaltiger Art. Alles beherrschend und in zwingendster Art treten hier die technischen Bestimmungsgründe auf und zwar in gleichem Maß aus allen Gebieten der Technik! Ihnen gegenüber scheiden die ökonomischen und ebenso die ökologischen hier fast ganz aus, weil ihre nur mittelbar wirkenden Belange durch die Technik ja an sich schon vertreten werden. Nur bei bestimmten Formen treten ökologische Bestimmungsgründe unmittelbar auf.

Dieser Umstand der einseitig nur technischen Hörigkeit der Schlagform ist von weitreichender Bedeutung für unseren ganzen Betriebsaufbau oder muß dies vielmehr werden!

Obenan stehen bei der Schlagtiefe allgemeine Bestimmungsgründe der Betriebstechnik, die dann auch für alle erzeugungstechnischen Gebiete gelten. Sie beziehen sich auf Ordnung und Übersichtlichkeit des ganzen Schlags und seiner Teile und treten auf allen Gebieten der Planung, der Anordnung, der mechanischen Ausführung, der Überwachung und Kontrolle hervor.

Ihnen zur Seite treten waldbautechnische Bestimmungsgründe, auf die Möglichkeit gerichtet, den Verjüngungsgang sicher in der Hand zu halten und die Natur zu meistern, sie an sicherem Zügel in der Richtung des Betriebsziels zu leiten, d. h. den geforderten Jungwuchs in gewünschter Zusammensetzung mit geringstem Aufwand herzustellen und die zumeist geforderte Mischung zu schaffen und zu erhalten. Dabei ist die **Erzeugung** von Naturbesamung und im besondern der Mischung ein ökologisches Problem, ihre **Erhaltung** vor allem ein betriebstechnisches!

Zu sicherer Zügelführung ist eine Schlagform notwendig, welche leichteste Erfassung der Waldbilder fortlaufend — am besten „am laufenden Band" — möglich macht, wobei diese unter vollkommen gleichen Bedingungen bezüglich der Baumstände stehen, und welche volle Beweglichkeit für Hiebsart und Hiebsgang gestattet, am besten durch Dehnbarkeit der Schlagtiefe.

Schutztechnisch bestimmt weiterhin im Schlaghochwald der Deckungszwang die Schlagtiefe, denn diese wieder bestimmt die Ausdehnung der Gleichaltrigkeit und der Auflockerung der Bestockung bei der Verjüngung.

Die Schlagtiefe soll die Tiefe der Deckwirkung nicht überschreiten! Und diese Deckwirkung reicht nur auf geringe Entfernung. Deckungsschutz gegen mechanische Gewalt von außen her ist höchstens auf einige Baumlängen zu erwarten; gegen Bestrahlung und Austrocknung sogar nur auf Teile einer Baumlänge. Deshalb ist im Schlaghochwald vom schutztechnischen Standpunkt aus grundsätzlich möglichst geringe Schlagtiefe zu fordern, wenn der Schlag nach innen wie außen gegen seitliche Gefahren und Schädigungen gedeckt bleiben soll.

Der Betrieb braucht hier schmale schmiegsame Formen die nicht allein die Bestände gegeneinander, sondern die auch innerhalb derselben jede Gruppe, ja jeden Baum unter Deckungsschutz stellen und dort erhalten und die eine deckungsgerechte Schichtung der Altersklassen gestatten, z. B. gegen Frost.

Die Schutztechnik weist somit ganz allgemein auf schmale und schmiegsame Schlagformen hin!

Gleich einschneidend, wie der Deckungsschutz wirkt im Schlaghochwald ein Bestimmungsgrund der Erntetechnik auf dem Gebiet der Naturverjüngung. Es muß hier durch die Schlagtiefe den Schwierigkeiten für die Ernte und den Gefahren für die Ansamung begegnet werden, die durch Vereinigung des alten Holzes auf engem Raum im Schlag, der gleichzeitig Verjüngungsfläche ist, entstehen. Eine **erntegerechte Form** hat im gleichaltrigen Wald dem seitlichen Ausweichebedürfnis (S. 97) der Ernte, der Fällung, Aufbereitung und Lagerung, wie der Bringung Rechnung zu tragen, denen mindestens nach einer Seite hin, und zwar von der Ansamung weg, in geneigtem Gelände bergab, freier Raum gesichert werden muß, ein Bestimmungsgrund, der merkwürdigerweise nie und auch heute noch nicht die ihm schon seit Übergang aus dem Blenderbetrieb zukommende Bedeutung erlangt hat, weil er weder erkannt, noch entsprechend gewürdigt wurde. Auch dieser Bestimmungsgrund fordert geringe Tiefe des Schlags, dabei lange Randlinie, die das Ausweichen erleichtert.

Bezüglich der Schlagtiefe ist jedoch eine Untergrenze dadurch gegeben, daß zu kurze Schlagreihen als Folge geringer Schlagtiefen das jüngere Holz bei der Bringung des alten im nächsten Umtrieb gefährden, zumal am Hang. Ebenso soll der Schlag auch ein gewisses Arbeitsmaß einschließen, er darf also nicht zu schmal gehalten werden.

Alle diese Bestimmungsgründe zeigen, daß nur eine langgestreckte Form als erntegerecht in Frage kommt.

Prüfen wir nunmehr an der Hand dieser Bestimmungsgründe von Ordnung und Überblick, von waldbaulicher Dehnbarkeit und Beweglichkeit, höchster Deckfähigkeit und Ausweichmöglichkeit die Breitform mit der allein in Wettbewerb tretenden Saumform!

a) Für die **Breitform** ergibt sich die auffallende Tatsache, daß alle erwähnten Bestimmungsgründe durchweg **gegen** diese Form sprechen und zwar je breiter die Fläche ist, um so mehr! Sie erscheint bei eingehender Prüfung auf Grund der vorstehenden Forderungen geradezu als **technisch minderwertig,** als fehlerhaft!

Weder ist auf breiter Fläche die Möglichkeit gegeben, das erste technische Erfordernis, das der Ordnung und Übersicht, zu wahren, noch auch wird die dringende, bei Mischung und Unkrautgefahr entscheidende, waldbauliche Forderung erfüllt, den Gang der Verjüngung sicher in der Hand zu behalten, denn mit dem ersten Eingriff auf breiter Fläche entgleiten die Zügel der Verjüngung der Hand des Führers und die Natur entfaltet ihre Kräfte, wohin sie will, der Zufall übernimmt die Führung, der Betriebsführer muß sich seinem nicht immer dem Betriebsziel folgenden Willen beugen, oder aber er muß gegen die Natur kämpfend seine eigenen teuern Wege einschlagen.

Am schlimmsten ist es auf breiter Fläche mit der Deckung bestellt, die ja nie tief ins Innere des Bestands hinein wirkt. Wir können, wenn wir große Flächen gleichzeitig angreifen, sei es in dieser oder jener Hiebsart, wohl die Bestandsränder **nach außen** decken (Schlagreihenbildung mit normaler Schlagfolge), nicht aber können wir die Schlagfläche auch **nach innen** schützen. Der natürliche Deckungsschutz des Schlußstands im Bestandsinnern wird mit zunehmender Lockerung durch Schirm= oder Blenderhiebe durchbrochen und nun dringen Sonne, Wind und Sturm mehr oder weniger ungehindert ins Innere und gefährden die unselbständigen Bestandsglieder und den ungeschützten Boden. Wo aber diese Schädlinge erst eingedrungen, da stehen der Technik meist keine Mittel mehr zur Verfügung, den Schaden aufzuhalten, dieser frißt weiter und erst die Räumung des ganzen Schlags wird ihm steuern.

Gute Deckungsbeziehungen nach außen werden bei Breitschlag oft teuer erkauft, weil es sich immer um große Einheiten handelt.

Nicht günstiger lautet endlich das Urteil der Erntetechnik. Inmitten des Jungwuchses muß das alte Holz geerntet und mitten durch ihn oder um seine Gruppen und Horste herum müssen die Schlagerzeugnisse weggeschafft werden. Die Natur muß da schon reichste Gaben spenden, wenn schließlich noch etwas Brauchbares auf geschlossenen Flächenteilen übrig bleiben soll und nicht nur Gruppen, Trupps und Einzelvorwüchse. **Astung der zu fällenden Stämme im Stehen, Zersägen der Langhölzer in kurze Blöcke und hohe Anrückkosten sind Quittungen auf das Versagen der Schlagtechnik!**

Nirgends hat im forstlichen Betrieb die Technik in der Vergangenheit in gröberer Weise versagt, als gerade auf diesem Gebiet! So kommen wir schließlich zu dem harten aber unentrinnbaren Urteil, daß die Breitform des Schlags — wenn wir sie streng technisch betrachten, und nur so darf sie betrachtet werden — **sich technisch nicht vertreten läßt,** je größer die Breite, um so weniger!

Den Wald auf breiter Fläche naturverjüngend anzugreifen, ist somit ein grober Fehler im Sinne der Betriebstechnik, mag man Gründe dafür vorbringen, welche man will! Gerade die Begründungen, die man da zu hören bekommt, beweisen den erschreckenden Mangel betriebstechnischen Denkens in unserem Fach. — „Seltene Mastjahre" sind als solche sehr beliebt!

Dieser Fehler muß sich am Erfolg rächen! Weil man ihn in der Vergangenheit nicht erkannt und vermieden hat, konnte man auch auf dem Gebiet der Naturverjüngung nicht vorwärts kommen; man ist vielmehr im Laufe des vorigen Jahrhunderts immer mehr zurückgekommen — nach Vanselow bis auf 5% Naturverjüngungsfläche — und wird auch in Zukunft überall erst dann wieder vorwärts kommen, wenn man den Fehler erkannt hat und breiten Angriff — Breitschlag — grundsätzlich vermeidet.

b) **Die Saumform.** Erstes Streben der Technik muß es sein, den Schlag im Sinne größter Übersichtlichkeit zu formen um dann mit deren Hilfe das Ganze zu beherrschen. Nun liegt aber im Walde die verschiedene Wirkung der Formen in Hinsicht auf Übersichtlichkeit darin, daß hier die Randlinien der Schläge neben den Wegen die einzigen Orientierungslinien für das Schlaginnere bilden. Je näher deshalb alle Punkte einer Schlagfläche den Rändern des Schlags liegen, auf die sie bezogen werden können, desto leichter ist Ortsbestimmung auf der Fläche selbst und desto besser der Überblick. Der Fall der Randnähe trifft aber ohne Zweifel um so mehr für alle Punkte der Fläche zu, je näher zwei sich gegenüberliegende Grenzlinien zusammenrücken, je schmaler also das Rechteck ist, je geringer die Schlagtiefe. Orientierung und Überblick über die Fläche werden somit nicht allein bestimmt durch deren Größe, sondern vielmehr auch noch durch die Lage ihrer Grenzen zueinander, also durch die Form.

So wird der Streifen zur Form besten Überblicks im Wald!

Auch eine andre Betrachtung führt zum gleichen Ergebnis: Die einzelnen Arbeitsgegenstände der Ernte und Verjüngung, (die einzelnen zu fällenden Bäume und die zu ergänzenden und pflegenden Jungwüchse),

wie die zu beobachtenden Waldbilder usf. verteilen sich über die Schlag=
fläche nach Punkten und Kleinflächen. Beim Verjüngungseingriff ist zu=
nächst der einzelne Baum Gegenstand der Ernte, die von ihm überschirmte
Fläche und deren Umgebung hernach Gegenstand der Beobachtung. Sind
die zu fällenden Bäume nun über weite Flächen zerstreut, also unter sich
über Blickweite entfernt und unregelmäßig verteilt, so wird darunter
Arbeit, Kontrolle und Beobachtung leiden.

Ebenso wird aber auch die Arbeit erschwert, wenn die Punkte zu eng
beisammenliegen, weil ohne die Möglichkeit seitlichen Ausweichens eine
Häufung der Erzeugnisse und eine Behinderung der Arbeit usf. eintritt
und am Boden die biologischen Wirkungen der verschiedenen Eingriffe sich
überschneiden und gegenseitig abändern, so daß sich das Bild der Wirkung
des einzelnen Punkteingriffs verwirrt.

Die günstigste Gesamtlage wird sich immer ergeben — das braucht
man übrigens einem praktischen Menschen nicht erst zu beweisen — bei
reihenförmiger und streifenweiser Anordnung der Punkte, denn Arbeit,
wie Beobachtung, können ihre Gegenstände leicht überblicken, ohne daß
diese sich gegenseitig beeinflussen und können selbst ohne weite Wege von
Punkt zu Punkt fortschreiten.

Bei Reihenbildung findet die Arbeit seitlich Ausweichraum; auch diese
Tatsache weist die Technik eindeutig auf den Vorteil der Streifenform hin,
die solche Anordnung stets sicherstellt.

Für **alle** Betriebsarbeiten bildet der Streifen die günstigste
Form der Anordnung im Gegensatz zur Breitfläche! — ich brauche
nicht aufzuzählen, habe dies in meinem Buch über die Grundlagen der
räumlichen Ordnung längst getan und inzwischen oft wiederholt.

Ein einleuchtendes Beispiel für die technischen Vorteile der Streifenform bildet
— auch ungewollt — die Schilderung einer „Verjüngung von Kiefern= und Buchen=
mischwald", die Schwappach[1] gibt. Aus ihr gehen die unüberwindlichen Schwierig=
keiten deutlich hervor, die sich auf Breitschlag gegen jede Mischverjüngung auftürmen.
Der Saumschlag würde sie glatt überwinden.

Besonders ist es der **äußere Randstreifen** oder **Saum**, der nicht nur all
die besprochenen Vorteile jedes Streifens zeigt, sondern der darüber
hinaus durch seine Lage noch vielen andern Bestimmungsgründen —
z. T. geradezu in idealer Weise — genügt, auch biologischen und solchen der
Waldsicherung, also einem Gebiet, das die andern Schlagformen kaum
berühren. Im Saum findet die Technik den dankbarsten Ort, allen nur
denkbaren technischen Bestimmungsgründen Geltung zu verschaffen und
sie mit den ökologischen und ökonomischen einmütig zu verbinden, also
allgemein betriebstechnischen Einklang herzustellen.

Diese Vorteile schafft die langgestreckte Form des Schlags ver=
bunden mit günstigster Lage, d.h. der Anlehnung der einen Langseite

---

[1] Schwappach: Z. Forst= u. Jagdwes. 1930, S. 437 ff.

an den geschlossenen Altbestand. Die Lage löst wichtige seitliche Wirkungen klimatischer Art im „Randstand" auf der andern Langseite des Streifens aus — Beschattung, zerstreutes Seitenlicht, seitliche Feuchtigkeitszufuhr usf. Je nach der Himmelsrichtung der Randöffnung sind die klimatischen Wirkungen mannigfaltig verschiedener Art. Sie schaffen allerlei biologische Möglichkeiten, darunter für Besamung sehr günstige[1]. Dazu kommt die Möglichkeit und hohe Wirksamkeit des Deckungsschutzes durch Anlehnung des schmalen und gelockerten, daher schutzbedürftigen Schlags an den geschlossenen Wald in langer Linie — „deckungsgerechte Form" — und ebenso die in ihrer Gunst einzig dastehende Ausweichmöglichkeit der Ernte entlang dieser langen Linie für die Fällung, die Aufbereitung, die Lagerung und schließlich die Bringung, die nach der Seite des bodenfreien Altholzes hin erfolgen kann — „erntegerechte" Form —.

Dabei bietet der Saum von allen nur möglichen Schlagformen die verhältnismäßig ausgedehnteste zusammenhängende Fläche, die sowohl betriebstechnisch wie waldbaulich in gleichem Maße noch als Kleinfläche wirkt!

Ist der Technik schon durch diese Möglichkeiten ein reiches Feld der Wirksamkeit geboten, so ist auch sonst die Formung des Schlags deren wirksamstes Mittel. Der Technik kommt gerade bei der Saumform deren großer Formenreichtum und leichte Wandelbarkeit zu statten, wie sie wiederum keine andre Schlagform besitzt. Es ist die Möglichkeit verschiedenartigster Ausformung des Saums nach der Linienführung in Geradsaum, Buchten-, Staffel-, Keilsaum[2] usf., wie nach der Schlagtiefe in Schmalsaum und Breitsaum. Dazu kommt die weitere Möglichkeit, auf der Saumfläche jederzeit die Art des Einzeleingriffs (Hiebsart) ohne Nachteil zu ändern und ohne die Umgebung in Mitleidenschaft zu ziehen. So läßt sich auch unser später festzulegendes Naturverjüngungsziel, „der Natur **Gelegenheit,** dem Betriebseingriff aber **Freiheit** zu schaffen", bei dieser Schlagform am besten, ja allein vollkommen verwirklichen.

Die verbreitete Vorstellung, die in unserem Schrifttum fast täglich Ausdruck findet, die Saumform „binde den Waldbau", d.h. die Waldbautechnik, lege ihn auf eine bestimmte Form biologisch fest, ist so absurd, daß sie keiner Widerlegung bedarf. Sie zeugt nur von einem leeren theoretischen Schulsack auf dem Gebiet der Betriebstechnik, einem empfindlichen Mangel an Vorstellungsgabe, ist doch im Gegenteil der Saum, waldbautechnisch betrachtet, ein so vollendetes Mittel für freie Naturverjüngung, daß an ihm der Betriebsführer den Verjüngungsgang in vollstem Maß in der Hand hat. Er kann am Saum Schlagtiefe und Eingriffsweise in Art und Gang nach Standort, Holzart und Waldzustand dem Betriebsziel anpassen im Blick auf das

---

[1] Vgl. Wagner: Die Grundlagen der räumlichen Ordnung, welche diese Dinge sehr eingehend behandeln.

[2] Ganz unglücklich scheint mir die oft gebrauchte Bezeichnung „Vielsaum" gewählt, statt des nicht mißzuverstehenden „Keilsaums", denn „viele" Säume kann man bei jeder Saumform machen. Hier handelt es sich doch nicht um die Zahl, sondern um die Form der Säume!

Waldbild, das hier „am laufenden Band“ erscheint. Dabei wird nicht, wie beim Breit=
schlag, das in weitem Umfang wieder zerstört, was bisher mit Sorgfalt herangepflegt
wurde, sondern es wird bis zur Freistellung stetig weiter gepflegt und geschützt.

Um Schlagschäden zu vermeiden, ist eine gewisse räumliche Schei=
dung von Ansamungs= und Erntefläche in hohem Maß erwünscht. Sie
läßt sich im Saum, dessen Rand das alte und junge Holz trennt, so leicht
und so weitgehend durchführen, wie dies überhaupt möglich ist.

Auch die Ertragsregelung kann von der durch den Saum laufenden
Trennungslinie für die Flächenscheidung der Altersklassen Nutzen ziehen[1].

Ebenso wichtig ist es, daß sich am Saum die den Schlagwald kenn=
zeichnende Zuwachskluft, die sich beim Übergang zwischen zwei sich
folgenden Umtrieben auftut und oft zu großem Zuwachsverluste führt,
so weit, als ohne Schlagschaden und Gefährdung einer Holzartenmischung
möglich, überbrücken läßt. Man schiebt den jungen Wald so tief als
örtlich möglich und mit dem Betriebsziel vereinbar, seitlich
unter den alten, was im Saum ohne irgend erhebliche Schlag=
schäden geschehen kann[2]!

Besonderer Betrachtung bedarf noch das am Saum ökologisch ent=
scheidende Ausmaß, die Saumtiefe. Auf sie beziehen sich die wichtigsten
Bestimmungsgründe des Saumbetriebs überhaupt, bei Naturverjün=
gung ist sie die entscheidende Größe.

Nach Rubner wird die Saumtiefe bestimmt durch das Eindringen des
Seitenlichts, dessen Reichweite er bestimmt. Das gilt jedoch nicht für den
„Saum“, sondern nur für den Randstand, während der Saum sich nicht
auf den Randstand beschränkt, sondern bei größerer Tiefe Oberlicht beizieht.
Es ist nur — auch ein Vorteil des Saums — hier infolge Zutritts reichlichen
Seitenlichts weniger Oberlicht, also geringere Lockerung des
Kronendachs erforderlich, um am Boden dieselbe Lichtwir=
kung zu erzielen, wie im Breitschlag. Dasselbe gilt für die Be=
feuchtung des Bodens.

Die wichtigste Eigenschaft der Saumtiefe ist ihre Dehnbarkeit, eine
Eigenschaft, die den Saum, technisch betrachtet, hoch über den Breitschlag
stellt, dem solche Eigenschaft fehlt. Diese Dehnbarkeit der Schlagtiefe gibt
der Waldbautechnik eines ihrer wirksamsten Mittel in die Hand, ihren Be=
triebseingriff den wechselnden Verhältnissen von Standort, Holzart und
vor allem Waldzustand (Altersklassenausdehnung) in schönster Weise an=
zupassen. Andre Mittel werden wir in den nächsten Kapiteln kennenlernen.

Wo der Waldbau nur mit reinem Randstand arbeitet, da bedarf er
geringer Tiefe. Diesen besondern Fall des Saumschlags halten manche,
die nicht in die Sache eingedrungen sind, für Saumschlag schlechthin. Beim
gewöhnlichen, mehr oder weniger vertieften Saum dagegen,

---

[1] Wagner: Blendersaumschlag und sein System. 3. Aufl. S. 279ff.
[2] Ebenda. S. 38.

läßt sich der Randstand, der immer die Grundlage des Saumschlags bildet, im Saumstreifen mit Schirm-, Blender-, Lücken-, Buchten- oder Keilstand in wechselnder Weise verbinden.

Der weite Rahmen, den die Dehnbarkeit der Saumtiefe schafft, entspricht bei Naturverjüngung, besonders, wo Mischwald hergestellt werden soll, dem Bestimmungsgrund freier Beweglichkeit des Hiebs im Schlag. Dieser weite Rahmen gibt aber auch noch der Technik die — vor allem für den Übergang aus anderem Waldaufbau sehr wichtige — Möglichkeit, ihrer oft recht schwierigen Aufgabe gerecht zu werden, die darin besteht, die biologischen mit den ökonomischen und betriebstechnischen Bestimmungsgründen in Einklang zu bringen. Das ist nur möglich durch entsprechende Wahl der Saumtiefe, bei der alle drei Gruppen von Bestimmungsgründen einen mehr oder weniger weiten Spielraum lassen, so daß man je nach Bedarf, bald das eine, bald das andre Moment in den Vordergrund stellen kann.

Die Saumtiefe bestimmt die künftige Breite der Altersstufenstreifen und gewinnt dadurch auch Einfluß auf den erntetechnischen Raum, der nicht zu sehr verengt werden darf.

Im Grenzgebiet wirft sich die Frage der Vertiefung des vorhandenen Saums oder aber der Vermehrung der Anhiebe und damit Säume als anderes Mittel auf.

Ganz besonders wird, wie bereits angedeutet wurde, die Saumtiefe auf ihre Dehnbarkeit in Anspruch genommen, wo es sich um nicht formgleiche (S. 56) Bestockung handelt, wo also der dermalige Aufbau der Altersklassen nicht der beabsichtigten Eingriffsform entspricht. Daraus erwachsen vor allem ökonomische Unstimmigkeiten; aber auch Waldbau und Schutztechnik werden in Mitleidenschaft gezogen. Hier gilt es dann, schwere Gegensätze zwischen den natürlichen und den ökonomischen Bestimmungsgründen zu überbrücken, soweit dies überhaupt noch möglich ist. Wir müssen nicht selten aus ökonomischen Gründen die Saumtiefe bis an die äußerste Grenze ihrer Dehnbarkeit, ja selbst über diese hinaus erweitern und auf biologischen Beststand teilweise oder ganz verzichten, z. B. bei überalten, bodenverschlechternden, lückigen oder pilzkranken Althölzern, gebührt doch dem ökonomischen Bestimmungsgrund, als übergeordneter Kategorie angehörig, stets letzten Endes der Vortritt. Nur Starrköpfe sehen darin nichts Selbstverständliches.

Ein Beispiel möge obiges erläutern:

Ist die dermalige Bestockung dem Saumschlag formgleich, also in kurzen Schlagreihen aufgebaut — heute ein kaum schon vorhandener Fall! — so folgt die Saumtiefe einfach nur den biologischen Bestimmungsgründen des Betriebsziels, wie sie das Waldbild nachweist. Die biologischen Gründe weisen dann bei Schattholz auf größere, bei Lichtholz auf kleinere bis kleinste Saumtiefe hin. Bei Mischungen fällt der Technik die am Saum besonders dankbare und leicht zu lösende Aufgabe zu, durch entsprechende Wahl der Schlagtiefe und nach ihr der Hiebsart und des Hiebsgangs im steten Blick auf das sich entwickelnde Waldbild ein einmütiges Zusammenwachsen der Mischhölzer im Sinne des Betriebsziels zu vermitteln.

Ist aber die Bestockung formverschieden vom Saumschlag, besteht sie z. B. — leider in der Regel — aus mehr oder weniger gleichaltrigen Großbeständen, den Erzeugnissen des Breitschlags, so tritt zu den biologischen Gründen noch die ökonomische Forderung hinzu, den Rahmen der Hiebsreife für die Altbestockung nicht zu überschreiten, was dann je nach Größe, Alter, Holzart, Gesundheit usf. der Großbestände zu mehr oder weniger starker Vertiefung der Säume führen muß Hand in Hand mit einer entsprechenden Regelung des Hiebsgangs. Dabei wird dann die beste biologische und waldsichernde (nach Seitenlicht, Seitenschatten usf.) wie die günstigste erntetechnische Saumtiefe nicht selten mehr oder weniger weit überschritten werden.

Schließlich muß man selbst ganz auf biologische Saumwirkung für heute verzichten und zu einfachem Schmalschlag mit Kunstanbau übergehen, wo es das ökonomische Ziel gebieterisch verlangt, wie auf großen Flächen reiner Fichten, zumal wenn diese schon überhiebsreif geworden oder rotfaul sind, ein Fall, der so gerne gegen das Saumprinzip ins Feld geführt wird, weil man nicht erkennt, daß in solchem Fall schwere frühere Versäumnisse, untätiges Verstreichenlassen des Hiebsreiferahmens die Schuld am heutigen Mißstand tragen. Möchte man doch lieber aus ihm lernen, daß hier schon im jüngeren Holz rechtzeitig gegliedert und der weite Spielraum der Hiebsreife nach unten hin voll ausgenützt werden muß!

Aber selbst in den verzweifeltsten Fällen wird durch die Streifenanordnung einer geschickten Technik immer noch eine gewisse Möglichkeit geboten, die hier sich schroff gegenüberstehenden biologischen und ökonomischen Belange einigermaßen zu versöhnen und nach sorgfältigem Abwägen jedem sein Teil zukommen zu lassen.

Allgemein kann schließlich gesagt werden, daß die gesamte Technik in ihren Bestimmungsgründen besonders im Ordnungsprinzip möglichst geringer Saumtiefe zustrebt, während die biologischen, wie auch im formverschiedenen Wald die ökonomischen Gründe je nach Umständen auf größere und besonders auf wechselnde Tiefe hinweisen, weshalb sie vor allem von der günstigen Eigenschaft der Dehnbarkeit der Saumtiefe Gebrauch machen und Nutzen ziehen.

Die Dehnbarkeit wird uns wieder als Hauptforderung bei der Systembildung begegnen.

Über falsche Unterstellungen bezüglich der Saumtiefe im Schrifttum werde ich mich im 5. Abschnitt, 3. Kapitel näher aussprechen.

3. Die Lage des Schlags und die Schlagfolge.

Zusammen zu besprechen sind die Lage sowie die räumliche und zeitliche Folge der Schläge, da sie in engem Zusammenhang stehen.

Die Lage der Schläge innerhalb der Waldfläche wird allgemein und vor allem bestimmt durch den Deckungsschutz gegen alle seitlich auf den Wald andringenden schädlichen Naturkräfte. Der Deckungsschutz beherrscht ja, wie bereits gezeigt wurde, die gesamten technischen Betriebsbedingungen im Schlaghochwald und schafft das Problem der Schlagfolge. Im Bergland kommt auch noch die Geländebildung hinzu wegen der Holzbringung aus dem Schlag nach abwärts.

Die auf die Schlaglage wirkenden Bestimmungsgründe sind somit vor allen Dingen bei den seitlich gegen den Wald andringenden Naturkräften atmosphärischer Art zu suchen, die ihm Schaden bringen und gegen die er darum der Deckung bedarf, wie Sonne, Bodenwind, Sturm und Rauhreif. Sie beziehen sich also auf die seitliche Deckung gegen diese Kräfte und zwar teils auf den Schutz gegen mechanische Gefährdung der stehenden Bäume (Sturm!), teils auf Herbeiführung und Erhaltung günstiger kleinklimatischer Bedingungen für die Waldverjüngung auf dem Boden (Wind und Sonne!) und gegen Schädlinge, wie Engerlinge, Rüsselkäfer, Mäuse am und im Boden.

Im geneigten Gelände tritt noch die Hangrichtung als Bestimmungsgrund für die Lage des Schlags hinzu und zwar tritt sie um so gebieterischer auf, je steiler das Gelände und je höher die Hänge.

Im Hochgebirge und teilweise auch in den Mittelgebirgen ist auch die Geländegestaltung und die Bildung von Bringungsbezirken örtlich bestimmend, nicht nur für die Lage, sondern auch für Form und Größe der Schläge. Diesem besonderen Fall soll jedoch hier nicht nähergetreten werden.

Die Lage zu den andern Schlagflächen und damit eine entsprechende räumliche Schlagfolge ergibt sich aus der Notwendigkeit dauernder Abdeckung nach den Richtungen hin, aus denen schädliche Einwirkungen auf den Wald drohen, so gegen Sturm und Bodenwind nach Südwest über West bis Nordwest und nach Ost, gegen die Sonne nach Ost über Süd bis Südwest und örtlich gegen Rauhreif bald nach Ost, bald nach Nord.

Umgekehrt ist eine Abdeckung entbehrlich, ja bei Verjüngung eine Öffnung des Walds geradezu erwünscht nach denjenigen Seiten hin, von denen aus günstige Einflüsse, wie Regenzufuhr, Schatten, zerstreutes Seitenlicht usf. ohne jene schädlichen Wirkungen erwartet werden dürfen.

Eine räumliche Schlagfolge, die allen Bestockungseinheiten dauernde Abdeckung bis zur Hiebsreife sichert, macht diese Einheiten zur Zeit ihrer Erntereife auch „erntefähig", d. h. ermöglicht die schadlose Ernte zur Zeit der Reife. Man spricht in dieser Hinsicht geradezu von der „Bilanzierungsfähigkeit des Vorrats" (Ostwald), die dann gegeben ist, wenn alle Schlagfolgehindernisse im Revier beseitigt sind.

Aus dem Vorstehenden geht schon hervor, daß es sich bei der Schlagfolge durchaus um erzeugungstechnische und zwar vorweg um schutztechnische, bei Verjüngung im Saum auch um waldbautechnische Bestimmungsgründe handelt, und zwar treten diese bei den beiden Haupteingriffsformen, dem Breitschlag und dem Saumschlag, mit ganz verschiedenem Einfluß auf.

Der Breitschlag und mit ihm der gewöhnliche Schmalschlag kennt als Bestimmungsgrund für die Schlagfolge nur einen schutztechnischen Grund, den Deckungsschutz seiner Bestände nach außen, nur die dauernde

Abdeckung gegen Sturm und gelegentlich Duft, während er sich der Sonne und des Bodenwinds durch seitliche Betraufung zu erwehren sucht. Dagegen kennt er keinen Deckungsschutz nach innen, weder gegen Sturm, noch Sonne, noch Wind. Seine Verjüngung vollzieht ja der Breitschlag und gewöhnliche Schmalschlag durchaus im Innern der Fläche unter Verzicht auf Deckungsschutz nach innen; der äußere Randstand spielt also bei ihm auf diesem Gebiet keine Rolle, mindestens keine entscheidende.

Anders der echte Saumschlag, bei dem das Anlehnungsbedürfnis an den anschließenden Altbestand, aber auch die Ausnutzungsmöglichkeit dieser Anlehnung viel größer ist, als beim Breitschlag. Bei ihm treten neben den rein schutztechnischen Gründen, ohne deren Gewicht zu mindern, auch biologische Belange gleichwertig auf, veranlaßt durch seine langgestreckte Randlinie, die zu waldbaulicher Ausnutzung einläd. Wo sich am langgezogenen Schlagrand **der Waldbau** des Randstands als Verjüngungsmittel grundsätzlich bemächtigt, da wird aus dem Schmalschlag der echte Saumschlag und da muß dieser bestrebt sein, vom Innen= wie Außenrande nicht nur die rohe Gewalt des Sturms, sondern auch Sonne und Wind fernzuhalten, ihnen dagegen das Lebenselexier des Waldes für die meisten Standorte, das Wasser, in Form von Regen und Tau möglichst zuzuführen und durch Beschattung zu erhalten, um unter gesichertem Rand eine auch biologisch gedeckte, bestausgestattete und geschützte Kinderstube für den jungen Wald zu schaffen.

Hier also, beim Saumschlag, treten, im Gegensatz zu allen andern Schlagformen, zu den schutztechnischen und im geneigten Gelände erntetechnischen Bestimmungsgründen noch schwerwiegende biologische hinzu und bestimmen Schlagfolge und Richtung. Da sich, wie wir gesehen haben, die Forderungen in bezug auf die Richtung nicht immer decken, so muß versucht werden, sie so weit als möglich in Einklang zu bringen, damit ein allgemeiner Beststand des Betriebs erzielt wird.

Breitschlagfolge und Saumschlagfolge haben uns verschiedene Bestimmungsgründe gezeigt! Deshalb erhalten wir auch bei sonst gleichen Verhältnissen für Breitschlag und für Saumschlag verschiedene normale Schlagrichtungen, bei Breitschlag (und Schmalschlag) in der Regel die Ost—West= oder Nordost—Südwestrichtung allein gegen Sturm; beim echten Saumschlag im Einklang zwischen zahlreichen waldsichernden und biologischen Bestimmungsgründen für die meisten Standorte die Nord—Südrichtung oder auch Nordwest—Südostrichtung. Hier drängt nämlich, wo auf Naturverjüngung entscheidender Wert gelegt wird, der biologische Bestimmungsgrund den schutztechnischen aus seiner alleinbestimmenden Stellung, überläßt ihm bei Wahl der Schlagrichtung mindestens nicht allein das Feld. Örtlich — in geneigtem Gelände, tritt dann hier noch ein erntetechnischer Bestimmungsgrund in Form der

Hangrichtung zwingend hinzu, alles Rücksichten, die der Breitschlag natur=
gemäß nicht kennt.

Aus der Wahl der Schlagrichtung folgt, zunächst räumlich unmittelbar
und zwar für alle möglichen Schlagformen in gleicher Weise, die Reihen=
ordnung der Schläge in dieser Richtung, die Bildung von „Schlagreihen".

Die zeitliche Schlagfolge, deren Betrachtung später erfolgen soll,
führt, das zeigt schon das bisher Gesagte, zu einem auch zeitlichen Nachein=
ander der Schläge in den Schlagreihen, und zwar fordert hier der Saum=
schlag vermöge seiner Schmiegsamkeit und seines Anlehnungsbedürfnisses
mit viel mehr Nachdruck ein stetiges Nacheinander, als der Breitschlag.
Denn, während der Breitschlag nur verlangt, daß die Zeitspanne zwischen
zwei sich in der Schlagrichtung folgenden Schlägen nicht größer sein darf,
als dem Alter für die Möglichkeit der Betraufung eines Jungbestands[1]
entspricht, fordert der Saumschlag aufs bestimmteste eine unmittel=
bare und stetige Aufeinanderfolge der Schläge in den Schlag=
reihen, damit der stetige Fortgang der Verjüngung gewahrt bleibt und
keine Steilränder entstehen.

So entsteht also aus Lage und Folge der Schläge die „Schlagreihe"
als nächstes Gebilde der Schlagordnung, d.h. die räumliche und zeitliche
Aneinanderreihung der Schläge in der gewählten Schlagrichtung; sie ist in
ihrer Wirkung auf die Bestockung durch deren Altersabstufung in der nor=
malen Schlagrichtung gekennzeichnet.

Die Schlagdauer, der zeitliche Rahmen für Ernte und Verjüngung,
der heute durch die Ertragsregelung als Nutzungsperiode und durch die
„Betriebsart" des Waldbaus als Verjüngungszeitraum bestimmt und fest=
gelegt wird, bildet den Rahmen für den zeitlichen Gang des Hiebs innerhalb
des Schlags und soll deshalb mit dem Hiebsgang zusammen, den sie maß=
gebend bestimmt, im 4. Kapitel behandelt werden.

Die vielfältigen Bestimmungsgründe für den einzelnen Schlag nach
Größe und Form, besonders aber nach Lage und Folge, seine Abhängigkeit
vom Deckprinzip, einer Besonderheit des Schlaghochwalds, haben bereits
zur Bildung von Schlagreihen geführt. Sie nötigen aber weiterhin den
wählenden und vollziehenden Betriebsführer, die ganze Schlagordnung
in seinem Walde von Haus aus systematisch aufzubauen, wenn anders
überall all den vielerlei Bestimmungsgründen Rechnung getragen werden
soll. Die Notwendigkeit dazu im Schlagwald zeigt ja schon die geschichtliche
Entwicklung (vgl. S. 38 ff.), denn führen die Deckungsbeziehungen der
Schläge zur Schlagreihe, so führen die Deckungsbeziehungen der Schlag=
reihen unter sich schließlich zum Vollausbau eines Schlagsystems!

Von ihm als einem Aufbauergebnis unserer Betrachtungen wird im
4. Abschnitt weiter die Rede sein.

---

[1] Begründung siehe mein Lehrbuch der Forsteinrichtung S. 143—144.

4. Vergleich der Schlagformen vom Standpunkt der Technik.

Zum Schlusse mag noch ein zusammenfassender Überblick der Stellung=
nahme der Technik zur Frage des Arbeitsfelds von Wert sein, da deren
Bestimmungsgründe dieses Gebiet beherrschen.

Die Technik, der die Verwirklichung all der vielen Bestimmungs=
gründe für den Betrieb obliegt, lehnt auf allen Gebieten des Be=
triebs gleichmäßig die Breitfläche des Arbeitsfelds ab und
drängt zur Schmalform hin. Das gilt für die Waldbautechnik, die
Schutztechnik und Erntetechnik gerade so gut, wie für die Techniken der Be=
triebsführung, der mechanischen Arbeit, der Ertragsregelung usf.

Ein Schema zu allgemeinem Überblick (das aber keinen Anspruch auf
Genauigkeit bezüglich der geschätzten Prozentzahlen und auf Vollständig=
keit macht) zeigt dies deutlich:

Bestimmungsgründe	Technische Wirkung (als Arbeitsfeld)		
	Breit=fläche	Schmal=fläche	Saum=fläche
	(in Prozentzahlen)		
Deckung, biologische für Boden und Boden= nähe	25	50	100
Deckung, waldsichernde gegen seitliche Ge= fahren von Boden und Bestockung	25	50	75
Ausweichmöglichkeit der Ernte	25	50	100
Überblick über Betrieb und Waldbild	0	50	100
Frei Bewegung der Hiebsführung (Änderungs= fähigkeit, Dehnbarkeit)	0	50	100
Flächenbeherrschung für Leitung der Natur usf.	0	50	100

Unsere Betrachtungen haben allgemein gezeigt, daß wir den Schlag
bezüglich seiner Ausformung als Wirkungskreis, ja Herr=
schaftsgebiet der Technik betrachten können. In der Schlagfor=
mung hat die Technik vollkommen freie Hand, hier kann sie ungehindert vor
allem dem Deckprinzip Geltung verschaffen, das zwingende Bestimmungs=
gründe geltend macht.

Die Vergangenheit hat sich mit der Formung des Schlags kaum befaßt,
hat den Breitschlag als allgemein gegeben hingenommen und nur in Aus=
nahmefällen nach andern Formen gegriffen. So mußte die gesamte forst=
liche Eingriffstechnik zurückbleiben. Das hat auf dem Gebiet des Waldein=
griffs selbst Ungeheuerlichkeiten gezeitigt, wie z. B. das tatsächliche syste=
matische, wenn auch ungewollte Vorbereiten von Waldschäden auf Groß=
flächen, die sich heute überall auszulösen beginnen oder wie die Tatsache,
daß Forsterzeugnisse nach 100jähriger sorgsamster Aufzucht und Pflege
schließlich infolge technischer Fehler in der Eingriffsform durch Zersägen
um 25% entwertet werden müssen!

Jedem, der sich damit eingehend beschäftigt — ohne das geht es aller=

dings nicht! — drängt ein übersichtlicher Vergleich (vgl. obiges Schema) ein geradezu erdrückendes Maß von technischer Überlegenheit des Saumschlags über den Breitschlag auf allen Gebieten unseres Fachs auf, ob das nun in seine überkommene forstliche Vorstellungswelt paßt oder nicht! Der theoretische Beweis ist von mir längst erbracht und die praktische Arbeit zeigt es ja jedem sofort. Niemand hat mich widerlegen können oder es auch nur versucht, wertlose allgemeine Redewendungen zählen nicht. Aber von der Erkenntnis zur Tat führt für die meisten Menschen ein weiter Weg! Da ist es bequemer, mich für „einseitig" zu erklären und beim Alten zu bleiben!

Warum man die allgemeine technische Überlegenheit des Saums nicht erkennt und für den praktischen Betrieb nutzbar macht, das zu untersuchen möchte ich mir ersparen. In Landwirtschaft und Gärtnerei ist aus rein betriebstechnischen Gründen die Streifenform des Arbeitsfelds längst restlos durchgeführt, in der Forstwirtschaft, die von zahlreichen weiteren Gründen für die Streifenform des Vorgehens geradezu erdrückt wird, ist durch ein Jahrhundert kaum etwas geschehen, ein Zeichen größten Beharrungsvermögens in unserem Fach, einer Rückständigkeit auf technischem Gebiet, die durch alle Rührigkeit auf unsern Grundlagegebieten nicht ersetzt werden kann. Als erstes müßten die technischen Gesetze unseres Betriebs untersucht und angewandt werden. Erst eine hochentwickelte Technik vermag die Ergebnisse der Grundlagenforschung voll auszuwerten. Bleibt die Technik zurück, so fehlt den Ergebnissen dieser Forschung die Brücke zur Praxis, denn, so sagt Baader (siehe den Leitspruch zur Einleitung): „Alle Erkenntnisse der Tatsachenforschung bleiben totes Kapital, wenn sie nicht in Technik umgemünzt werden können."

Aus diesem Grunde dränge ich seit einem Menschenalter nach diesem Gebiete hin, von dem aus allein ein allgemeiner Vormarsch der deutschen Forstwirtschaft angetreten werden kann. Die Tragweite der Sache ist jedoch leider nur von wenigen weitblickenden Fachgenossen der Theorie und der Praxis erkannt worden! Die große Mehrzahl hält sich zurück, schweigt oder mißversteht! Man nimmt sich nicht die Mühe, meine Gedanken aufzunehmen und meine Ausführungen durchzudenken, sondern unterstellt mir, ich überblicke die Mannigfaltigkeit der forstlichen Bedingtheiten nicht — sei einseitig. Dies Buch wird nun im Gegenteil zeigen, daß ich meine Forderungen stelle, gerade, weil ich die große Mannigfaltigkeit der Forstwirtschaft überblicke, während meinen Kritikern dieser Überblick fehlt! Wenn ich sie aufrüttelnd ein Epigonengeschlecht nannte, so geschah dies deshalb, weil es nicht gelingen will, sie aus dem alten, ausgefahrenen Geleise des vorigen Jahrhunderts herauszubringen und einer grundsätzlichen Pflege der Betriebstechnik zuzuführen, denn: auf technischem Gebiet könnte es um uns gar nicht schlimmer stehen!

Drittes Kapitel.

Die Hiebsart.

Wir nehmen nunmehr an, der Betriebsführer habe darüber Entschei= dung getroffen, wie er den Flächeneingriff in den Wald durchführen will, habe Größe und Form der Arbeitsfelder für seine Endnutzung gewählt, da= mit über die Art der Schlagbildung und Schlaglagerung entschieden und seinen Betrieb entsprechend ausgebaut. Er kann diese Entscheidung auf allen Standorten des Schlaghochwaldgebiets treffen — sogar in gemein= gültiger Weise —, er muß dies sogar, wie wir sehen werden, für jede ge= ordnete Wirtschaft in systematischer Form tun, d.h. er muß ein Schlag= system wählen und aufbauen.

Wir haben diese Aufgabe zunächst dem Betriebsführer zugewiesen; es ist jedoch ohne weiteres ersichtlich, daß eine so weitausschauende Aufgabe, die einen systematischen Aufbau fordert, sich nur im Zusammenhang und für lange Frist lösen läßt, daß sie also einen allgemeinen Betriebsplan vor= aussetzt, der sie gemeingültig löst (Forsteinrichtung) vgl. 4. Abschnitt, 5. Kapitel.

Haben wir somit eine bestimmte Schlagordnung hergestellt, so ist nun der Boden für den Hieb und seine Wahl vorbereitet, einmal für die räumliche Form des Einzeleingriffs in die Bestockung des Schlags — die „Hiebsart" — und dann für dessen zeitlich Art und Folge — den „Hiebs= gang" — (den letzteren werden wir im 4. Kapitel behandeln).

Ist nun zwar für die Regel die Schlagordnung nicht unmittelbare und fortlaufende Aufgabe des Betriebsführers, wie wir hier — aus didaktischen Gründen — zunächst unterstellt haben, sondern eine periodische Aufgabe des Wirtschaftsplans und der ihn aufstellenden Organe, so tritt jener nun= mehr mit der Wahl von Hiebsart und Hiebsgang an seine wichtigsten und eigensten Aufgaben heran, an dasjenige Arbeits= gebiet, von dem im besondern aller Verjüngungserfolg abhängt, das nur bei freier Bewegung und nur auf dem Wege induktiver Betrachtung des Waldes — d.h. aus dem Studium der Entwicklung des Waldbilds heraus — gelöst werden kann; — an ein Arbeitsgebiet, das ihm Schlagsystem und Waldbauregel zwar erleichtern, dessen einzelne Entscheidungen ihm aber niemand und nichts abnehmen kann!

Der Betriebsführer hat also zunächst über die räumliche Art des Einzel= eingriffs in das vorher gewählte Arbeitsfeld — über die „Hiebsart" — zu entscheiden, wobei sich Schlagfläche und Hiebsfläche (Verjüngungsfläche) sichtbar scheiden.

Diese Hiebsart ist nun gekennzeichnet: einmal durch die räumliche Verteilung des Eingriffs auf die Bäume der Schlagfläche, was zu bestimmten, jede Hiebsart kennzeichnenden Baumständen führt (vgl. S. 54—55), d.h. zu einer bestimmten Verteilungsweise der Altbäume über

die Schlagfläche, die deren Befeuchtungs-, Belichtungs- und Erwärmungs-
bedingungen am Boden (Kleinklima) bestimmt, dann aber auch durch das
Eingriffsmaß, die sog. „Stärke" des Eingriffs, die in gleicher Hinsicht
wirkt. Dieses Eingriffsmaß, ausgedrückt in Festmetern der entnommenen
Holzmasse, hat zugleich auch zeitlichen Charakter und findet seinen Ausdruck in dem später zu besprechenden Hiebsgang und zwar in der Gangart
des Hiebs (Tempo).

Aufgabe des Hiebs ist, innerhalb des Schlags die Erzeugnisse der schaffenden Natur, das stehende Holz, zu ernten, gleichzeitig aber auch auf der
einen Seite die zuwachsleistenden Naturkräfte im Sinn von Wirtschaftsziel und Betriebsziel zu lenken oder gar zu zwingen, auf der andern Seite
aber die zerstörenden Wirkungen der Natur fernzuhalten. Zu diesem
Zwecke greift er in das im Schlagwald mehr oder weniger gleichaltrige Bestandsgefüge ein. Die Baumalter weichen im Schlagwald nur im engen
Rahmen der Verjüngungsfrist voneinander ab, am meisten bei dem dadurch gekennzeichneten Blenderstand. Aus dem Eingriff ergibt sich als Ausfluß der Hiebstechnik die sog. „Schlagstellung", dargestellt durch die
„Baumstände".

Die Hiebsart verfolgt daher bei der Endnutzung mit der Entfernung
der einzelnen Bäume einen doppelten Zweck, den der Ernte des
Holzes und den einer biologischen Wirkung auf Boden und Bestockung im Sinn der Verjüngung der Fläche. Der Hieb soll hier den
Standort und seine biologischen Faktoren bestens ausnützen, er wirkt auf
Bestandsklima und Bestandsgefüge, hat also biologische und waldsichernde,
gegebenenfalls auch zuwachsfördernde Wirkungen, welche die bestimmenden Gründe für die Art der Führung der Axt und ihre Beurteilung sind.

1. Der Erntezweck.

Nach dieser Seite hin wird die Art des Eingriffs durch die räumlichen
Erntebedingungen bestimmt, besonders durch den Holzanfall je Flächeneinheit — die „Erntedichte" —. Die Hiebsart soll freien Raum für Betätigung der Erntearbeit, für Fällung, Aufbereitung, Zurichtung, Lagerung am Ort und Bringung der Erzeugnisse aus dem Schlag schaffen, wobei
die Rücksicht auf die Besamung des Bodens und deren Erhaltung und Förderung bei Naturverjüngung die entscheidende Rolle spielt.

Bei dieser Aufgabe wirken auch Schlagform und Eingriffsstärke, also
der Hiebsgang mit, denn erstere bestimmt die Ausweichmöglichkeit von der
Schlagfläche weg (Breitschlag wirkt hier anders als Schmal- und besonders
Saumschlag), auf letztere werden wir später zurückkommen.

Damit ist erwiesen, daß auf dem Gebiet der Hiebsart zunächst erntetechnische Bestimmungsgründe auftreten. Diese
finden beim Kahlhieb, der die Fläche vollkommen abräumt und damit,
im Gegensatz zum Randhieb oder Löcherhieb, jede auch seitliche Wirkung

stehenden Holzes wegschafft, fast alleinige, darum entscheidende Beachtung. Hier beherrscht die Ernte allein die ganze Schlagfläche als Arbeitsfeld und gibt sie erst nach voller Abwicklung ihrer Aufgabe an die Verjüngung weiter. Mit der biologischen Wirkung dieser Eingriffsweise befaßt sich der Kahlhieb nicht, mögen sich der Waldbau bei seiner Verjüngungsaufgabe und der Forstschutz bezüglich Sicherung von Boden und Jungwuchs mit dem gegebenen Zustand auseinandersetzen.

2. Der biologische Zweck.

Bei Vorverjüngung (Naturverjüngung und Vorbau[1]) tritt, im Gegensatz zum Kahlhieb mit Nachbau, die biologische Wirkung der Hiebsart, bestimmt durch den Baumstand den sie schafft und dessen Beschirmung, in den Vordergrund, weit vor die erntetechnische Wirkung. Hier sind es die Baumstände, die durch den Eingriff hergestellt und verändert werden und die selbst wieder die klimatischen Zustände und die Belichtungsverhältnisse im Bestand bestimmen, — das Kleinklima im einzelnen Punkt (Klima in Bodennähe und Bodenklima)[2] — und damit die Einwirkung des Hiebs auf den Boden und seinen Zustand, auf seine Befeuchtung und Austrocknung, Erwärmung, Belichtung usf. Die Baumstände bestimmen damit die biologischen Bedingungen einerseits für das Wachstum der alten Bäume und andererseits für das Keimen, Fußfassen und Zusammenwachsen des jungen Walds und zwar je nach Baumstand in sehr verschiedener Weise.

Die Baumstände zeigen aber auch noch lebhafte Beziehungen zur Waldsicherung, da sie das ganze Bestandsgefüge, vor allem die Deckungsbeziehungen des geschlossenen Walds stets mehr oder weniger durchbrechen und dabei dem Deckungsschutz nicht selten zu nahe treten.

Aus dem Gesagten ergibt sich, daß im Naturverjüngungswald die Hiebsart vor allem biologischen und waldsichernden Bestimmungsgründen unterliegt. Dann aber ist klar, daß die Wirkung der Hiebsart nach dieser Richtung hin stark vom Standort, von Holzart, Waldzustand und Witterung abhängt, denn diese äußern Umstände üben lebhaftesten Einfluß auf jene Bestimmungsgründe und deren jeweiliges Gewicht aus. Ihnen gegenüber ziehen sich die erntetechnischen und allgemein betriebstechnischen Gründe hier bescheiden zurück.

Hängen aber Gewicht und Wirksamkeit jener Bestimmungsgründe von Standort, Holzart, Waldzustand und Witterung ab, so sind sie damit auch **wechselnder Art**, also im einzelnen Fall von wechselnder

---

[1] Wir scheiden „Vorbau" und „Nachbau" als Verjüngungsmaßregeln vom „Unterbau" als Bodenschutzmaßregel.

[2] Vgl. Geiger: Das Klima der bodennahen Luftschichten. Rubner: Untersuchungen über die Verhältnisse am Saum. Fürst Wrede: Sonderklima des gedeckten Schirmstands. Forstwiss. Centralbl. 1925. Wiedemann: Waldbaul. Untersuchungen an Bestandslöchern. Allg. F. u. J.-Ztg. 1927, S. 433ff.

Zusammensetzung und wechselndem Gewicht, nicht gemeingültig bestimmbar.

Die Witterung des einzelnen Jahrs ist ein wesentlicher, aber zu wenig beachteter Faktor im Gange der Naturverjüngung vor allem für den Erfolg des einzelnen Samenjahrs. Das eine Mal kommen die Keimlinge durch, fassen Fuß (feuchtes Frühjahr), das andre Mal nicht (trockenes Frühjahr). Deshalb ist es notwendig, daß die Kinderstube des Waldes in **steter** Bereitschaft sich befindet, um jede Gunst der Witterung voll auszunützen und daß erst ein Kapital von Jungpflanzen angesammelt wird, ehe die Verjüngung einen glatten Fortgang nehmen kann.

Gerade zu Beginn der Verjüngung wirken sich Witterungsfehljahre besonders ungünstig aus. Hier wird man oft längere Zeit warten müssen, bis die Natur sich regt und den Boden besamt. Hauptgrund ist dann die Ungunst der Witterung. Es bedarf somit zum Erfolg einerseits der Tugend der Geduld und andrerseits eines weiten zeitlichen Spielraums für den Betrieb. Man darf am Erfolg nicht verzweifeln, wenn auch die Ansamung ein- oder mehrmals wieder verschwindet. Bei richtigem Baumstand kommt sie schließlich doch — das ist nur eine Frage der Zeit — d. h. der Harmonie zwischen Witterung und Keimung. Nach meiner Erfahrung sind im allgemeinen 5—6 Jahre erforderlich, bis die Besamung voll in Gang kommt. Wer da nicht zeitig vorbereitet und dann nicht warten kann, wird nie Erfolg haben.

Allgemein möchte ich bei diesem Anlaß darauf aufmerksam machen: Will man sich eine richtige Vorstellung von der Erzeugungs- und Heilkraft des Waldes machen, wie man sie für Eingriff und Aufbau haben muß, so braucht man nur die Entwicklung irgendwelcher Aufhiebe für Straßenbau, Starkstromleitung oder Altersklassengliederung, an welchen weitere Eingriffe nicht erfolgen, im wildfreien Revier durch ein Jahrzehnt fortlaufend zu beobachten.

Man wird dann erkennen:

1. die hohe Befähigung des Walds, sich nach außen abzudecken, die geschlagene Wunde zu heilen und sein Streben dazu. Am meisten befähigt ist hier der gemischte Laubwald, am wenigsten reine gleichaltrige Fichten und Tannen.

2. Die allmähliche Besamung der Flächen, in ihrem Gang bestimmt vor allem durch einen Einklang zwischen Samentracht und Witterung des Samenjahrs in Hinsicht auf Samenkeimung. Dieser Einklang ist nicht immer vorhanden, daher abzuwarten, was Zeit erfordert!

Auch der augenblickliche Zustand, besonders der heutige Aufbau der Bestockung ist von Einfluß auf die Wirkung des Eingriffs und ist oben unter den Faktoren genannt. Auch er liefert also Bestimmungsgründe für Wahl der Hiebsart, immer, wo der Aufbau nicht formgleich ist. Die Formverschiedenheit von Bestockungsaufbau und Hiebseingriff wirkt jedoch bei der Hiebsart in der Regel nicht so stark abändernd, wie dies beim Schlag festgestellt wurde (vgl. S. 118). Besonders gilt dies bezüglich der ökonomischen Bestimmungsgründe, die dort entscheiden, hier aber ganz zurücktreten. Auch die biologischen werden nicht wesentlich geändert, obgleich der waldbauliche Erfolg der Hiebsarten durch Boden- und Bestockungszustand zur Zeit des Eingriffs stark bestimmt wird. Um so größer ist die Änderung auf waldsicherndem Gebiete, wo die Bestimmungsgründe zwingend auftreten und bestimmte Hiebsarten ausschließen können, wie z. B. Schirm- und Blenderhiebe auf breiter Fläche in gleichaltrig reinen Fichtenbeständen, die dicht erzogen wurden.

Soll nun der Betriebsführer sein Vorgehen beim Hieb im einzelnen bestimmen, so muß er zunächst die vorliegenden Eingriffsmöglichkeiten und ihre biologischen wie waldsichernden und erntetechnischen Wirkungen genau kennen und überblicken. Der „Wahl der Hiebsart" muß somit die Kenntnis aller möglichen Hiebsarten und ihrer Eigenschaften vorausgehen. Das scheint man nun aber in der Vergangenheit leider kaum erkannt zu haben, denn in bezug auf Benennung, Abgrenzung und Systematik der Hiebsarten, wie der aus ihnen entstehenden Baumstände ist uns recht wenig Sicheres und Klares überliefert. Auch besitzen ihre Gebilde noch keine sicheren Maßstäbe, wie dies z. B. bei Lücke und Loch, das Verhältnis ihrer Ausmaße zur Baumhöhe oder das Verhältnis des Nord-Süd- zum Ost-Westdurchmesser wäre. Da darf man sich kaum wundern, wenn eine systematische Untersuchung ihrer biologischen und waldsichernden Wirkungen und deren Beeinflußung durch Standort und Holzart noch in den Kinderschuhen steckt, wir z. B. noch nicht wissen, wo im einzelnen Fall die Grenze zwischen günstiger und ungünstiger Wirkung liegt.

Der systematische Aufbau der Technik und ihrer Möglichkeiten gibt auch hier, wie beim vorigen Kapitel, erst das Gerippe für eine zielbewußte und zweckdienliche, d. h. für die Praxis brauchbare biologische Tatsachenforschung. Er erst wird unser Fach auch auf diesem Gebiete rascher vorwärts bringen. Ohne ihn hängt die grundlegende biologische Forschung mehr oder weniger in der Luft. Heute lassen sich z. B. die biologischen Wirkungen des Eingriffs nach der räumlichen Seite hin (Baumstand) noch nicht trennen von der zeitlichen des Hiebsgangs.

Aber dieser Mangel wirkt auch noch weit über das Gebiet der rein wissenschaftlichen Tatsachenforschung hinaus. Ich übergehe hier das Gebiet der Falschbenennungen auf das ich später zurückkommen werde. Schlimmer sind die Begriffsunklarheiten, von denen sie stammen. Eine eingehende Prüfung wird auch hier mein Eintreten für Klarstellung und meine von Rebel angezweifelte Einschätzung der weitreichenden Bedeutung eines guten Waldbaulehrbuchs verstehen lassen, meine Auffassung, daß ein solches hier allein Wandel schaffen könnte. Der Wert eines klärenden Lehrbuchs läge darin, daß es uns Begriffe und Bezeichnungen auf technischem Gebiet scheidet, klärt und festigt und daß es alle technischen Möglichkeiten an Baumständen, Schlagformen, Hiebsarten usf. systematisch aufzeigt, auseinanderlegt und weiterhin auch auseinanderhält, aber auch in ihren Zusammenhängen klarlegt, damit wir künftig auf übersichtlich geordneter, allen geläufiger und gemeinsamer Grundlage weiterbauen können. Dengler und besonders Vanselow haben hier einen ersten Anfang gemacht.

Die Möglichkeiten des Einzeleingriffs. Die Hiebsarten.

Wollen wir die verschiedenen Hiebsarten aus unserm Schrifttum kennenlernen, so müssen wir sie erst aus den sog. „Betriebsarten"

des Waldbaus herauslösen, selbständig finden wir sie nirgends be=
handelt.

Bezeichnend ist jedenfalls, daß alle, auch die neusten Waldbauvertreter in Ein=
teilung und Darstellung nicht von den verschiedenen Arten des Eingriffs selbst aus=
gehen, sondern von den Aufbauformen der Bestockung, die sie bilden, also von dem
durch die Hiebsarten geschaffenen Zustand, was zwar voll und richtig der Eigen=
schaft des Waldbaus als Grundlagegebiet entspricht, nicht aber der Darstellung von
„Betriebsarten", bei denen doch der Schwerpunkt im Handeln, in der Eingriffs=
weise liegt!

Und doch können die Hiebsarten ganz selbständig betrachtet werden und
sind dann dasjenige Element des Waldeingriffs, das fast ganz biologisch be=
stimmt ist — die Domäne des Waldbaus! —, mit dem dieser sich also vor
allem hätte befassen sollen, gehen doch aus den Hiebsarten die verschiedenen
möglichen Baumstände („Schlagstellungen") erst hervor, welche die rein=
waldbaulich zu behandelnden Grundformen aller Verjüngungsverfahren
bilden. Es ist das ein Beweis für die Richtigkeit meiner Feststellung, daß
der biologische Kern der Naturverjüngung nicht in der Schlag=
form, sondern in der Hiebsart ruhe. Diese Grundformen hat
Vanselow erstmals zusammenfassend untersucht.

Greift nun der Betriebsführer in einen vorher geschlossenen Bestockungs=
komplex (Bestand) erntend und verjüngend ein, so stehen ihm folgende
Möglichkeiten zu Gebote, für die wir auch sofort die maßgebenden Be=
stimmungsgründe suchen wollen:

1. Der Kahlhieb.

Er räumt die Schlagfläche in einem Ernteakt vollkommen und schafft
dadurch meist „Kahlstand", d. h. eine holzleere Fläche ohne Deckung von
oben oder von der Seite her. (Eine Ausnahme macht nur der schmal=
saumförmige Kahlhieb, der zum Randstand führt.) Diese Hiebsart
wird einseitig fast nur von betriebs= und erntetechnischen Be=
stimmungsgründen gefordert, neben denen höchstens noch ertrags=
reglungstechnische Momente eine Rolle spielen können (sichere Ertragsbe=
stimmung). Der Kahlhieb ist Ausdruck einseitig betriebstechni=
scher Freiheit. Auf biologische Bestimmungsgründe wird keine Rück=
sicht genommen.

Allerdings begründet man den Kahlhieb vielfach auch biologisch mit der Unmög=
lichkeit natürlicher Verjüngung (z. B. Unkrautwuchs), mit besonderer Gefährdung
der Holzart durch Schütte und Rüsselkäfer, mit großem Lichtbedarf der Holzart, welche
Überschirmung und Seitenbeschattung örtlich nicht verträgt (Kiefer), mit besserer
Humuszersetzung auf der Kahlfläche usf.

Die Wiederbestockung muß in der Regel auf künstlichem Wege er=
folgen, denn nur die leichtfrüchtigen Lichthölzer — Kiefer, Lärche, Birke
— sind befähigt, Kahlflächen wenn auch in langer Frist wieder voll zu be=
siedeln.

2. Der Schirmhieb.

Wir verstehen darunter, Gayer folgend, einen gleichmäßigen Lockerungseingriff, der zu einer gleichförmigen Verteilung der Bäume über die Fläche und damit zu gleichmäßiger Überschirmung der Schlagfläche, zum „Schirmstand" führt. Der Schirmhieb verfolgt das Ziel einer gleichförmigen Besamung über die ganze Schlagfläche hin in einem reichen Samenjahr und führt daher auch, wo das Ziel erreicht wird, zu einer gleichaltrigen Bestockung. Auch diese Hiebsart ist, wie der Kahlhieb, einseitig, aber diesmal einseitig biologisch eingestellt, insofern man von der Beschirmung des Bodens bzw. dem Schirmstand der Bäume über ihm durchaus nur biologische und waldschützende Wirkungen erwartet, dafür nach andern Seiten hin gewisse Nachteile bewußt in Kauf nimmt, so daß gegen diese Hiebsart seitens der Technik, besonders der Schutztechnik und Erntetechnik aber auch der Waldbau- und Betriebstechnik große Bedenken geltend zu machen sind.

Dabei müssen wir jedoch zwecks richtiger Beurteilung scheiden zwischen einem Schirmhieb über die ganze Breitschlagfläche hin und einem solchen nur auf Gruppen- oder Saumfläche.

a) Der Schirmhieb über die ganze Breitschlagfläche hin besteht in gleichförmiger Lockerung oder Lichtung der ganzen Schlagfläche. Er schafft ungedeckten Schirmstand, der zwar an sich den biologischen Bestimmungsgründen Rechnung tragen kann, nicht aber den technischen! Der Betriebsführer begeht mit diesem Eingriff auf breiter Fläche, sein Ziel sei, welches es wolle! — **einen schweren technischen Fehler grundsätzlicher Art!** Wir sind schon oben bezüglich des Breitschlags (S. 114) allgemein, d. h. für jede Hiebsart, zu demselben Ergebnis gekommen. Es ist bezeichnend für die zurückgebliebene Entwicklung unserer Technik und damit unseres technischen Denkens überhaupt, daß dieser Satz nicht längst schon aufgestellt wurde und zum eisernen Bildungsbestand jedes forstlichen Technikers gehört, daß er vielmehr selbst heute noch im Ernst bestritten werden kann und täglich bestritten wird.

Waldbautechnisch liegt der Fehler darin, daß der Betriebsführer mit dem ersten Eingriff den Gang der Verjüngung aus der Hand gibt, dem Zufall ausliefert und sich unrettbar bindet. So wird z. B. die Herstellung bestimmter Mischungen technisch bis zur Unmöglichkeit erschwert und verteuert.

Schutztechnisch falsch ist es, den gleichwüchsig erwachsenen also bis ins Innerste deckungsbedürftigen Bestand und alle seine unselbständigen Glieder auf breiter Fläche ohne gegenseitige Anlehnungsmöglichkeit in einen in der Folge immer mehr sich steigernden labilen Zustand zu versetzen.

Erntetechnisch endlich schafft er ein breites Erntefeld ohne jede Möglichkeit späteren seitlichen Ausweichens gegenüber der Ansamung, was nicht nur die Ernte erschwert und verteuert, sondern auch die Ansamung schwer gefährdet.

Auch betriebsführungstechnisch wirkt schließlich der ungedeckte Schirmstand ungünstig, weil er sich auf der Breitfläche jedes sicheren Überblicks über das Arbeitsfeld begibt.

Was brauche ich da weiter aufzuzählen. Wer Sinn für zielsicher und glatt ablaufenden Betrieb hat, sieht das ja alles selbst, andern wird auch der schlüssigste Beweis die Augen nicht öffnen!

b) **Gruppenweiser Schirmhieb auf der Breitschlagfläche.** Hier ist die gleichmäßige Lockerung nur eine plätzeweise, es ist deshalb eine seitliche Anlehnung an geschlossenen Bestand nach allen Seiten hin gegeben (z. B. die erste Phase des richtigen „Femelschlagbetriebs"). Hier entsteht der seitlich (ringsum) gedeckte Schirmstand. Er hat den großen Vorzug vor dem ungedeckten, daß er die biologischen Wirkungen gleichmäßiger Bestandslockerung voll ausnutzen kann, ohne den besprochenen technischen Fehlern zu verfallen. Ja er ist auch biologisch günstiger gestellt durch die Nachbarwirkung der geschlossenen Umgebung.

Als technische Vorteile sind vor allem zu buchen, in waldbaulicher Hinsicht, daß Mißgriffe bezüglich der Eingriffsstärke nicht sofort auf der ganzen Fläche wirken und durch den umgebenden Schlußstand gemildert werden, schutztechnisch, daß wenigstens zu Anfang kein allgemeiner Labilzustand erzeugt wird. Im Laufe der Verjüngung wird dies allerdings auf der Breitschlagfläche anders, aber die Sturmgefahr z. B. tritt doch wenigstens erst in den späteren Phasen der Verjüngung auf, wirkt also nur kürzere Zeit, auch bleibt den Bäumen einige Frist, um sich zu festigen. Erntetechnisch wirkt — wieder zu Anfang — der Umstand günstig, daß die einzelnen Arbeitsstellen getrennt liegen, wodurch Materialhäufung auf der Arbeitsfläche vermieden und seitliche Ausweichmöglichkeit für Ernte und Bringung bei einem, wenn auch bescheidenen Überblick gegeben ist. Das sind jedoch Vorteile, die alle nur für die ersten Phasen der Verjüngung auf breiter Fläche gelten. Im ferneren Verlauf, wenn sich die Verjüngungsgruppen erweitern, ändern sich die Verhältnisse immer mehr nach der ungünstigen Seite hin, so daß sie schließlich denjenigen des Schirmhiebs auf breiter Fläche nahe kommen.

c) **Saumweiser Schirmhieb.** In diesem Falle findet zwar die gelockerte Schirmfläche nur nach einer Seite hin volle Anlehnung an den geschlossenen Bestand — der Schirmstand ist nur einseitig gedeckt! —, dafür aber bei richtiger Wahl der Schlagrichtung nach der meistgefährdeten Seite hin und zwar bleibt die Deckung dauernd **dieselbe,** geht nicht, wie bei den Gruppen bald verloren, auch wirkt sie um so gründlicher und gleichmäßiger, je geringer die Saumtiefe.

Beim Schirmhieb stehen sich ein „Hieb auf den stärksten Stamm" (Ausdruck früher besonders für die Blenderung gebraucht) und ein „Hieb auf den schwächsten Stamm" gegenüber, je nachdem man beim gleichmäßigen Eingriff in den Bestand zuerst nach den stärksten oder nach den schwächsten Stämmen greift.

Auf den stärksten Stamm haut man zur Verhütung von Ernteschäden. Man greift die schweren stark bekronten Bäume zuerst im Hinblick auf den großen Schaden, den die starken Kronen bei der Fällung, die schweren Stämme beim Rücken in schon vorhandenem Jungwuchs machen würden, wenn man sie nicht als erste entfernte. Das ist zwingender Bestimmungsgrund im Breitschlag, denn hier tritt das Ernte- und Bringungsmoment beherrschend auf und man nimmt ihm zuliebe auch die größere Sturmgefahr des zurückbleibenden Holzes in Kauf, das seines festen Gerippes beraubt wird. Auch entsprechende Licht- und Wasserzufuhr weist oft auf den stärksten weil dichtest bekronten Stamm hin.

Auf der andern Seite ist der stärkste Stamm im Bestand der Träger der Standfestigkeit, des Wertszuwachses, der Samenbildung, teilweise auch der wüchsigsten Rassen und Linien, sollte demnach solange als möglich stehen bleiben, denn die schwächeren Stämme des Bestands zeigen wenig Standfestigkeit, besitzen schlechtentwickelte Kronen und liefern daher auch kleinen Zuwachs, wegen geringer Stärke auch dem Werte nach, reifen wenig Samen usf. Sie wären somit sowohl vom ökonomischen, wie vom waldbaulichen und schutztechnischen Gesichtspunkt aus zuerst wegzunehmen, waldbaulich auch, weil sich bei ihrer Wegnahme eine feinere erste Belichtungsabstufung herstellen läßt als durch Wegnahme breitkroniger Bäume.

So wäre also der Hieb auf den schwächsten Stamm an sich in jeder Hinsicht vorzuziehen. Seine grundsätzliche Verwendung setzt jedoch Saumschlag voraus, denn nur bei ihm fallen vermöge seiner hohen Ausweichmöglichkeit alle die entscheidenden erntetechnischen Nachteile des Stehenlassens der stärksten Stämme bis zum Schlusse weg.

Nur der Saumschlag genießt ohne Schaden die großen Vorteile des Hiebs auf den schwächsten Stamm, der sich bei Breitschlag von selbst verbietet!

3. Der Blenderhieb.

· Ein ungleichförmiger punkt- und gruppenweiser Eingriff in die — wenn formgleich — ebenfalls punkt- und gruppenweise ungleichaltrige Bestockung schafft den Blenderstand.

Das Waldbild scheint äußerlich dem Gruppenschirmhieb zu gleichen, unterscheidet sich aber von ihm doch in drei wesentlichen Punkten.

a) Der Baumbestand ist auch auf kleinster Fläche ungleichförmig.

b) Der Blenderstand steht zwischen Schirmstand und Lücken- bzw. Randstand und entwickelt sich immer mehr vom Schirmstand weg.

c) Die Bestockung ist, wenn formgleich, im Rahmen des allgemeinen Verjüngungszeitraums ungleichaltrig.

Dazu wirkt der Blenderhieb biologisch insofern anders und zwar günstiger, als er durch seine Verbindung von Schirm= und Lückenstand am Boden ungleichförmige klimatische Bedingungen schafft, die Samen finden daher mannigfaltigere Keimbedingungen.

Vanselow faßt den Begriff des Schirmstands weiter und schließt den Blenderstand mit ein. Ich möchte das nicht tun, beide vielmehr einander gegenüberstellen, da die biologische, wie technische Wirkung der gleichförmigen und ungleichförmigen Bestandslockerung durchaus verschieden ist, wenn beide auch in manchen Erscheinungen, besonders bei Anwendung des Blenderhiebs auf gleichaltrige also formverschiedene Bestockung schwer zu trennen sein mögen.

Dem Schirmstand ist eine auf kleinstem Raum gleichaltrige, dem Blenderstand eine ungleichaltrige Bestockung formgleich.

4. Der Randhieb.

Er ist ein seitlich flacher Eingriff in die vorher geschlossene Altbestockung mit Vollabräumung in schmalem Streifen. Er schreitet in der Regel stetig fort, wie wir dies beim Saumschlag und bei der Erweiterung von Gruppen im „Femelschlagverfahren" finden. Am Altholzrand und ihm entlang ergibt sich Randstand, der die Bodenfläche in= und außerhalb der Randbäume verschieden beeinflußt.

Der bestockte Teil der Randfläche kann geschlossen bleiben (Kahlabräumung), oder aber gelockert werden und zwar im Sinne der vorgenannten Eingriffsformen. Der Rand kann ferner gerade, d.h. in einer Richtung verlaufen oder gebrochen sein, d.h. die Richtung wechseln (Staffelrand). In beiden Fällen entsteht „offener Randstand", z.B. bei der Saumrandstellung, bei der eine bestimmte Himmelsrichtung maßgebend ist. Der Rand kann aber auch gebogen sein, eine in sich geschlossene Linie bilden, also nach allen Himmelsrichtungen zeigen, wie im Bestandsloch, wir haben „geschlossenen Randstand" vor uns, wie bei der Gruppenrandstellung. Man spricht von „Rändelung".

Die biologische Wirkung des Randhiebs wird von der offenen Seite des Rands her bestimmt, sie geht nach außen, soweit der Schatten reicht, nach innen, so tief das Seitenlicht unter die Bestandskrone dringt. Sie hängt in ihrer Gesamtwirkung selbstverständlich ganz von der Himmelsrichtung ab, nach der der Bestand geöffnet ist und zwar entsprechend der Wirkung der seitlich eindringenden Atmosphärilien. Der Randstand kann nur dann an jedem Ort allen biologischen Bestimmungsgründen Rechnung tragen, wenn die Schlagrichtung und bezüglich der Lockerung auch die Hiebsart frei wählbar sind. Dasselbe gilt für die Waldsicherung.

Auch rein technisch betrachtet sind die Bedingungen des Randstands durchaus günstig, ja erntetechnisch und betriebsführungstechnisch geradezu ideal, weil an der langen Randlinie beste und übersichtlichste Arbeitsan-

ordnung und reichliche Gelegenheit zum Ausweichen bei Ernte und Brin=
gung gegeben sind.

Der Randstand ist für die Verjüngungstechnik unzweifelhaft der günstigste Baum=
stand, vermag er doch bei einem Mindestmaß von Kronenlockerung und daher Gefähr=
dung mit Hilfe der gewählten Himmelsrichtung ein Höchstmaß von zerstreutem Licht
und von Feuchte auf die Bodenfläche zu bringen. Er allein vermag insbesondre der
Verjüngungsfläche größere Befeuchtung zu schaffen ohne die Gefahr zu starker Be=
lichtung oder gar Besonnung und damit Austrocknung und Verunkrautung. Auch
bietet er das klarste, seitlich mindestbeeinflußte Waldbild.

5. Der Lücken= und Löcherhieb

bricht in die vorher geschlossene Bestockung Lücken und Löcher, auch ohne
vorausgegangene Besamung der Fläche unter Schirm, schafft Lückenstand,
Lochstand und treibt dann die Verjüngung von hier aus in verschiedener Weise
weiter. Wir haben es hier schon nicht mehr mit einfachen, sondern mit
zusammengesetzten Formen zu tun, doch sollen sie besprochen werden, weil
sie große praktische Bedeutung haben.

Die Lücke, zumal die kleine Lücke, bildet einen Übergang vom Blender=
stand zum geschlossenen Randstand. Letzterer tritt um so mehr hervor und
verdrängt die Beschirmung von oben, je größer die Lücke wird. Er be=
herrscht dann den Lochstand völlig, dessen biologische Wirkung vorherrschend
eine Verbindung der Randstände nach allen Himmelsrichtungen hin ist.

Der Löcherhieb im gleichwüchsigen Altholz ohne Unterstand begeht
bei Anwendung auf Naturverjüngung vor allem einen großen **biologi=
schen** Fehler, wie Wörnle in seinem „Naturverjüngungsprinzip" nach=
weist (vgl. 4. Abschnitt). Er verletzt das Deckprinzip des Schlag=
hochwalds.

Jedes Loch, ja schon jede größere Lücke, die in den bisher geschlossenen
gleichaltrigen Wald gehauen wird, legt gewaltsam Bresche in das geschlossene
Kronendach, mit dem der Wald sich nach allen Seiten hin, wie mit einem
Panzer, gegen alle von außen kommenden schädlichen Einwirkungen (Ge=
fahren) abdeckt und den er selbst mit allen Mitteln zu schließen sucht, wo er
durchbrochen wurde. Solcher Eingriff macht das Waldinnere wehrlos
gegen Sonneneinfall, gegen Einstreichen des Winds, der das Lebensele=
ment des Waldes, das Wasser, vom Boden entführt, es bringt Bodenver=
wilderung und Verödung und öffnet auch dem Sturm die Pforte. Daß der
Wald selbst sich durch Traufbildung, Unterstand usf. dagegen zu schützen
sucht sollte zu denken geben. Jedes Loch, das in die alte geschlossene Hoch=
waldbestockung geschlagen wird, bildet, wo Unterstand fehlt und wo es sich
nicht sofort schließen kann, eine dauernd schwärende Wunde im
Waldkörper. Wo der Betrieb sich dieser Form grundsätzlich im
großen bedient, bedeckt er seinen Waldkörper mit offenen
Schwären und macht ihn innerlich krank. Man vergleiche dazu die

Wirkung des „künstlichen Femelschlags", wie auch Baaders Schilderung der hessischen Gruppenwirtschaft und ihrer Wirkungen[1].

Abgesehen von den besprochenen Formen läßt der Hiebseingriff der Technik wenig Möglichkeiten offen, im Gegensatz zum Schlag, denn der Hieb ist biologisch stark gebunden. Während das technische Prinzip auf Zusammenfassung der Einzelfälle und Unterordnung unter ein gemeinsames Leitprinzip des Ganzen ausgeht, herrscht beim Hiebseingriff der Einzelfall.

Unter den besprochenen Wegen soll nun der Betriebsführer in jedem Einzelfall oder gemeingültig Wahl treffen!

Die Wahl der Hiebsart.

Diese Wahl ist zunächst keine freie, sie hängt vielmehr von zahlreichen Umständen ab:

1. vom Ziel, das dem Betriebsführer gesteckt ist, dem **Betriebsziel**,

2. von der **Schlagform**, die vorher gewählt wurde, und schließlich, und zwar ganz besonders

3. von den naturgegebenen Umständen des einzelnen Falls, dem **Standort**, der **Holzart** und dem **Waldzustand**, d.h. dem Zustand des Bodens und der Bestockung.

A. Das Betriebsziel.

Hier stehen sich zwei gegensätzliche Betriebsgrundsätze gesamtwirtschaftlicher Art gegenüber, zwischen denen zunächst Wahl zu treffen ist: **Naturverjüngung** und **Kunstverjüngung**. Wir müssen uns darum, ehe wir die Hiebsart wählen, mit dem allgemeinen Verjüngungsproblem auseinandersetzen. Dabei ist es, wie unser Schrifttum erkennen läßt, zunächst notwendig, auf die Begriffe einzugehen.

An sich ist ja „Naturverjüngung" bei Schlaghochwald gegeben, wenn die neue Bestockung aus Samen erwächst, der von den Bäumen des Walds auf die Verjüngungsfläche fällt, Kunstverjüngung dann, wenn Samen oder Pflanzen durch menschliche Tätigkeit auf die Fläche gebracht werden.

Sprechen wir jedoch, wie dies hier geschieht, von „Naturverjüngung" oder „Kunstverjüngung" als Betriebsverfahren oder als Betriebsziele, so meinen wir das Verfahren, das auf das eine oder andre Ziel abgestellt ist, nicht dessen tatsächlichen Erfolg. Hier bedarf es begrifflicher Betrachtung, um sich des weiteren vor den auch hier — man möchte fast sagen: „so beliebten" — Mißverständnissen zu schützen!

„Naturverjüngung" als Verfahren liegt stets dann vor, wenn die Art des Eingriffs in die Altbestockung die **Absicht**

---

[1] Wiedemann: Allg. F. u. J.-Ztg. 1927, S. 433 ff.; Baader: Allg. F. u. J.-Ztg. 1931, S. 247—260.

des Betriebs erkennen läßt, die Wiederbestockung durch Samenabfall zu bewirken, nicht etwa der Erfolg oder Mißerfolg, welch letzterer dann zu künstlicher Ergänzung zwingt.

Übrigens werden biologisch, wie technisch betrachtet, günstigste Baumstände für Naturverjüngung immer gleichzeitig auch günstigste biologische Bedingungen für Saat wie Pflanzung schaffen! Der verhältnismäßige Erfolg der Naturverjüngung bei verschiedener Eingriffsweise gibt sogar ohne Zweifel auch der Kunstverjüngung für jeden Standort und jede Holzart den besten Fingerzeig, ja liefert den sichersten Beweis dafür, unter welchen Baumständen auch ihre Saaten und Pflanzungen sichersten Schutz und günstigste Wuchsbedingungen finden!

Dieselbe Kinderstube ist selbstverständlich für Natur= wie Kunstverjüngung die beste! Denn die Kunstverjüngung braucht für Keimung und Anwachsen ihrer Saaten bzw. Pflanzungen genau denselben Schirm, wie die Naturverjüngung für Keimen und Fußfassen ihrer Anflüge.

Hat sich der Waldbauer das je überlegt, ehe er z. B. Einwendungen gegen den Saumschlag wegen häufig nur unvollkommenen Erfolgs oder gar Mißerfolgs der Naturbesamung machte?

Nur erntetechnische Bestimmungsgründe können die Kunstverjüngung bezüglich ihrer Eingriffsweise in den Wald andere Wege führen, als die Naturverjüngung.

Von einem Naturverjüngungsverfahren wird man auch nur unter mehrseitig günstigen Umständen ausschließliche Naturbesamung erwarten dürfen. Solche allgemein zu fordern, wäre nicht nur unbillig, sondern sogar unverständig, denn die Notwendigkeit einer mehr oder weniger weitgehenden Beihilfe wird nicht nur da auftreten, wo der Erfolg aus biologischen Gründen teilweise oder ganz ausbleibt, sondern immer auch da, wo Betriebsziel und Naturleistung nicht übereinstimmen, sei es, daß der Standort auf andere Waldzusammensetzung aus Holzarten hindrängt, als das Betriebsziel vorschreibt, oder, daß die heutige Bestockung ein Erreichen des Betriebsziels nach ihrer Zusammensetzung überhaupt ausschließt, wie im reinen Buchenwald, wenn künftig Lichthölzer herrschende Holzarten werden sollen, oder im Fichtenreinbestand, wenn auf Mischung verjüngt wird.

Kriterium für ein Naturverjüngungsverfahren kann darum nur sein, daß durch die verwendeten Baumstände und ihre Weiterführung **der Natur fortlaufend volle Gelegenheit geboten wird,** irgend eine der bestandbildenden Holzarten durch Samenabfall zu verjüngen ohne Rücksicht darauf, welche Rolle diese Holzart künftig im Bestockungsaufbau spielen soll. Ein Naturverjüngungsverfahren liegt selbst dann vor, wenn die natürlich verjüngte Holzart nur noch als dienende Holzart, als Schutzbestand, als Füllholz oder Unterstand in den künftigen Bestand eintritt, wie z. B. Buche, Hainbuche, Birke im künftigen Eichen-, Fichten- oder Kiefernbestand, während die Hauptholzart aus Mangel an Samenträgern künstlich eingebracht werden muß. Es ist ein Naturverjüngungsverfahren, weil die Hiebsführung auf die Ansamung der natürlich zu verjüngenden Nebenholzart eingestellt werden muß.

Kunstverjüngung dagegen ist da gegeben, wo das Hiebsverfahren ausdrücklich auf die Mitwirkung der besamenden Natur bei der Wiederbestockung verzichtet. Man wählt diese Form, um:

1. Das Wirtschaftsziel zu sichern und die ökonomische Ordnung zu wahren, indem man die Natur mit Ausschluß jeder zeitlichen Hemmung unter den Wirtschaftswillen zwingt und dadurch pünktlichen Betriebsabschluß samt sicherer Buchung erreicht.

2. Das Betriebsziel zu sichern, indem man die erwünschten Holzarten sofort künstlich einbringt.

3. Gefahren zu begegnen und zwar solchen des alten Holzes durch Sturm, solchen der jungen durch Schlagschäden.

4. technische und ökonomische Ordnung zu wahren durch übersichtlichen Betriebsgang und durch Trennung der Aufgaben von Ernte und Verjüngung und ihres Vollzugs.

Man beachtet jedoch bei diesem Streben nicht:

einmal das ökonomische Gesetz der Höchstausnutzung aller naturgegebenen Erzeugungskräfte samt der Forderung einer Überbrückung der Zuwachskluft im Schlaghochwald.

und dann die biologischen und andern Gefahren der Kahlfläche und Kunstverjüngung, die vor allem Reinbestände schaffen und zu teuerem Kulturschutz zwingen.

Wir stehen bezüglich der Lösung des Verjüngungsproblems auf dem schon mehrfach ausgesprochenen Standpunkt, daß alle ökonomischen, wie ökologischen Bestimmungsgründe unserer Betriebstechnik die vornehmste Aufgabe stellen, ihren Bestockungseingriff (Hiebsart) so zu wählen, daß sie durch Herstellung und Fortentwicklung geeigneter Baumstände auf allen Flächenteilen gleichmäßig und fortlaufend beste biologische Bedingungen schafft und erhält, die dabei der Natur ohne Unterbrechung gestatten, ihr Füllhorn auszuschütten, wenn es ihr gefällt. Ununterbrochene Aufnahmebereitschaft für Naturbesamung ist somit das Kennzeichen des rationellen Naturverjüngungsverfahrens!

Wir nennen solche Eingriffsweise „Naturverjüngung", mag örtlich zum Erfolg mehr oder weniger große Aussicht bestehen und mögen die Verjüngungsfrüchte dem Betriebsziel entsprechen oder nicht.

Diese Eingriffsform werden wir schon darum grundsätzlich immer wählen, wo Naturverjüngung irgend in Frage

kommen könnte, weil es ja vorher überhaupt nicht sicher fest=
steht, ob und in welcher Art und welchem Maße die Natur
von der ihr gebotenen Gelegenheit Gebrauch machen wird;
dies muß erst von Fall zu Fall empirisch festgestellt werden —ein Vorent=
scheid wäre (nach meiner Erfahrung) eine große Voreiligkeit!

Ein weiterer Grund für dieses grundsätzliche Vorgehen ist, daß ja, wie
oben festgestellt wurde, das biologische Optimum für den jungen
Wald bei Natur= wie Kunstverjüngung dasselbe ist!

Wer Naturverjüngung — von besondern Verhältnissen abgesehen —
vorweg als „aussichtslos" erklärt und darum seinen Hiebseingriff ohne
Not andern Bestimmungsgründen, als den biologischen, unterordnet
— wie es die Kahlschlägler allgemein tun —, den trifft der schwere Vor=
wurf, voreilig biologische und ökonomische Möglichkeiten preisgegeben,
darum „extensiv" gewirtschaftet zu haben.

Die verbreitete Anschauung, die auch Martin vertritt und ge=
schichtlich begründet, daß überall da, wo die Naturverjüngung
nicht sicher zu erwarten sei, schon von Hause aus die Kunst=
verjüngung (Kahlhieb) platzzugreifen habe, stützt sich **nur auf den
Breitschlag,** für den sie allerdings begründet erscheint.

Bei Breitschlag kann nämlich im hier häufigen Versagensfalle nicht
jederzeit und sofort, also auch nicht **rechtzeitig** ergänzend eingegriffen
werden, so daß Bodenverwilderung, Zuwachsverlust, Sturmeinbruch usf.
hier an der Tagesordnung sind, die allerdings besser vermieden werden!

Schreiten wir aber in unserer Technik fort, verlassen wir
den alten extensiven Breitschlag endlich **grundsätzlich** und gehen
wir zum Saumschlag über, so gilt jene Anschauung nicht mehr,
denn nunmehr kann zu jeder Stunde und an jedem Ort auch künstlich ein=
gegriffen und nachgeholfen werden, sobald sich die Natur nicht rechtzeitig
regt und willens zeigt, unser Betriebsziel selbständig zu erfüllen! Es schließt
sich somit hier kein Schlaghochwaldstandart aus! Und zu solchem Fort=
schritt scheint mir jetzt endlich die Zeit gekommen!

Ziehen wir darum bei diesem Anlaß wieder einmal zusammenfassend
das **Fazit des freien Saumschlags**
vor allem bezüglich seiner Stellung zu den Standorten, also des=
jenigen Gebiets, auf dem noch am meisten Irrtümer über sein Wesen und
seiner Wirkung bestehen — denn kein tief= und festgewurzelter
alter Baum, wie der Breitschlag, fällt auf den ersten Streich!

Wir stellen also fest:

1. Als Glied des Schlaghochwalds beschränkt sich der Saumschlag von
Hause aus auf die Schlaghochwaldstandorte (vgl. S. 75). Er soll
somit von gefährdeten Hochlagen, von sonstigem Schutzwald, von Klein=
parzellen usf. ausgeschlossen bleiben.

2. Ähnlich wie die Hochlage des Gebirgs scheint der Sand des Tief=

lands verbunden mit dem Lichtholz Kiefer dem Saumschlag eine Grenze zu ziehen („Hochlagengrenze" — „Tieflandsgrenze"), die sich jedoch heute noch nicht klar erkennen läßt. Meist wird Richtungsänderung genügen.

3. Kaltfeuchte Standorte, auf denen die Feuchte stets im Überfluß, Wärme dafür im Mindermaß vorhanden ist, schließen die Nordrandstellung als Regel, nicht aber die Saumform aus. Hier kommt Drehung der Schlagrichtung gegen die Sonnseite, meist am besten gegen Westen in Frage.

4. Waldzustände, die nach Boden oder Bestockung vom natürlichen stark abweichen, z. B. Bodenerkrankung, Reinbestockung, große Ausdehnung der Gleichaltrigkeit, erfordern mehr oder weniger starke Abweichungen von der Regelform.

5. Freigeben bezüglich der Wahl der Form möchte ich das ökologische und das ökonomische Grenzgebiet des geschlossenen Walds bzw. der intensiven Forstwirtschaft:

das ökologische Grenzgebiet zwischen Hochlagen und geschlossenem Wald,

das ökonomische Grenzgebiet der geringsten Standorte die mehr oder weniger der reinen Naturtätigkeit zu überlassen wären, weil sie wirtschaftliche Einsätze nicht mehr lohnen, auf denen also nur noch eine vorsichtige Ernte des Erzeugten bei einem Mindestmaß von Nachhilfe in Frage kommt. (Vgl. S. 102, sowie das ökonomische Intensitätsgesetz 4. Abschnitt, 6. Kapitel.)

Auf diesen Grenzgebieten steht der vorhandenen Bestockung das erste Recht der Entscheidung über die Form der Eingriffe zu. An ihr sind nur solche Eingriffe vorzunehmen, welche die Erzeugungsarbeit der Natur steigern, ohne wirtschaftliche Einsätze zu fordern.

Dem betriebsartenfreien Saumschlag bleibt somit das weite Gebiet der deutschen Schlaghochwaldstandorte als Betätigungsfeld.

Hier sind die Standorte nach ihrer Ansamungsfähigkeit zu trennen:

1. Bei großen Standortsschwierigkeiten bezüglich natürlicher Ansamung, z. B. Trockenheit, Unkrautwuchs, Bindigkeit des Bodens usf., auch bei einem starken Gegensatz zwischen Naturleistung und Betriebsziel wird selbstverständlich der Besamungserfolg auch im Saum gering sein und starke Nachhilfe erforderlich machen, das brauchte nicht erst wissenschaftlich erhärtet zu werden, denn das weiß jeder Wirtschafter ohnehin, zumal wenn noch besondere Schwierigkeiten wie Zeitmangel, Wildverbiß, Bodenverwilderung oder -Erkrankung hinzutreten.

Gerade auf solchen Standorten aber zeigt sich der Saumschlag jeder andern Eingriffsform biologisch wie technisch am weitesten überlegen, weil bei ihm alles, auch das wenige, was die Natur tatsächlich leistet, erhalten bleibt und weil alle technischen Möglichkeiten zur Nachhilfe offenstehen, man also vor allem rechtzeitig, d. h. jederzeit mit jeder künstlichen Hilfe und Ergänzung ohne irgendwelche Einbuße oder Hemmung eingreifen kann, nicht erst am Schluß; weil endlich die künstliche Kultur die gleichen biologischen Vorteile genießt, wie die Naturbesamung.

2. Standorte mittlerer, d. h. mäßiger Besamungsfähigkeit, wie sie infolge ungeeigneter Bodenart oder von Feuchtigkeitsmangel in Deutschland weitaus vorherrschen dürften, brauchen vor allem stete Bodenfrische. Die Ansamung drängt sich hier nicht auf, wo irgend Licht unter das Kronendach gelangt und erfolgt nicht im Übermaß, wo ihr nur einigermaßen die Bedingungen dazu geboten sind, so daß trotz schlechtester Technik immer noch etwas brauchbares übrigbleibt, sie muß vielmehr mit viel Sorgfalt hervorgelockt und pfleglich erhalten werden. Hier ist der mögliche bzw. volle Erfolg nur noch unter bodenfrischem Baumstand — womöglich Nordrand — und bei Ausschaltung von Dürre und Schlagschaden möglich, also im Saumschlag. Hier vor allem muß sich unsere Technik bewähren!

3. Standorte mit großer Besamungsfähigkeit auf denen sich die Besamung besonders der Schatthölzer dem Betrieb geradezu aufdrängt. Hier läßt sich die Güte der Technik nicht am Erfolg der Besamung an sich ermessen, denn hier führen die verschiedensten technischen Wege zum Erfolg, ist doch vielfach schon bei Beginn der Hiebe die erforderliche Besamung mit Schatthölzern auf der Fläche vorhanden. Auch der Breitschlag ist hier, angesichts des Reichtums, nicht imstande, die ganze Ansamung wieder zu vernichten! Hier ist vielmehr Kriterium das Erreichen des Betriebsziels, d. h. die Zusammensetzung des Jungwuchses nach Holzarten, wie sie der Wirtschaftsplan fordert und in demjenigen Aufbau, in welchem sie ohne besondern Aufwand erhalten werden kann, das Ganze lückenlos!

Hier hat der Saumschlag den großen Vorteil, daß der Betriebsführer den Gang der Besamung dauernd vollkommen in der Hand hat und sie auf sicherstem und billigstem Wege im Sinne des Betriebsziels leiten kann. Ist dies nur auf Schatthölzer gerichtet, so mag er immerhin auch bei Breitschlag Erfolg haben. Fordert es jedoch — wie in der Regel der Fall ist — Beimischung der nutzholztüchtigeren Lichthölzer oder gar diese allein, so ist voller Erfolg bei Breitschlag überhaupt nicht möglich, denn mag auch das **Schattholz zwei Beststände** (Optima) **für Keimung** und **Fußfassen** haben — gedeckten Schirmstand und Randstand — so hat das **Lichtholz** (von Fichte und Eiche aufwärts) unzweifelhaft **nur einen Beststand, — den Randstand**!

Die Forstwirtschaft ist gemäß ihrem ökonomischen Ziel im allgemeinen auf Erzeugung der nutzholztüchtigen Lichthölzer eingestellt, die weniger nutzholztüchtigen Schatthölzer kommen in den Mischungen vor allem als dienende Holzarten in Frage. Deshalb ist es zumeist falsch, von innen heraus zu verjüngen und damit die Schatthölzer übermäßig zu begünstigen! Unsere ökonomische Aufgabe weist vielmehr meist auf Verjüngung von außenher hin!

Nehmen wir nunmehr an, der Betriebsführer hätte gewählt!

Fällt seine Wahl — sei es aus diesem oder jenem Grund — auf **Kunstverjüngung,** so stellt er damit sofort die technischen Bestimmungsgründe in den Vordergrund und macht die Bahn frei für rein technische Rationalisierung, also beste Saat- und Pflanzmethoden, Beschaffung guter wenn auch nicht billiger Samen und Pflanzen („Anerkanntes" Saatgut, Halstenbeker Pflanzen, waggonweise bezogen). Er verzichtet aber grundsätzlich auf Erfüllung der ökonomischen Forderung einer Benützung der freien Verjüngungsgaben der Natur. Im Hintergrund stehen allerdings leitend ökonomische Ziele des rechtzeitigen Abschlusses der Erzeugungsfrist, des Anbaus ertragsreichster Holzarten usf.

Die erste Stelle nehmen bei Kunstverjüngung die Bestimmungsgründe der Erntetechnik ein. Sie richten sich auf bequeme und billige, weil ungehinderte Ernte und Bringung des Holzes, dann auf Freiheit der Sortimentsbildung, auf Übersichtlichkeit und Zugänglichkeit der Erntefläche, auf leichte Anordnung und Überwachung. Dazu kommen dann auch noch manche weiteren ökonomischen, betriebstechnischen und schutztechnischen Momente, wie Waldfeldbau, Stockrodung, Vermeiden von Sturmgefahr usf.

Sie alle können volle Beachtung finden, während Biologie und innere Waldsicherung leer ausgehen, denn es soll ja hier, das ist der Grundgedanke der Kunstverjüngung, der im Betriebsziel verkörperte ökonomische Wille des Menschen der Natur durch die Technik in einem übersichtlichen ungehemmten Betrieb restlos aufgezwungen werden, ähnlich, wie dies die Landwirtschaft tut.

Deshalb geht auch bei Kunstverjüngung der Eingriff zunächst allein auf unbeschränkte Beherrschung des Arbeitsfelds durch die Ernte aus, die ihre Arbeit erst abschließt und das Feld dann vollkommen geräumt der Waldbautechnik und Schutztechnik zu gleich unbeschränkter Herrschaft überläßt — arbeitsteiliger Vollzug! — nur nimmt sie diesen beiden leider jede Möglichkeit, von günstigen Baumständen Nutzen zu ziehen. Waldbau und Forstschutz werden vor eine vollendete Tatsache gestellt, die sie ihrer natürlichen Hilfsmittel beraubt. Vor allem fallen der Schutztechnik oft schwierige Aufgaben zu, da sie als letzte in Tätigkeit tritt, mit der Aufgabe, zu schützen, was ohne ihre Mitwirkung aufgebaut wurde.

Alle technischen Belange erschöpfen sich hier in Ordnung und Übersichtlichkeit.

Ob nun allerdings dieses selbstherrliche Vorgehen der Technik das ökonomische Ziel auch wirklich erreicht, ist eine andere Frage und darf füglich bezweifelt werden, läßt es doch wichtigste biologische Kräfte brach liegen und damit den entscheidenden ökonomischen Grundsatz der Vollausnutzung

aller unentgeltlichen Naturgaben ebenso außer acht, wie das Sicherheits=
moment. Sie verfolgt ihr Ziel einseitig, technisch, was den Erfolg
beeinträchtigen muß!

Grundsätzliche Kunstverjüngung ist somit einseitig technisch ein=
gestellter Betrieb! Ihre weitere Begründung damit, daß Naturverjün=
gung gegebenenfalls nicht zum Erfolg führen würde, ist nach den voraus=
gegangenen Ausführungen in den meisten Fällen nicht stichhaltig, weil
voreilig geurteilt.

Die Kunstverjüngung läßt, wo nicht zwingende Bestimmungsgründe
des Schutzes hindern, wie in Frostlagen, den einfachen und übersichtlichen,
wenn auch biologisch rücksichtslosen Kahlhieb zu. Dieser bedarf keinerlei
Vorbereitung und Geschick, der Hauptgrund, weshalb er in der Vergangen=
heit so sehr an Boden gewonnen hat und von allen geschätzt wird, die sich
nicht als „Betriebsführer", sondern als „Verwalter eines technischen
Unternehmens" fühlen.

Ganz andere Bestimmungsgründe treten auf und beherrschen den Ein=
griff, wo der Betrieb auf **Naturverjüngung** eingestellt wird.

Hier geht die Wirtschaft von der Anschauung aus, der ökonomisch beste
Weg in der Forstwirtschaft sei nicht der, die Natur durch technische
Arbeit zu exakter Erfüllung des Betriebsziels zu zwingen,
und dabei auf ihre freiwilligen, darum unentgeltlichen Leistungen gänzlich
zu verzichten, der beste Betrieb leite vielmehr die Natur durch
einen ihr angepaßten Eingriff mit geschickter Hand nach der
Richtung des Betriebsziels und gewinne ihr dadurch Höchstleistung
bei geringstem Aufwand ab.

Auf eine Aufzählung aller Bestimmungsgründe, die Naturverjüngung fordern,
können wir hier verzichten, nur einer sei hervorgehoben[1], weil er bisher unbeachtet
geblieben, es ist der waldsichernde Bestockungsaufbau des naturverjüngten
Walds im Gegensatz zum Kunstwald.

Kaum ein Bestand bleibt während seines hundertjährigen Heranwachsens von
mehr oder weniger umfangreichen Kleineingriffen der Natur durch Dürre, Schnee,
Duft, Hagel, Pilze, Insekten, Blitzstrahl usw. verschont, die ihn lockern und durch=
brechen. Solche Wunden kann er nur dann immer wieder voll ausheilen, um schließ=
lich als geschlossenes stammreiches Altholz in die Hiebsreife zu treten, wenn er einen
Reichtum von Individuen und Arten verschiedenen Alters (wenn auch im engen
Rahmen der Verjüngungsfrist) besitzt, vor allem aber Zwischen= und Unterstand von
Schatthölzern. Das aber ist der Aufbau des naturverjüngten Walds im Gegensatz
zum Kunsterzeugnis mit durchaus gleichaltrigen Bäumen meist einer Art.

Darum besitzt naturverjüngter Wald besonders im jüngeren Alter nach alter Er=
fahrung eine geradezu unverwüstliche Heilfähigkeit im Gegensatz zum Kunst=
wald, bei dem sich Wunden im Kronendach (Lücken, Löcher) eher erweitern als schlie=
ßen. Im naturverjüngten Wald schließt sich die Lücke, im künstlich ver=
jüngten erweitert sie sich!

Hier ergibt sich somit ein schwerwiegender waldsichernder Bestimmungs=
grund für Naturverjüngung mindestens beim Nadelholz.

---

[1] Vgl. Wagner: Lehrbuch des Forstschutzes, S. 154/155.

Haben wir erkannt, daß es in verschiedener Hinsicht rationeller und zwar naturgemäßer, rassenpfleglicher, gefahrensicherer und auch billiger sei, den Wald durch natürlichen Samenabfall zu verjüngen, soweit dies irgend ohne Nachteil gelingen mag, so ergibt sich aus dieser Erkenntnis die ganz einfache Folgerung: Der Betrieb muß eine solche Eingriffsweise in den Wald anstreben, daß er auf jeder Verjüngungsfläche fortlaufend die örtlich günstigsten Bedingungen für Besamung bietet, also die jeweils geeignetsten Baumstände herstellt und weiterentwickelt. Die Natur muß grundsätzlich fortlaufend Gelegenheit haben, im Sinne der Wirtschaft tätig zu werden. Das ist hier die Aufgabe des Betriebs, der zwingende biologische Bestimmungsgrund!

Lösbar ist diese Aufgabe nur mit Hilfe der besprochenen Schlagordnung. Diese ist allgemeiner Regelung zugänglich und muß den äußeren Rahmen schaffen, innerhalb dessen die hier geltenden Bestimmungsgründe sich frei auswirken können, denn diese Aufgabe erfordert eine sehr vorsichtige, den äußeren Umständen sich anpassende, daher bewegliche, weil wechselnde Hiebsführung — ganz im Gegensatz zur Kunstverjüngung! — rückt sie ja doch alle biologischen Bestimmungsgründe neben einigen waldsichernden in den Vordergrund, während sie die Technik ohne eigene Belange ganz in ihren Dienst stellt. Daraus vermag sie auch den aus dem Wirtschaftsprinzip fließenden ökonomischen Gründen, die das Ganze beherrschen unmittelbarer Rechnung zu tragen, als dies die sich einseitig nur auf teure technische Mittel stützende Kunstverjüngung tun kann.

Auch auf diesem Gebiet sind nun aber selbstverständlich Einseitigkeiten möglich! Und leider treten sie gerade hier in besonderem Maße auf, denn in unserem an Einseitigkeiten ohnehin krankenden Fach laufen gar viele mit der grünen Waldbaubrille herum, durch die man nur wüchsige Bestände und schöne Mischungen sieht, koste es, was es wolle, nicht aber die beherrschenden ökonomischen und wichtigen betriebstechnischen Bestimmungsgründe erkennen kann. Manchmal hängt man sogar ökonomischen Ausschreitungen zugunsten eines rein nur vegetativen Waldgedeihens auch noch ein volkswirtschaftliches, ja volksbeglückendes Mäntelchen um, als ob es für das Gesamtwohl nützlich wäre, den wirtschaftlichen Gütern des Landes ihren Nutzen mit ungenügender Technik bei erhöhtem Aufwand abzugewinnen.

Im bewußten Gegensatz hierzu wollen wir hier **nur** von einer Naturverjüngung sprechen, welche die Einhaltung der ökonomischen Grenzen nie vergißt, welche also auch wie es für eine Erwerbswirtschaft selbstverständlich ist, das ökonomische Prinzip und seine Bestimmungsgründe als Regulatoren über die ganze Technik stellt.

Ein Naturverjüngungsbetrieb, der teurer wäre, als Kunstverjüngung — merkwürdigerweise kommt auch solches vor und wird geltend gemacht! — wäre technisch auf falschem Weg und müßte sich eine bessere, dabei billigere Technik suchen!

Die gesamte Technik, beherrscht vom biologischen Prinzip, und beide im Dienste des ökonomischen Ziels, das ist die richtige Einstellung zum Verjüngungsproblem!

Auch auf dem Gebiet der Naturverjüngung macht sich also die Einseitigkeit breit! Wenn man jedoch heute hört, man habe sich in neuerer Zeit zu einseitig der Verjüngungsfrage zugewendet und darüber die Erziehungsfragen vergessen, so mag das wohl für manchen gelten, den kein voller theoretischer Schulsack drückt, weil ihm der Überblick über das Ganze seiner Aufgabe fehlt! Für meine Bestrebungen möchte ich es jedoch ablehnen, denn, wenn ich mich bemühe, für eine bestimmte Phase des Schlaghochwaldumtriebs einen Beststand zu suchen, so kann ich es ruhig andern überlassen, den Bestand anderer Entwicklungphasen im Bestandsleben anzustreben und kann voraussetzen, daß der Betriebsführer, wenn er die Verjüngung pflegt, darüber nicht die Erziehung vergißt, die ja im Schlaghochwald vernünftigerweise eine Aufgabe für sich bildet. Eine Hintansetzung anderer Aufgaben sollte übrigens gar nicht möglich sein, denn mit der Verjüngung gehen ja auch alle andern Aufgaben, die Mischungsfrage, die Altersklassengliederung und natürlich auch eine entsprechende „Verjüngungserziehung" Hand in Hand!

B. Die Schlagform.

Auch von der Schlagform hängt weiterhin die Wahl der Hiebsart ab.

Zwar können an sich bei jeder beliebigen Schlagform alle Hiebsarten in gleicher Weise gewählt werden, die Wahl selbst aber ist von ganz verschieden tief einschneidender Wirkung!

Stellen wir die beiden Extreme einander gegenüber — den Breitschlag und den Saumschlag —, so gilt für den Breitschlag, daß er bei der Wahl immer nur eine bestimmte Hiebsart zuläßt, durch deren Anwendung auf breiter Fläche der Betrieb dann weiterhin an sie gebunden ist, denn ein Wechsel müßte hier — soweit überhaupt möglich — nachteilig wirken.

Anders bei Saumschlag! Hier greift der Hieb nie tiefer in die geschlossene Altfläche ein, als zum Erreichen des Betriebsziels notwendig ist. Das dadurch entstehende mehr oder weniger schmale Verjüngungsband erleichtert einen Wechsel der Hiebsart, wo erforderlich, ungemein. Infolge der schmalen Schlagform ist auch hier die Hiebsart in jeder Hinsicht viel weniger bestimmend, sie tritt schon jener gegenüber rein äußerlich betrachtet ganz in den Hintergrund. Ob ein Saum im Schirm- oder Blenderhieb gelockert ist, tritt im Waldbild wenig hervor.

Das zeigen am besten unsere (systematisch betrachtet) noch primitiven Benennungen der „Betriebsarten" die bei Breitschlag immer nur nach der Hiebsart erfolgen — „Schirmschlagbetrieb", „Femelschlagbetrieb", „Kahlschlagbetrieb" — während allein beim Saumschlag die Schlagform den Namen gibt, und die Hiebsart verschwiegen wird, weil sie keine Rolle spielt.

Am Saum könnte man, wo es nötig wäre, bei jedem Eingriff ohne Schwierigkeiten und ohne wesentliche Änderung des Waldbilds und seiner Wirkung, mit der Hiebsart wechseln. Bei Breitschlag geht das nicht!

Es kommen ja auch hier Änderungen vor, z. B. der Übergang aus gleichförmiger in ungleichförmige Lockerung und Lichtung — vom Schirmhieb zum Blenderhieb und Lückenhieb — und zwar immer, wo die Natur dazu drängt, weil sich der gleichmäßig gelockerte Breitschlag nicht gleichmäßig, sondern plätzeweise besamt und man dieser Besamung nun weiterhin Licht und Wasser zuführen muß, während die unbesamten Plätze zwecks späterer Besamung im bisherigen Schirmstand verbleiben. Dieser Vorgang ist jedoch lediglich eine Berichtigung falscher Hiebsführung seitens der Natur! Als schädliche Folge des Mißgriffs bleibt der labile Baumstand über den unbesamten Flächen, die durch ihre Lockerheit an sich schon Sturm, Wind, Sonne einlassen und weiterhin noch mehr leiden, wenn ihre besamte Umgebung mehr und mehr geräumt wird. Schon Borggreve hat deshalb mit vollem Recht gefordert, daß in solchem Falle in die besamten Flächen nicht weiter eingegriffen werden dürfe, bis sich auch die noch leeren Plätze nachbesamt haben, daß also am einmal gewählten Schirmhieb auch dauernd festzuhalten sei!

Natürlich kann man auch am Saum die Hiebsart falsch wählen. „Freiheit des Handels" bringt immer auch große Verantwortung mit sich! Und gerade die Hiebsart ist die verantwortungsvollste Wahl des Betriebsführers, die bei jedem Schlagauszeichnen wieder von neuem überprüft werden muß. Aber der Saum hat als Schlag eine große heilende Wirkung! Der Schaden erfolgt bei Mißgriffen immer nur auf kleinstem Raum, tritt sofort auf langer Front deutlich hervor und die Hiebsart kann schon beim nächsten Eingriff richtiggestellt werden unter sofortiger Behebung des angerichteten Schadens durch künstliche Ergänzung, während bei zu scharfem Eingriff in den Breitschlag Bodenverwilderung und Sturmgefahr auf der ganzen Fläche eintreten. Der Fehler ist nicht wieder gut zu machen, er zieht meist langdauernde Schäden und Zuwachsverlust nach sich.

So ist also die Hiebswahl bei Breitschlag eine folgenschwere, weil bindende und auch schwierige Sache, bei Saumschlag dagegen leicht, weil nicht bindend und Mißgriff leicht erkenn= und heilbar. Der Saum erweist sich auch hier als ungemein beweglich und anpassungsfähig, sein Waldbild weist sicher den richtigen Weg.

Als ein Beispiel dieser technischen Formbarkeit und biologischen Wandelbarkeit sei hier dargelegt, wie ich bei meinem freien Saumschlag die Frage der Hiebsart gelöst habe.

Zunächst läßt — wie ich gegenteiliger Auffassung gegenüber immer wieder betont habe — mein Vorschlag Wahl und Wechsel der Hiebsart von Haus aus vollkommen frei. Auf den Grund wird später einzugehen sein. Mein Vorschlag kann dies vermöge der besprochenen Eigenschaften des Saums auch ohne Bedenken tun. Seinen Namen (Blendersaumschlag) hat also das System, was ich auch hier wieder anfügen muß, nicht davon, daß in ihm der Blenderhieb festgelegt werden sollte[1].

Verfasser hat dann allerdings zur Erläuterung des von ihm vorgeschlagenen Eingriffverfahrens[2] eine **Zonenbildung** vorgenommen. Es geschah dies jedoch lediglich als Darstellungsbehelf für die Hiebstechnik, um an Hand dieser rein didaktischen Gliederung den Einfluß der einzelnen Holzarten auf den Eingriff zu zeigen, um die Technik der Mischverjüngung zu erläutern und äußere Grundlagen für Beobachtung und für Gewinnung von Regeln zu schaffen. Ein irgendwie bindendes Schema sollten diese Zonen natürlich nicht sein; sie treten ja auch im Wald selbst mit seinen stetigen Übergängen nicht in die Erscheinung.

---

[1] Vgl. Wagner: Grundlagen. 1. Aufl.)   [2] Allg. F.-u. J.-Ztg. 1922, S. 110.

Ich habe das streifenförmige Arbeitsfeld für Ernte, Verjüngung, Schutz und Pflege des Jungwuchses — den Saum — zunächst in zwei deutlich hervortretende Teile zerlegt:

Den Außensaum, d. h. den geräumten Streifen entlang dem Bestandsrand, soweit er noch unter biologischer Seitenwirkung des Altholzes steht — also bis zu halber Baumlänge für Beschattung, in mehreren Baumlängen für Samenflug zur Nachbesamung (Lichthölzer).

Den Innensaum, d. h. den — meist gelockerten — Randstreifen des Altholzes von der Tiefe der Verjüngungswirkung.

Den Innensaum habe ich — rein didaktisch — wieder in drei Zonen zerlegt:

I. Zone (innere Zone, Dunkelzone, Keimungszone) mit Seitenlicht vom Rande her oder zerstreutem Oberlicht in Schirm- und Blenderstand, oder beiden Lichtarten zusammen, bestimmt zu Keimung und vorübergehender Erhaltung der Schatthölzer — entspricht etwa dem „Vorbereitungsschlag" des Schirmbreitschlagbetriebs!

II. Zone (mittlere oder Halbschattenzone) mit mehr Seitenlicht und zerstreutem Oberlicht aus Schirm- und Blenderstand bei Vermeiden direkten Sonneneinfalls. Sie dient dem Fußfassen samt Nachbesamung der Schatthölzer, der Hauptbesamung und vorübergehenden Erhaltung der Halbschatthölzer (Fichte, Eiche usf.).

III. Zone (äußere = Licht- oder Randzone) mit reichlichem Seitenlicht vom Rand her (Randstand) und Oberlicht ohne Sonne, als Ort für Zusammenschluß und Nachbesamung von Schatt- und Halbschatthölzern, Keimen der Lichthölzer und Vorbereitung aller auf den Freistand. Wo die Ansamung flächenweise Fuß gefaßt hat kann örtlich gruppenweise abgeräumt werden, besonders im Anschluß an Buchten und Keilhiebe im Saume. Sonne darf jedoch dabei nicht auf unbesamte Flächen fallen. Auch künstliche Ergänzung der Schatt- und Halbschatthölzer kann hier erfolgen.

An diese drei Zonen des Innensaums würde sich dann der Außensaum als:

IV. Zone (Übergangszone) anschließen. Der holzfreie Randstreifen ist gekennzeichnet durch freien Zutritt des Zenitlichts und mehr oder weniger stärker und langdauernder seitlicher Beschattung vom Rand her — abhängig von der Himmelsrichtung. Hier ist der Ort der Nachbesamung aller Holzarten, gegebenenfalls Hauptbesamungsort der Lichthölzer, endgültiger Zusammenschluß der Jungwüchse und künstlicher Ergänzung nach Bedarf, endlich der allmählichen Lichtgewöhnung der unter Schirm erwachsenen Pflanzen für den Übergang zum vollen Freistand.

„Gesicherter Jungwuchs" — erst in Zone IV — ist dann gegeben, wenn er Fuß gefaßt (Boden durchwurzelt), der Gefahr der Kulturschäden entwachsen (Dürre, Rüsselkäfer usf.) und vor Schlagschaden voll gesichert ist.

Unsere Kennzeichnung der vier Zonen hat natürlich nur relative Richtigkeit und verschiebt sich — je nach der äußeren Einwirkung des Standorts, nach Boden, Feuchte, Wärme, Lichtintensität — für die Holzarten, die der Standort bald lichtbedürftiger, bald schattenertragender macht.

Auch mit der Saumtiefe verschieben sich die wirkenden Kräfte. So wirkt natürlich das Seitenlicht vom Rand her je nach Schlagtiefe verschieden auf die Zonen. Bei sehr geringer Tiefe kann es bestimmend für alle drei Zonen sein, bei großer Tiefe dagegen nur noch auf die Randzone (III.) wirken. Diese Randzone hat vor dem Breitschlag immer den biologischer Vorteil, daß sie auch ohne starke Lockerung des Kronendachs, daher ohne die Gefahr der unmittelbaren Besonnung, ein Höchstmaß von Verjüngungslicht genießt, weil auf der inneren Randfläche das Oberlicht der Lockerung und das Seitenlicht vom Rand her zusammenwirken. Verjüngungslicht ist diffuses Licht, das nicht trocknet, im Gegensatz zu Wörnles „falschem Licht", unmittelbaren Sonnenstrahlen, die den Boden austrocknen. Es finden deshalb auch auf vielen Standorten Lichthölzer, wie Kiefer, Birke, Lärche in der III. Zone für die ersten Lebensjahre das erforderliche Licht. Die Räumung muß dann nach 2—3 Jahren erfolgen, worauf Nachbesamung auf Zone IV den Jungwuchs ergänzt. Im schütteverseuchten Kiefernkahlschlagwald soll allerdings die Frische des Nordrands den Schüttebefall stark begünstigen, was eine Wendung gegen West notwendig machen würde.

Diese ideelle Zonengliederung, die im Wald nicht sichtbar wird, also auch keinen „Zwang" ausüben kann, bildet doch ein wertvolles Mittel für Beobachtung, Sammeln von Erfahrungen und schließlich Fassung dieser in Regeln. Sie ist besonders wertvoll für Ausbildung einer Mischungstechnik.

Bei Schattholzverjüngung tritt die Gliederung voll hervor, während sie bei Halbschatt- und schließlich Lichthölzern mehr und mehr verkümmert, denn bei Halbschatthölzern fällt Zone I, bei ausgesprochenen Lichthölzern Zone I und II weg. Ebenso treten die Zonen in ihrer besonderen Wirkung um so mehr zurück, je schmaler der Saum.

C. Die naturgegebenen Umstände.
(Standort, Holzart, Waldzustand, Witterung.)

Auf allen Gebieten, wo die biologischen Bestimmungsgründe das Ganze beherrschen, also auch bei Wahl der Hiebsarten für Naturverjüngung, treten die Standorte, die Holzarten und die wechselnden Waldzustände bestimmend in den Vordergrund; nicht selten auch die Witterung, die nach Jahren und Perioden wechselnden Charakter zeigt. Bei ihnen aber tritt sofort eine so große Mannigfaltigkeit, Veränderlichkeit und Unsicherheit in der Feststellung des Gewichts der Bestimmungsgründe hervor, daß sich **daraus klar die Unmöglichkeit einer allgemeinen Regelung der Hiebsart, ja selbst einer Festlegung im einzelnen Fall ergibt.** Wir dürfen sie also, strenge genommen, überhaupt nicht „wählen", dürfen die Hiebsart nicht durch Wahl festlegen, sie muß vielmehr **freibleiben,** so weit dies technisch irgend möglich zu machen ist, d. h. der Betriebsführer müßte den Hiebseingriff in jedem einzelnen Fall den Fingerzeigen des Waldbilds und seiner Entwicklung ablauschen, frei bestimmen und wechseln können. Das wäre somit induktive, nicht mehr deduktive Hiebsführung. Er wird dann wohl meist zu ungleichförmiger Auflockerung des Saums kommen, weshalb ich einst den Blenderhieb als die für Naturbesamung wohl im allgemeinen beste Hiebsart bezeichnet habe.

Hat der Betriebsführer jene Freiheit nicht, so wird er kaum je zu sicherem Naturverjüngungserfolg kommen. Wie es in Wirklichkeit geht, werden wir später sehen.

Soll somit der Hiebseingriff vor allem biologischen Bestimmungsgründen folgen, so muß er mit den gegebenen Bedingungen örtlich wie zeitlich geändert werden können, also frei beweglich sein! Der Betriebsführer muß der Natur an der Hand des sich vor unseren Augen entwickelnden Waldbilds[1] aufmerksam ja liebevoll folgen, will er erreichen, daß sie ihre Gaben voll spendet.

---

[1] Vgl. Wagner: „Das Waldbild als Weiser im forstlichen Betrieb" Deutscher Forstwirt 1931, S. 49—51.

Hier nur für den Hiebseingriff, nicht anderswo, gilt das „Eiserne Gesetz des Örtlichen", wie es Pfeil genannt hat, das so vielfach in falscher Deutung angeführt wird (vgl. S. 66)! Dieses Gesetz fordert, daß sich der Einzeleingriff örtlich dem Standort, der Holzart und dem gegebenen Waldzustand anpasse. Dann aber muß er frei beweglich sein und wechselbar, nichts darf ihn vorher durch „Wahl" festlegen. Damit steht fest, was hier unterstrichen werden muß, weil es noch nicht Gemeingut ist, daß das Eiserne Gesetz sich auf den Schlaghochwaldstandorten **nicht** bezieht auf Schlag und Schlagsystem, sondern **nur** auf den Hiebseingriff — die Hiebsart und den noch zu besprechenden Hiebsgang — als das biologische Instrument des Waldbaus! Dagegen stellt das Eiserne Gesetz an das Schlagsystem allerdings eine Forderung, nämlich eben die **Forderung der Freiheit der Hiebsführung** nach Art und Gang, also der Befreiung von den alten „Betriebsarten", welche diese Forderung am allerwenigsten erfüllt haben — wir werden das im 4. Abschnitt sehen —, schon ihre Benennungen zeigen es ja! Das sind aber gerade die Eingriffsformen, zu deren Gunsten bzw. Verteidigung — eine ungewollte Fronie! — das „Eiserne Gesetz" als Schlagwort gegen meine Befreiungsvorschläge so oft herhalten muß.

Wer verletzt also das Eiserne Gesetz? Zuerst ja allein die Anhänger und Verteidiger der alten Betriebsarten!

Dem Betriebsführer müssen somit alle nur möglichen Formen des Einzeleingriffs — alle Hiebsarten — samt den biologischen Eigenschaften ihrer Baumstände nicht nur genau bekannt sein, sondern auch jederzeit frei zur Wahl stehen, müssen ihm, wie die Pfeile im Köcher vereinigt, zur Auswahl des geeigneten von Fall zu Fall zur Hand sein, das Schlagsystem aber muß ihm stets freies Schußfeld schaffen.

Das ist die wahre Freiheit im forstlichen Betrieb! Nicht aber ist Freiheit die Möglichkeit für jeden, auf der Betriebsfläche beliebig herumzuhauen, im „Erfahrungsammeln", in tastenden „Versuchen" ohne Abschluß sein Leben hinzubringen und dabei den Wald zu verderben! Und ebensowenig bedeutet Betriebsfreiheit die „freie Wahl" unter den Zwangsjacken das Waldbau (vgl. 4. Abschnitt, 2. Kapitel).

Das Betriebsziel lautet bei Naturverjüngung in der Regel auf ungleichwertige Mischung, d.h. Mischung verschiedener Holzarten mit je abweichenden besonderen Aufgaben. Die Schaffung solcher Mischungen die dabei noch ohne besondern Aufwand lebensfähig sind, gehört zu den schwierigsten, aber auch dankbarsten Aufgaben des Betriebsführers. Die wichtigste Lebensphase der Mischung aber, die den ganzen Erfolg bestimmt, ist der räumliche und zeitliche Aufmarsch der Holzarten auf der Fläche, sie fällt somit in die Verjüngungszeit und wird durch Hiebsart und Hiebsgang bestimmt. Gerade bei Mischverjüngung bedarf der Betriebsführer der freiesten Verfügung über die zu verwendenden Baum-

stände und damit freiester Wahl unter den Hiebsarten. Er muß die Möglich=
keit haben, sich aufs feinste dem Gegebenen anzupassen, denn jede Holzart
hat ja andere Bedürfnisse, die selbst wieder auf jedem Standort verschieden
sind und auch der zufällige Waldzustand und die wechselnde Witterung der
verschiedenen Jahre machen oft wesentliche Einflüsse geltend und steigern
noch die Zahl der möglichen Fälle.

So läßt sich die beste Hiebsart des einzelnen Falls wohl nach bisherigen
Erfahrungen deduktiv vermuten und als „Vorschrift" im Betriebsplan
niederlegen, aber für den Vollzug niemals bindend festlegen, der Betriebs=
führer muß vielmehr die Entwicklung des Waldbilds fortlaufend aufmerk=
sam verfolgen und dieser Entwicklung seinen weiteren Eingriff anpassen,
also induktiv verfahren.

Für Deduktionen bezüglich der biologischen Wertung der verschiedenen
Baumstände (sog. „Waldbauregeln") wäre ja auch heute an exakten Grund=
lagen noch wenig Greifbares zu finden, nach dem der Betriebsführer sein
Tun unmittelbar einrichten könnte. Wir besitzen noch wenig sicheres Mate=
rial zu Waldbauregeln. Auf dem Gebiet der Hiebsart bzw. ihrer Baum=
stände stoßen wir heute noch auf große Lücken in den biologischen Bestim=
mungsgründen, das Gebiet ist erst neuestens zur wissenschaftlichen Erfor=
schung in Angriff genommen worden, vorher herrschte hier reinste Empirie.
Das hängt neben der späten Entwicklung der grundlegenden Naturwissen=
schaften nach dieser Seite hin vor allem mit dem von mir mehrfach gerügten
Mangel jeder festen und geordneten Grundlagen für die waldbauliche
Technik zusammen, deren Möglichkeiten noch viel zu wenig erkannt, syste=
matisch gegliedert und biologisch erforscht sind. Neuere Gliederungsver=
suche für das technische Vorgehen befriedigen noch nicht.

Wir müßten uns darum hier, um einiges für unsere Ableitung zu=
sammenzubringen, schon tief in die Waldbaulehre suchend versenken, was
nicht die Aufgabe dieser Schrift ist. Der bessere Weg ist jedenfalls derjenige
der Ableitung aus dem Befund.

Mit Hilfe einer Ableitung aus dem Befund wird man sich bei geeig=
netem Schlagsystem von Jahr zu Jahr mehr und mehr in die örtlichen Na=
turerfordernisse hineinfühlen. Dabei ist die Hiebsart des Betriebsführers
eigenstes und feinstes Betriebsinstrument, das er in wechselnder Form ge=
brauchen muß, um all den meist ebenfalls wechselnden und schwer zu über=
schauenden und abzuwägenden Bestimmungsgründen gleichzeitig gerecht zu
werden. Die Hiebsart tritt ja dem Betriebsführer mit ihren Rätselfragen
vielfach bei jedem Baum entgegen, den er der Axt überliefert, daher muß er
hier täglich ja stündlich Farbe bekennen und seine fachmännische Fähigkeit
erweisen. Das ist keine „Kunst", wie man mißverständlich sagt, sondern wie
wir am anderen Ort ausführen werden, eine Technik auf der Grundlage
von Erkenntnissen der Tatsachenforschung verbunden mit Beobachtung des
Befunds, die das Waldbild offenen Auges erfaßt. Auf die Hilfen, die ihm

dabei gegeben werden können, werden wir im 4. Abschnitt einzugehen haben.

Ein bindendes Schema, wie für den Schlag, gibt es also für die Hiebsart nicht!

Viertes Kapitel.
Der Hiebsgang.

Zu den beiden, bisher besprochenen — räumlichen — Elementen des Waldeingriffs, dem Arbeitsfeld (Schlag) und der Hiebsart (als Eingriffsform innerhalb des Schlags) gesellt sich nun aber für den Betriebsführer noch ein zeitliches Element, das er zu meistern hat! Es ist der „Hiebsgang", d.h. die zeitliche Abwicklung des Hiebs.

Mit der zeitlichen Hiebsfolge wollen wir hier die Betrachtung der zeitlichen Schlagfolge verbinden, wie oben in Aussicht gestellt war. Beide stehen in engstem Zusammenhang, und sind — besonders beim Saumschlag — nicht zu trennen.

Dieser Hiebsgang wird selbst wieder bestimmt einmal durch den Zeitraum, innerhalb dessen der Eingriff sich abwickelt, d.h. sein Schlagwaldziel der Vollaberntung und Vollverjüngung der Fläche erreicht (Allgemeiner Nutzungs- und Verjüngungszeitraum), und dann durch die Gangart (das „Tempo") des Eingriffs, den Verlauf der zeitlichen Abwicklung von Jahr zu Jahr oder Jahrzehnt zu Jahrzehnt, in dem Ernte und Verjüngung innerhalb jenes Zeitrahmens fortschreiten und sich erfüllen.

Der Hiebsgang ist als das zeitliche Element der Verjüngung biologisch von entscheidender Wichtigkeit, das bedarf keines besonderen Nachweises, hat aber trotzdem bis in die neueste Zeit herein nur wenig selbständige Beachtung, Behandlung oder gar Untersuchung gefunden (!), ist nie aus dem geschlossenen Komplex „Verjüngung" herausgelöst und für sich allein systematisch untersucht und dargestellt worden. Eine Ausnahme macht nur Wörnle, der sich in neuerer Zeit in einem Aufsatz über die „Verjüngungsgangzahl", auf die wir unter 3. zurückkommen werden, der Frage zugewendet und dem Hiebsgang ziffernmäßigen Ausdruck gegeben hat.

Dieses allgemeine geringe Verständnis erscheint merkwürdig, ist doch der Hiebsgang als zeitliches Element der Brennpunkt aller praktischen Naturverjüngung und verdient darum im höchsten Maß Beachtung. **Er vor allem ist, mehr noch als die räumliche Anordnung des Hiebs im Schlag, biologisch bestimmend für das Gelingen der Naturverjüngung,** um die sich so viele — mit recht verschiedenem Erfolg auch unter gleichen Bedingungen — geistig und praktisch bemühen. Selbst allerbeste räumliche Anordnung führt für sich allein noch nicht zum Erfolg der Naturverjüngung, wenn ihr nicht ein naturgemäßer Hiebsgang zur Seite tritt. Und daran fehlt es nur zu oft!

Der Hiebsgang ist bestimmend besonders für die Art des Erfolgs bei Mischwald, wie vielfach auch für das Maß der Gefährdung des Betriebs.

Die Vernachlässigung des zeitlichen Gebiets war es auch, die mir den ersten Anstoß gab zu dieser ganzen Untersuchung und zu vorliegender Schrift. Ich begann damit, den zeitlichen Gang des Hiebs zu untersuchen und dabei hat sich dann die Notwendigkeit ergeben, den ganzen Betriebseingriff mitzubetrachten. So bildete der Hiebsgang den Ausgangspunkt für die ganze Studie, wurde zum Kristallisationspunkt, um den sich mir alles andere von selbst gruppierte. Auf Beachtung und Untersuchung dieses Gebiets, auf dessen Bedingtheiten und Wirkungen vor allem, möchte ich daher durch diese Arbeit den theoretischen Waldbau, wie die betriebsführende Praxis eindringlich hinweisen, steckt es doch heute für die Meisten noch unerschlossen in der sog. „Betriebsart" und der Einrichtungsmethode drinne, obgleich es, wie wir sehen werden, sehr wohl getrennt auf seine Bestimmungsgründe untersucht werden kann, ja untersucht werden muß, wenn man klar sehen will. Es schafft uns Klarheit über Vieles!

Der Hiebsgang kann durch zwei Gruppen von Bestimmungsgründen regiert werden, die entweder je für sich allein oder aber beide zusammen Beachtung finden:

1. Die biologischen allein.

Sie regeln den Hiebsgang zeitlich ausschließlich nach den Gesichtspunkten bester vegetativer Abwicklung der Naturbesamung auf der Fläche und günstigster Aufzucht des Jungwuchses, daneben auch höchsten Lichtungszuwachses.

2. Die ökonomisch-ertragstechnischen allein.

Sie folgen bei Festsetzung des Hiebsgangs den Prinzipien der Rentabilität und Nachhaltigkeit und äußern sich in Beachtung der Hiebsreife und im nachhaltigen Nutzungsausgleich.

3. Beide Gruppen zusammen.

Der Hiebsgang sucht beiden Aufgaben gleichzeitig zu dienen, strebt somit dem Einklang zwischen ihren abweichenden Bestimmungsgründen zu.

Die Kunstverjüngung wird ausschließlich nur von der Gruppe der ökonomisch-ertragstechnischen Gründe beherrscht. Die erste Gruppe scheidet für sie beim Bestockungseingriff völlig aus, denn sie ist ja nur ökonomisch und zwar nach der rein technischen Seite hin eingestellt. Deshalb liegen auch, da jede biologische Rücksicht wegfällt, die Bestimmungsgründe hier ganz einfach und klar. Die Kunstverjüngung kann jede Anforderung der Hiebsreife im Sinn von Judeichs System oder der Nachhaltigkeit hemmungslos erfüllen, ebenso auch die der technischen Rationalisierung nach arbeitsteiligem Vollzug und der Rationalisierung der mechanischen Arbeit. Sie trennt Ernte, Verjüngung und Erziehung zeitlich wie räumlich.

Ganz anders bedingt ist der naturgerichtete Waldeingriff, die Naturverjüngung im Sinne des vorigen Kapitels (S. 136).

Auch hier kann in ähnlicher Ausschließlichkeit nur einer Gruppe — hier der ersten — gefolgt werden, wenn Betriebsfläche und Umtrieb dem Ein-

griff völlig freigegeben und unter Verzicht auf jede Ordnung der Grundsatz
betätigt wird, der Eingriff habe ausschließlich nur nach den Winken der Natur zu erfolgen, unter Ausschluß aller andern Rücksichten. Dieser Standpunkt setzt aber mindestens formgleiche Bestockung voraus, wenn er ohne
großen ökonomischen Verlust durchgeführt werden soll, oder aber er führt
zur oben abgelehnten Blenderung.

In der Regel werden jedoch beim Hiebsgang die beiden Gruppen
von Bestimmungsgründen als gleichwertig anerkannt und beachtet.
Man sucht also Einklang zwischen beiden zu schaffen, da beide vielfach in
Gegensatz treten. Man folgt damit dem dritten Weg. Da dieser
Weg allein Probleme bietet und praktische Voraussetzung findet, werden
wir unsere weiteren Betrachtungen ganz auf ihn beschränken.

Bei Naturverjüngung werden zunächst die biologischen Gründe die
Herrschaft über den Bestockungseingriff für sich allein in Anspruch nehmen.
Das liegt nahe und geschieht auch mit vollem Recht, sofern wir es mit formgleich aufgebautem Wald zu tun haben, in den eingegriffen werden
soll und mit normalen Altersklassen. Wir werden also diesen Anspruch überall da, wo der heutige Bestockungsaufbau dem künftigen Eingriff entspricht, gelten lassen können. Doch trifft dieser Bestfall leider nur selten zu,
denn wir haben es ja in unserer langfristigen Wirtschaft nach 100 Jahren,
meist mit neuem Wirtschaftsziel und Betriebsziel also mit Umwandlungen
zu tun, mit Übergang zu anderer Eingriffsform, also mit formverschiedenem Aufbau (vgl. S. 56). Auch normale Altersklassen werden nicht
immer vorliegen.

In allen diesen Fällen, und je größer die Formverschiedenheit oder die
Abnormität der Altersklassen, um so mehr, treten die ökonomisch-ertragstechnischen Bestimmungsgründe heischend neben die biologischen und beide geraten nicht selten mit ihren Forderungen in Widerspruch.

Geben wir zunächst der biologischen Seite der Frage allein das Wort,
so haben wir uns mit zweierlei auseinanderzusetzen: zuerst werden — das
liegt im Wesen des Schlaghochwalds, den wir ja allein ins Auge fassen —
der Ernte und Verjüngung Ziel und Schranken gesetzt durch Aufstellung eines Abnutzungs- und Verjüngungs-Zeitraums. Dann aber
muß auch der Zeitablauf des Eingriffs innerhalb dieses Rahmens — seine Gangart (Tempo) — geregelt werden.

Nutzungsfrist und Gangart sind für den Schlaghochwald kennzeichnend bestimmt,
während beim Blenderbetrieb der Rahmen allumfassend gleich dem Umtrieb ist und
die Gangart allein durch das Gesetz der Stetigkeit bestimmt wird.

Eine übersichtliche Gliederung der Bestimmungsgründe ergibt, daß der Hiebsgang bestimmt wird:

1. biologisch durch Holzart, Standort und Waldzustand; diesen Faktoren ist an jedem Ort für ein bestimmtes Ziel ein bestimmter Gang ange-
messen — „der biologische Hiebsgang" —.

2. ökonomisch und ertragsregelungstechnisch durch Hiebsreife, Nachhaltnutzung und Markt. Hier lassen sich ein „ökonomischer Hiebsgang" und ein „nachhaltiger Hiebsgang" unterscheiden, die wir im einzelnen Fall unter Ausnutzung des mehr oder weniger weiten ökonomischen Spielraums für die Erntezeit verbinden müssen.

Der Waldbau fordert nun einen Hiebsgang, der sich nur durch die Natur leiten läßt, also den „biologischen Hiebsgang", der ganz der Entstehung, der Entwicklung und den Bedürfnissen der Ansamung am gegebenen Ort folgt, und zwar je den zu verjüngenden Holzarten nach Maßgabe ihrer Verbindung (Mischung), also dem Betriebsziel!

Bei formverschieden aufgebauter Bestockung jedoch, formverschiedenem Waldaufbau oder abnormer Altersklassenvertretung, wird der Waldbau nicht allein bestimmen können. Hier wird vielmehr Rentabilität und Nachhaltigkeit, wenn sie ihre Hiebsgangforderungen verbinden, einen im Verhältnis zum biologischen — beschleunigten oder verzögerten Hiebgang fordern. Sie stören damit den normalen waldbaulich bestimmten Gang. Bei beschleunigtem Hiebsgang muß künstlich nachgeholfen werden durch Vorbau, Bodenbearbeitung, Saat, Pflanzung, Nachbau. Bei verzögertem Hiebsgang muß über das biologisch beste Maß zurückgehalten werden, was der Technik der Mischverjüngung besondere Aufgaben stellt, soll dabei ein Vordrängen der Schatthölzer und Verschwinden der Lichthölzer vermieden werden. Hier tritt also die Technik bestimmend auf.

Breitschlag läßt eine Beschleunigung oder Verzögerung ohne waldbaulichen Schaden nicht zu! Bei Beschleunigung ist künstliche Hilfe durch Pflanzung wegen der Erntewirkung (Fällung und Bringung) ohne Gefährdung erst möglich, wenn die Schlagfläche vollkommen geräumt ist. Denn hier ist ein seitliches Ausweichen nicht möglich. Inzwischen aber ist der Boden verwildert und Zuwachsverlust eingetreten. Bei Verzögerung dagegen liegt die Gefahr vor, daß die Schattholzansamung überalt wird und zu großes Wurzelvermögen sammelt, darum später vorwächst, ehe die Lichthölzer Fuß fassen können. Es entsteht entgegen dem Betriebsziel ein mehr oder weniger reiner Schattholzbestand oder aber wird die Durchsetzung des Betriebsziels der Mischung durch langdauernde Pflegearbeit (Reinigungen) wesentlich verteuert.

Anders der **Saumschlag**! Diese Eingriffsform kann vermöge ihrer beweglichen Technik, der Dehnbarkeit der Schlagtiefe, des Wechsels der Hiebsart, der Möglichkeit seitlichen Ausweichens der Ernte, das jede Gefährdung der Kultur auf der Verjüngungsfläche ausschließt usf. den Hieb jederzeit beschleunigen oder verzögern, dabei **stets rechtzeitig** auch künstlich nachhelfen. Der Erfolg wird darum hier durch Beschleunigung oder Verzögerung des Hiebsgangs nur wenig berührt.

Wir haben nun weiter zu untersuchen, als Elemente des Hiebsgangs einmal den zeitlichen Rahmen für Ernte und Verjüngung und dann den zeitlichen Ablauf des Hiebs, dessen Gangart. Zum Schluß wollen wir den Hiebsgang selbst betrachten und vor allem seine Darstellung erörtern.

I. Der zeitliche Rahmen für Ernte und Verjüngung.

Eine auf Jahr oder Nutzungsperiode befristete Vollaberntung und Verjüngung des Arbeitsfelds liegt schon im Begriff des Schlaghochwalds und ist ferner bedingt durch das Zuteilungsprinzip[1] der herrschenden Methoden der Ertragsregelung, welche die Betriebsfläche abteilungs- oder bestandsweise unter die Nutzungsperioden des Umtriebs aufteilen.

Der Schlaghochwaldbetrieb befristet also die Aberntung und Verjüngung der Schlagfläche! Das tritt beim Breitschlag scharf hervor, während es beim Saumschlag mit seinen übergreifenden Jahresschlägen verschwindet. Innerhalb dieser Frist vollzieht sich und endet die gesamte Ernte und Verjüngung auf dem Arbeitsfeld des Breitschlags.

Die Frist heißt bei den sog. „Betriebsarten" des Waldbaus, die hier in Tätigkeit treten „(Allgemeiner) Verjüngungszeitraum", in der Ertragsregelung dagegen „Nutzungsperiode" und ist diejenige Zeit, die planmäßig verstreicht bzw. verstreichen soll vom ersten Eingriff der Endnutzung in den Altbestand über Boden- und Bestandsvorbereitung, Keimung, Fußfassen und Zusammenschluß der Ansamung bis zur „gesicherten" Vollbesiedlung mit jungem Holz und voller Kahlstellung und Räumung der Schlagfläche, von Bestand oder Abteilung. Es ist also der zeitliche Ernte- und Verjüngungsrahmen der ertragsreglungstechnischen Flächeneinheit.

Dieser Rahmen wird verschieden bestimmt und verschieden weit bemessen:

1. Beim Kahlschlagbetrieb, der biologische Rücksichten nicht kennt, entscheidet die Ertragsregelung verbunden mit einzelgültigen ökonomischen Bestimmungsgründen (Hiebsreife) allein. Es werden Nutzungsperioden gebildet, deren gleiche Dauer von 10 oder 20 Jahren die Technik der Ertragsregelung allein bestimmt. Die gegebenen oder geplanten Bestockungseinheiten (Bestände, Abteilungen) werden diesen Nutzungsperio-

---

[1] Die Zuteilungsidee, d.h. die Annahme, es müßten diejenigen Flächen in derselben Nutzungsperiode nun auch voll abgenutzt werden, aus deren Vorrat und Zuwachs der nachhaltige Ertrag bzw. der jährliche Nutzungssatz für diese Frist berechnet wurde, bildet eine forstliche Zwangsvorstellung, von der sich heute kaum jemand freizumachen vermag. Sie führt zur Nutzung an bestimmte Flächen gebundener Massen, wie zur zeitlichen Befristung der Ernte und Verjüngung und wirkt dadurch als waldbauliche Zwangsjacke. An der Befristung wird wegen Buchung und Abrechnung jedes einzelnen Schlags meist zäh festgehalten. Die Abrechnungsmöglichkeit wird meist höher geschätzt, als die waldbauliche Freiheit fristloser Ernte.

den als Periodenschläge zur Vollabnutzung zugeteilt, in einzelne Jahresschläge getrennt abgeerntet und hernach verjüngt. Ihre Anlage folgt außer-
dem noch Bestimmungsgründen der Sturmsicherung.

2. Beim Naturverjüngungsbetrieb treten neben die Bestimmungsgründe der Ertragsregelung solche der Biologie und Waldsicherung. Hier
pflegt die Ertragsregelung bei Breitschlagmethoden für Schirmhieb allgemein 20 Jahre, für Blenderhieb 30—40 Jahre als Nutzungs- und Verjüngungszeitraum zugrunde zu legen. Man kann die Frist für Schirmhieb
hier kürzer wählen, als bei Blenderhieb, weil dort die ganze Schlagfläche
zumal Verjüngungsfläche ist und in einem Samenjahr besamt werden soll,
während diese bei Blenderhieb jeweils nur einen Teil der Schlagfläche umfaßt, der Hieb nur allmählich plätzeweise und von diesen aus fortschreitend
— Gruppen, Horste bildend, — von der Schlagfläche Besitz erreift. Diesem
allmählichen Besitzergreifen der Ernte folgt die allmähliche Besamung, was
an sich zu einem Vielfachen des Zeitaufwands gegenüber dem Breitflächen-
schirmhieb führt, also jedenfalls längere Zeit erfordert.

Wo nicht grundsätzlich die ganze Periodenschlagfläche zumal in Besamungszustand versetzt wird, dies vielmehr nur nach Teilflächen geschieht,
wo also die Periodenfläche nicht gleichzeitig Verjüngungsfläche ist, da stellt
man dem „Allgemeinen Verjüngungszeitraum", der bei Breitschlag
der Nutzungsperiode entspricht und sich auf die ökonomisch-ertragstechnische
Flächeneinheit, den „Bestand" bezieht, einen „Speziellen Verjüngungszeitraum" gegenüber, die Zeit für Besiedlung der einzelnen Ver-
jüngungsteilfläche — der waldbaulichen Flächeneinheit — mit Holzpflanzen,
also der Gruppen und Horste.

Die Weite des Rahmens, d. h. die Dauer der allgemeinen Verjüngungszeit bestimmt das künftige Maß der Ungleichaltrigkeit innerhalb Bestands.

Wodurch wird nun die Weite des Rahmens beim allgemeinen
Verjüngungszeitraum bestimmt?

Hier kämen zunächst allein biologische und waldsichernde Bestimmungsgründe in Frage, wie sie für die spezielle Verjüngungszeit maßgebend sind, von deren Dauer ja die allgemeine abhängt, also der Standort und die Entwicklung des Bodenzustands, das raschere oder
langsamere Ankommen und der Gang der Jugendentwicklung
der Holzarten auf der Erntefläche, die allgemeinen und die örtlich gesteigerten Jugendgefahren usf.

Großen Einfluß auf die Dauer der Verjüngungszeit hat der Wasser-
und Lichtbedarf der Holzarten und die Gangart ihres Wuchses in der Jugend. Je flachwurzelnder und lichtbedürftiger die Holzart und je trockener
und lichtschwächer der Standort, desto rascher muß sich der Eingriff ab-
wickeln, je tiefwurzelnder und schattenertragender dagegen die Holzart, und
je frischer und lichtstärker (Gegensatz von Niederung und hoher Gebirgslage)
der Standort, desto länger der Verjüngungszeitraum. Extreme bilden hier

z. B. Kiefer und Tanne, bei ersterer ist mit Jahren, bei letzterer mit Jahrzehnten zu rechnen.

Ganz verschieden geht das Fruchten, Keimen, das Fußfassen und Zusammenschließen des Jungwuchses bei den verschiedenen Holzarten vor sich, und bei derselben Holzart wieder auf verschiedenen Standorten und in verschiedenem Erziehungszustand; ganz verschieden ist das Schirmbedürfnis und die Fähigkeit des Schirmertragens. Es ist darum auch eine besonders schwierige Aufgabe der Waldbautechnik, bei Mischung mehrerer Holzarten diese biologisch richtig zusammenzustimmen und so die Dauermischung des Betriebsziels zu sichern.

Jede Holzart bedarf je nach ihrer Jugendentwicklung biologisch eines besondern Hiebsgangs, der für sie nur durch Standort und Waldzustand beeinflußt wird, — eines ihr eigenen „rein biologischen Hiebsgangs".

Wird Mischwald angestrebt, so treten die reinen Hiebsgänge der beteiligten Holzarten miteinander in Wettbewerb, es entsteht — je nach Betriebsziel verschieden — ein biologischer Hiebsgang des Ganzen, indem die Gänge der einzelnen Holzarten je nach der Rolle, die diese in der Mischung spielen sollen, mehr oder weniger bestimmend sind, es entsteht ein bestimmter „Mischungshiebsgang". Da jeder reine Hiebsgang einen gewissen Spielraum läßt, so ist eine Verbindung zum Mischungshiebsgang nicht schwer. Dieser erfordert aber Beweglichkeit im Wechsel des Eingriffs. Verjüngungszeitraum der Mischung ist die Zeit, welche die langsamst sich ansiedelnde und am längsten schattenbedürftige Holzart braucht.

Ein Beispiel mag dies erläutern! Das Betriebziel der Verjüngung laute auf Fichte mit Kiefer und zwischenständiger Buche. Die Mischung solle auf natürlichem Wege gewonnen werden. Hier wird der Hiebsgang zunächst durch die Buche allein bestimmt, doch muß bald, da sie in den Zwischenstand kommen, also nur kleinen Altersvorsprung haben soll, auf die Fichte gehauen und sobald diese angekommen, der Kiefernhiebsgang aufgenommen werden. Der Buchenrahmen ist ein sehr weiter (Räumung nach 10—20 Jahren), darum frühzeitiger Beginn, die Fichtenverjüngungszeit kürzer (5—10 Jahre), die Kiefer endlich fordert starken Eingriff und sehr rasche Räumung nach schon 2—3 Jahren. Man wird also unter sehr günstigen Verhältnissen (10—5 bzw. 2 Jahre) zunächst für Buche leicht lockern, nach 5 Jahren auf die Fichte hauen, um nach weiteren 3 Jahren zugunsten der Kiefernbesamung zu lichten und nach nochmal 2 Jahren zu räumen, wird zusammen also 10 Jahre brauchen.

Zu den biologischen treten aber neben dem Rahmen des allgemeinen Verjüngungszeitraums auch noch von der anderen Seite her ökonomische Bestimmungsgründe und solche der Ertragsregelung, die sich je nach den Umständen mehr oder weniger in den Vordergrund schieben, ja die biologischen nicht selten zurückdrängen.

Das Ökonomische erscheint hier als Hiebsreiferahmen, der von der Ernte nicht überschritten werden soll. Ein Vorteil der Forstwirtschaft ist dabei, daß dieser Rahmen an sich meist ein weiter und vielfach auch noch erweiterungsfähiger ist, z. B. durch Lichtungszuwachs.

Da eine „Reinertragswirtschaft“ in rein rechnerischem Sinn in der Forstwirtschaft praktisch nicht durchführbar ist (siehe S. 1 u. 31) und da auch die Reinerträge bei technisch bestem Betrieb für höheres oder geringeres Erzeugungskapital verhältnismäßig wenig voneinander abweichen und mit den wirtschaftlichen Umständen, vor allem dem Markt, überdies schwanken, so kann sich die ökonomische Aufgabe im allgemeinen beschränken auf:

1. Die Pflege der Nachhaltigkeit der Wirtschaft als wichtigste Grundlage und Stütze wahrer Rentabilität;

2. besten technischen Betrieb im Hinblick auf die Wirtschaftlichkeit aller Maßregeln, besonders intensivste Ausnutzung aller unentgeltlich wirkenden Erzeugungskräfte bei geringstem Aufwand;

3. Beachtung des Wertszuwachses und seiner Entwicklung besonders in den Sortimentspreisen, sowie der Gesundheit des Holzes bei Festsetzung der Abtriebszeit, um in die Augen fallende ökonomische Mängel zu beseitigen.

Bei solcher Durchführung unserer Reinertragswirtschaft kann dem Betrieb der erforderliche weite zeitliche Spielraum für Ernte und Verjüngung erhalten bleiben.

Fast möchte Verf. fürchten, der Fehler, den man früher in Überschätzung der praktischen Bedeutung wirtschaftlicher Rechnung für den ökonomischen Erfolg bei Umtrieb und Hiebsreife begangen hat, wiederhole sich jetzt bei der Erfolgsrechnung, aus der man ein sicheres und klares Bild des Erfolgs der Wirtschafts- und Betriebsführung im ganzen und einzelnen erhofft und deren Ergebnisse man für den praktischen Betrieb ausmünzen möchte. Man wird auch hier, wie einst dort, Enttäuschungen erleben. In beiden Fällen sind die Fehlerquellen und Unsicherheiten der Grundlagen im Verhältnis zu den zahlenmäßigen Abweichungen der Wirtschaftserfolge des einen und anderen Vorgehens m. E. zu groß, so daß es nicht leicht sein wird, aus den Erfolgsunterschieden gewichtige Entscheidungen für den künftigen Betrieb abzuleiten. Dann aber sind Mühe und Aufwand für die Gewinnung der unsicheren Größen wohl doch zu groß. Man wird, wie ich glaube, in unserem komplexen Betrieb, der zudem nicht alle Bestimmungsgründe rechnerisch erfassen kann, doch immer wieder aufs gesunde wirtschaftliche Urteil des theoretisch hochgebildeten Betriebsführers zurückkommen, das sich stützt auf gute Waldbilder und auf genaue Kenntnis des Fachs und seiner ökonomischen Grundlagen. Vollbestockung und Wüchsigkeit der Bestockung zeigen ihm den Höchststand der Massenleistung an, sorgfältige Stammauslese und Stammpflege auf Schaftform und Holzbildung nach Astreinheit, Gleichringigkeit usf. bedeuten ihm ein Höchstmaß von Wertsleistung. Verfolgt er dabei die Entwicklung der Sortimentspreise, so dürfte dieser einfache und billige Weg mindestens so sicher zum Ziele führen, wie Messung, Bewertung, Rechnung und Buchung auf so unsicherer Grundlage. Der Betriebsführer dürfte m. E. seine Arbeit nutzbringender dem Vollzug im Walde selbst widmen, denn dort werden die Werte erzeugt.

Ist nun zwar der ökonomische Rahmen an sich weit, so ist er doch heute leider in der Praxis meist zum großen Teil bereits verstrichen (Althölzer), wenn sich die Wirtschaft endlich zum ersten Eingriff entschließt! Nicht selten wird er auch durch Erkrankung des Holzes gekürzt oder plötzlich abgebrochen, wie bei der Rotfäule der Fichte. Auf diesem Gebiet müßte daher Wandel geschaffen und eine Vollausnutzung des ökonomischen Rahmens durch die Praxis sichergestellt werden.

Die ertragstechnischen Gründe ruhen auf dem Prinzip der Nachhaltigkeit, sie sind der Ausdruck des Einflusses, den das Ganze auf die einzelnen Wirtschaftsteile übt. Sie sind mit den biologischen unschwer in Einklang zu bringen, wo doch das Bedürfnis nach Stetigkeit beide beherrscht.

Bei formgleicher Bestockung wird meist gefordert werden können daß die biologischen und waldsichernden Momente an erster Stelle stehen, da sie ja durch die ökonomischen in weitem Maß mitbestimmt werden und daher in deren Belange miteingeschlossen sind und ebenso, daß die Technik der Ertragsregelung sich ihnen unterordnet.

Anders bei formverschiedener Bestockung! Hier stehen sich beide Gruppen meist gleichwertig gegenüber und hier ist es dann die Aufgabe einerseits der Betriebstechnik, und andrerseits der Ertragsregelungstechnik, sie nach Möglichkeit in Einklang zu bringen und eine Brücke zwischen ihnen allen zu schlagen. Je mehr dies gelingt, um so vollkommener wird das letzte und höchste, das ökonomische Ziel erreicht.

Zu alledem aber ist freie Verfügung über die Zeit, also ein möglichst weiter zeitlicher Rahmen, ein langer Verjüngungszeitraum erforderlich, noch besser ein Offenhalten der Verjüngungszeit nach vorne!

Die üblichen Verteilungsmethoden der Ertragsregelung einerseits und die Betriebsarten des Breitschlags andrerseits legen nun aber übereinstimmend eine bestimmte Frist fest, begrenzen also den Verjüngungszeitraum auch nach vorne, sie wählen gewöhnlich die kurze Zeit von 20 Jahren (I. Periode) und müssen das ihrer Struktur nach tun. So dürfen auch die Schlagräumungen meist nicht verzögert werden, weil vor Räumung des letzten Holzes nicht abgerechnet und vor allem die Schlagfläche nicht fertig ausgepflanzt werden kann, werden doch alle noch vorhandenen unbesamten Stellen im Schlag bis zum letzten Hieb durch die Ernte stark benutzt und werden dazu noch durch sie und die Bringung des Holzes neue Lücken im Jungwuchs geschaffen. Längeres Zuwarten mit der Ernte hätte bei Breitschlag auch meist keinen Sinn, weil der Boden unter und neben den Nachhiebsbäumen und -gruppen sich gewöhnlich doch nicht mehr besamt, denn die Baumstände der Nachhiebe schlagen ja biologisch betrachtet, weil seitlich ungedeckt, dem Naturverjüngungsprinzip geradezu ins Gesicht. Daneben droht immer die Gefahr, daß die verjüngten Teile zu weit vorauswachsen, die Ergänzungspflanzung zu spät kommt, Steilränder entstehen und die Mischung gefährdet mindestens verschlechtert wird. Die Leerstellen sollten zuerst, nicht zuletzt ausgepflanzt werden können, aber hier erhebt sich bei Breitschlag Widerstreit zwischen Ernte und Schutzbedürfnis!

Die Verjüngungszeiträume der alten Betriebsarten des Breitschlags waren durchaus nicht die harmlosen Vorausplanungen, wie wir sie auch heute noch haben. Sie deckten sich mit den Nutzungsperioden, für die dem Betrieb nur wenige Großflächen zur Aberntung zugewiesen waren. Auf ihnen mußte nun auch alljährlich eine bestimmte Holzmasse zu Boden gebracht werden, wie sie unter der Voraussetzung des Verjüngungszeitraums errechnet war.

Im Gegensatz zum Breitschlag, der diese technischen Schwierigkeiten nicht zu überwinden vermag, ist es beim Saumschlag mit seinen nach vorne übergreifenden Jahresschlägen — und zwar bei ihm allein! — möglich, den Verjüngungszeitraum nach vorne offen zu lassen bzw. nicht fest zu begrenzen, soweit und solange nicht ökonomische Bestimmungsgründe (Hiebsbedürftigkeit) ihn schließen. Das bringt Wörnles Verjüngungsgangzahl mit ihren drei Ziffern deutlich zum Ausdruck.

Es liegen für den Saumschlag auch keinerlei technische Hindernisse vor, die Verjüngung geeigneter Bestandsstreifen nach Bedarf hinauszuzögern oder zu beschleunigen, zumal wenn sie vorne an der Schlagreihe liegen, es liegt also die Möglichkeit vor, hohe Massen zu erheben oder aber die Nutzung aufs äußerste einzuschränken, ohne den biologischen Forderungen an den Betrieb zu nahe zu treten[1]. Bei starker Verzögerung gelangt man schließlich zur Starkholzzucht, erhält sich alte Waldreste inmitten der Neugebilde und wertvolle Samenbäume oder Sturmbrecher, dient ferner der landschaftlichen Schönheit usf.; bei Beschleunigung muß weiter vorgegriffen und in der Verjüngung künstlich stärker nachgeholfen werden.

Auch schutztechnische Bestimmungsgründe treten bei der Wahl des Verjüngungszeitraums auf, sie haben dauernde Bodendeckung und Überschirmung, sowie Festigung des Bestockungsaufbaus im Auge. Je langsamer der Eingriff vor sich geht, um so mehr ist die durch geschlossene Erziehung der Bäume labil aufgebaute Bestockung nachträglich in der Lage, sich unter Ausnutzung des freiwerdenden Luft- und Bodenraums zu befestigen, z. B. gegen Sturm und Schnee, und desto länger dauert die gegen zahlreiche Gefahren (Hitze, Frost, Unkraut) so wichtige Überschirmung des Bodens. In Frostlagen z. B. wirkt dieser Bestimmungsgrund so beherrschend, daß er allein über die Weite des Rahmens entscheiden muß, soll anders großer Schaden verhütet werden.

Die biologischen, wie die schutztechnischen Bestimmungsgründe weisen somit, das wäre das Hauptergebnis der vorstehenden Betrachtungen, übereinstimmend auf tunlichste Erweiterung des Verjüngungszeitraums hin, die biologischen sogar auf Offenhalten desselben nach vorne. Auch das später zu besprechende Prinzip der Stetigkeit zeigt nach der gleichen Richtung.

Blicken wir nun aber in die Vergangenheit zurück, so waren es im meist formverschiedenen Wald ökonomische und ganz besonders, zuweilen ausschließlich, ertragsregelungstechnische Gründe, die bei

---

[1] Vgl. Versammlung des deutschen Forstvereins in Stuttgart 1932. Jahresbericht S. 396.

Bemessung des allgemeinen Verjüngungszeitraums eine Rolle spielten, er mußte gleich dem Nutzungszeitraum, der „Periode", sein. Bei den alles beherrschenden Verteilungsmethoden, bei Fachwerk und Altersklassenmethode mußte sich die Verjüngung in das Prokrustesbett der feststehenden Nutzungsperiode von 10 oder 20 Jahren zwängen lassen.

Judeichs Sächs. Bestandswirtschaft — das Fachwerk können wir übergehen — die sich grundsätzlich auf die gegebene bestandsweise Gliederung der Bestockung stützt und diese höchstens im Sinn einer Verbesserung der Hiebsfolge und Bildung kleiner Hiebszüge ändert, zwängt die Verjüngungszeit in den feststehenden, sehr engen Rahmen ihrer rein ertragsreglungstechnisch bestimmten Nutzungsperiode von 10 Jahren. Die biologischen Bestimmungsgründe lassen solches Vorgehen nicht zu, so daß strenge Bestandswirtschaft nur beim Kahlschlagbetrieb und ähnlichen Formen des Waldeingriffs durchführbar ist. Das zeigt ja auch die Praxis, wo sich zwischen dem rein ökonomisch-ertragstechnischen Ziel der Bestandswirtschaft und dem biologischen der Naturverjüngung unüberwindliche Hindernisse auftürmen. Erst Hugo Speidel, dessen Vorgehen später auch andre Verwaltungen folgten[1], hat hier durch grundsätzliche Einstellung von **Teilflächen** der Bestände in den Nutzungsplan die Verjüngungsfrist nach vorne geöffnet und damit den Zwang der Bestandszuteilung an die Nutzungsperioden durchbrochen, damit aber auch das Grundprinzip der Bestandswirtschaft selbst.

Es ist der „Periodenschlag", sei es des Fachwerks oder der Bestandswirtschaft, der aus der Forstwirtschaft verschwinden muß, denn er führt zu den Breitschlag-Betriebsarten und bindet den Hiebsgang. An seine Stelle muß eine nach vorne offene Zuteilungsform treten, wie sie sich bei schmalen Jahresschlägen mit stetiger Folge und einem dachziegelförmigen Übereinandergreifen (Saumschlag) am schönsten ergibt.

Der praktisch notwendige Ausgleich zwischen den sich entgegenstehenden biologischen und ökonomisch-ertragstechnischen Bestimmungsgründen kann auf der Grundlage des Prinzips der Flächenaufteilung niemals erfolgen, vielmehr nur auf dem Weg der Ertragsbestimmung von freier oder doch vom Flächenzwang befreiter Erntemasse.

Im Gegensatz zum Allgemeinen Verjüngungszeitraum (der Verjüngungszeit der ertragstechnischen Flächeneinheit) ist der sog. „Spezielle Verjüngungszeitraum" des Femelschlagbetriebs, d.h. die Verjüngungszeit der waldbaulichen Flächeneinheit — ein Teil der ersteren — ausschließlich nur biologisch bestimmt und daher in seiner Dauer abhängig vom Standort, dessen Ansamungsfähigkeit, von der Holzart, deren Licht- und Wasserbedarf und schließlich vom heutigen Zustand von Boden

---

[1] Württemberg 1898, Bayern 1910, wo die Bezeichnung „ideelle Teilfläche" eingeführt wurde. Die bayrische Forsteinrichtungsvorschrift gleicht hier wie in andern Punkten der vorausgegangenen württembergischen.

und Bestockung. Diese Abhängigkeit verbietet jede vorausgehende Festlegung!

Dieser Zeitraum sollte Ergebnis, nicht Norm des Betriebs sein, wenn anders sicherer Erfolg eintreten soll, mag auch sein gutachtlicher Ansatz für Zwecke der Ertragsregelung und des betriebstechnischen Überblicks notwendig sein. Im übrigen ist auch kein Anlaß, die spezielle Verjüngungszeit irgendwie festzulegen, da sie sich ja frei innerhalb des weiteren Rahmens der allgemeinen Verjüngungszeit bewegt, die Wahl wird durch kein ökonomisches oder betriebstechnisches Moment beeinflußt, ist also dem Betriebsführer innerhalb der gezogenen Grenzen freigegeben, was den Femelschlag hoch über den Schirmschlag stellt.

Bei Verjüngungsmethoden, deren Hieb allmählich über die Schlag=fläche fortschreitet, wie bei Femelschlag mit Erweiterung der Gruppen=ränder und beim stetigen Saumschlag ergibt sich für den speziellen Ver=jüngungszeitraum — der Saumschlag kennt nur ihn — ein selbsttätig wirkender Prüfstein, das Waldbild und seine Entwicklung. Es ist das na=türliche Fortschreiten der Ansamung über die Fläche, das Besitzergreifen des Bodens durch den Jungwuchs, dem der Hieb bei formgleicher Altbestockung einfach folgt und damit den biologischen Hiebsgang auf dem Weg des Be=funds sicher feststellt, während beim Drängen der ökonomischen Momente zu rascherem Fortschreiten und damit zur Verkürzung der Verjüngungszeit auch hier die künstliche Hilfe des Waldbaus — sei es Bodenvorbereitung, Vor=bau oder verstärkter Nachbau — ergänzend eingreifen muß. Im übrigen genießt hier bei Saumschlag der Hiebsgang biologisch kräftige Hilfe durch geeignete Wahl der Saumtiefe, die sowohl eine Verlängerung wie Ver=kürzung des Hiebsgangs wirksam zu unterstützen vermag, denn — Saum=tiefe und Hiebsgang bedingen sich im Saum gegenseitig!

II. Der zeitliche Ablauf des Hiebs im Schlag, seine Gangart (Tempo).

Die Betrachtung des „Speziellen Verjüngungszeitraums" im Schlag leitet über zur Gangart des Hiebs als der zeitlichen Ablaufsweise von Ernte und Verjüngung auf der Fläche des Arbeitsfelds.

Diese Gangart äußert sich in verschiedener Weise. Sie kann stetig, d.h. ununterbrochen fließend sein, oder aber unstetig, d.h. ruckweise sich bewegend, in ihrer Wirkung aussetzend, periodisch. Die stetige Gangart kann dann wieder eine durchaus gleichmäßige, dabei rasche (Licht=hölzer) oder langsame (Schatthölzer) sein, oder sie kann ihre Geschwin=digkeit in verschiedener Weise, aber stetig ändern (Mischwald), entweder beschleunigen, wo sie z.B. zunächst durch schwache vorsichtige Eingriffe Bodengare schafft und die Besamung der Schatthölzer einleitet, dabei Bodenverwilderung verhütet, um dann nach dem Ankommen der An=samung deren Bedürfnissen entsprechend in eine immer lebhaftere Bewe=gung überzugehen. Sie kann sich aber auch verzögern, da, wo mit stär=

keren Eingriffen begonnen wurde und dann mit immer schwächeren fort-
gefahren werden muß.

Die unstetige Gangart kann ihre ruckweise erfolgenden Eingriffe
entweder in gleichen Zwischenräumen regelmäßig, d.h. „periodisch“ oder
aber ganz unregelmäßig, wie z.B. nach dem Holz- oder Geldbedarf des Be-
sitzers vornehmen.

Die Gangart des Hiebs äußert sich nun ganz verschieden je nach Schlagform und Schlagfolge, vor allem verschieden bei Breitschlag und Saumschlag.

Bei Breitschlag erstreckt sich jeder Hieb über die ganze Schlagfläche,
seine Gangart tritt deshalb hier in der Steigerung der Auflichtung über die
ganze Fläche hin in Erscheinung, während die Schlagfolge hier keinerlei
unmittelbaren Einfluß übt und vollkommen getrennt sich äußert. Bei Naturverjüngung geht jeder Ernteeingriff — je nach Hiebsart verschieden —
über die ganze breite Schlagfläche hin, lockert das Kronendach mehr und mehr
und deckt schließlich den entstandenen Jungwuchs ab. Der Hiebsgang wird
somit hier entscheidend beeinflußt durch die Bedürfnisse von Bodengare,
Keimung und Fußfassen des jungen Walds und durch dessen Schutzbedürfnis gegen Frost, Hitze, Unkraut und Schlagschäden, also durch ökologische
Bestimmungsgründe.

Plötzlich ändernde Einwirkung auf den natürlichen stetigen Gang durch
die Ertragsregelung, sei es Beschleunigung oder Verzögerung, wird deshalb biologisch nachteilig wirken und das Betriebsziel gefährden.

Im Gegensatz dazu fließen bei Saumschlag Hiebsgang und zeitliche
Schlagfolge am Saum in eins zusammen. Die Gangart des Hiebs kommt
im Vorwärtsschreiten der Schläge über die Fläche zum Ausdruck, wie sich
dieses aus der zeitlichen Folge der übergreifenden Jahresschläge, aus
Saumtiefe und Hiebsart ergibt.

Wird bei Saumschlag der Gang des Vorrückens über die Fläche geändert, so stehen technische Hilfsmittel zur Verfügung, die biologischen Schaden in weitem Maß verhüten lassen: Die Dehnbarkeit der Schlagtiefe und
die freie Beweglichkeit und Wandelbarkeit der Hiebsart.

Wenn ein Verjüngungssaum erst läuft, d.h. wenn ein entsprechendes Ansamungs-
kapital am breiten Randstreifen gesammelt ist, dann kann auch, wie die Praxis überall
zeigt, selbst stärkste Beschleunigung ohne Schaden, mindestens vorübergehend, Platz
greifen, ebenso aber auch jede Verzögerung! Das reife Holz steht über besamten Streifen jederzeit greifbar zu freier Verfügung, also zu früherer oder späterer Ernte bereit,
denn auch bei sofortiger Räumung bleibt die Fläche noch in biologisch günstigem
Stand (Randstand). Hier wäre also auch z.B. „volle Ausnutzung der Marktkonjunk-
tur“, von der man so gerne spricht, obgleich sie bei nüchterner Betrachtung wenig
Stich hält, ohne biologischen Schaden möglich.

Die so oft vorgebrachte, aus falscher Vorstellung abgeleitete Befürchtung, bei
plötzlichem Eintritt größeren Bedarfs oder beim Übergang vom Breitschlag zum Saumschlag fehle es der Ernte an greifbarem Holz, könne man seine nachhaltige Jahresnutzung
nicht zusammenbringen, hat sich in der Praxis, wie es nicht anders sein konnte, in
allen Fällen als falsch erwiesen! Das Gegenteil tritt nicht selten ein! Man ver-

mag, sobald erst der Saumbetrieb in vollem Gange, die Karenzzeit vorüber ist, nicht selten dem natürlichen Vorwärtsdrängen der Naturbesamung mit der nachhaltigen Nutzung kaum zu folgen und muß zu Herabsetzung der Schlagtiefe schreiten.

Die Gangart des Hiebs wird nun einerseits **ökologisch**, andrerseits aber **ökonomisch** bestimmt!

Es sind zwei Gruppen von Bestimmungsgründen ganz verschiedener Art und Wirkung, die hier zusammentreffen, eine ökologische Gruppe mit biologischen und waldsichernden Bestimmungsgründen und dem Ziel höchster und sicherster Holzerzeugung und Waldverjüngung und eine ökonomische Gruppe mit teils rein ökonomischen Gründen der Nutzenabwägung, teils ertragsregelungstechnischen der Nachhaltigkeit. Im ökologischen Gebiet, das durch die Wachstumsgesetze der Natur regiert wird, herrscht das Prinzip der Stetigkeit, im ökonomischen dagegen herrscht die Hiebsreife mit ihrem Rahmen, der im Nutzungszeitraum zum Ausdruck kommt, sowie das Prinzip der Nachhaltigkeit, das ein gleichmäßiges Fließen des Ertrags aus dem Walde fordert.

An sich müßte nun, wie der Spezielle Verjüngungszeitraum, so auch die Gangart des Hiebs rein ökologisch eingestellt sein oder praktisch ausgedrückt, sie müßte nur dem Waldbild und seinen Bedürfnissen folgen, d. h. den während der Abwicklung der Verjüngung hervortretenden Wachstumsbedürfnissen der alten und jungen Bestockung und dem natürlichen Fortgang der Ansamung allein Rechnung tragen. Es kämen dabei nur biologische und waldsichernde Bestimmungsgründe zu Wort, die Gangart wäre eine rein biologische!

Aber dies gilt, wie wir sehen werden, nur für formgleiche, d. h. aus gleicher Eingriffsweise hervorgegangene Bestockung und im Nachhaltwald nur für normale Altersklassen. Im formverschiedenen Wald und bei abnormen Altersklassen dagegen, d. h. in der breiten Wirklichkeit üben auch noch ökonomische und ertragstechnische Gründe entscheidenden Einfluß und es ist die Kunst der Ertragsregelungstechnik, diesen Einfluß möglichst zurückzuhalten und dem biologischen Moment den erforderlichen freien Spielraum zu schaffen, oder besser noch, beide in der Gangart zu einträchtiger Zusammenarbeit zu verbinden.

Betrachten wir also zunächst die Verhältnisse im formgleichen Wald, so haben wir den Vorteil, daß hier ausschließlich nur die Gruppe der ökologischen Bestimmungsgründe wirkt und für sich allein betrachtet werden kann, während dann nachher beim formverschiedenen Wald beide Gruppen nebeneinander treten und es unsere Aufgabe sein wird, hier den Weg des Einklangs zu suchen.

1. Die ökologischen Bestimmungsgründe.

Untersuchen wir die Hiebsgangart oder planen wir sie gar mit dem Betriebsführer zusammen, so tritt uns sofort ein allgemeines biologisches Gesetz als Bestimmungsgrund entgegen, das den Forstbetrieb nach seiner erzeugungstechnischen Seite hin vollkommen durchdringt und beherrscht, — das auch schon beim Festsetzen des Verjüngungszeitraums Einfluß übte — es ist das **Gesetz der Stetigkeit**, das für alle Betriebseingriffe in den Wald gilt (vgl. 4. Abschnitt, 6. Kapitel).

Dieses Gesetz gründet sich auf die Tatsache, daß alle Veränderung in der Natur durch Wachstum erfolgt, daß also auch das Gedeihen des Walds und aller seiner Glieder bis hinab zu Jungwuchs und Bodenbakterie eine allmähliche stetige Entwicklung zeigt und daß jedes Glied eine längere Frist zu seiner Vergrößerung, Ausdehnung, Vermehrung usf. braucht. „Natura non facit saltus!" lautet ein alter Satz!

Das Wachstum des Waldes vermag sich darum **nur steten leichten Eingriffen** sofort und fortdauernd voll anzupassen und deren Vorteile auszunutzen, während alles plötzliche, starke, wechselnde oder nur periodische Eingreifen es zunächst immer in seiner Volleistung stören, ja nicht selten empfindlich schädigen wird. Seine günstigen Wirkungen werden sich erst allmählich einstellen. Wie sich der Waldboden und seine Decke stetig formt und umgestaltet, wie die Bestockung selbst stetig wächst und ihre Beschützer in der Lebensgemeinschaft Wald sich meist mehr oder weniger stetig entwickeln, so muß auch stetig und leicht in den Wald eingegriffen werden, damit er dem Eingriff mit seinem Wachstum fortlaufend folgen, z. B. freiwerdenden Wuchsraum sofort und voll ausnützen kann, damit also nirgends eine Zuwachskluft entsteht.

Darum muß **Stetigkeit** die zeitliche Grundlage aller forstlichen Betriebsführung, alles forstlichen Handelns im Walde sein, sie bildet den wichtigsten, den entscheidenden Bestimmungsgrund für die zeitliche Ordnung des Betriebseingriffs! Der forstliche Betrieb fordert „Geduld", das anerkennt jeder! Hier heißt das: ein langsam geduldiges Vorgehen, Verzicht auf plötzliche glänzende Erfolge durch scharfes Eingreifen! Geduld aber darf nicht nur theoretisches Bekenntnis bleiben, wie so oft, sondern muß im Vollzug Wirklichkeit werden. Das bedeutet auf dem Gebiet der Verjüngung zunächst einmal frühzeitige leichte Vorbereitung und Einleitung, damit im ökonomischen Rahmen für die Ernte Zeit bleibt zu geduldigem Warten, bis die Natur sich regt und das erforderliche Besamungskapital gesammelt hat und damit dann auch Zeit bleibt zu stetig geduldiger Fortführung der Hiebe. Nicht aber ist unter Geduld ein langes tatenloses Zuwarten zu verstehen!

Das Prinzip der Stetigkeit, das für die Naturverjüngung zunächst stetigen Ernteeingriff fordert, überträgt sich weiter auf die Stetigkeit der Beobachtung des Waldbilds und seiner Entwicklung durch den Betriebsführer, auf Stetigkeit — nicht Periodizität — aller waldbaulichen, wie aller Schutz= und Pflegearbeit, wovon später[1].

Wir treffen hier auf Bestimmungsgründe auch für Größe und Form des Schlags, insofern stetige Arbeit im Wald ganz wesentlich erschwert wird durch Breitform des Schlags, während sie in gleichem Maß erleichtert wird durch dessen Streifen= bzw. Saumform.

Die stetige Entwicklung verbietet es auch — um dies bei dieser Gelegenheit zu betonen — einmalige Aufnahmen oder Besichtigungen von Waldbildern zur Grundlage bestimmter Beurteilung und wissenschaftlicher Feststellungen zu machen, wenn man Irrtümer vermeiden will. Bei exakt wissenschaftlichen Arbeiten auf dem Gebiet der Entwicklung des Waldes, die irgendwelchen Wert haben sollen, wäre solches Vorgehen schwerste Fahrlässigkeit!

Waldbilder irgendwelcher Art, z. B. Ansamungen, Florentypen, können nur dann richtig gewertet und gedeutet werden, wenn ihre Entstehung bzw. Entwicklung **stetig** beobachtet wurde! Sonst sind Irrungen so gut wie sicher. Ihr Zustand ist z. B. für irgendwelche Feststellung nur brauchbar, wenn sie von Anfang an umzäunt waren!

Einen scharfen Gegensatz zur stetigen Betriebsführung bildet deren **Periodizität,** zu der die Betriebstechnik an sich stark hinneigt, wie sie auch in der Periodenwirtschaft der Vergangenheit ausgeprägt vor uns liegt. Das Ordnungsprinzip hat auf dem Gebiet der zeitlichen Ordnung zur Periode geführt und, was noch stärker wirkte, zum Denken in Perioden (Fachwerk!) auch auf dem Gebiet der Betriebstechnik. Die Periode hat sich in der forstlichen Vorstellungswelt eine führende Stellung erworben und bis in die Gegenwart erhalten, wie unser Schrifttum und die Praxis täglich zeigen, denn ohne sie können sich die meisten Fachgenossen einen geordneten Forstbetrieb überhaupt nicht vorstellen, bietet doch solche Periodengliederung manche rein betriebstechnische Vorteile. Auf dem Gebiet der Betriebstechnik aber verstößt der Periodenbetrieb gegen das Prinzip der Stetigkeit, die Zeitteilung ist zu grob (10 und 20 Jahre) das Denken in Perioden mag in der reinen Ertragsregelung am Platz sein, aber aus dem Betrieb muß es verschwinden, dem biologischen Prinzip der Stetigkeit weichen. Hier muß eine Regelung des Gangs mit einem Umlauf von 2—3 Jahren Platz greifen, fünf Jahre wären schon zu viel!

Wir sind durch ein Jahrhundert und seine Entwicklung daran gewöhnt worden und der periodische Wirtschaftsplan unterstreicht das noch besonders, daß unsere Ernte im Wald, unsere Verjüngung, unsere Erziehung und Waldpflege usf. periodisch geordnet werden und sich auch vielfach nach periodisch geteilter und befristeter Zeit, also ruckweise, vollziehen. Wir denken in Perioden, weil wir nach ihnen planen, ausführen und abrechnen. So sind der 20jährige Verjüngungszeitraum, die 10jährige Nutzungsperiode, die 10jährige Durchforstungsfrist (diese trotz der alten Regel —

---

[1] „Kulturwart!" Vgl. Wagner: Lehrbuch des Forstschutzes, S. 228.

früh, oft und mäßig —) usf. entstanden, denen wir lange Zeit willig folgten, obgleich uns wohl bewußt war, daß sie den wirklichen Bedürfnissen des Waldes keineswegs entsprachen. Bezüglich des Wirtschaftsplans sollte das anders werden! An Stelle periodischer Neuaufstellung des ganzen Plans sollte eine stetige Weiterführung treten.

In dieser Lebensfrage der Holzerzeugung muß der betriebstechnische Bestimmungsgrund periodisch geordneter Zeiteinteilung gegenüber der Stetigkeitsforderung unbedingt zurücktreten!

Die Periodenwirtschaft wirkt um so unstetiger, je kürzer die Periode ist, auf welche eine Arbeit zusammengedrängt wird (Beispiel: Die 10jährige Nutzungsperiode der Sächs. Bestandswirtschaft) oder je länger die Frist für die Wiederkehr derselben Maßregel (Beispiel: 10jähriger Umlauf für die Durchforstungen). Schon im Breitschlagprinzip liegt ein hoher Grad von Unstetigkeit. Nach einer kurzen 10= oder 20jährigen Ernte= und Verjüngungszeit auf der Großfläche mit stärksten Eingriffen des Betriebs in die Bestockung folgen 100 Jahre geringster Einwirkung, eine Ruhezeit, früher nur alle 10 Jahre unterbrochen durch eine einzige im Jahrzehnt fällige Durchforstung. Nach kurzer intensivster Bearbeitungsfrist entschwindet hier also die einzelne Waldfläche durch ein Jahrhundert wieder fast ganz dem Tätigkeitsbereich und damit Gesichtskreis des Betriebsführers. Beim Fachwerk war sie ihm durch ihren Periodenstand geradezu verschlossen, denn hier war er mit seinem ganzen Tun und Denken auf „die Abteilungen der I. Periode" beschränkt. Die bedingte **„Öffnung der II. Periode"** galt schon als Großtat einer fortgeschrittenen Wirtschaft! Seit dem Verlassen des Fachwerks ist es ja in dieser Hinsicht allmählich in der Praxis besser geworden, doch spukt der Fachwerksgeist der Periodizität noch überall herum, wenn auch die, so von ihm besessen sind, das natürlich nicht merken und darum nicht wahr haben wollen.

Ähnlich der Periodenbildung (und wohl durch sie veranlaßt), wirken unvermittelt plötzliche Übergänge aus einer Behandlungsweise in die andere, sie führen damit nicht selten, wenigstens vorübergehend, zu Rückschlägen. (Einstellung eines noch unberührten Bestands in die I. Periode oder den Hauungsplan.)

Im Gegensatz zur Periodizität äußert sich die Stetigkeit in einem möglichst langen, am besten nach vorne offenen Verjüngungszeitraum. Schon frühzeitig, vor ihrem eigentlichen Beginn wird die Verjüngung vorbereitet und zwar unter voller Ausnutzung des ökonomischen Rahmens für die Hiebsreife, nicht nur nach oben, sondern vor allem auch nach unten; und dieser Rahmen wird auch noch durch besondere Pflege des Wertszuwachses nach Möglichkeit erweitert.

Innerhalb dieses weiten Rahmens äußert sich dann ferner die Stetigkeit in einer kurzfristigen Wiederkehr der Eingriffe, die dann auch schwach gehalten werden können; mit anderen Worten: Die Axt darf im Walde nie ruhen!

Die Vorbereitung zur Verjüngung darf also nicht erst mit dem „Vorbereitungshieb" nach „Einstellung in die I. Periode" einsetzen, wie das zu Fachwerkszeiten geschah, oder nach Einstellung des Bestands in den Hauungsplan bei der Altersklassenmethode, sondern sie muß schon lange vorher, schon während der Erziehungsphase durch Bodenpflege, Kronenpflege und zeitige Vorverjüngung langsam wüchsiger Schatthölzer (Tanne, auch Buche auf vielen Standorten!) vorarbeiten. Technisch ist das dadurch möglich, daß der Periodenbreitschlag mit seiner ganzen Vorstellungswelt aus dem Wald und den Köpfen überhaupt verschwindet und durch den stetig fortschreitenden (dachziegelförmig übergreifenden) Jahresschlag ersetzt wird, der selbst zur Stetigkeit erzieht. Daß ebenso die Durchforstungen im kürzesten betriebstechnisch möglichen Umlauf von 3(—5) Jahren wiederkehren müssen, besonders häufig zur Zeit des Haupthöhenwachstums, werden wir im nächsten Abschnitt sehen.

Betrachten wir die Fälle, in denen im Walde besonderer Betriebserfolg — in Zuwachs oder besonders Naturverjüngung — erzielt wurde, so ist er — richtig betrachtet — stets dadurch zustande gekommen, daß man sich von der fächerbildenden Periodizität frei machte und stetig in den Wald eingriff, wo und wie das eben notwendig erschien. Ein gutes Beispiel ist hier das Vorgehen des Herrn v. Kalitsch.

2. Die ökonomisch-ertragstechnischen Bestimmungsgründe.

Der besprochene biologische Bestimmungsgrund der Stetigkeit steht nun in vollstem Einklang mit dem ökonomisch-ertragstechnischen Grunde der **Nachhaltigkeit der Ertragslieferung,** der sich gleicherweise auf Markt, Arbeit, Betriebstechnik und ökonomisches Bedürfnis des Waldbesitzers stützt und die Wirtschaft in gleichem Maß vollkommen durchdringt und beherrscht[1], wie die Stetigkeit den Betrieb und seine Technik.

Es ist ein für die Forstwirtschaft überaus günstiger und wirksamer Umstand, daß diese beiden zeitlich ihn völlig beherrschenden Prinzipien so innig sich die Hand reichen, während das Hiebsreifemoment im formgleichen Wald an sich schon Erfüllung findet und darum, wie gezeigt wurde, zurücktritt.

Dieser Gleichklang der Bestimmungsgründe, der **Stetigkeit** seitens der Biologie, und der **Nachhaltigkeit** seitens der Ökonomie, **legt nun aber auch der forstlichen Technik die Pflicht auf, ihn in schärfster Weise zur Rationalisierung ihres Betriebs auszunutzen!** Es war der folgenschwerste waldbauliche Fehler der Vergangenheit, der noch heute nicht überwunden ist, diesen Gleichklang nicht zu erkennen

---

[1] Eingehende Begründung der Nachhaltigkeit vgl. Wagner: Lehrbuch der Forsteinrichtung, S. 67—72.

und nicht zu pflegen, sondern ihn durch den besprochenen ruckweise
wirkenden Periodenbetrieb, die Einschachtelung des zeitlichen Hiebsgangs
auf der Einzelfläche in das enge und starre Rubrikensystem des Einrich=
tungs= bzw. Hauungsplans in sein Gegenteil zu kehren. Das kameralistische
Bedürfnis nach klarer Etatsordnung und Abrechnung der Ernte beherrschte
eben alle Waldeingriffe und verstopfte die Quelle der schaffenden Natur.
Es war nicht zuletzt der Fachwerksgeist, der die ganze Vorstellungswelt
und das fachliche Denken gerade der wissenschaftlich (d. h. in früheren Zeiten
kameralistisch) am besten vorgebildeten Forstleute durch Generationen in
seinem Banne hielt und damit die sich immer mehr steigernde Entfremdung
vom wahren Waldbau, wie auch die waldbaulichen Mißerfolge langer Zeit=
räume verschuldete — Kunstverjüngung, Reinbestockung usf. — „An ihren
Werken sollt Ihr sie erkennen!"

Man hat den Verf. mehrfach einer zu harten Beurteilung des Fachwerks
geziehen! Und man hat behauptet, der Fachwerksgeist sei heute längst über=
wunden! Beides ist gleich unzutreffend.

Das Wirken des Fachwerks als reine Methode der Ertragsregelung mag ja ver=
hältnismäßig harmlos gewesen sein. Aber darauf kommt es hier nicht an, sondern auf
seine betriebstechnische Nebenwirkung! Und hier hat man die Verderblichkeit des
Rubrikengeistes für unser Fach auch heute noch nicht überall klar erkannt! In seiner
Wirkung auf das Leben und Weben der Natur kann das Fachwerk und
sein Periodengeist betriebstechnisch gar nicht hart genug beurteilt
werden.

Man versuche es nur bei einer beliebigen Waldfläche mit stetigem
Eingriffen im Gegensatz zu der leider auch heute noch vorherrschenden nur periodi=
schen Eingriffsweise in den Wald bei Erziehung und Verjüngung, man arbeite dort
fast alljährlich stetig, so wie der Wald wächst, so wird man — sofern man Wildverbiß
durch Zaun ausschaltet und eine Karenzzeit von 6—10 Jahren vergehen läßt, die der
Wald braucht, um den toten Punkt zu überwinden, auf dem er in der Regel festsitzt —
über die Veränderung an Boden und Bestockung staunen im Vergleich zu der im
Sinne der Periodizität weiterbehandelten Umgebung. Wer die Augen dafür hat,
sieht bald am Waldbild, in welch überquellendem Maß die Natur bei **stetigem** Eingriff
ihr Füllhorn ausschüttet, er findet reichere Bodentätigkeit, gesteigerten Zuwachs,
Ansamung von Holzpflanzen als Unterstand und allerlei Standortsgewächsen usf.
Dem Verf. ist die Wirkung stetigen Eingriffs im Gegensatz zum periodischen erstmals
in überzeugender Weise vor Augen getreten in ständig unter der Axt gehaltenen Bau=
ernwäldern im Gegensatz zu den sie umgebenden Fachwerkswäldern gleichen Stand=
orts. Auch die großen Erfolge des Herrn von Kalitsch möchte ich vor allem der
Stetigkeit seines Eingreifens, dem Verlassen des Periodenbetriebs zuschreiben.
Der Übergang zu wahrer Stetigkeit ist das, was seinen Betrieb vor allem kenn=
zeichnet und seinen Erfolg bestimmte. Man kann wohl allgemein sagen, wahrer
Erfolg im Waldbau haben immer nur die gehabt, die sich von Fachwerksgeist frei=
machten.

Bedingungen für Erfüllung des Bestimmungsgrunds der
Stetigkeit im Betrieb sind, wie gezeigt:

1. die völlige Aufgabe des Zuteilungsprinzips,

2. ein weiter, am besten dehnbarer und nach vorne offener Ver=
jüngungsrahmen.

3. Ein stetig langsamer Fortgang der Abnutzung am einzelnen Ort — kurzer Umlauf (1—3 Jahre).

Vereinigt sich nun im formgleich aufgebauten Wald alles auf den biologischen Bestimmungsgrund der Stetigkeit, so muß sich dies Prinzip im wirklichen, d. h. in der Regel formverschiedenen Wald mit ökonomischen und ertragstechnischen Bestimmungsgründen in die Herrschaft teilen, ja es wird nicht selten von ihnen in den Hintergrund gedrängt. Leicht in Einklang zu bringen sind meist die ertragsregelungstechnischen Gründe, denn sie werden vom Nachhaltprinzip beherrscht. Es müssen in der Altersklassenvertretung schon große Schwierigkeiten vorliegen — z. B. nur wenige Großbestände zur Erhebung des nachhaltigen Hiebssatzes zur Verfügung stehen — wenn Gegensätze entstehen sollen.

Ebenso bietet der meist weite oder erweiterungsfähige Rahmen der ökonomischen Hiebsreife eine gute Handhabe, um Einklang herzustellen. Schwieriger liegen dagegen die Umstände, wo dieser Rahmen ein an sich enger oder bereits stark verengter ist, wie bei alten kranken und verlichteten Beständen (gedrückter Wertzuwachs), wo übrigens die Schwierigkeiten nicht selten dadurch entstanden, daß die Praxis den ökonomischen Rahmen der Hiebsreife hat untätig verstreichen lassen, d. h. die Bestände nicht frühzeitig genug in Angriff genommen hat. Nur deshalb stößt der Betrieb schon nach kurzer Zeit an die ökonomische Obergrenze! Diese zu überschreiten haben aber bekanntlich dieselben Personen meist größtes Bedenken, die vorher unbedenklich den besten Teil der Frist untätig haben verstreichen lassen! Die wirtschaftlichen Verluste durch Überalterung sind viel höher einzuschätzen, als solche durch Eingriffe in den noch nicht voll reifen Bestand, wo der Schaden meist nur in einer falschen ökonomischen Annahme besteht. Die praktische Hiebsreife bewegt sich nämlich, der Entwicklung des Wertzuwachses entsprechend in einem zeitlichen Rahmen, der je nach Holzart, Standort, Gesundheit der Bestockung und anderen Umständen weiter oder enger sein, durch Pflege des Wertzuwachses noch erweitert werden kann.

Ein weiter Rahmen gibt dem Waldbau freie Bewegung, ein enger sucht das biologische Moment zurückzudrängen. Besonders weit wird der Rahmen, wo schon schwache Sortimente auf dem Markt gut bezahlt werden, gleichzeitig aber auch Starkholzzucht sich lohnt — wie auf vielen Kiefernstandorten, wo Grubenholz und Schneideblöcke und auf Fichtenorten, wo Papierholz und Sägeblöcke lohnenden Absatz finden — hier hält die Wertsmehrung lange an. Ähnliches gilt da, wo auf Teuerungszuwachs zu rechnen ist, wie bei Eiche oder der Massenzuwachs spät seinen Höchststand erreicht, wie bei der Tanne. Auch Ungleichaltrigkeit und bestimmte Mischungen wirken nach gleicher Richtung. Besonders eng dagegen wird der Rahmen, wo Schwachhölzer wenig begehrt sind oder aber wo Starkhölzer nur wenig

Wertsmehrung zeigen, also der Wertszuwachs entweder spät einsetzt oder früh sinkt und ganz besonders, wo Krankheiten und holzzerstörende Gefahren drohen oder die Bestockung lückig machen, wie Rotfäule, Tannenkrebs, Kiefernbaumschwamm, Schnee, Duftbruch. Im letztern Fall wird das biologische Moment gegenüber dem der übergeordneten Kategorie angehörenden ökonomischen vielfach zurücktreten müssen, mindestens ist es schwer und erfordert besonderes Geschick, beide in Einklang zu bringen. Dabei muß nicht selten die Gangart weit über die biologische Grenze hinaus gesteigert und künstliche Hilfe des Waldbaus in mehr oder weniger starkem Maß in Anspruch genommen werden, um ökonomischen Schaden zu vermeiden.

Die Aufgabe, das biologische und ökonomische Moment bei der Gangart des Hiebs in Einklang zu bringen, wird aber nicht nur durch engen Rahmen der Hiebsreife sehr erschwert, sondern ebenso häufig durch **Gleichaltrigkeit der Bestockung auf großen Flächen**, denn solche Flächen werden meist aus schutztechnischen, ertragsregelungstechnischen, auch waldbaulichen Gründen nicht gleichzeitig in Angriff genommen werden können. Hier steigern sich nun die Schwierigkeiten des Betriebs nicht selten zum **waldbaulichen oder ökonomischen Notstand!**

Solcher Notstand tritt z. B. auf, wo man große reine und annähernd gleichaltrige Fichtenkomplexe **ohne Gliederung** bis zur vollen Hiebsreife hat heranwachsen lassen, denn dieser Hiebsreife folgt nun auch bei drohender Rotfäule und Sturmgefahr die Hiebsbedürftigkeit auf dem Fuße! Hier fehlt jeder ökonomische Spielraum und jede Möglichkeit, den biologischen und waldsichernden Bestimmungsgründen ausreichend Rechnung zu tragen. Es bleibt nichts anderes übrig, als ohne Säumen den Abtrieb in kahlen Schmal- und Breitschlägen zu beginnen und alle biologischen und schutztechnischen Nachteile solchen Vorgehens mit in Kauf zu nehmen, auf Naturverjüngung aber, auf Mischung, Seitendeckung des Jungwuchses, Vorbeugung von Unkraut, Frost, Rüsselkäfer, Feuer, Dürre usf. zu verzichten. Dafür muß man nun alle waldbautechnische und schutztechnische Kunst der Forstwirtschaft spielen lassen, die bei solchem Waldaufbau und Zustand der Bestockung dem Betrieb auf keinem Wege erspart bleibt. Jeder gute Haushalter wird aber aus solchem überkommenem Zwang die heilsame Lehre ziehen, daß in ähnlichen Fällen vorsorglich und sehr frühzeitig gliedernd einzugreifen ist, um sich nicht gleicher Versäumnis schuldig zu machen, deren Folgen aus vergangener Zeit man heute vielfach tragen muß.

Die Schuld am Notstand trägt hier ganz allein die Vergangenheit, die aus Mangel an jedem Weitblick (wie ihn der Forstmann haben muß, wenn er seinen Beruf nicht verfehlt haben soll), untätig blieb, als es Zeit war, gliedernd in die Zusammenhänge einzugreifen und so künftigem Notstand vorzubeugen. Das Fachwerk ließ übrigens ein Eingreifen gar nicht zu und verdeckte alle Schwierigkeiten mit schöner Periodenfolge.

Die besprochenen Schwierigkeiten zwischen biologischen und ökonomischen Bestimmungsgründen treten meist bei Umwandlungen auf, die den Waldaufbau, also die Schlagform ändern, z. B. beim Übergang vom Breitschlag zur Blenderung oder zum Saumbetrieb. Hier muß die Wahl eines guten Übergangswegs, der die Stetigkeit nicht aus dem Auge läßt, Einklang schaffen. Geht man zum Saumschlag über, so wird eine frühzeitige Zerschlagung aller großen gleichaltrigen Bestockungseinheiten (Großbestände) in kleine Schlagreihen als Einheiten am besten zum Ziele führen.

Im übrigen muß auf diesem Gebiet zwischen den beiden Bestimmungsgründen, wo sie sich entgegenstehen, ein Mittelweg gefunden werden, der jedem von beiden gleichzeitig bzw. dem jeweils gewichtigeren Grund so Rechnung trägt, daß das Ziel im ganzen am besten erreicht wird. So wird es ja im ganzen wirtschaftlichen Leben gehalten, das immer den „goldenen" Mittelweg sucht. Einseitige Bevorzugung des einen oder des andern Bestimmungsgrunds führt immer zur Herabsetzung des Gesamterfolgs! Wo das biologische Moment aus zwingendem, ökonomischem Grund zurücktreten muß, da hat die waldbauliche Kunst zu zeigen, was sie kann! Dazu ist sie da! Ihre Methoden beschleunigen die biologische Gangart durch Bodenvorbereitung, Vorbau und Nachbau.

Daher gilt der Satz:

Soll im wirklichen Wald der normale Einfluß der biologischen Bestimmungsgründe für den Hiebsgang sichergestellt werden, so muß der Betriebsführer **frühzeitig Vorbereitung treffen,** vor allem **den ökonomischen Rahmen der Hiebsreife voll ausnützen,** d.h. schon an seiner Untergrenze mit der Verjüngung sofort einsetzen, da jede Verzögerung die ökonomische Aufgabe erschwert und daher auch ökonomisch schadet.

Nicht ohne dringenden Grund wurde hier auf volle Ausnutzung des Reiferahmens für den Hiebsgang mit Nachdruck hingewiesen! Man scheut sich nämlich heute noch in der Praxis vielfach vor einer Vollausnützung des Rahmens von unten her, d.h. vor möglichst frühzeitigem Beginn der Verjüngung, weil man das Phantom des „wirtschaftlichen Opfers" fürchtet[1]. Diese aus mangelhafter ökonomischer Ausbildung mancher Fachgenossen geborene Furcht verschuldet meist die heutigen Verjüngungsschwierigkeiten. Sie ist völlig unbegründet, weil ja der Reinertrag der Forstwirtschaft schon in sehr jugendlichem Alter des Holzes seinen Höchststand erreicht und weil auch — durch frühzeitigen Beginn der Verjüngungsaufwand sinkt ebenso wie Betriebsschwierigkeit und Gefahr.

Der verspätete Eingriff ist vielfach mit verschuldet durch einen zu hohen Flächenanteil der ältesten Altersklasse als Hinterlassenschaft früherer Umtriebe. Solche Abnormität der Altersklassen sollte jedoch nicht hindern — bei Saumschlag wenigstens, wo kein nachfolgendes Drängen zu fürchten ist nicht! — jeden Bestand sofort, wenn auch zunächst in langsamster Gangart in Angriff zu nehmen, so früh, als dies ökonomisch irgend möglich ist, weil sonst durch späten Anhieb alle Bestände unter Erschwerung und in beschleunigtem Gang verjüngt werden müssen. Auf breiter Fläche allerdings ist frühzeitiger Anhieb nicht immer möglich, weil sonst bei sehr langsamem

---

[1] Vgl. meine Ausführungen darüber in der Allg. F.-u.J.-Ztg. 1929, S. 165—166.

Hiebsgang im Mischwald die Schatthölzer das Übergewichts erhalten würden, wir reine Tannen- und Buchenbestockung bekämen.

Fassen wir schließlich die Ergebnisse unserer Betrachtungen über die Gangart des Hiebs zusammen, so wurde festgestellt, daß deren Bestimmungsgründe für den formgleichen Wald durchaus biologischer und waldsichernder Art sind und daß sie im Grundsatz der Naturgemäßheit gipfeln.

Überall und allgemein gilt nur das beherrschende Prinzip der Stetigkeit!

Der zeitliche Hiebsgang ist, das zeigt unsere Betrachtung, ohne Zweifel der feinste und letzte Ausdruck der Betriebsführung und der Ort und Weg ihrer bestmöglichen Beachtung aller ökologischen Bestimmungsgründe. Wegen deren Mannigfaltigkeit und wechselvollen Wirkung widerstrebt darum auch der Gang des Eingriffs jeder Festlegung und Normierung, er kann nur frei von Fall zu Fall und Zeit zu Zeit bestimmt werden und zwar im Anhalt an die fortlaufende Beobachtung des Gangs der Ansamung. Solche Freiheit gewährt nur ein nach vorne offener Verjüngungs- und Nutzungszeitraum.

Im formverschiedenen Wald dagegen treten Nachhaltigkeit und ökonomisches Ziel, dieses mit der Forderung der Einhaltung des Hiebsreiferahmens, in Wettbewerb mit den biologischen Gründen und es ist hier Sache des ökonomischen Geschicks, beide Rücksichten zu einträchtiger Zusammenarbeit zu verschmelzen. Hier gilt es Einklang herzustellen zwischen Ökologie und Ökonomie!

Die Befreiung des Hiebsgangs von jedem zeitlichen Zwang ist beim Naturverjüngungsbetrieb, die Hauptaufgabe der systematischen Schlagordnung wie gleichzeitig diejenige auch der Ertragsregelung. In der geschickten Verbindung der biologischen und ökonomischen Elemente in Hiebsart und Hiebsgang liegen alle Feinheiten waldbaulicher Kunst beschlossen!

In der Gangart des Hiebs muß also dem Betrieb Freiheit von Fall zu Fall geschaffen werden, muß die Technik des Betriebs alle Hindernisse aus dem Wege räumen, und alle Förderungsmöglichkeiten pflegen, um dem Betriebsführer freie Hand zu schaffen, jene Feinheiten auszuformen und örtlich anzupassen, uneingeengt durch die groben Hindernisse, die eine noch unentwickelte oder schlecht ausgebaute Schlagordnung und übergreifende Ertragsregelung in sich schließen!

Ein Mittel der Befreiung des Hiebsgangs ist beim Saumschlag, wie wir an einem Beispiel bereits gesehen haben, die Schlagtiefe, mit der der Hiebsgang in gegenseitiger Abhängigkeit steht. Rascher Hiebsgang erfordert große Schlagtiefe, je langsamer dagegen der Hiebsgang, desto schmäler der Schlag.

Wir stehen hier vor dem Geheimnis und dem Schlüssel des waldbaulichen Erfolgs, für dessen Quelle unser Schrifttum so viele schöne Worte und so wenig Klarheit hat.

Wollen wir überall und im großen den örtlich bestmöglichen Verjüngungserfolg erzielen, so ist unsere technische Aufgabe, dem Betriebsführer überall und ununterbrochen solche äußere Bedingungen zu schaffen, die es ihm nicht nur möglich machen, sondern die es ihm so leicht als möglich machen, nicht allein alle biologischen Bestimmungsgründe von Holzart, Standort und Waldzustand unter sich in Einklang zu bringen, sondern auch diese Gruppe von Momenten mit der ökonomischen und ertragstechnischen Gruppe, deren Rahmen nicht überschritten werden darf, einträchtig zu verbinden. Diese Verbindung geschieht durch jeweils beste Wahl von Hiebsart und Hiebsgang und durch fortlaufende Anpassung beider Elemente an die im Ablauf der Verjüngung auftretenden Bedürfnisse. Mit ihr wird die letzte Aufgabe und höchste Kunst der forstlichen Betriebstechnik erfüllt. Wie weit es dem Betriebsführer gelingt, diesen Gleichklang herzustellen und dem möglichen Höchsterfolg nahezukommen, das bleibt, sobald alle technischen Hindernisse weggeräumt, seiner geschickten Hand überlassen.

Für uns ist nur die Frage, die im letzten Abschnitt behandelt werden soll: Welche äußeren Bedingungen lassen sich durch die forstliche Technik schaffen, die dem Betriebsführer in vollem Maß freie Hand geben, und ihm seine Aufgabe nach Möglichkeit erleichtern? Das **absolute Maß** des Erfolgs, das muß ich immer wieder betonen, um mich vor Mißverständnissen zu schützen, bestimmt natürlich weder unsere Technik allein, noch der Betriebsführer allein, sondern das bestimmt in erster Linie das Verhältnis der äußeren Bedingungen (Standort usf.) zum gesteckten Ziel!

III. Die Darstellung des Hiebsgangs.

Von großer praktischer Bedeutung ist schließlich die Darstellung des Hiebsgangs. Als zeitliches Element läßt er sich nicht ohne weiteres und unmittelbar im Betrieb sinnlich wahrnehmen und darstellen, wie die räumlichen Elemente, Arbeitsfeld und Hiebsart, die in der Einteilung der Waldflächen, in der Gliederung der Bestockung und deren Baumständen usf. zum Ausdruck kommen und in der Betriebskarte leicht darzustellen sind. Man gliedert den Hiebsgang üblicherweise nach Nutzungsperioden (20 Jahren), nach Jahrzehnten und schließlich nach Einzeljahren. Er kann ausgedrückt werden in der Verteilung von Vorrat und Zuwachs der Bestände als Erntemassen auf diese Zeiträume (z. B. in Zehnteln ausgedrückt).

Als Gliederungseinheiten kommen nun aber weder die 20jährigen Perioden in Frage, da sie in der Regel den Verjüngungszeitraum selbst bilden, auch zu lange dauern, noch auch bei Schlaghochwald die Einzeljahre, das bedarf keines Beweises. Es sind hier vielmehr allgemein die Jahrzehnte, die der Gliederung dienen. Sie sind dazu auch besonders geeignet, weil sie dem Hiebsgang keine engen Fesseln anlegen. Innerhalb des Jahrzehnts aber liegt weder ein Bedarf noch eine Möglichkeit vor, den Hiebsgang räum-

lich oder gar zeitlich vorauszubestimmen — aus den besprochenen biologi=
schen, wie aus ertragsregelungstechnischen Gründen.

Eine nicht bindende, sondern nur überschlägliche („kalkulato=
rische“) Darstellung des zeitlichen Hiebsgangs nach Jahrzehnten, die einen
allgemeinen Überblick über die künftigen biologischen wie ertragstechnischen
Möglichkeiten gewährt, so wie man sie heute sieht, braucht der Betriebsfüh=
rer für Vorbereitung und Durchführung seines Eingriffs in räumlicher, wie
in zeitlicher Hinsicht.

Bildlich kann der beabsichtigte Hiebsgang zunächst einmal auf der Be=
triebskarte dadurch sinnlich wahrnehmbar gemacht werden, daß man die
im nächsten Jahrzehnt anzugreifenden Flächen durch Deckzeichen (Punkte,
Kreise, Striche in Deckweiß) hervorhebt und durch die Dichtigkeit der Zei=
chen auf den Flächen das Eingriffsmaß des nächsten Jahrzehnts andeutet,
oder aber bei über die Fläche nach bestimmter Richtung fortschreitender
Ernte die Hiebsrichtung durch Pfeilstriche und den beabsichtigten Hiebsfort=
schritt des nächsten Jahrzehnts durch deren Länge oder durch Querstriche
darstellt.

Zahlenmäßig aber ist die beste, ja einzige Form dieser Darstellung,
die es gibt, für jede Art des Waldeingriffs und für die Ertragsregelung wie
für die betriebstechnische Aufgabe des Hiebsgangs gleich brauchbar, die
von Wörnle vorgeschlagene **Verjüngungsgangzahl**[1].

Wörnle geht bei ihrer Aufstellung vom gleichaltrigen Bestand
aus, der verjüngt werden soll, also vom heutigen Regelfall. Die Zahl
paßt aber ebensogut auch für die künftige Schlagreihe des Saumbe=
triebs, ja sie wird sich dort als schlechthin unentbehrliches
Hilfsmittel der Praxis für Ertragsregelung, wie Betriebs=
führung erweisen und integrierender Bestandteil dieser Betriebsform
werden.

Die Verjüngungsgangzahl ist ohne Zweifel der bestmögliche Ausdruck
des zeitlichen Hiebsgangs, ohne Einschränkung für Ertragsregelung, wie
Verjüngung in jeder Form, gleich geeignet. Sie würde, weil sie den
Hiebsgang darstellt und dieser nicht einseitig biologisch, sondern auch öko=
nomisch und ertragstechnisch bestimmt ist, besser „Hiebsgangzahl“ heißen.

Wörnle beschreibt l. c. S. 237 die Verjüngungsgangzahl als: „eine
Gruppe von drei nebeneinanderstehenden, die Summe 10 ergebenden
Ziffern, welche den beabsichtigten Gang der Abnutzung, den Hiebs= und
Verjüngungsgang des einzelnen in den Hauptnutzungsplan einzustellenden
Hiebsorts in Zehnteln der vorhandenen Fläche und Masse angibt, wobei
die drei Ziffern in ihrer Reihenfolge den Anteil des ersten, des zweiten
und der übrigen Nutzungsjahrzehnte (diese letzteren zusammengefaßt)
bezeichnen.“

---

[1] Vgl. Wörnle: Silva 1922, Nr. 45 und besonders Allg. F.u.J.=Ztg. 1930,
S. 233 ff. „Die Verjüngungsgangzahl und die Vereinfachung des Wirtschaftsplans.“

Diese stets dreistellige Zahl gibt somit ein zahlenmäßiges Bild des zeitlichen Hiebsgangs für die nächsten beiden Jahrzehnte, für die sich die voraussichtliche Gangart einigermaßen überblicken läßt in der feinstmöglichen Abstufung, und faßt, was ebenso wichtig ist, die spätere Zeit in einer Summe zusammen, ohne jede Bestimmung des weiteren Fortgangs, der sich ja heute auch noch gar nicht — nicht einmal schätzungsweise — übersehen läßt, auch gar nicht von Belang ist, da er außerhalb des Berechnungszeitraums der Ertragsregelung liegt.

Der allgemeine Verjüngungszeitraum bleibt damit **nach vorne offen**! Die Zahl genügt dadurch auch der oben dahin gestellten Forderung!

Die Verjüngungsgangzahl bietet ein Höchstmaß von Beweglichkeit wie sie weder Fachwerk noch Bestandswirtschaft kennen, welch letzterer ja erst Hugo Speidel durch grundsätzliche Aufnahme von Teilflächen in den Hauungsplan solche verlieh. Der Verjüngungsgangzahl ist in ihrer Dreiziffrigkeit die Freiheit des zeitlichen Hiebsgangs auf die Stirn geschrieben, beim Fachwerk wäre sie zweizifferig, bei Judeichs Sächsischer Bestandswirtschaft gar nur einzifferig. Es ist zweckmäßig, sie in der Betriebskarte bei der einzelnen Unterabteilung einzutragen, wodurch die Karte erst vollständig wird.

Im übrigen ist die Verjüngungsgangzahl ja nur Überschlag, wie man ihn sich überall im wirtschaftlichen Leben macht, denn dort wird stets vorher „kalkuliert", ohne daß man sich daraus eine Fessel für das nachfolgende Handeln schmieden würde, wer das nicht tut, versteht nicht zu wirtschaften und wird Pleite machen, wie man das bei uns auf betriebstechnischem Gebiet so oft erlebt (waldbaulicher Mißerfolg), leider nicht auch gleichzeitig auf ökonomischem, sonst würde alle Rechthaberei aus Unkenntnis bald verstummen. Denn die Gedanken, die zur Verjüngungsgangzahl führen und sich in ihr ausdrücken, muß der Betriebsführer sich vorher machen, auch bei nachfolgender voller Freiheit im Eingriff, ohne sie würde alle Planmäßigkeit in der Luft hängen, weil von diesem Planen nicht nur die Erhebung der Ernte, sondern auch zahlreiche Vorbereitungs- und Hilfsmaßregeln für Schutz- und Verjüngung abhängen.

Der allgemeine Verjüngungszeitraum nach vorne offen, innerhalb des Jahrzehnts volle Freiheit des Hiebsgangs, das Ganze nicht eine bindende Vorschrift, sondern eine orientierende Überschlagszahl, das sind die Merkmale der Verjüngungsgangzahl. Freier kann man den Hiebsgang nicht mehr gestalten, wenn man an Planmäßigkeit und Ordnung überhaupt noch festhalten will. Man kann deshalb seine eigene völlige Harmlosigkeit auf diesem Gebiet durch nichts mehr beweisen und zur Schau stellen, als wenn man in der Verjüngungsgangzahl eine „Zwangsjacke" für den Betrieb wittert!

Das ökonomische Bestimmungsgebiet der Ernte und das biologische der

Verjüngung verbinden sich, um diese Zahl zu schaffen. Sie ist das Band zwischen räumlicher Betriebsordnung und zeitlicher Ertrags= regelung, denn sie schlägt für den ausführenden Betrieb die notwendige Brücke zwischen Waldbau und Ertragsregelung, ist der Ausdruck beider zugleich! Sie wird je nach dem Standpunkt der Wirtschaft und je nach der Lage des einzelnen Falles bald mehr durch den einen, bald mehr durch den andern Bestimmungsgrund beeinflußt.

Die Aufgabe ihrer Festsetzung ist nicht immer leicht, denn beide Rück= sichten müssen in Einklang gebracht werden. Doch ist hier der Waldbau das beweglichere Element, wenn er seine zahlreichen Mittel für Beschleuni= gung der Verjüngung oder Verzögerung der Gangart spielen läßt, dort Vorbereitung des Bodens, Steigerung der Schlagtiefe oder Vermehrung der Angriffslinien bzw. der Schlagreihen, Vorbau, starke Ergänzung, hier Beschränkung des Vorbaus und der Schlagtiefe usf.

Die Verjüngungsgangzahl ist von ausgezeichnetem Wert für voraus= schauende Planung, sie sagt uns in ihrem Zahlenbild in nuce, wie man sich unter Beachtung aller Bestimmungsgründe den Hiebsgang auf der Fläche denkt und — was das Wertvollste ist — sie regelt den Betriebs= gang selbst, sie sorgt von sich aus für frühzeitige Vorbereitung und recht= zeitigen Anhieb, auf den sie hinweist und sichert weiterhin den stetigen Fortgang der Ernte; denn jede Bestockungseinheit (Bestand, Schlagreihe) erhält ihre Verjüngungsgangzahl, sobald sie irgendwie — etwa durch Loshieb, Aufhieb, ersten Vorbereitungshieb — in den Kreis der Endnutzung gezogen werden soll. Derselben Zahl bedarf aber ebenso die Ertrags= regelung zum Nachweis der Erhebungsmöglichkeit für den Nutzungssatz und zum — unverbindlichen — Überblick über die Verteilung ihrer Massen auf die Betriebseinheiten. Und schließlich findet der Betriebsführer in dieser Zahl auch noch einen schönen Überblick über seine Aufgabe im ganzen und einzelnen, sie läßt ihn nichts vergessen oder übereilen, weist ihn viel= mehr überall auf rechtzeitiges Vorbereiten und Eingreifen hin und gibt dazu wertvolle Fingerzeige, zwingt ihn vor allem, sich Rechenschaft zu geben über das, was er will und über das, was er erreichen kann. Das ist Pflicht jedes Betriebsführers, da er nicht ins Blaue hinein in seine Be= stände eingreifen darf!

Über Festsetzung und praktische Verwendung der Verjüngungsgang= zahl gibt Wörnle selbst in dem angeführten Aufsatz eingehend Aufschluß, so daß hier darauf verwiesen werden kann.

Die Verjüngungsgangzahl, die heute in der waldbaulichen Theorie noch nicht die verdiente Beachtung gefunden hat, wird nach ihrem großen Wert sofort erkannt werden, wenn erst die Erkenntnis von der entscheidenden Bedeutung des zeitlichen Hiebsgangs für die Naturverjün= gung auch dort durchgedrungen sein wird und man die Notwendigkeit seiner eingehenden und selbständigen Betrachtung erkannt hat. Dann wird

man besonders auch ihren großen Wert für eine innige Verbindung der
Naturverjüngungspraxis mit der Ertragsregelung verstehen und wird das
Verfahren überall anwenden, dessen Wert und Feinheiten erst der voll-
kommen kennen lernt, der praktisch mit ihm arbeitet!

Wenn in diesem Abschnitt festgestellt wurde, daß der Schlag das Gebiet der Technik und Ökonomik, die Hiebsart und der zeitliche Hiebsgang dagegen das Gebiet von Biologie und Waldsicherung sind, deren
Bestimmungsgründen sie folgen, so gilt das natürlich nur im großen und
ganzen, denn selbstverständlich kann der Schlag — es gilt dies namentlich
für den Saumschlag nach Form, Tiefe und Lage — auch durch Biologie
und Waldsicherung beeinflußt werden, wie auf der andern Seite die Hiebsart auch betriebstechnisch, der Hiebsgang auch ökonomisch mitbestimmt,
mindestens beeinflußt wird.

IV. Der zeitliche Gang der mechanischen Arbeit im ganzen.

Kurzer Betrachtung bedarf noch ein Gegenstand zeitlicher Art, der nicht
übersehen werden darf, weil seine Bestimmungsgründe auch auf den Hiebsgang im einzelnen Einfluß nehmen. Es ist die zeitliche Durchführung
der mechanischen Arbeit, und zwar sind es zwei Gruppen von Eingriffen, die getrennter Untersuchung bedürfen, der Erntebetrieb (Holzhauerei) und der Verjüngungs- und Pflegebetrieb (Kulturbetrieb).

Zu Eingang (S. 23 ff.) haben wir die Regelung der mechanischen Arbeit
im einzelnen, deren Raumverteilung, Handgriffe, Werkzeuge und Maschinen bereits ausgeschaltet, soweit sie nicht unter den erntetechnischen
und betriebstechnischen Bestimmungsgründen auftritt. Hier aber handelt
es sich um ihre zeitliche Betrachtung im ganzen, ihre systematische Beachtung durch den Betrieb, und hier ergeben sich Bestimmungsgründe, die
teilweise auch auf den zeitlichen Hiebsgang als solchen wirken und darum
am besten hier festgestellt werden.

A. Der Erntebetrieb.

Die Holzhauerei steht, zeitlich betrachtet, allgemein unter arbeitstechnischen, arbeitspolitischen und sozialpolitischen Bestimmungsgründen.
Sie bedarf der Gewinnung, Schulung, Ertüchtigung der Arbeiter und ihrer
Festhaltung durch stete Arbeitsgelegenheit. Damit aber wird sie von zeitlichen Bestimmungsgründen der Nachhaltigkeit beherrscht. Im übrigen
muß sich die Regelung an die gegebenen Arbeitsumstände der Gegend anpassen, die bald — in Waldgebieten — Dauerarbeiter liefert, bald — in
landwirtschaftlichen Gegenden — Fristarbeiter („Saisonarbeiter"). Deshalb muß der Betrieb in schwach bevölkerten Waldgegenden auf eine
während des ganzen Jahres stetig fortlaufende Ernte (Sommer- und
Winterfällung) eingestellt werden, in landwirtschaftlichen Gegenden bei

kleinbäuerlicher Arbeiterschaft dagegen nur auf jährliche Nachhaltigkeit, d.h. alljährlich gleiche Holznutzung während der Wintermonate.

B. Der Verjüngungs= und Pflegebetrieb.

Der sog. „Kulturbetrieb", der die Bodenbearbeitung, Pflanzenzucht, Samengewinnung, Aufforstungsarbeit aller Art, dann Schutz= und Pflegearbeit der jungen Kulturen umfaßt, steht zunächst bezüglich der mechanischen Ausführung und der ganzen Arbeiterfrage zeitlich unter demselben Bestimmungsgrund, wie die Ernte, nämlich dem der jährlichen Nachhaltigkeit, die aber durch die vorausgehende Nachhaltigkeit der Ernte bereits gesichert ist. Dann aber steht die Kulturarbeit auch unter dem biologischen Bestimmungsgrund der Stetigkeit im Hinblick auf die Wirksamkeit der Natur und ihre Bedingungen im Wachstum der Holzpflanzen, in der Bodentätigkeit, in der Entwicklung der Feinde des Walds (Unkraut, Pilze, Rüsselkäfer) usf. Sie läßt nicht, wie die Nachhaltigkeit zeitliches Aussetzen nach der Jahreszeit zu, sondern fordert ein ununterbrochenes Fortlaufen während des ganzen Jahres — Wintermonate ausgenommen.

Betrachten wir das biologische Gebiet allein, so steht es also unter dem Betriebsgrundsatz der Stetigkeit und weist auf fortlaufende nicht ruckweise Durchführung aller Kultur=, Pflege= und Schutzarbeit im Walde hin. In gleicher Linie liegt es, wenn wir für diese Arbeit geübte und wohlerfahrene Arbeiter fordern. Das Gedeihen des Walds, wie die Güte der Arbeit weist somit übereinstimmend auf Formen des Waldeingriffs hin, die nicht, wie der Breitschlag zu einer Zusammenziehung eines Heers ungeschulter Arbeiterinnen im Frühjahr nötigen, das alle Arbeiten in kurzer Zeit schlecht und teuer erledigt, die vielmehr grundsätzlich auf fortlaufende Arbeit durch das ganze Jahr entsprechend dem wahren Bedarf des Walds eingestellt sind.

In der Periodenwirtschaft des Breitschlags hat sich nämlich ein „Saison"=Großbetrieb der Kulturen herausentwickelt, der sich in der Hauptsache in den Frühlingsmonaten März, April und Mai abspielt, wo er den größten Teil aller Pflanzschul=, Kultur= und Schutzarbeiten schlecht und recht erledigt, wobei es natürlich ausgeschlossen ist, daß mit wirklich gelernten Kräften gearbeitet wird. Dieser Kulturbetrieb hat auch noch weitere, biologisch unerfreuliche Erscheinungen auf dem Gewissen, wie Pflanzenzucht im großen (Transport!), Pflanzengroßhandel, Samengewinnung durch Händler im großen, und Groß=, ja Welthandel mit Waldsamen, Großdarrbetrieb usf., Erscheinungen, die unsere Forstwirtschaft immer mehr von Natur und Naturleistung abdrängen und uns dem Standpunkt der Verwaltung einer Holzfabrik zuführen.

Der Betriebsgrundsatz der Stetigkeit im Eingreifen, der allem biologischen Geschehen im Wald entspricht, führt zusammen mit der Forderung einer naturangepaßten Gütearbeit auch auf diesem Gebiet zu stetiger Kulturarbeit und sachkundiger Ausführung durch erfahrene Spezialarbeiter, z. B. „Kulturwarte"[1], nicht durch zusammengeraffte Haufen ungeschulter Personen. Dieses Rudiment der verflossenen extensiven Breitschlagwirtschaft muß bald verschwinden, wenn eine Verfeinerung des Betriebs platzgreifen soll.

Dazu aber sind Voraussetzung:

1. Kleinschlag in übersichtlicher Form,

2. Naturverjüngung mit Möglichkeit jederzeitiger künstlicher Ergänzung,

3. günstigste Kultur-, Schutz- und Pflegebedingungen auf der Verjüngungsfläche, biologisch wie betriebstechnisch, unter Voraussetzungen, die eine übersichtliche Kulturarbeit durch den größten Teil des Jahres gestatten.

Beim üblichen Breitschlag sind die Bedingungen zur Durchführung dieser Forderungen nicht gegeben, die Technik muß daher andre Formen suchen.

---

[1] Vgl. Wagner: Lehrbuch des Forstschutzes S. 228.

Die Analyse der Eingriffe für Erziehung, Schutz und Pflege.

Die Eingriffe bestehen hier in Reinigungshieben, Schutz- und Pflegemaßregeln verschiedener Art, vor allem aber in den eigentlichen Erziehungseingriffen in die Bestockung im Sinne des Betriebsziels, den Durchforstungen.

Ihre Aufgaben sind durchgreifender Art:

1. Die Erziehung der Bestockung im Hinblick auf höchste Wertsleistung mit den Mitteln geeigneter Baumwahl und günstigster Standraumgewährung durch die verschiedenen Altersphasen.

2. Mischungspflege durch Baumwahl und lockere Erziehung.

3. Waldhygiene, d. h. Pflege von Boden und Bestockung durch Schaffen gesunder Lebens- und Wuchsbedingungen, vor allem Bodenbesserung, zur Vorbeugung von Krankheiten und andern Waldschäden.

4. Innere und äußere Festigung — Wappnung des Waldgefüges gegen Einbrüche atmosphärischer Kräfte durch stufige Erziehung der Bäume und durch besondere Schutzmaßregeln zugunsten der Bestockung.

5. Rechtzeitige, d. h. frühzeitige Vorbereitung von Boden und Bestockung auf die Verjüngung — „Verjüngungserziehung".

Dazu kommt für Schutz und Pflege

6. Durchführung besonderer Vorbeugungsmaßregeln gegen bestimmte, örtlich drohende Waldfeinde, z. B. Sturm, Frost, Hitze, Bodenwind, Feuer usf. Dann auch gegen Rüsselkäfer, Borkenkäfer, Pilzschaden.

Trotz ihrer überragenden Bedeutung für den gesamten Gang der Holzerzeugung und für das Erreichen der Wirtschafts- und Betriebsziele, die aus den eben aufgezählten Aufgaben erhellen, und trotz ihrer langdauernden Herrschaft über die Waldflächen während des größten Teils der Umtriebszeit wirken die Eingriffe der Vornutzung („Voreingriffe") wie auch die andern Maßregeln, die dem Schutz und der Pflege des Waldes dienen, naturgemäß viel weniger einschneidend auf den Betriebsgang im ganzen und die Gestaltung des Waldbilds, als die nur kurze Zeit währenden Endeingriffe, weil letztere den Abschluß des Erzeugungsgangs und die Erneuerung der Bestockung umfassen und damit die wichtigsten Grundlagen für Waldaufbau und Betrieb liefern. Die Voreingriffe sind im Gegenteil viel stärker an einen gegebenen Gegenstand gebunden, als die Endeingriffe, sie sind von den Aufbauformen und damit vom Endeingriff, der diese schuf, in mancher Hinsicht geradezu abhängig, müssen sich ihm notgedrungen anpassen, vielfach selbst seine Mängel hinsichtlich des Betriebsziels nach Kräften zu verbessern suchen.

Das Gebiet der Bestimmungsgründe, denen die Erziehungseingriffe folgen, ist auch wesentlich enger und zeigt nicht die bunte Mannigfaltigkeit, der wir bisher begegnet sind, aber die Aufgabe der Erziehung samt Schutz und Pflege ist nichtsdestoweniger eine selbständige und einschneidend wichtige Betriebsaufgabe. Sie folgt andern Zielen und hat ihre eigenen Bestimmungsgründe, so daß sie hier für sich abgetrennt ins Auge gefaßt werden muß.

Zunächst die Erziehungsaufgabe!

Bei der bisher besprochenen Ernte- und Verjüngungsaufgabe steht die künftige Zusammensetzung der Bestockung nach Holzarten noch vollkommen frei, ist hier erst zu schaffen und kann gegebenenfalls auch gegen die an sich gegebenen Umstände (Standort und bisherige Bestockung) auf künstlichem Wege erzwungen werden. Auch für die Verteilung der Altersklassen über die Fläche ist ein weiter Spielraum gegeben. Hier ist also der Rahmen für Betätigung des Betriebs im Sinne der Verwirklichung des angestrebten Sollzustands ein weiter.

Anders bei der Erziehungsaufgabe! Bei ihr steht der Betrieb vor einem durch die Verjüngung nach Holzarten- und Altersklassenverteilung unabänderlich festgelegten Hatzustand, der unter Beachtung des Rationalprinzips dem Sollzustand, soweit eben möglich, nahezubringen ist. Der Spielraum ist ein enger, kann nur in günstigster Standraumgewährung unter Auswahl der geeignetsten unter den vorhandenen Bäumen bestehen. Holzarten- und Altersklassenverteilung über die Fläche stehen fest.

Übrigens ist der Spielraum für den Erziehungseingriff ein sehr verschieden enger je nach dem Bestockungsaufbau, d. h. je nach der Entstehung der Jungwüchse aus Kunst- oder Naturverjüngung: dort volle Gleichaltrigkeit meist nur einer Holzart in beschränkter Zahl, hier Reichtum an Holzpflanzen verschiedener Art und im Rahmen des Verjüngungszeitraums verschiedenen Alters in Schichten aufgebaut.

Auf diesen verschiedenen Aufbau kann nicht oft und nicht nachdrücklich genug hingewiesen werden, weil er bei seiner vielseitigen Wirksamkeit alle Beachtung verdient, aber den Kahlschlagvertretern noch völlig unbekannt ist. Wir sind ihm bereits auf S. 143 als „waldsicherndem Bestockungsaufbau" begegnet. Der Bestockungsaufbau der Naturverjüngung bietet nicht allein reiche Erziehungsmöglichkeiten, sondern macht den Wald auch unzerstörbar!

Eine Möglichkeit der Trennung der Erziehungseingriffe von der Verjüngungsernte ist nun aber im Forstbetrieb nicht ohne weiteres gegeben. Sie beschränkt sich auf den Schlaghochwald, fehlt aber im Blenderwald, wo alle Betriebsaufgaben — theoretisch wenigstens — auf seiner Flächeneinheit, der Gruppenfläche, in einem Akt sich vereinigen. Wir können uns deshalb hier ganz auf eine Untersuchung der Verhältnisse im Schlaghochwald beschränken.

Zunächst seien aber der Frage der Zweckmäßigkeit solcher Vereinigung oder Trennung von Erziehung und Verjüngung einige Worte gewidmet.

Ein Auseinanderhalten beider setzt räumliche Trennung der Gegenstände von Erziehung und Abtrieb voraus, also räumliche Trennung der Altersklassen, wie sie durch die Schlagbildung bewirkt wird.

Der Blenderbetrieb vereinigt alle Altersklassen auf seiner Flächeneinheit, drängt darum auch Erziehung (Vornutzung), Schutz, Pflege und Endnutzung samt Verjüngung auf einen Akt räumlich und zeitlich zusammen („Vorratspflege"). Auf jeden Eingriff in den Wald wirken somit hier alle Bestimmungsgründe für End- und Voreingriff usf. zumal ein.

Im Schlaghochwald dagegen folgen sich die Eingriffe zeitlich, treffen verschiedene Flächen und können höchstens in der Übergangszeit ineinander übergreifen und sich verbinden. Im übrigen beeinflussen sie sich gegenseitig dadurch, daß eins dem andern seine Eingriffsgegenstände — die Bestockungseinheiten — vorbereitet und liefert, die Erziehung schafft den Zustand der haubaren Bestockung und des Bodens für die Verjüngung, und diese wiederum baut den Jungwuchs für die Erziehung im Sinne des Betriebsziels auf. Darin liegt ein ganz wesentlicher gegenseitiger Einfluß, der in bestimmten Forderungen beider aneinander auf Grund des Wirtschaftsziels und der Betriebsziele zum Ausdruck kommt.

Anhänger des Blenderbetriebs werfen dem Schlaghochwald vor, er vernachlässige die Erziehung und treffe nicht die entsprechende Auslese, ernte die Bäume flächenweise ohne Beachtung der Wertsleistung des einzelnen. Sie fordern „Vorratspflege" als leitende Betriebsaufgabe und gelangen daraus zur Blenderung (Eberbach).

Daß der Schlaghochwald in der Vergangenheit seine Erziehungsaufgabe am Vorrat nicht voll erkannt, ja vielfach sträflich vernachlässigt hat, wer wollte das bestreiten! Die Fachgenossen, die in der Übergangszeit zum Schlaghochwald zunächst noch in ungleichaltrig entstandenen Wäldern zu arbeiten hatten, haben durch lange Zeit und nicht selten bis zum heutigen Tage noch nicht klar erkannt, wie vollkommen sich die Bedingungen des Bestockungsaufbaus in den nun heranwachsenden gleichaltrig dichtverjüngten Beständen geändert hatten, zumal in den Kunsterzeugnissen der Forstwirtschaft und welche entscheidende Bedeutung die Durchforstung nun gewonnen hatte. Viele sind sich heute noch nicht klar darüber, wie frühzeitig und stark man in das dichte Gefüge der Gleichaltrigkeit eingreifen muß, wenn nicht Dauerschaden entstehen soll.

Dieser Fehler im Erziehungsverfahren ist nun aber kein Grund, den Schlaghochwald zu verlassen und zum Blenderwald zurückzukehren, sondern vielmehr nur ein Antrieb, ersteren zu verbessern, denn dann steht er bezüglich Vorratspflege hoch über der Blenderung. Wenn wir die Bestände von Jugend auf besser erziehen, so bedarf es im Hiebsreifealter keiner „Vorratspflege" mehr, ja sie ist gar nicht mehr möglich, da nur noch ausgesuchteste Stämme im Walde stehen. **„Vorratspflege (im alten Holz) setzt versäumte Durchforstung voraus!** Sie ist nur Übergangsmaßregel zu einwandfreiem Betrieb.

Vergleichen wir beide Formen, so ist der Schlagwald gegenüber dem Blenderwald geradezu „Auslese-Eldorado", wie ihn Kautz[1] treffend nennt, wo immer viele Tausende von Bäumen je Hektar zur Wahl stehen, von denen die 500 allerbesten übrig bleiben, während im Blenderwald die Auswahl mindestens eine sehr beschränkte ist ja die Möglichkeit des Wählens vielfach ganz fehlt. Den feinen Ausleseeingriffen des Schlaghochwalds stehen die groben Eingriffe der Blenderung bei Entnahme alter vollkroniger Bäume aus dem umgebenden Mittelholz gegenüber.

Die gegenseitigen Bestimmungsgründe, die der End- und der Voreingriff in den Wald sich stellen, verdienen seitens des Betriebsführers eingehendste Beachtung:

A. **Die Naturverjüngung fordert von der Erziehung** die Übergabe des Walds in verjüngungsgerechtem Zustand, d.h. sie fordert folgende Eigenschaften ihrer Erziehungsobjekte zur Zeit des Erntebeginns:

1. Bodengare.

2. Eine Zusammensetzung der Bestockung aus Bäumen derjenigen Holzarten, die das künftige Betriebsziel fordert, soweit dies möglich, sowie aus solchen bester Rassen- und Einzel(Individual-)eigenschaften nach Wuchskraft, Formbildung und Holzgüte.

3. Verjüngungsfähigkeit der Bestockung, d.h. beste Kronenausbildung für das Fruchttragen.

4. Vermeiden jeden Übermaßes an Ausladung (Kronenausbreitung und daher Schirmbildung) durch einzelne Bäume.

5. Wo Mischwald Betriebsziel ist: ein ausreichendes Kapital kleiner Schattholzpflänzchen (Tanne, Buche...) am Boden, das einen flotten Gang der nachfolgenden Verjüngung gleich von Anfang an sichert.

B. **Umgekehrt fordert die Erziehung von der Verjüngung** als Ergebnis ihrer Tätigkeit:

1. eine volle und vollwertige Bestockung der ganzen Fläche mit den vom Betriebsziel geforderten Holzarten,

2. die im Sinne des Betriebsziels günstigste räumliche Verteilung der Holzarten, die ein Sichvertragen ohne besonderen Pflegeaufwand sicherstellt,

---

[1] Kautz: D. FW. 34, S. 613.

3. ein Altersverhältnis der Mischhölzer, das dem Betriebsziel entspricht, dieses nicht erschwert, sein Erreichen verteuert oder gar unmöglich macht, das dieses vielmehr, z. B. die Herstellung bestimmter Mischungen, möglichst erleichtert.

Es ist ja doch eine der wichtigsten Aufgaben der Waldbautechnik im Mischwald, die Holzarten im richtigen Aufmarsch, d. h. in demjenigen Raum= und Altersverhältnis auf der Fläche zusammenzubringen, das nicht nur die Erhaltung der Mischung sichert, sondern auch das Betriebsziel in einfachster, sicherster und billigster Weise erreichen läßt. Wir werden dafür im 5. Kapitel des nächsten Abschnitts Beispiele geben.

Je größeres Gewicht aber den gegenseitigen Beziehungen von Verjüngung und Erziehung zukommt, um so zweckmäßiger ja notwendiger ist es, beide Aufgaben räumlich auseinander zu halten und getrennt zu betrachten, womöglich auch zu lösen, eine Forderung, die leider nicht immer Beachtung findet.

Beide Tätigkeiten, das Erziehen und das Verjüngen, haben verschiedene Grundlagen und verschiedene Ziele, die Aufgaben lassen sich darum nicht ohne Schaden verschmelzen. Ihre Vereinigung wirkt betriebserschwerend, sie verstößt gegen die Rationalforderung „arbeitsteiligen Vollzugs". Warum dies hier besonders betont wird, werden wir im 5. Kapitel des nächsten Abschnitts sehen.

Schon oben (S. 103) haben wir festgestellt, daß die weitgehende Trennbarkeit von Erziehung und Verjüngung ein besonderer Vorzug des Schlaghochwalds gegenüber dem Blenderbetrieb sei, der darum auch nach Möglichkeit ausgenutzt werden muß. Das Auseinanderhalten beider ist als wichtigster Bestimmungsgrund technischer Art für alle Waldeingriffe zu werten (vgl. das Betriebsgesetz der Aufgabenscheidung im 6. Kapitel des nächsten Abschnitts).

Mayr hat mit Nachdruck auf die Notwendigkeit einer besonderen Vorbereitung der Bestockung auf die Verjüngung hingewiesen und die Bezeichnung „Erziehungsverjüngung" eingeführt. Ich halte diese Bezeichnung im Schlaghochwald für nicht gut gewählt, weil sie leicht zu Mißverständnissen führt, denn diese Bezeichnung weist doch auf Einbeziehung von Erziehungsmaßregeln als integrierenden Bestandteil in eine Verjüngungsmethode hin. Diese Vermengung hat auch Schule gemacht, wir finden sie seither da und dort, z. B. bei Eberhard. Mayr wollte doch mit seiner Bezeichnung nur den **allgemein** richtigen, für **jede** Naturverjüngung **selbstverständlichen** Bestimmungsgrund jeder Durchforstung des Schlaghochwalds zum Ausdruck bringen, daß die Erziehung auch die Aufgabe habe, den Bestand rechtzeitig in verjüngungsfähigen Zustand zu bringen, d. h. die Verjüngung vorzubereiten. Solche gemeingültige Vorbereitung als Merkmal irgendeiner Verjüngungsmethode hervorzuheben, ist deshalb grundsätzlich falsch!

Aus gleichem Grunde muß ich auch umgekehrt eine „Vorratswirtschaft" (Eberbach), welche die „Vorratspflege" allein in den Vordergrund stellt, als grundsätzliche Einseitigkeit ablehnen, denn hier wird für den Betrieb im ganzen **eine** Betriebsaufgabe als ihn allein kennzeichnend und von andern unterscheidend vorangestellt, die jedem guten Betrieb in gleichem Maß zu eigen sein muß, ohne ihn jedoch zu erschöpfen, nämlich die pflegliche Erziehung des Holzes. Ja, man geht z.T. soweit, die Verjüngungsaufgabe gar nicht mehr als solche anzuerkennen, da bei entsprechender Durchführung der Erziehungsaufgabe die Verjüngung sich ganz von selbst einstelle. Man spricht von einer „Verjüngungswirtschaft" und verdammt sie. Das ist unverkennbare Einseitigkeit der Betrachtungsweise! Überhaupt dürfen Erziehungs- und Verjüngungsaufgaben einander nicht wertmessend gegenübergestellt werden! Ein Werturteil ist hier logisch unmöglich! Man vergleicht sonst eine Einseitigkeit mit der andern!

Der richtige Standpunkt kann hier doch nur der sein, beide Aufgaben bzw. ihre Bestimmungsgründe im Waldeingriff in Einklang zu bringen, soweit sie sich nicht ganz auseinanderhalten lassen. **Hier gilt es den Vorteil wahrzunehmen, den uns der Schlaghochwald bietet, den der Trennbarkeit verschiedenartiger Aufgaben!**

„Vorratspflege"[1] ist im Schlaghochwald ökonomisch beste, d.h. freie Durchforstung. Das Pflegeprinzip — hier die Förderung bester Stämme zu wertvollstem Holzwuchs und die Erhaltung allgemeiner Wuchsfreudigkeit — ist die Grundlage jeder guten Erziehung und ist gerade im gleichwüchsigen Wald von entscheidender Bedeutung, weil dieser infolge hoher und gleichwüchsiger Baumzahl an sich schon in besonderem Maße zu schädlichem Gedränge neigt. „Vorratspflege" ist im Schlaghochwald erste Phase des Erzeugungsgangs („Produktionsprozesses"). Sie kommt hier in dieser ersten Phase mit Verjüngung überhaupt nicht in Widerstreit, kann ihrer Aufgabe ohne jeden Wettbewerb anderer Bestimmungsgründe nachgehen. Möchte sie doch diese ihre, zeitlich $^4/_5$ der ganzen Erzeugungsfrist umfassende Herrschaftsstellung im Walde stets voll ausnutzen! Und möchten uns doch die Freunde der „Vorratspflege" im Eintreten dafür aufs wirksamste unterstützen, nicht erst erwachen und sich ihrer Aufgabe erinnern, wenn die Herrschaftszeit der Erziehung zu Ende geht! Denn wo uns im Verjüngungsbestand noch Erziehungsgedanken aufsteigen und dringend erscheinen, wie es nach Äußerungen in unserem Schrifttum nicht selten vorzukommen scheint, da war die Erziehung zu ihrer Zeit vernachlässigt oder falsch ausgeführt worden. Wer erst an Vorratspflege denkt, wenn die Verjüngung vor der Tür steht und nun vor allem Lichtungszuwachs, Erziehungsverjüngung usf. fordert, der gleicht auf ein Haar dem Mann im Gleichnis, der noch in elfter Stunde in den Weinberg des Herrn kommt! Er kommt ja noch, aber doch reichlich spät, er hat lange Zeit versäumt!

Ist die Bestockung in die Verjüngungsphase eingetreten, so darf diese ebenso wichtige Aufgabe nicht mehr durch Erziehungsrücksichten zurückgedrängt und gefährdet werden. Der richtige Standpunkt ist für diese zweite Phase im Schlaghochwald sicher der: Wir nehmen zwar selbstverständlich auch hier jede Gelegenheit zur Wertssteigerung dankbar wahr, die **entscheidenden** Bestimmungsgründe

---

[1] Vgl. auch Rubner: Vorratspflege im Rahmen der Betriebsarten. Allg. F. u. J.-Ztg. 1931, S. 47.

unserer Eingriffe aber liefert jetzt nur noch die Verjüngung! Denn „niemand kann zween Herren dienen, es sei denn ...!"

Nur der Standpunkt klarer Trennung der Aufgaben sichert uns vor Einseitigkeiten, in die uns geistige Vermengung zieht.

Etwas anderes ists, wo, wie bei Eberbach, die „Vorratspflege" als Stichwort für den Übergang von der gleichwüchsigen zur ungleichwüchsigen Erziehung (Blenderbetrieb) dient. Für diesen Fall verweise ich auf das 2. Kapitel des vorigen Abschnitts.

Aussprüche, wie z. B. Verjüngungen „in kunstvoller räumlicher Anordnung" seien falsch, können nicht Aufgabe des Forstmanns sein, der auf höchste Wertsleistung zu wirtschaften habe, oder „In ein bestimmtes Verjüngungssystem läßt sich die Vorratswirtschaft nicht einordnen" entspringen nach dem Gesagten Unklarheiten im Denken und unberechtigter Vermengung der zwei im Schlaghochwald nebeneinander stehenden selbständigen Aufgaben und deuten auf einseitige Betrachtungsweise hin, denn im Schlaghochwald hat ja die Möglichkeit der Vorratspflege während der ganzen Erziehungsphase freie Bahn, wird somit durch keine räumliche Ordnung und kein Verjüngungssystem behindert. In der Verjüngungsphase aber treten Hiebsart und Hiebsgang in den Vordergrund, ihnen hat sich hier die Vorratspflege anzupassen. Da hier jedoch kaum mehr ein Gegensatz besteht, sofern die Vorratspflege vorher ihre Pflicht getan, ist es leicht Einklang herzustellen. Für ihn hat die Technik die Bahn frei zu machen.

Wenn Verfasser selbst einst aus seinen Studien über Verjüngung des Walds die Erziehungsfrage ausdrücklich ausgeschlossen und sie nicht mitbehandelt hat, so bedeutete das nicht, wie freundlich von Kritikern unterstellt wurde, eine Einseitigkeit, nicht eine Mißachtung und darum Vernachlässigung der Erziehungsaufgabe im Betrieb, sondern einfach eine Maßregel zweckmäßiger Beschränkung des Untersuchungsfelds, wie es ja der Schlaghochwald zuläßt! Auch meine Verjüngungsvorschläge ließen ein reinliches Auseinanderhalten beider Aufgaben deshalb zu, weil sie auf jeden Bestockungs- und Boden**zustand** in gleicher Weise, wenn auch in verschiedenem Maß wirken. Die vorausgegangene Erziehungsweise beeinflußt nur den Hieb nach Art und Gang, nicht den Schlag und sein System und ersterer ist ja frei wählbar!

Ich komme daher zu dem Schluß:

Wir sind aus Betrachtung und Anwendung des Schlaghochwalds gewöhnt, im Bestandsleben und im Betrieb die Erziehungsphase und Verjüngungsphase auseinander zu halten und die bezüglichen Waldeingriffe als Voreingriff und Endeingriff zu trennen und tun gut daran, denn beide ruhen auf verschiedenen Grundlagen und verfolgen verschiedene Ziele, wenn sie auch rein wirkungsmäßig voneinander abhängen. Ich würde eine Vermengung beider Aufgaben auch im Schlaghochwald, wie man nach dem Muster des Blenderbetriebs anstrebt, für einen **folgenschweren Rückschritt,** für das unbegründete Aufgeben eines Vorteils halten, den der Schlagbetrieb vor der Blenderung hat. Ich werde im nächsten Abschnitt darauf zurückkommen.

Im Schlaghochwald setzt die Erziehungsaufgabe ein, sobald die Verjüngungsaufgabe beendigt ist, also nach völligem Räumen der Fläche vom alten Holz und Schließen der letzten Lücken im Jungwuchs — wenn also der junge Bestand die Bodenfläche voll in Besitz genommen hat, während Schutz und Pflege schon vorher über dem Ganzen wachten und ihre Hauptaufgabe bereits hinter sich haben. Sie greifen weiterhin nur noch nach Bedarf ein, ihr Schwerpunkt liegt natürlich im Verjüngungsstadium! In seiner Kinderstube bedarf der Wald ihrer am meisten.

Betrachten wir also die Erziehungsaufgabe allein, und zunächst als Ganzes, so handelt es sich hier um ein Eingreifen, bei dem wie bei der Verjüngungsernte eine biologische und eine Erntewirkung zusammentreffen (Erziehungsernte). Während jedoch bei der Verjüngungsernte beide Aufgaben mehr oder weniger gleichwertig nebeneinander standen, die eine den alten, die andre den neuen Bestand im Auge, tritt hier die biologische beherrschend in den Vordergrund, verbunden mit einer ernteökonomischen Aufgabe. Die Ernte als solche tritt dagegen ganz zurück und sinkt zur Aufbereitung von ohne Ernteabsicht anfallendem Material herab.

Wir können hier allgemein feststellen, daß beim Erziehungseingriff einerseits Bestimmungsgründe der Biologie und Waldsicherung, andrerseits solche ernteökonomischer Art den Ausschlag geben, die sich jedoch hier, im Gegensatz zur Verjüngungsernte, alle ausschließlich nur auf das **stehenbleibende Holz** beziehen. Die gesamte Technik tritt stark zurück.

Im übrigen läßt sich hier der Eingriff in den Wald räumlich und zeitlich in dieselben Elemente gliedern, wie bei der Verjüngungsernte, wenn sie auch gegenseitig anderes Gewicht zeigen als dort.

Der Eingriff zerfällt auch hier in:

1. das Arbeitsfeld der Durchforstungen, also die Durchforstungsflächen nach Größe und Form. Die Folge und Lage spielen keine Rolle;

2. die Durchforstungsart (Hiebsart), d.h. die Art des Eingriffs — nieder, hoch, frei —;

3. der zeitliche Gang und das Eingriffsmaß (Hiebsgang), d.h. die Stärke und Wiederkehr der Durchforstungen. Wir wollen die Erziehungsernte nach dieser Gliederung kurz betrachten und die Bestimmungsgründe im einzelnen feststellen.

Im Anschluß sollen dann noch erörtert werden

4. die Schutz- und Pflegeaufgaben in der Verjüngungs- und Pflegephase.

I. Das Arbeitsfeld der Durchforstung.

Da bei der Erziehungsaufgabe die Betriebstechnik den biologischen und ökonomischen Momenten gegenüber stark zurücktritt, so ergeben sich hier im Hinblick auf das Arbeitsfeld keine zwingenden Bestimmungsgründe! Die Güte der Erziehung wird an sich allein durch den Einzeleingriff, nicht durch Größe und Form des Arbeitsfelds bestimmt.

Immerhin erscheint es jedoch für alle Phasen der Erziehung — am meisten im jungen Holz — betriebstechnisch erwünscht, daß die Arbeitsfelder der Erziehung sich im Hinblick auf den Vollzug im Rahmen einer mäßigen Ausdehnung halten, also weder unübersichtlich groß, noch auch verzettelnd klein sind. Wer auf guten Überblick Wert legt, gibt dem Arbeitsfeld ferner Streifenform, denn Übersichtlichkeit fällt hier besonders ins Gewicht, handelt es sich doch um eine an sich sehr schwer zu überblickende Arbeit, zumal im Dickungsalter, die leicht im Vollzug notleidet, wenn die Eigenschaft der Unübersichtlichkeit auch noch durch Größe und Breite der gleichalten Flächen gesteigert wird. Auch Arbeitsmaß und Materialanfall auf dem einzelnen Feld setzen der Größe Grenzen nach oben und unten.

Der ganze forstliche Betrieb weist damit, wie bei Ernte und Verjüngung, so auch hier, auf ein mittleres, am besten streifenförmiges Arbeitsfeld hin.

Jeder Betriebsführer, der die Erziehung selbst in der Hand hat, empfindet ja auch die Nachteile übermäßiger Ausdehnung und unübersichtlicher Form aller Erziehungseinheiten aufs lebhafteste, besonders wenn Dickungen und Stangenhölzer sich, wie so oft, über 20, 30, ja 40 Hektar und mehr erstrecken, denn hier erliegen bei nicht sehr großer Arbeiterzahl, die wieder selbst ihre großen Nachteile hätte (!), schließlich alle Beteiligten — Arbeiter, wie Personal — fast der Aufgabe, lassen sich doch das Auszeichnen des Holzes, die Aufsicht, wie der Hiebsvollzug, samt deren Nachprüfung schwer durchführen, das Material häuft sich, Abschluß und Verkauf verzögern sich usf., kurz, die Arbeit will nie zu Ende kommen und wird auch kaum eine gute sein!

Man hilft sich deshalb nicht selten bei Reinigung und Durchforstung übergroßer Flächen im jungen Holz damit, die Breitfläche durch Ziehen schmaler Parallelschneisen in übersichtliche Arbeitsstreifen zu zerlegen, was Vollzug und Verwertung (Flächenlose) erleichtert und dem Betriebsführer die Sicherheit gibt, daß kein Flächenteil übergangen wurde.

Da das Arbeitsfeld auf dem Erziehungsgebiet natürlich mit der Bestockungseinheit, mit Abteilung, Bestand, Schlagreihe zusammenfällt, so wendet sich unser Bestimmungsgrund an das Schlagsystem und verstärkt dort die gleichgerichtete und viel nachdrücklicher vertretene Forderung der Endnutzung nach geringer Größe und übersichtlicher Form der Schläge, mit der sie sich vollkommen deckt. Sie zeigt also hier zusätzliche Wirkung („akzessorischen Charakter").

II. Die Durchforstungsart (Hiebsart).

Weit unmittelbarer, als durch das Arbeitsfeld wird die Erziehung durch die Art des Eingriffs in die Bestockung, die Technik, bestimmt, da

— wie bei der Verjüngung — nur der Einzeleingriff (Hieb) die biologischen Bedingungen schafft:

Die Bestockung, auf die erzieherisch im einzelnen eingewirkt werden soll, zeigt nun in ihren Gliedern — den einzelnen Bäumen — stets Abweichungen verschiedener Art. Jedes Glied hat seine Eigenart:

1. Verschiedene Holzarten, die vom Betriebsziel nicht immer als gleichwertig anerkannt sind — herrschende und dienende — und verschiedene ökologische Eigenschaften und Aufgaben haben — Schattenertragen, Ausbreitungsvermögen, Wirkung auf den Boden usf. —.

2. Verschiedenes Gedeihen infolge abweichender Erbanlage (Rasse, Einzelanlage) oder verschieden günstiger Wuchsbedingungen am einzelnen Punkt nach Boden und Standraum. So bilden sich selbst im vollkommen gleichaltrigen Reinbestand nach Wuchskraft und damit Stellung der Bäume in der Bestandskrone verschiedene Stammklassen heraus.

3. Verschiedenes Alter in der selten vollkommen gleichaltrigen Bestockung der Naturverjüngungen, deren Altersunterschiede sich im Rahmen der Verjüngungsdauer bewegen und ebenfalls zu verschiedenen Stellungen in der Bestandskrone führen.

4. Verschiedene Wuchsform (Schaftform, Kronenform), Gesundheit, Unversehrtheit, Astreinheit, von denen die Wertsleistung und damit die ökonomische Bedeutung der einzelnen Bestandsglieder abhängt.

Der Eingriff kann nun nach Stammklassen erfolgen:

1. Von unten her, durch Entfernung der unterdrückten, zurückgebliebenen, wenig Wertleistung zeigenden Glieder — Niederdurchforstung.

2. Von oben her durch Entfernung von vorherrschenden und herrschenden Bäumen schlechter Form und engen Stands bei Erhaltung unterer Klassen als Zwischenstand.

3. Frei von oben und unten nach Heck[1] unter freier Würdigung der Massen- und Güteleistung und Ausgehen von den Wertstämmen.

Aufgabe der Erziehungstechnik ist, die Bestockung in ihrer Entwicklung dem Betriebsziel zuzuführen, das die Endzusammensetzung nach Holzarten vorschreibt, und letzten Endes dem Wirtschaftsziel selbst. Dazu kommt noch das Schaffen innerer Festigkeit und Gesundheit, welche Gewähr dafür bieten sollen, daß das Ziel ohne Störung durch äußere Gefahren erreicht wird. Mittel dazu ist Art und Maß der Standraumgewährung durch die ganze Umtriebszeit, die entweder auf dem Weg periodischer Wahl und Entfernung der jeweils Schlechtesten, Entbehrlichen und Hinderlichen, oder aber auf Grund einer einmaligen Auswahl der künftigen Haubarkeitsstämme und deren dauernder Pflege angestrebt wird.

Es kann nicht unsere Aufgabe sein, auf die waldbauliche oder ökonomische Eignung der verschiedenen Durchforstungsarten hier einzugehen,

---

[1] Vgl. Heck: Handbuch der freien Durchforstung 1931.

wir beschränken uns vielmehr auf die Bestimmungsgründe, die den Betriebsführer beim Durchforstungseingriff leiten sollen.

Der oberste Bestimmungsgrund ist ein allgemein ökonomischer, der hinzielt auf höchste Wertserzeugung und auf ein günstigstes Verhältnis zum erzeugenden Kapital bei bester Sicherheit. Er sei hier nur erwähnt, seine Frage nicht aufgerollt. Aus ihm leiten sich alle weiteren Bestimmungsgründe ab. Von ihnen sind die wichtigsten biologischer Art mit dem Ziel höchster Massenleistung nach Boden und Bestockung, also besten Wachstums und Gedeihens des Waldes. Sie ermittelt der Waldbau! Eng mit ihnen verbunden sind die Bestimmungsgründe der Waldsicherung, die auf Unversehrterhaltung und Festigung der Glieder und Wappnung des ganzen Waldes von innen heraus gegen zahlreiche Gefahren gerichtet sind und durch geeignete Standraumregelung, d. h. stufige Erziehung, Pflege wüchsiger und gesunder Bäume und Erhaltung geeigneter Holzarten ein gefestigtes, innerlich gesundes Ganzes schaffen wollen, das gleicherweise den von außen drohenden Naturgewalten widersteht, wie den Pilz= und Tierangriffen im Innern.

Neben dieser Gruppe stehen sehr wichtige ernteökonomische Bestimmungsgründe, die auf Güteauswahl gerichtet sind, ohne dabei den biologischen Abbruch zu tun, ja die sogar, wie Heck l. c. feststellt, mit ihnen gleichlaufend wirken, insofern, als die bestgeformten Bäume auch den höchsten Massenzuwachs leisten.

Sie stützen sich auf allgemein ökonomische Gründe höchster Massen= und Wertsleistung, und sind auf Anzucht von Ausmaßen und technischen Eigenschaften des Holzes gerichtet, wie sie der Markt fordert und höchstwertet — Vollholzigkeit, Astreinheit, Gerad= und Langschäftigkeit, gleicher Jahrringbau, Gesundheit und Unversehrtheit der Holzschichten usf.

Die Bestimmungsgründe werden zusammen erfüllt und laufen zusammen hinaus auf Schaffung und Dauererhaltung eines Baumstands von angemessener Lockerheit für Massen= und Gütehöchstleistung, dabei Wahl und Dauerpflege von Bäumen wüchsigster Rasse und formvollendeter Schäfte mit allen marktgängigen Eigenschaften.

Durch so **vielseitige Bedingtheiten**, die nach Standort und Holzart, ebenso aber auch nach dem Betriebsziel und schließlich nach dem Wirtschaftsziel räumlich und zeitlich wechseln, wird die Bestimmung der Art und des später zu besprechenden Maßes der Erziehungseingriffe ebenso zu einer wirtschaftlich schwerwiegenden wie **technisch schwierigen** Aufgabe des Betriebsführers, die sich um so schwieriger gestaltet, je mannigfaltiger die Bestockung nach Holzart und Alter zusammengesetzt ist.

Am meisten sind es die vom Betriebsziel in der Regel in Aussicht genommenen Mischungen, die herausgearbeitet und erhalten werden sollen. Sie sind gewöhnlich in bestimmter Zusammensetzung und Form als ökonomische Mischungen vorgesehen. Dabei muß jeder Schematismus als schädlich vermieden werden. So darf man z. B. nicht einmal eine gleichmäßige Verteilung der Bäume über die Fläche schon im jüngeren Alter anstreben, wie dies sooft geschieht, weil sie ja doch, nachdem man sie unter Opfern erreicht hätte, immer wieder zerstört werden müßte. Man kann vielmehr bei fortgesetzt ungleichförmiger Lockerung nur dafür sorgen, daß für den Endbestand beste Stämme in gleichmäßiger Verteilung über die Fläche erhalten bleiben.

Dazu kommt nun aber noch ein weiterer erschwerender Umstand:

Wie bei der Endnutzung eine formgleiche und eine formverschiedene Bestockung je andere Bedingungen für die Eingriffstechnik schaffen (vgl. S. 56), so tut dies bei der Durchforstung der Umstand, daß die jeweils gegebene Bestockung nur selten durchaus betriebszielgerecht begründet, gepflegt und bisher durch alle Lebensabschnitte erzogen wurde, sondern daß zumeist der eine oder andre der erforderlichen Eingriffe oder auch mehrere unterlassen, versäumt, oder fehlerhaft ausgeführt worden sind, oder gar, daß die ganze Erziehung bisher andere Ziele verfolgt hat.

Die verschiedene Beschaffenheit, ja Mannigfaltigkeit des Bestockungsaufbaus infolge verschiedener bisheriger Behandlung und damit die verschiedenen Bedingungen, unter denen die Durchforstung, selbst bei sonst gleichen Umständen (gleichen Standort, gleicher Holzart, gleichem Mischziel), steht, stellt der Technik des Eingriffs immer wieder andre Aufgaben und fordert andre Wege. So wird z. B. in einem naturverjüngten reinen Buchenbestand, der ohne jede Jugendpflege (Ergänzung, Reinigung) aufwuchs, angesichts der vielen astigen Vorwüchse Borggreves Plenterdurchforstung technisch wie ökonomisch als etwas Selbstverständliches erscheinen, während die Erziehungstechnik im Sinne Borggreves in einer von Anfang an voll ergänzten, in der Jugend gepflegten, von allen Vorwüchsen rechtzeitig gereinigten und weiterhin gut durchforsteten Bestockung am selben Ort kaum geeignete Objekte für ihren Eingriff finden wird.

Die verschiedene Vergangenheit der Bestände nach Begründung, Pflege und Erziehung, auf die sich die Durchforstungstechnik stützt, ist wohl auch vielfach der Grund für die großen Abweichungen in den Vorschlägen, die im Schrifttum gemacht werden und für deren verschiedene Wirkung.

Sie erklärt ferner die Notwendigkeit der „freien Durchforstung" für den praktischen Betrieb analog der freien Hiebsart der Endnutzung, zur Anpassung der Eingriffe an die stark abweichenden Bestockungszustände von Bestand zu Bestand, ja innerhalb desselben Bestands auch bei einfachsten und gleichartigen Verhältnissen, wie in unserem Beispiel bei im Schirmschlagbetrieb verjüngter reiner Buche.

Eine bestimmte Durchforstungstechnik als Norm ließe sich somit vielleicht für betriebszielgerecht begründete und bisher ebenso erzogene Bestände vorschreiben. Da es aber solche kaum gibt, so muß auch hier allgemein der Grundsatz der Hiebsfreiheit für den Betriebsführer gelten.

Der Betriebsführer muß also für seinen Durchforstungseingriff grundsätzlich freie Hand haben, um den Mannigfaltigkeiten des Bestockungszustands Rechnung tragen zu können. Um so wichtiger sind dann aber für ihn Stützen und Richtpunkte und ein entsprechender technischer Aufbau der ganzen Erziehungsarbeit mit Durchführung eines Umlaufs, Stammzahltafeln, Weiserflächen zur Darstellung und zum Einprägen der normalen Waldbilder, übersichtlicher Mischwaldaufbau, sichere Nachhaltkontrolle usf.

Im übrigen bestehen die großen Schwierigkeiten bester Erziehung des Holzes nun zwar theoretisch, denn es ist tatsächlich undurchführbar, eine Bestform für Art und Maß aller Durchforstungen im einzelnen oder gar durchs ganze Bestandsleben zu finden, vorzuschreiben und durchzuführen, das bedarf für den Kenner der Wirklichkeit keines Beweises. Das ist aber auch praktisch gar nicht notwendig! Denn die Massenleistung läßt ja bezüglich der Standraumgewährung, wenn wir das Minimagesetz beachten (vgl. 4. Abschnitt, 5. Kapitel) einen weiten Spielraum, während die Güteleistung vor allem durch die Baumwahl bestimmt wird, die doch dem offenen Auge des Betriebsführers überlassen werden muß.

So genügen neben einer gut durchgebildeten Technik allgemein gehaltene Durchforstungsgrundsätze, wobei es dem wissenschaftlich voll gebildeten Betriebsführer überlassen bleibt, sie mit dem einzelnen Fall sinn- und zielgemäß zu verbinden. Eine ökonomische Gefahr für den Enderfolg besteht dabei nicht. Mag im einzelnen Fall etwas schärfer oder weniger scharf eingegriffen werden, das wichtigste bleibt die beste Baumwahl.

Die Aufgabe der Erziehung läßt sich dahin zusammenfassen, daß aus der durch die Verjüngung gelieferten Bestockung in ihrer Endzusammensetzung und Holzgüte das Betriebsziel nach Möglichkeit und frühestens herauszuarbeiten ist, d. h. auf der einen Seite die Ausmaße und technischen Eigenschaften der Erzeugnisse die der Markt fordert, auf der andern die Mischform und das Verhältnis der Mischholzarten, die höchsten Ertrag und größte Waldsicherung liefern. Aus beiden Zielen setzt sich ja das Betriebsziel zusammen:

Die Erziehung findet — im Gegensatz zur Verjüngung — ihren Gegenstand, die zu erziehende Bestockung nach Gliederung und Einzelzusammensetzung schon gegeben vor, als Frucht einerseits des Schlagsystems und andrerseits der Hiebsart und des Hiebsgangs im Schlag, mögen dabei ihre oben S. 184 gestellten Forderungen Beachtung gefunden haben oder nicht. Auf diese gegebene Bestockung sind nun die Erziehungsgrundsätze anzuwenden, um das Betriebsziel und auf seinem Weg das Wirtschaftsziel nach Möglichkeit zu erreichen. Die an sich schwere und bezüglich ihrer Lösungsmöglichkeit eingeengte Aufgabe wird aber meist auch noch — wie wir gesehen haben — durch die gegebenen wirklichen Verhältnisse weiter erschwert, insofern der Betriebsführer häufig einer gar nicht im Sinne des heutigen Betriebsziels entstandenen Bestockung oder einer solchen gegenübersteht, die einer die Erziehung geradezu erschwerenden Technik entspringt.

Erstere Bestockung muß, so gut es eben geht, dem veränderten oder überhaupt jetzt erst klar gestellten Ziel zugeführt werden, während sich aus dem Fall technisch ungünstigen Waldaufbaus (z. B. für Herausarbeitung einer bestimmten Mischung!) die dringende Forderung an die Technik ergibt, daß aus ihrer Werkstatt nur solche Jungwüchse hervorgehen dürfen, deren Aufbau das Betriebsziel auf einfachstem und ökonomisch einwandfreiem Wege erreichen läßt!

III. Der zeitliche Gang der Durchforstungen und das Eingriffsmaß.

Das Eingriffsmaß, obgleich streng betrachtet zum vorigen Gegenstand gehörig, wird doch zweckmäßig mit dem zeitlichen Gang zusammen behandelt, weil letzterer durch jenes bedingt ist. Die Unzertrennlichen erscheinen auch schon in der bekannten alten Regel, die m. W. von Carl Heyer stammt: „früh, mäßig und oft!", die, so häufig sie im Munde geführt, so selten im Walde befolgt wurde, besonders ihre erste und dritte Forderung! Die Gründe dafür habe ich für das Fichtenstangenholz schon vor langer Zeit in einem Aufsatz der Allg. F. u. J.-Ztg. 1922 S. 1 ff. dargelegt.

Je früher begonnen, je häufiger wiederholt wird, desto schwächer kann der einzelne Eingriff sein und desto leichter kann ihm die langsam-stetige Entwicklung des Walds folgen! Desto kleiner ist dann der Zuwachsverlust, den jeder Eingriff unvermeidbar durch Verminderung der Assimilations- und Wurzelorgane zunächst mit sich bringt, weil das Blatt- und Wurzelvermögen durch Wachstum erst wieder ergänzt, der freigewordene Wuchsraum erst wieder ausgefüllt werden muß.

Hier gilt also unverrückbar das schon oben aus dem steten Wachstum des Waldes abgeleitete und begründete Prinzip der Stetigkeit als entscheidender Bestimmungsgrund — kleiner fortlaufender Eingriff zu steter Lockererhaltung der Bestandskrone unter ebenfalls fortlaufender Überwachung ihrer Entwicklung im Gegensatz zu den früher üblichen, selten und grundsätzlich periodisch wiederkehrenden Eingriffen. Und je lebhafter diese Entwicklung im Fluß ist — wie auf bestem Standort im Gegensatz zum geringsten und zur Zeit des Haupthöhenwachstums im Gegensatz zum späteren Alter — um so häufiger muß sich der Eingriff wiederholen.

An diesem Ort sei auch auf den mißverständlichen, weil verschiedensinnigen Gebrauch der Bezeichnung „starke Durchforstung" hingewiesen. Starke Durchforstung im Sinn jedesmaliger starker Eingriffe ist grundsätzlich falsch, eine solche im Sinn lockerer Erziehung der Bestockung durch eine stetig stark angespannte Durchforstung dagegen wirkt sicher günstig. Solche Durchforstungsweise ist schon vom jugendlichen Alter ab auch bei Eingriff in den Oberstand überall möglich, wo ein Unter- und Zwischenstand von Schatthölzern vorhanden ist, wo also Naturverjüngung herrscht. Dagegen ist im gleichaltrigen Reinbestand der Kunstverjüngung Vorsicht geboten (vgl. S. 191).

Ist die Hiebsart im einzelnen Fall eine durch den Betriebsführer zu bestimmende Aufgabe, weil sie auf vorwiegend biologischer Grundlage ruht, dabei durch Zustand und bisherige Entwicklung der Bestockung bestimmt wird, so kann die zeitliche Ordnung der Erziehungseingriffe, obgleich sie ebenso auf biologischem Grunde ruht, im jugendlichen, wie im späteren Alter eine gemeingültige Regelung nach betriebstechnischem Bestimmungsgrund nicht entbehren, da sie sonst praktisch nicht durchführbar wäre; sie kann, ja muß planmäßig festgelegt werden.

Dies geschieht durch Festsetzung einer Umlaufszeit für die Wiederkehr der Durchforstungen auf den einzelnen Flächen, da diese doch nicht alljährlich erfolgen kann, — einer Umlaufszeit, die bei raschem Wuchs auf drei, bei langsamem auf fünf Jahre ohne Schaden allgemein festgelegt werden mag. (Dreimal bzw. zweimal im Jahrzehnt.)

Bei dichter Mischverjüngung im Dickungs- und Stangenholzalter fordert das biologische Moment alljährlich stetigen Eingriff oder höchstens dreijährigen Umlauf der Axt zur Lockererhaltung der Bestockung. Dieser Forderung steht aber meist die betriebstechnische Wirkung wegen mangelnder Arbeitskräfte und Überlastung des Personals entgegen und ebenso die ökonomische wegen Unverwertbarkeit weithin zerstreuter Massen schwachen Holzes. Hier können somit nicht immer die biologischen Bestimmungsgründe den Ausschlag geben, sondern verdienen auch die betriebstechnischen und ökonomischen entsprechende Beachtung; es muß also zwischen ihren Belangen abgewogen werden.

Dabei ist auch der betriebstechnische Vorteil nicht zu übersehen, daß, je früher die Durchforstungen wiederkehren, je kürzer also ihr Umlauf ist, desto leichter auch das Auszeichnen sich gestaltet, weil es flüchtiger erfolgen kann. Man hält sich mit zweifelhaften Fällen nicht auf, sondern beschränkt sich auf die Entnahme des Dringendsten. Diese Entnahme klärt das Waldbild und die Zweifelsfälle kommen nach kürzester Frist wieder vor die dann erleichterte Entscheidung. Ebenso wird Übersehenes frühestens nachgeholt, Nachzeichnungen sind daher entbehrlich.

Das vom Fachwerk G. L. Hartigs stammende Einbeziehen der Erziehungshiebe in den Periodenrahmen der Ertragsregelung und damit die allgemeine Beschränkung der Durchforstungen auf einen Eingriff im Jahrzehnt, die durch ein ganzes Jahrhundert herrschte[1] und wohl heute noch nicht überall überwunden ist, war und ist ein betriebstechnischer, wie biologischer Fehler, der das langsame Erstarken und die geringe Pflege und Standfestigkeit der Wälder und den Untergang vieler Mischungen ver-

---

[1] Lebhaft erinnere ich mich noch des Erstaunens und Widerspruchs meiner unmittelbaren Vorgesetzten, als ich als junger Einrichter dichte Fichtenstangenhölzer zu dreimaliger Durchforstung mit dreifacher Fläche in den Flächenplan der Durchforstungen einsetzte. Erst Hugo Speidel entschied dann in meinem Sinn.

schuldet hat — dem darum nicht entschieden genug entgegengetreten werden kann. Wir haben es hier mit einer besonders schädlichen Auswirkung der schon oben verurteilten Periodizität, des Periodengeistes, im Forstbetrieb zu tun!

Verbinden wir bei der Erziehung Hiebsart und zeitlichen Hiebsgang, so ergibt sich für sie die gemeinsame Aufgabe, den Standraum der Bäume, der sich durch Wachstum stetig ändert, durch das ganze Bestandsleben ebenfalls stetig vergrößernd zu regeln — immer im Hinblick auf das Betriebsziel bezüglich der Baumwahl!

IV. Die Schutz- und Pflegeaufgaben in der Verjüngungs- und Erziehungsphase.

Wir fassen hier die gesamten Schutz- u. Pflegeaufgaben des ganzen Umtriebs in unserer Betrachtung zusammen, wobei die Schutzaufgaben nicht allgemein vorbeugender, sondern vorwiegend abstellender Art sind. Diese Aufgaben sind sehr mannigfaltiger und örtlich wechselnder Art, und erstrecken sich vor allem auf das jüngste Alter, wo sie zwar die Verjüngungsklasse betreffen und zeitlich mit der Verjüngung zusammenfallen, aber doch auch zahlreiche selbständige Betriebseingriffe notwendig machen. Dabei können sie auf besonders und einseitig gefährdeten Standorten (z. B. Frostlagen) sogar entscheidende Bedeutung erlangen, ja selbst den ganzen Verjüngungsbetrieb beherrschen. Die gewichtigsten Bestimmungsgründe für Schutz und Pflege, die beim jüngsten Wald auftreten, vereinigen sich dann mit den Verjüngungsforderungen.

Gerade der jüngste Wald bedarf nun aber in besonderem Maße des Schutzes und der Pflege. Die Zartheit der kleinen Pflanzen und ihre starke Abhängigkeit vom Boden und seinem Zustand, dann der Wettbewerb unerwünschter Pflanzen und nicht zuletzt die besondere Gefährdung alles Bodennahen durch Frost, Hitze, Unkraut, Pilze, Tiere usf., schließlich noch die lebhafte Jugendentwicklung fordern Deckung, wie ständiges Überwachen und stetiges Eingreifen der Schutzmaßregeln gegen Schädlinge aller Art, wie Unkräuter, Pilze, Insekten, Mäuse, Wild, dann auch Reinigung und Durchreiserung gegen Bedrängung durch Holzpflanzen an sich erwünschter oder unerwünschter Art. Und eben weil diese Gefahren ständig und ununterbrochen drohen, muß auch fortlaufend Aufsicht herrschen und muß schützend und pflegend eingegriffen werden, sobald dies notwendig erscheint. Man darf hier nicht nur periodisch (jährlich einmal) kommen und nach dem Rechten sehen!

Wie der Mensch vor allem im Kindesalter des Schutzes und der Pflege ständig bedarf und wir die Kinderstube, wo sich seine Entwicklung vollzieht, und der Ort seines Schutzes und seiner Pflege ist, am besten abseits vom werktätigen Getriebe der Alten legen, so auch im Wald! Auch für die Kinderstube des Waldes muß gefordert werden, daß sie nicht nur

möglichst geschützt und gedeckt liegt, sondern daß sie auch von den Arbeitsfeldern und damit den Einwirkungen des übrigen Betriebsvollzugs besonders der Ernte nach Möglichkeit getrennt gehalten wird. Wie ferner
nach den Kindern, um den dankbaren Vergleich weiterzuspinnen, nicht
nur einmal im Tage gesehen werden darf, weil sonst ständig Gefahr über
ihnen schwebt, sondern ununterbrochene Aufsicht und Pflege notwendig
ist, so wirkt auch in der Kinderstube des Waldes der Grundsatz der
Periodizität — hier der jährlichen — wie er heute noch den
Forstbetrieb beherrscht, durchaus schädlich, hier muß vielmehr der
Grundsatz stetiger Pflege und Aufsicht seinen Einzug halten und
dazu muß der Ort leicht sich überblicken und beaufsichtigen lassen.

Wie sieht es nun aber in Wirklichkeit im Walde aus? Liegt die Kinderstube überall geschützt und gedeckt und fern vom Getriebe, genießt sie stetige Überwachung und Pflege?

Unsere Bestimmungsgründe finden stets nur teilweise Beachtung, bald
fehlt das eine, bald fehlt das andre, wo nicht alles!

Der Blenderbetrieb und die ihm nahestehenden Schlagbetriebe zeigen zwar gedeckte Jugenderziehung, aber ihre Kinderstube
bedeckt den ganzen Wald oder doch weite Flächen desselben, auf denen sich
gleichzeitig der ganze Ernte- und Bringungsbetrieb vollzieht, wodurch
Einzelüberwachung und Schutz unmöglich wird — Zerstreute Arbeitsorte!
Die Bringung fordert engmaschiges Wegnetz!

Sein Gegenpart, der Kahlbreitschlag trennt die Kinderstube zwar
vollkommen vom Ernteort, versagt ihr aber jegliche Deckung gegen äußere
Gefahren, stellt sie also in ungünstiges Kleinklima. Auch an der steten
Überwachung und Pflege fehlt es hier beim Periodenbetrieb.

Im naturverjüngenden Schlaghochwald liegen die Umstände
darum schon von Hause aus ungünstig, weil hier alles hiebsreife schwere
Holz (und damit der Hauptarbeitsort der Forstwirtschaft) auf besondere
Flächen vereinigt steht und dieser Flächen zur Ernte bedarf. Und gerade
sie sollen zugleich Kinderstube sein, so daß den Jüngsten hier größte Gefahr
durch die Ernte droht, wenn es nicht gelingt, für die Ernte Raum zum Ausweichen zu schaffen, sie von der Kinderstube wegzuleiten. Das kann, wie
bereits bei der Verjüngungsernte gezeigt wurde, nur durch die Wahl einer
geeigneten Schlagform geschehen. Sie hat den ersten Einfluß auf die Lage
der Kinderstube zur Werkstatt.

Der Mangel dieser Erkenntnis kennzeichnet jedoch leider
unsere gesamte Betriebstechnik der Vergangenheit! Er kam
schon in der Wahl des Breitschlags beim Übergang aus dem Blenderbetrieb
und kommt im Festhalten an diesem Fehler auch noch in der Gegenwart
zum Ausdruck! Nur der Saum als Grundlage aller Betriebstechnik kann
wie schon oben gezeigt wurde, hier Wandel schaffen.

Auch die ständige Überwachung der Kinderstube und das stetige Ein-

greifen des Betriebs zu Schutz und Pflege wird bis heute durch Breitfläche und Periodenwirtschaft verhindert. Ich brauche nur die „Kulturzeit"
zu erwähnen!

Wir stoßen somit hier auf ein Gebiet, das weiterer Betriebsrationalisierung nicht allein fähig, sondern geradezu bedürftig und für solche dankbar wäre. Schutz und Pflege müßten auch im jungen Wald — wie in der
Kinderstube — stetig und durch sachkundige Spezialisten geleistet werden
und schließlich müßte, um diese Arbeit leicht leisten zu können, die Kinderstube eine geeignete, d. h. übersichtliche Form und Größe haben. Unsere
Bestimmungsgründe auf diesem Gebiet, die auf Streifenform der Kinderstube hinweisen, vereinigen sich mit denjenigen der Verjüngungsernte und
erhöhen weiterhin deren Gewicht.

Die übliche, wenig entwickelte forstliche Technik zeigt aber in jeder Hinsicht stark entgegengesetzte Entwicklungsneigung — bald liegt die Kinderstube drinnen, mitten in der großen Werkstatt des Betriebs und Kräfte sind
unermüdlich im Gange, sie immer weiter hineinzuziehen, bald liegt sie,
zwar getrennt von der Werkstatt, aber schutzlos, draußen im Freien.

Ebenso zeigt die ganze Kultur-, Schutz- und Pflegetätigkeit am Jung-
wald ausgesprochen periodischen Charakter. Zu bestimmter Zeit gedenkt
der Betrieb seiner Aufgabe und wirkt nun mit großem Kräfteaufwand;
Haufen meist ungeschulter Personen ergießen sich auf kurze Zeit über große
Flächen, um zu säen, zu pflanzen, zu reinigen, Unkraut zu schneiden,
Rüsselkäfer zu fangen usf. Das ist die „schöne" Kulturzeit im Frühjahr!
Dann wirds wieder still in der Kinderstube. Sie bleibt auf den Rest des
Jahres fast ganz sich selbst überlassen. Daß solche Periodizität falsch ist,
zeigt uns jede Zimmerpflanze, die wir pflegen und jeder Garten, den wir
bebauen! Wenn dies nicht stetig geschieht, gedeihen beide nicht!

Was hier alles zu fordern wäre, ergibt sich aus dem Gesagten. Nur ein
langgestreckter und bestgedeckter Ort für Keimung, Aufzucht, Schutz und
Pflege, der ein seitliches Ausweichen der Ernte und Bringung gestattet
und nur wohlgeübte Pfleger, welche die Jugenden ständig betreuen, ihre
Entwicklung überwachen und alle Schäden womöglich im Keim er-
sticken (!), also jedem größeren Schaden mit ihrer Kleinabwehr zu-
vorkommen, führen zur Rationalisierung des Betriebs auf diesem Gebiet.

Vorschläge dieser Art hat Verfasser längst und mehrfach gemacht, ohne
irgendwelchen Widerhall zu finden, auch ein Zeichen dafür, wie sehr die
Technik unsere Forstbetriebe und ihre Bedingungen im Walde, ebenso aber
auch alle forstlichen Anschauungen und Vorstellungen immer noch im
Stadium extensiver Wirtschaft stehen — einer Periodenbreitschlagwirt-
schaft (Fachwerk) und eines technisch grob zugreifenden Betriebs.

Wollen wir rationalisieren, so müssen wir bei der Kinderstube des Waldes anfangen und ihr ganz andere Beachtung und Betrachtung widmen,
denn von ihr geht ein Großteil unserer Betriebsenergie aus.

Für Dickung und Stangenholz die jährliche Stetigkeit der Pflege ebenfalls durchzuführen, ist aus betriebstechnischen Gründen unmöglich, auch nicht erforderlich. Hier genügt vielmehr ein kurzer Turnus der Wiederkehr. Und bauen wir vollends unsere Jungwüchse aus Naturverjüngung und Mischung auf, so ist dadurch schon an sich die Gewähr für Erhaltung des Waldes gegeben. Schutz und Pflege sind hier ungemein erleichtert und selbst Versäumnisse, die auch in Betracht gezogen werden müssen, bringen nur geringen Schaden, denn ganz im Gegensatz zur Kunstkultur, die leicht in gefährliches Gedränge kommt und durch Schaden völlig zerstört oder doch unheilbar beschädigt werden kann, besitzt ja, wie wir schon oben auf S. 143 gezeigt haben, der naturverjüngte Wald, besonders im jüngeren Alter durch seinen Aufbau aus sehr vielen Pflanzen verschiedener Holzart und verschiedenen Alters in inniger Mischung eine unverwüstliche Heilkraft z.B. gegen Schneeschaden. Älteres Holz dagegen bedarf kaum noch besonderer Schutzmaßregeln durch unmittelbare Einzeleingriffe in die Bestockung; hier beschränkt sich der Schutz auf Organisation der Schadensverhütung durch Traufbildung, Ordnung der Schlagfolge und auf Schädlingsbekämpfung, die Pflege auf Bodenpflege (Entfernung schädlicher Bodendecken, wie Sumpfmoos, Heide, Unterbau usf.) und Dürrastung, und alles wird beherrscht einerseits durch die betriebstechnischen Bestimmungsgründe der Ordnung und Übersicht und andrerseits durch solche der Biologie und Waldsicherung.

Eine besondere Rolle spielt die Erhaltung von Unterstand, womöglich durch das ganze Bestandsleben, wobei von Fall zu Fall zu entscheiden ist, ob er besser auf dem Weg ungleichwertiger Mischung oder von Unterbau gewonnen wird.

Folgerungen synthetischer Art als Ergebnisse der Analyse.

Unsere bisherigen Betrachtungen waren der erste Versuch einer Analyse des forstlichen Betriebs nach seiner erzeugungstechnischen Seite hin, der deshalb auch noch keinen Anspruch darauf erheben will, diesen tiefen Brunnen wissenschaftlicher Erkenntnis voll ausgeschöpft zu haben. Immerhin haben uns aber unsere gliedernden Untersuchungen auf dem vorher abgegrenzten Gebiet an alle Betriebsgrundlagen herangebracht, haben uns die vielseitigen Bedingtheiten, sowie deren wechselndes Gewicht vor Augen geführt und nach ihrer großen Mannigfaltigkeit erst voll zum Bewußtsein gebracht.

Wir haben jedes einzelne Betriebselement herausgeschält und auf seine Grundlagen untersucht, und haben auf diesem Weg die vielerlei Bestimmungsgründe für unser betriebstechnisches Handeln gefunden und zusammengestellt. Nun gilt es, unsere Schlüsse aus dieser Mannigfaltigkeit für eine Synthese des Betriebs zu ziehen und Ernte zu halten!

Auch diese Ernte kann nicht erschöpfend sein; das zu wollen, wäre vermessen angesichts der Fülle, die uns bei unserer Zergliederungsarbeit entgegenquoll. Doch haben sich schon bei der Gliederung manche gewichtige Folgerungen für den Betriebsaufbau von selbst herausgeschält und sich uns stärker aufgedrängt. Wir wollen diese wenigstens näher ins Auge fassen.

Es sei darum nunmehr zusammengefaßt, was sich an besonders bemerkenswerten Gedanken ergeben hat, um Überblick zu gewinnen und es seien Folgerungen gezogen als Grundsteine für eine Synthese des Betriebs überhaupt.

Wir stellen somit die Frage: Was sagt uns die Analyse? Was können wir für den Forstbetrieb vor allem aus ihr lernen? Mir scheint, sie sagt uns allerlei Neues, manches Alte erscheint jetzt in klarerer oder in neuer Beleuchtung und mancher Satz, den wir früher ausgesprochen, findet seine Stütze und Bestätigung oder auch seine Erweiterung.

Die Aufgabe, die wir uns da stellen, ist eine vielseitige. Erst wollen wir der Erkenntnis nähertreten, die sich besonders stark aufgedrängt hat, daß wir es im forstlichen Betrieb mit einem ganz ungewöhnlich komplex bestimmten Gebiet zu tun haben, um dann unsere Schlüsse aus dieser in ihrer Wirkung weitreichenden Tatsache zu ziehen.

Des weiteren wäre die Zergliederung des Endeingriffs in den Wald dazu weiter zu nutzen, die sich aus ihr ergebenden Elemente und deren Grundlagen mit den vorhandenen Formen, den sog. „Betriebsarten" in Verbindung zu bringen, die der Waldbau lehrt und die einer kritischen Betrachtung besonders wert sind, weil sie unser Denken und Schrifttum durch einundeinhalb Jahrhunderte beherrscht haben und heute noch beherrschen, daher auch jedem geläufig sind. Hier ist es besonders die bisher und heute noch herrschende Breitschlagform, die als Einheit des Waldeingriffs kritisch zu würdigen sein wird.

Weiter ist dann das „Schlagsystem", zu dem wir, in die Synthese übergreifend, bereits gelangt sind, nach Aufbau und Verhältnis zum Betriebssystem näher zu untersuchen.

Wir wollen uns auch nicht umsonst in die Stellung des Betriebsführers hineinversetzt haben, wie ich dem Leser zu Eingang empfahl, ohne der hiebei unabweislich sich aufdrängenden Erkenntnis Ausdruck zu geben, daß dessen Lage und Aufgabe überaus schwierig ist und wollen daraus sofort auch die praktische Folgerung ziehen, daß er nachdrücklich der Stützung bedarf, sollen unsere Ziele auch wirklich auf restlose Erfüllung im praktischen Betrieb Aussicht haben. Die Stützung des Betriebsführers wollen wir mit allen Mitteln betreiben.

Und schließlich hat sich in mir im Laufe meiner Untersuchungen noch das Bedürfnis geregt — im Hinblick auf den dermaligen wirklichen Zustand im forstlichen Betrieb — gewisse Betriebswahrheiten allgemeiner Art schärfer zu formulieren, in der Hoffnung, ihnen dadurch allgemeine Beachtung zu verschaffen. In diesem Sinn habe ich sie auch durch die Bezeichnung „Forstliche Betriebsgesetze" noch besonders hervorgehoben.

Erstes Kapitel.

Die vielseitige Bedingtheit des forstlichen Betriebs und die übersichtliche Scheidung seiner Bestimmungsgründe.

Überblicken wir zuerst einmal unsere ganze Analyse nach ihren Ergebnissen, so tritt uns **als erstes** eindringlichst vor Augen die nach seinen Bestimmungsgründen in seltenem Maße **komplexe Natur des forstlichen Betriebs**!

Die Erkenntnis der unzähligen, aus allen forstlichen Grundlagegebieten zusammenfließenden, wieder unter sich abhängigen Bedingtheiten, die zusammen den Betrieb beherrschen — wir haben sie nur nach Kategorien erwähnt und behandelt — die in den verschiedenen Phasen des Betriebsgangs in stets wechselndem Verhältnis und verschiedenem

Gewicht zusammentreffen und zusammenwirken, die sich gegenseitig in ihrer Wirkung beeinflussen, deren Belange bei jedem Waldeingriff gewahrt werden müssen, soll dieser allseitig seinen Zweck erfüllen, diese Erkenntnis bildet den Schlüssel für die Erklärung vieler Erscheinungen und führt zu wichtigen Folgerungen, die hier und in den folgenden Kapiteln abgeleitet werden sollen.

Die vielseitigen Bedingtheiten des Betriebs und seiner Elemente, die wir feststellten, vermitteln uns zunächst einmal die Erkenntnis von der einzig dastehenden Verwickeltheit und daher Undurchsichtig= keit des forstlichen Betriebs. Wie wir ihren Wirkungen begegnen können, werden wir im 5. Kapitel sehen.

Sie vermittelt uns aber auch die weitere Erkenntnis, daß keine Be= triebsmaßregel irgend welcher Art je **einseitig, d. h. allein** vom Gesichtspunkt irgend eines bestimmten Grundgebiets aus be= trachtet und eingeleitet werden darf, so wichtig dieses Gebiet auch sei, weder rein waldbaulich (das so beliebte „waldbauliche Han= deln“ geht von einseitigen Vorstellungen aus und wirkt einseitig!) noch rein schutztechnisch, noch rein erntetechnisch, noch auch rein be= triebstechnisch (Ergebnis: Kahlbreitschlag) oder endlich rein ertrags= technisch (Fachwerk mit Abteilungseinheit) usf., sondern daß jede Betriebsmaßregel **immer nur gesamtwirtschaftlich**, d. h. unter Ein= wirkung **aller** einschlägigen Bestimmungsgründe zusammen betrachtet, entschieden und durchgeführt werden darf[1]. Sie alle müssen in jedem einzelnen Fall festgestellt und nach ihrem Gewicht ge= wertet werden und keiner von ihnen darf vergessen bleiben oder mißachtet werden, wenn nicht Erschwerungen oder gar Mißerfolg des Betriebs ein= treten soll.

Damit schließen diese vielseitigen Bedingtheiten, wegen der Schwierig= keit, alles gleichzeitig zu übersehen und zu berücksichtigen, für unser Fach die besondere Gefahr der Einseitigkeit in sich und erklären es uns, warum dieses Fach leider so vielfältig der Tummelplatz von Einseitig= keiten war und ist[2].

Solche einseitige Betrachtungs= und Beurteilungsweise ist nun aber, wie das Vorausgehende zeigt, durchaus betriebsschädlich, das muß immer wieder nachgewiesen werden — Verf. hat dies nicht ohne Grund mehrfach getan — damit die Einseitigkeit schließlich jedem als solche zum Bewußtsein komme und bald gänzlich aus dem Betrieb ausgemerzt werde. Hier kann nur eine gründliche wissenschaftliche Durchbildung helfen.

---

[1] Analog fordert Bier (vgl. S. 87) vom Arzt unter Hinweis auf Hippokrates, der als „harmonischer Denker“ „nie etwas nur von einer Seite her betrachtet habe“, harmonisches Denken und Handeln!

[2] Man vergleiche dazu des Verfassers Ausführungen in Aufsätzen der Allg. F. u. J.=Ztg. 1928, S. 208—214 und besonders 349—358.

Solcher Erkenntnis soll diese Analyse vor allem dienen, indem sie alle Bedingtheiten aufdeckt; nicht weniger aber soll die Forderung systematischen Betriebsaufbaus helfen, da dieser Einseitigkeiten selbsttätig ausschließt.

Eine **Zusammenfassung** unserer Feststellungen ergibt:

Wir haben den Endeingriff im Schlaghochwald in drei Elemente zerlegt:

die Abgrenzung des Arbeitsfelds, des „Schlags",

die Wahl der Hiebsart auf dem Schlag,

die Bestimmung des (zeitlichen) Hiebsgangs.

Von diesen drei Elementen werden bestimmt:

1. **Der Schlag** nach Größe, Form, Lage und Folge fast ausschließlich durch Bestimmungsgründe technischer Art, deren Ziel die Beherrschung der Fläche durch den Betrieb ist, und zwar mittels Übersichtlichkeit, Ordnung, Schmiegsamkeit, Ausweichmöglichkeit, günstiger Ortslagerung, reibungsloser Fortführung des Betriebs usf.

Es handelt sich hier um Regelung der räumlichen Gestaltung des Betriebsgangs über die Gesamtfläche hin, also im großen!

Der Schlag ist vor allem das Werkzeug der Technik für den Betriebsvollzug, das diese sich im Sinne ihres Ziels gestaltet und auch frei gestalten kann, da hier biologische wie auch unmittelbar ökonomische Rücksichten ganz zurücktreten. Der Schlag ist das Herrschaftsgebiet der Technik! Obenan stehen bei seiner Formung:

die Bestimmungsgründe der Betriebsführung, die auf Ordnung und Übersichtlichkeit abzielen, dann

die erzeugungstechnischen Gründe, die in großer Zahl den Vollzug von Ernte und Verjüngung bestimmen, und alle nach gleicher Richtung weisen,

als waldbautechnische, besonders auf die Form des Schlags wirkend und zwar im Sinne voller Beherrschung des Verjüngungsgangs und Ausnutzung aller ihn fördernden Umstände, als da sind: Überwachung und Beurteilung der Waldbilder und Übertragung der Ergebnisse auf weitere Flächen, Regelung des Ankommens der Holzarten bei Mischung usf.

als schutztechnische, ebenfalls auf die Schlagform, mehr aber noch auf Lage und Folge der Schläge wirkend und zwar im Sinne der Sicherung allseitigen Deckungsschutzes. Dabei entscheidet die geringe Tiefenwirkung des Deckungsschutzes nach innen (Schlagform) und nach außen (Schlagfolge) zur vorbeugenden Deckung gegen seitliche Gefahren und zur übersichtlichen Bekämpfung aller andern,

als erntetechnische, auf Form und Lage wirkend im Sinne der Erleichterung und übersichtlichen Gestaltung des Erntevollzugs, besonders der Ermöglichung des Ausweichens von Ernte und Bringung gegenüber der Verjüngung, die gleichzeitig von derselben Schlagfläche Besitz zu ergreifen wünscht.

Schließlich spielen auch noch Momente der Ertragsregelungstechnik bei Schlaggröße und Schlagfolge insoweit eine Rolle, als jene im Schlaghochwald die sichere Erfassung der Altersklassenflächen im Auge hat.

Dagegen treten biologische Gründe fast ganz zurück. Eine Ausnahme macht hier nur die Saumform des Schlags, da sie die Kinderstube des Walds an den Rand der altbestockten Fläche legt und sich dadurch von biologischen Bestimmungsgründen abhängig macht. Hier hängt die seitliche Einwirkung der Atmosphärilien auf die Kinderstube stark von der Himmelsrichtung ab, nach der der Saum liegt. Diese bestimmt also hier vor allem Lage und Folge der Schläge.

Auch beim Erziehungseingriff erweisen sich die Bestimmungsgründe für das Arbeitsfeld als durchaus technischer Art und zwar betriebstechnischer, im besondern arbeitstechnischer Art. Sie wirken auf Größe und Form, sind jedoch nicht zwingender Art.

Ferner wird bestimmt:

2. **Die Hiebsart** durch biologische und Waldsicherungsgründe, denn hier gilt es, bei Naturverjüngung, durch den Einzeleingriff dauernd Baumstände zu schaffen und weiterzuentwickeln, die Wachstum und Sicherung des alten und Ankommen des jungen Walds samt Bodenpflege fördern.

Nur der Kahlhieb — zumal auf breiter Fläche — verzichtet auf jede biologische Rücksicht und wirft sich ganz und ausschließlich Bestimmungsgründen der Ernte und Ertragsreglung, oder auch betriebstechnischen in die Arme, beruft sich auch auf Sturmgefahr und ungünstige Bodenzustände, verletzt aber dabei für die meisten Holzarten und Standorte alle biologischen Belange und damit auch wichtige ökonomische Grundsätze; Wir haben ihn deshalb bei unsern Untersuchungen nicht weiter in Betracht gezogen. Er mag als ultima ratio der Forstwirtschaft überall da platzgreifen, wo technisch und ökonomisch keine bessere Möglichkeit besteht.

Die biologischen Gründe für die Eingriffsart gelten bei Naturverjüngung einer freundlichen und geschützten Einrichtung der Kinderstube des Waldes, ihrer Befeuchtung, Belichtung, Erwärmung, der Abhaltung der Sonne, des Bodenwinds, von Frost, Unkraut, Pilzen, Insekten und andern Schädlingen, dann auch dem Zuwachs des alten Holzes und der Bodenpflege. Zu ihnen gesellen sich waldbautechnische Momente, bestimmt, die biologischen zu stützen und durchzuführen, sowie besonders schutztechnische, bestimmt Boden und Bestockung gesund zu erhalten, das ganze Waldgefüge zu festigen und zu wappnen, besonders gegen seitlich andringende Naturkräfte, und endlich bestimmt Übersichtlichkeit für Bekämpfung aller Waldschäden zu schaffen.

Dagegen treten bei der Hiebsart alle erntetechnischen und betriebstechnischen Bestimmungsgründe fast gänzlich zurück.

Entscheidend wirkt die Hiebsart bei der Erziehung mittels Auslese und Standraumregelung. Hier folgt sie bei der Wahl ihrer Ernteobjekte biologischen Gründen und solchen der Waldsicherung, wird daneben aber auch entscheidend von ernteökonomischen Gründen beherrscht, die sich jedoch im Gegensatz zur Verjüngungsernte, ausschließlich auf das stehenbleibende Holz beziehen.

Endlich wird bestimmt:

3. **Der Hiebsgang,** der Beginn, Fortsetzung und Ende des Endeingriffs bestimmt, durch den Verjüngungszeitraum, bzw. die Nutzungsperiode und durch die Verjüngungsgangart. Er folgt im formgleichen Wald nur biologischen Gründen und gipfelt im Prinzip der Stetigkeit.

Im formverschiedenen Wald einschließlich abnormer Altersklassen dagegen treten zu den biologischen entscheidende ökonomische und auch ertragstechnische Gründe hinzu, welche sich mit Zunahme der Verschiedenheit immer mehr vordrängen bis zur völligen Verdrängung der biologischen.

Die Erziehung ist hierin rein biologisch bestimmt.

Diese Zusammenfassung unserer früheren Feststellungen zeigt nun klar, daß beim Waldeingriff der Verjüngungsernte — in großen Zügen wenigstens — der Schlag durch technische, der Hieb nach Art und Gang durch biologische Gründe bestimmt wird. Beim Hiebsgang treten auch noch ökonomisch-ertragstechnische Gründe hinzu.

Der Hieb schafft allein die erzeugungstechnischen Bedingungen für Verjüngung, Zuwachs usf., ist daher der Kernpunkt der ganzen Holzerzeugung; der Schlag dagegen hat nur die Aufgabe, dem Hieb den Weg zu bereiten, ihm Hindernisse aller Art durch technische Mittel aus dem Weg zu räumen und das Ganze zu schützen.

Die Erkenntnis dieser Gebietsscheidung von Technik und Biologie im Betrieb — eine Tatsache von durchgreifender Bedeutung — legt uns ein gedankliches Auseinanderhalten von Schlag und Hieb und eine getrennte Planung beider dringend nahe!

Sie löst aber auch glatt die alte Streitfrage der „Reglementierung", d. h. Organisation des forstlichen Betriebs! Weder die Anhänger, noch die Gegner haben hier recht! Die Lösung liegt in der Mitte.

Die Frage lautet heute vor allem: Lassen sich weithin gültige Betriebssysteme aufstellen und festlegen oder soll in der Forstwirtschaft nur der einzelne Fall für die Planung bestimmend sein, ohne systematische Zusammenfassung des Ganzen?

Betrachten wir von diesem Gesichtspunkt aus die Schar unserer Bestimmungsgründe, so zerfallen sie ganz von selbst in eine Gruppe mehr allgemeingültiger und eine solche nicht allgemeingültiger, je nach der Quelle aus der sie fließen. Als Quellen aber kommen Natur, Wirt-

schaft und Technik in Betracht. Die Natur ist in ihren Bestimmungs=
gründen wechselvollster Art, fordert daher freie Bewegung von Fall zu
Fall nach Ort und Zeit. Ähnliches gilt für die Wirtschaft; auch sie wechselt
in ihren Bestimmungsgründen, muß sie doch im Forstbetrieb Einklang
suchen zwischen gewissenhafter und sorgfältiger Vermögensverwaltung und
leicht beweglichem, kaufmännischem Betrieb, der sich den wechselnden öko=
nomischen Bedingungen der Örtlichkeit und der Marktbewegung anpaßt.
Anders die Technik! Sie folgt dem Ordnungsprinzip und in ihm festen
und weitreichenden Gesetzen. Hier ist allgemeine Regelung möglich, ja not=
wendig.

Wir können daher die Gebiete des Betriebs, welche diese Gruppen von
Bestimmungsgründen beherrschen und damit diese selbst scheiden in nor=
mierbare und nicht normierbare, je nach den Quellen, aus denen sie
fließen, eine vom Standpunkt systematischer Ordnung entscheidend wich=
tige Alternative, vgl. S. 32—33.

Die Bestimmungsgründe für das normierbare Gebiet müs=
sen gemeingültiger Art sein, sei es, daß sie auf dauernd feststehenden Tat=
sachen beruhen (physikalische Gesetze, Geländebildung usf.), sei es, daß sie
selbst für sehr verschiedenartige äußere Bedingungen — Holzarten, Stand=
orte, Waldzustände — oder für Umstände Gültigkeit besitzen, die auf weiten
zusammenhängenden Flächen — in ganzen Betriebsklassen, Revieren, ja
Waldgebieten und Ländern gleichartig auftreten, so daß ihre Gültigkeit ent=
weder feststeht, wie alle physikalisch bestimmten Gründe (z. B. daß die
Bäume vom Jungwuchs weg geworfen werden müssen oder daß die Brin=
gung der Schlagerzeugnisse bergab erfolgen muß) oder unter den meisten
Verhältnissen und weithin besteht (trocknende Wirkung der Sonne aus Süd
und Ost). Dazu aber gehören alle technischen Bestimmungsgründe,
mögen sie nun erzeugungs=, betriebs= oder ertragsregelungstechnischer Art
sein. Auch manche ökonomischen sind hier zu nennen, da auch sie teil=
weise normierbar sind.

Im Gegensatz hiezu sind die Bestimmungsgründe des nicht nor=
mierbaren Gebiets vorwiegend einzelgültig und daher da zu suchen,
wo die Grundlagen von Ort zu Ort und Zeit zu Zeit wechseln oder sich
ändern und wo sie schwer festzustellen und abzuwägen sind und zahlreiche
meist schwer erkennbare Beziehungen und Bedingtheiten zeigen. Hier ver=
sagt die Norm! Wir finden solche Verhältnisse vor allem auf biologi=
schem Gebiet, weil hier Holzart, Standort, Alter, Bodenzustand, Be=
stockungszustand, Witterung usf. immer wieder in andern Kombinationen
wirken. Hier entzieht sich unser Eingriff somit der Norm und damit sicherer
deduktiver Behandlung nach allgemeinen Regeln in besonderem Maß, wir
finden hier die Domäne der Induktion. Auch die Wirtschaft schafft, wie
wir gesehen haben, ähnliche Verhältnisse für die ökonomischen Bestim=
mungsgründe.

Die Scheidung dieser beiden Gruppen ist wichtig, weil sie uns zeigt, auf welchen Gebieten des Betriebs eine systematische Ordnung möglich bzw. notwendig ist und auf welchen Gebieten Freiheit im einzelnen herrschen muß.

Das **Technische** ist **normierbar**; demnach ist sein Herrschaftsgebiet **der Schlag,** systematischer Regelung zugänglich, aber auch bedürftig! Diese Regelung erfolgt im **Schlagsystem,** das somit das **Herrschaftsgebiet der Betriebsplanung** ist! Suchen wir nämlich nach der Möglichkeit der Bildung von Schlagsystemen, so gelangen wir zur bemerkenswerten Tatsache, daß die Bestimmungsgründe des Schlags fast durchaus gemeingültiger Art sind, während einzelgültige ganz zurücktreten. Das macht die Systembildung nicht nur möglich, sondern erleichtert sie ungemein und sichert den Systemen Gültigkeit über weite Flächen hin.

Das **Biologische** hingegen ist **nicht normierbar,** folglich muß sein Herrschaftsgebiet, der **Hieb,** nach Art und Gang freibleiben zur Entscheidung von Fall zu Fall, nach Ort und Zeit. Damit wird der Hieb **zum Gebiet des Betriebsvollzugs,** also auch zum Freigebiet des Betriebsführers.

Der Hieb kann somit für sich selbst nicht Gegenstand systematischer Regelung sein. „Hiebssysteme" sind unmöglich ohne Verletzung des Eisernen Gesetzes. Wo solche Systeme aufgestellt wurden, wie z. B. Neys „Ring- und Schachbrettfemelbetrieb", da war das Ordnungsprinzip in der Technik übermächtig geworden unter Verletzung der Natur und hatte vom Standpunkt der Naturverjüngung aus Unwirksames geschaffen. Dagegen bedarf der Hieb, je nach der Hiebsart mehr oder weniger dringend der Anlehnung an einen festen Rahmen, innerhalb dessen er sich frei bewegen kann. Und diese Freiheit muß ihm die Technik im Schlagsystem schaffen!

Zeigt uns somit die stark komplexe Eigenschaft unseres Betriebs einerseits die Notwendigkeit systematischer Zusammenfassung, so gibt uns andrerseits die Tatsache, daß bestimmte Gebiete nach dem Wesen ihrer Bestimmungsgründe normierbar sind, auch die Möglichkeit, zu einem System zu gelangen und zugleich den Ort für systematische Regelung, das Schlagsystem. Sie weist uns aber auch auf die weitere Aufgabe hin, in diesem Schlagsystem, den nicht normierbaren Gebieten freie Bahn zu schaffen für eine Betriebsführung nach Hiebsart und Hiebsgang, die sich auf den Befund im Walde, das Waldbild stützt.

Fassen wir das Gesagte zusammen, so bestimmt also die vom Rationalprinzip beherrschte Technik das Arbeitsfeld und führt in systematischem Aufbau zum Schlagsystem. Im Gegensatz dazu weist die entscheidende Erzeugungsquelle „Natur" ihren Faktor, den Einzeleingriff ins Arbeitsfeld, den Hieb, dem Prinzip der Naturgemäßheit zu und da nun die bio-

logischen Bedingungen von den wechselnden Umständen Holzart, Standort, Waldzustand und Witterung abhängen, so kann die Hiebsart nicht
systembildend auftreten, wie früher und heute die Waldbauvertreter wähn-
ten, wenn sie ihre „Betriebsarten" auf die Hiebsart gründen. Letztere
fordert vielmehr freie Bewegung im Schlagsystem, während das Eingriffsmaß und die Gangart des Hiebs nach der biologischen Seite hin
durch das Stetigkeitsprinzip beherrscht werden, nach der ökonomischen
Seite hin durch Nachhaltprinzip und Rentabilität, was auf lange, nach vorne
offene Verjüngungszeiträume und einen stetigen Hiebsgang hinweist. Auch
der Hiebsgang fordert, seinen biologischen wie ökonomischen Bestimmungsgründen entsprechend freie Bewegung. Er ist der Ort des Ausgleichs
zwischen Waldbau und Ertragsregelung.

Kurz: die Technik fordert ein Schlagsystem, Biologie und
Ökonomie aber fordern innerhalb desselben Freiheit des
Hiebs nach Art und Gang, Forderungen, die keineswegs im
Widerstreit stehen, die jedoch nur von einem offenen Schlag-
system erfüllt werden können, d. h. nur von einem Saum-
system!

Wollte man für den Einzelfall auch noch das Arbeitsfeld freigeben, also
allseitige Betriebsfreiheit durchführen, wie immer wieder gefordert wird
— in Wirklichkeit verstehen die Fordernden gar nicht, um was es sich bei
der Systembildung handelt, da ihnen der volle Einblick in die Elemente des
forstlichen Geschehens fehlt —, so würde man nicht allein grundlegende Bestimmungsgründe der Technik preisgeben, und deren Höherentwicklung,
wie bisher auch fernerhin, unterbinden, sondern man würde vor allem
auch dem Betriebsführer bei der besprochenen Menge und Variabilität
aller Bestimmungsgründe eine viel zu schwere Aufgabe stellen,
die er nur selten mit gutem Erfolg bewältigen könnte unter steter Gefahr
von Mißerfolg und Einseitigkeit, man würde den Erfolg des Betriebs
dem Zufall preisgeben. Die Praxis der Vergangenheit und Gegenwart zeigt dies ja nur zu deutlich!

Zweites Kapitel.

Die Elemente des Ernteeingriffs in den Wald und die sog. „Betriebsarten" des Waldbaus.

Im vorigen Kapitel haben wir gesehen, daß sich unser Betriebseingriff
in die Elemente: Schlagbildung, Hiebsart und Hiebsgang scheidet und daß
die Schlagbildung, weil fast rein technisch bestimmt, ohne daß biologischer
Zwang entstände, ins feste System gebracht werden kann, die Hiebsführung
dagegen räumlich (Hiebsart) wie zeitlich (Hiebsgang) für Anpassung an das
Gegebene freibleiben muß, weil sie vor allem biologisch bestimmt ist.

Es ist nun ohne Zweifel besonders wissenswert, zu untersuchen, in welchem Verhältnis diese Betrachtungsweise des Betriebseingriffs zu denjenigen Methoden steht, die der Waldbau seit alter Zeit unter der Bezeichnung „Betriebsarten" lehrt, da ihnen ja, wie ihr Name besagt, ebenfalls die Aufgabe der Betriebsordnung zugewiesen wurde. Diese Aufgabe der Betriebsarten läßt sich nach der Stellung, die ihnen in unserem Schrifttum eingeräumt wurde, nicht wohl in Abrede stellen, sie sind nicht nur „waldbauliche Verjüngungsmethoden", wie zuweilen unterstellt wird, sondern treten als wirkliche Betriebsarten auf, d.h. sie bestimmen den ganzen Betriebsgang[1]. Wir werden später darauf zurückkommen!

Dann aber müssen sie auch dieselben Elemente aufweisen, wie unsere Betriebsgliederung sie nachwies, auch wenn diese Elemente, weil nicht als solche erkannt, in den Betriebsarten nicht entsprechend hervortreten. Und diese Elemente stecken in der Tat auch in allen Betriebsarten, wenn auch teilweise unentwickelt; auch sie sind durch Schlag, Hiebsart und Hiebsgang erschöpfend gekennzeichnet, wie ich schon in den „Grundlagen der räumlichen Ordnung" 1. Aufl. S. 95ff. gezeigt habe.

Auch die Betriebsarten scheiden sich nach der Schlagbildung, wenn sie sich auch über die Ausformung des Schlags meist überhaupt nicht aussprechen. Sie unterstellen dann stillschweigend die Abteilung, die Unterabteilung oder den Bestand und damit den Breitschlag als alles beherrschende und selbstverständliche Schlagform. Nur beim Saumschlag machen sie eine Ausnahme! Im übrigen scheiden sich nur die „Schlaghochwaldformen" vom Blenderwald, der keine Schläge in diesem Sinn bildet. Von den ganz anders gearteten Betriebsarten des Mittel= und Niederwalds kann hier abgesehen werden.

Die waldbauliche Technik — wie die Betriebstechnik überhaupt — hat ihre Domäne — den Schlag — ihr wichtigstes Förderungsmittel für den Betriebsgang in der Vergangenheit fast völlig brach liegen lassen, vor allem ist der Schlag von der Wissenschaft nicht in seiner Bedeutung und Aufgabe erkannt worden und darum unbeachtet geblieben[2].

Anders der Hieb! Er steht bei den Betriebsarten nach Art und Gang ganz im Vordergrund, beherrscht die ganzen Methoden; die Hiebsart gibt ihnen denn auch meist den Namen — Schirmschlagbetrieb, Femelschlagbetrieb, Kahlschlagbetrieb — was sich einfach daraus erklärt, daß der Hieb als Domäne der Biologie der Kernpunkt des waldbaulichen Vorgangs der Verjüngung ist, der der Waldbaulehre am nächsten steht.

Vom Hiebsgang endlich haben wir bereits festgestellt, daß er durch den Verjüngungszeitraum, den allgemeinen und speziellen, bestimmt wird und

---

[1] Längst hat Verfasser diese „Betriebsarten" aufs schärfste verurteilt und für viele Mißerfolge der deutschen Forstwirtschaft verantwortlich gemacht, hat sie sogar als „Zwangsjacken" usf. bezeichnet. Hier der eingehende Nachweis!

[2] Vgl. Wagner: Vortrag vor der Deutschen Forstvers. zu Stuttgart 1932.

daß auch die Gangart vielfach durch die Betriebsarten vorgeschrieben wird. Beide stehen jedoch auch stark unter dem Einfluß der Ertragsregelung im Nutzungszeitraum, unter der vom Zuteilungsprinzip beherrschten Verteilung der Holzmassen unter Perioden und Jahrzehnte des Nutzungsplans. Auch an die „Samenjahre" binden die Breitschlag=Betriebsarten den Hiebsgang und gliedern ihn in Vorbereitungshiebe, „Samenschlag" (d.h. „Hieb") und Nachhiebe, die vielfach rezeptmäßig mit prozentischem Nutzungsanteil versorgt wurden. So weist z.B. bei Schirmschlag dem Vorhieb Heyer 10—15%, Mayr 33% zu, dem „Samenschlag" Heyer 20—25%, Gayer bei Schattholz bis 25%, bei Lichtholz 30—35%, Mayr 50—75% (der Stammzahl), den Nachhieben bleibt der Rest. Das läßt doch wohl die Absicht einer weitgehenden Festlegung des Hiebsgangs deutlich erkennen! Auch in der neuen Literatur sucht man den Hiebsgang durch Holzmassenverteilung im voraus festzulegen[1]. Wenn diese Angaben auch weiten Spielraum lassen, so sind sie doch Versuche der Festlegung und wirken praktisch als solche.

Neben den genannten Hauptformen wurde eine Menge von Sonder- und Mischformen gelehrt, die zusammen das Arsenal der Waldbaulehre ausmachten. Aus ihm haben sich Einrichter bzw. Betriebsführer seit über 100 Jahren ihre Waffen zur Niederringung des „Zufalls"[2] für ihre gegebenen Verhältnisse ausgesucht.

Wer unsere Analyse kennt, dem muß nun sofort die Frage aufsteigen: Ist denn ein solches Gebilde, wie es die Betriebsarten darstellen, überhaupt berechtigt bzw. möglich?

Die Analyse hat bereits gezeigt, daß das in der Tat nicht der Fall ist!

Eine unumstößlich richtige Forderung, die sich auf das „Eiserne Gesetz des Örtlichen" stützt, eine Selbstverständlichkeit, zu der alle schwören und deren ständige Wiederholung in allen Tonarten nachgerade ermüdet, verlangt „volle Freiheit für den waldbaulichen Eingriff des Betriebsführers und Vermeiden jedes Schemas". Jede Einengung dieser freien Bewegung wird, und zwar mit Recht, in den härtesten Worten gegeißelt und verdammt. Ich selbst kann ein Lied davon singen, bei dem man — mangels vollen Einblicks in die Sache — solche Sünde vermutete. Von dieser Seite her kann meiner folgenden Beweisführung somit kein Einwand drohen.

---

[1] Nicht zu verwechseln sind diese rein waldbaulichen Rezepte bzw. Bindungen des Hiebsgangs durch die Betriebsarten mit den rein rechnerischen Vorausschätzungen des Hiebsfortschritts, die einen Überblick über die Ertragsleistung bezwecken, wie sie z.B. in der besprochenen Verjüngungsgangzahl zum Ausdruck kommen. Diese üben keinerlei Zwang, sind nicht eine Empfehlung (Rezept), sondern eine Vorausschätzung („Kalkül").

[2] „Wirtschaften" ist ja nach v. Gottl die Bekämpfung des ihm schädlichen Zufalls durch den Menschen!

Der Betriebsführer muß also — ich stelle das ausdrücklich hier nochmals fest! — wenn er den Winken der Natur folgen will, frei und ohne Zwang durch bestimmte Vorschriften des Wirtschaftsplans seinen Hieb führen d.h. im einzelnen in die Bestockung eingreifen können! Sonst kann ihm keine Naturverjüngung gelingen.

Nun haben wir aber gesehen, daß, wenn der Betriebsführer die Schlagform wählt, dies mit der unmittelbar biologischen („waldbaulichen") Wirkung seines Eingreifens nichts zu tun hat, weil ihm hier ja nur technische Bestimmungsgründe entgegentreten. Die Schlagform ist ja darum auch normierbar, ließe sich „reglementieren", ohne der waldbaulichen Freiheit unmittelbar zu nahe zu treten. Ja! Wenn der Betriebsführer genau zusieht, muß er erkennen, daß er hier eine regelnde Ordnung geradezu braucht, wenn er sich seine waldbauliche Freiheit wahren will, denn sobald er jede Ordnung mißachtet, oder sich mit seinem Hieb auf weite Flächen vorwagt, hat er damit auch für sich und seine Nachfolger die Freiheit verwirkt.

Erst wenn das Arbeitsfeld feststeht und er nun in dieses eingreifen will, braucht er freie Hand, denn jetzt erst wirkt sein Eingriff unmittelbar biologisch, jetzt erst muß er sich darum auch fortlaufend an die Bedürfnisse von Holzart, Standort und Waldzustand anpassen können in Hiebsart und Hiebsgang! Diese beiden müssen also frei wählbar und frei änderbar sein! Das haben wir bereits gesehen.

Was machen nun aber unsere waldbaulichen „Betriebsarten"?

Um die **Schlagform,** die sie ohne waldbaulichen Schaden, ja mit großem Nutzen für die Freiheit(!) systematisch ordnen **könnten,** kümmern sich die meisten überhaupt nicht. Schlag ist ihnen selbstverständlich die Abteilung oder der Bestand, wie er nun eben ist. Daß der Schlag für den Betrieb Bedeutung hat, daß an ihm etwas zu ordnen ist, kommt ihnen gar nicht zum Bewußtsein, ihn überlassen sie der Forsteinrichtung bzw. Ertragsregelung! In ihrer Benennung bekennen sich die meisten gar nicht zu einer bestimmten Form.

Dagegen stürzen sie sich auf **Hiebsart** und **Hiebsgang,** das sind ja unmittelbar waldbaulich bedingte Gebiete! Wir haben sie allerdings als nichtnormierbar bezeichnet, sind sie doch fast rein biologisch bestimmt, wo nicht ökonomische Ziele Grenzen ziehen. Bei den „Betriebsarten" aber stehen sie im Mittelpunkt der Regelung, d.h. Festlegung. Hier wird die Hiebsart genau vorgeschrieben, ist sie ja doch der Aushängeschild, nach dem sich die Betriebsarten benennen. Ähnlich der Hiebsgang! Ihm schreibt, wie gezeigt wurde, der Verjüngungszeitraum den Zeitrahmen vor, innerhalb dessen die Gangart noch vielfach durch mehr oder weniger weitgehende Massenvorschriften über Vorbereitungshiebe, Besamungshiebe (die bald als Dunkelhiebe bald als Lichthiebe gestellt werden sollen), Nachhiebe und Räumungs hiebe[1] festgelegt, sorgsam vorausbestimmt und auch noch durch die „Samenjahre"[2] zeitlich festgebunden wird. Dadurch kommt dann eine möglichst alles umfassende und festlegende, schön geschlossene „Betriebsart" zustande, bei der nun jeder ganz genau weiß — oft nach Zahlen genau! —, was er draußen zu tun hat, ohne seinen Geist mit Zweifeln zu belasten und mit eigener Entscheidung zu quälen. Nur schade, daß die Natur dann meist anders will, als die feinst ausgeklügelte Betriebsart. Das ist also die „waldbauliche Freiheit", die Beweglichkeit zur Wahrung biologischer Belange!

Tritt dann draußen im Betrieb der Verlust dieser Freiheit zutage, noch verschärft durch die Breitschlagform, ja! dann ist selbstverständlich die Forsteinrichtung schuldig, sie hat ja von Fall zu Fall die Betriebsart vorgeschrieben. Difficile est ... !

Wie sehr die Vorstellung vom Festlegen der Hiebsart und des Hiebsgangs und damit die Knebelung des Waldbaus durch die Betriebsart im ganzen forstlichen Denken eingebürgert und verankert ist, und wie sehr man hier wird noch lernen müssen, sich umzustellen, hat Verfasser selbst nachdrücklichst erfahren, als nach Bekanntgabe seiner Schlag- und Hiebsvorschläge diese einfach zu einer neuen „Betriebsart" gestempelt wurden und man sie, wie heute noch, — vgl. alle waldbaulichen Veröffentlichungen bis in die neueste Zeit — mit andern „Betriebsarten" verglich und als man vollends immer wieder festlegende Zahlen von mir forderte, wie man sie ja von den Betriebsarten her gewohnt war, ja mir solche zu unterstellen suchte, wo ich nur im Beispiel eine solche erwähnt hatte, obgleich man vorher doch wohl meine Bücher gelesen hatte, also die ganz andere Stellung zu den Betriebselementen erkannt haben mußte, die von Anfang an und immer bestimmter und nachdrücklicher jede Festlegung des Hiebs mit Begründung ablehnte!

Daraus ergibt sich nun die folgende kritische Wertung der „Betriebsarten" des Waldbaus:

Diese Gebilde ordnen und binden den Betriebsgang gerade da nicht, wo die Technik systematisch ordnend eingreifen könnte, ja müßte, weil sie hier, im Gebiet der Schlagordnung Bestimmungsgründen Rechnung tragen müßte, die aus den verschiedensten Gebieten, nicht nur dem Waldbau, fließen. Hier hat also der Betriebsführer freie Bewegung beim Eingriff, soweit ihm die Ertragsregelung diese läßt. Dagegen greifen sie gerade da bindend ein, und legen den Betriebsführer auf bestimmten Eingriff nach Art und Gang fest, wo waldbauliche Freiheit herrschen sollte, nämlich auf dem Gebiet des Hiebs.

Die Betriebsarten sind darum nicht allein Einseitigkeiten des Waldbaus, insofern sie ein Gebiet nur waldbaulich zu erfassen suchen, das gesamtwirtschaftlicher Bestimmung unterliegen müßte, sondern sie sind auch, ich bedaure das aussprechen zu müssen, teilweise geradezu Rezepte

---

[1] Sie alle natürlich echt babylonisch „Schläge" genannt.

[2] Das „Samenjahr" ist nämlich das Jahr des Besamungshiebs und steht damit bei Naturverjüngungsziel im Mittelpunkt des ganzen Verjüngungsrezepts. Es ist unsicher bis zum Samenabfall und kehrt in unregelmäßigen, mehr oder weniger langen Perioden wieder, denn es bedeutet ein sehr reiches Samenjahr, sog. Vollmast!

des Waldbaus, weiter nichts! Denn so nennt man Vorschriften, die genau besagen, und mit Zahlen belegen, was alles nacheinander und wie es gemacht werden soll, um eine bestimmte Wirkung zu erzielen. Oder sind sie doch noch etwas mehr? Ja! Sie sind noch mehr, weil sie trotz einseitig biologischer Einstellung gerade das an bestimmte Formen und bestimmten Zeitablauf binden, was frei beweglich bleiben müßte, nämlich den Hieb. Sie sind damit sogar Zwangsjacken des Waldbaus, d. h. Gewänder, in denen man, sobald man hineingeschlüpft, sich nicht mehr frei bewegen kann — wenn auch verschieden enge — wenn sie auch bisher nicht als solche erkannt worden sind und die Praxis meist Auswege sucht und findet.

Bei den Breitschlag=Betriebsarten im besonderen, für die vor allem obige Kennzeichnung gilt, tritt zum strategischen Fehler des Breitschlags (vgl. 7. Kap.) der taktische Fehler der Festlegung von Hiebsart und Hiebsgang.

Und diese Zwangsjacken schneidert der Waldbau eigenhändig selbst und hängt sie zur Wahl aus, denn es gilt ja doch hier das Eiserne Gesetz des Örtlichen! Da soll auch der Betriebsführer für jede Örtlichkeit deren eigenste Betriebsart — will sagen Zwangsjacke — frei wählen dürfen! Gewöhnlich besorgt das ja die Forsteinrichtung und bezieht dann den Dank der Praxis für den Zwang.

Im Streben, aus dem von allen empfundenen Zwang herauszukommen hat man nämlich die Forderung „freier Wahl der Betriebsart" gestellt, aber damit einen augenfällig falschen Weg betreten, denn freie Wahl unter Zwangsjacken kann keine Freiheit bringen. Allein schon durch Wahl des Breitschlags steckt man, wie wir sehen werden, den Kopf in die Schlinge. Und mit der Auswahl unter diesen schwerfälligen Werkzeugen soll der Mannigfaltigkeit von Standort, Holzart und Waldzustand Rechnung getragen und überall intuitiv nach dem richtigen Mittel gegriffen werden! Das eröffnet ungünstige Aussichten für allgemeinen Erfolg! Daher auch der große Mißerfolg der Vergangenheit auf den Gebieten von Naturverjüngung und Mischung. Auch die Forsteinrichtung ist insofern nicht schuldlos, als sie die Lehre vom Schlag nicht besser ausgebildet hat. Doch hatte ihr der Waldbau ja alles aus der Hand genommen und sich selbst Betriebsarten geformt. Die müßten ja doch gerade waldbaulich unantastbar sein!

Für mich ist es längst ein eigenartiges Schauspiel, mit anzusehen, wie die auf die bisher herrschenden Waldbauanschauungen sich stützende Richtung gerade mir immer wieder, bald offen, bald versteckt, „Generalisieren", „Schablone", Zwangsjackenbildung auf waldbaulichem Gebiet unterstellt oder gar vorwirft, der ich ihr doch längst ihre Zwangsjacken ausziehen und ihr freie Bewegung schaffen möchte, während sie selbst noch tief in Vorstellungen verstrickt ist, die der biologischen Freiheit Zwang antun, betont sie ja doch z. B. die Festlegung der Betriebsarten auf bestimmte

Hiebsart so nachdrücklich, daß sie bei der systematischen Einteilung ihrer Gebilde die Hiebsart als ersten Einteilungsgrund vor die Schlagform setzt und
danach auch die Benennungen wählt. Damit setzt sie also ein Element des
Betriebseingriffs an erster Stelle, das doch, wie sie selbst fordert, nach dem
Eisernen Gesetz des Örtlichen von Ort zu Ort und Zeit zu Zeit frei wechselbar, also dem Betriebsführer freigegeben und nicht im Wirtschaftsplan vorgeschrieben sein soll, als variables Element des Waldeingriffs. Nur in der
Schlagform vermag die Technik volle Freiheit für den Hieb zu schaffen — sie
übt bei systematischer Regelung der Schlagführung keinen waldbaulichen
Zwang aus — und gerade gegen solche Befreiung wehrt man sich!

Die Betriebsarten sind somit einseitig eingestellte, technisch fehlerhaft ausgebaute weil biologisch bindende Hiebsverfahren, die sich einer vielfach gröblichen Verletzung waldbaulicher aber ebensosehr auch anderweitiger Bestimmungsgründe schuldig machen.

Der Waldbau, dessen Aufgabe es ja gar nicht ist und sein kann, den
ganzen „Betrieb" zu regeln, müßte sich ihrer eigentlich schämen, bringt es
doch ihr Vorhandensein in der Lehre klar an den Tag, wie wenig dieses Gebiet die Grenzen seiner Aufgaben erkennt und eingehalten hat.

Die Betriebsarten müssen aber nicht nur aus dem Waldbau verschwinden, wohin sie augenscheinlich gar nicht gehören, sondern überhaupt aus der
betriebstechnischen Rüstkammer der Forstwirtschaft, aus den Lehrbüchern
und vor allem aus dem Walde selbst, denn sie sind, das zeigen unsere Ausführungen, betriebstechnisch betrachtet: Hochburgen der Einseitigkeit, waldbaulich betrachtet aber Rezepte und Zwangsjacken.

Heute heißt ein Kapitel der praktischen Forsteinrichtungslehre: „Wahl
der Betriebsart". Das ist, wie gezeigt wurde, falsch. Die Forsteinrichtung
hat nicht aus den Betriebsarten des Waldbaus die örtlich geeignete Form
des Eingriffs zu wählen und vorzuschreiben; sie schafft sich ja damit auch geringen Dank! sondern sie baut selbst nach technischen Bestimmungsgründen aller Art ihr offenes Betriebssystem auf und überläßt es dem
waldbaulich voll gebildeten Betriebsführer, im Rahmen dieses offenen
Systems Hiebsart und Hiebsgang frei von Fall zu Fall zu wählen und
nach Bedarf zu ändern. Sie unterstützt ihn dabei durch ihre Organisation,
denn der Betriebsvollzug im einzelnen darf nicht nach der Regel, sondern
muß nach dem Befund am Waldbild vorgehen.

Wir können geradezu scheiden:

1. Auf die Regel eingestellte Betriebe,
als solche, die sich einer „Betriebsart" des Waldbaus bedienen, ihre
Hiebsweise auf diese und durch diese festlegen und damit geschlossene Betriebssysteme bilden. Denn, unterlegen wir einem Schlagsystem eine be-

stimmte Betriebsart, so erhalten wir, wie ich am anderen Ort näher aus=
führen werde, ein waldbaulich gebundenes, „geschlossenes“ Betriebssystem,
wie die früheren alle waren. Auch diejenigen Betriebe nämlich, die sich
einer bestimmten Betriebsart bedienen, bilden, wie wir sehen werden,
notgedrungen und meist unbewußt (!) Schlagsysteme, daher auch Betriebs=
systeme.

2. Auf örtlichen Befund eingestellte Betriebe,
die im Einzeleingriff in die Bestockung, ohne sich voraus festzulegen, den
Winken der Natur folgen, wie sie das Waldbild und seine Entwicklung gibt
nach der Forderung Pfeils: „Fraget die Bäume, ...“ Dazu ist ent=
weder Blenderung erforderlich, wie sie Biolley und v. Kalitsch anwen=
den, oder aber bei Schlaghochwald ein offenes Betriebssystem, das den Hieb
völlig frei gibt, wie das freie Saumsystem[1].

Danach wäre — zusammengefaßt — das Verhältnis der „Betriebs=
art“ mit ihrem gebundenen System zum freien offenen Betriebssystem
folgendes:

Die Betriebsart setzt ein Schlagsystem — meist Breitschlag — das die
Forsteinrichtung bestimmt, als schon vorhanden voraus. Bei ihrer Wahl
wird nun unter einer kleinen Zahl von Rezepten Wahl getroffen und das
Gewählte auf mehr oder weniger große Flächen übertragen. Damit ist
Hiebsart und Hiebsgang (in der Betriebsart) festgelegt und das geschlos=
sene Betriebssystem fertig.

Im Gegensatz dazu legt das freie Betriebssystem nur das Schlag=
system fest, schafft aber in seinem Rahmen Freiheit für den Betriebs=
führer auf biologischem Gebiet zur Wahl von Hiebsart und Hiebsgang
an Hand des Waldbilds. Ein solches System ist jedoch nur möglich beim
echten Saumschlag!

Als Ergebnis unserer Analyse auf diesem Gebiet kann somit festgestellt
werden:

Wer die drei Elemente des Waldeingriffs, Schlag, Hiebs=
art und Hiebsgang, nicht kennt und nicht trennt, sie nicht zu=
erst je für sich betrachtet und nach ihren eigenen Bestimmungs=
gründen formt, um sie dann erst zum Ganzen zusammenzu=
fügen, der wird **nie** zu klarer Erkenntnis des Ganzen kommen,
wie sie aus den bestimmenden Grundlagen, aus der Ausgestal=
tung seiner Elemente und aus deren Wirkungsweise fließt,
der wird auch **nie** eine erfolgreiche Rationalisierung der Ein=
griffstechnik im Wald durchführen können. Denn diese drei Ele=
mente des Waldeingriffs werden, wie wir gesehen, je durch ganz verschie=
dene Bestimmungsgründe regiert, bedürfen getrennter Wahl und zeigen
ganz verschiedene Äußerungen und Wirkungen.

---

[1] Vgl. D. Fw. 1931, S. 385—403.

Angesichts der geschilderten Verhältnisse auf dem Gebiet der Betriebs=
arten ist es leicht zu verstehen, daß auch deren Systematik und Be=
nennung bisher ein Bild des Wirrwarrs zeigten.

Nach der vollen Ablehnung der Betriebsarten als solcher für Forstwissen=
schaft und Forstwirtschaft, zu der wir hier gelangt sind, würde es sich nun
zwar für uns erübrigen, auf diese Dinge überhaupt weiter einzugehen. Wenn
dies trotzdem geschieht, dann nur darum, weil ja die „Betriebsarten“ heute
noch eine bestimmende Rolle in unserem Schrifttum spielen, weil die gan=
zen forstlichen Vorstellungen auf sie eingestellt sind und weil endlich dieses
Eingehen vielleicht weiterhin zum Verstehen meines Standpunkts bei=
trägt.

Wie dunkel es hier auf systematischem Gebiet ausschaut, das zeigt
aufs schönste die Zusammenstellung der Lösungsversuche, die H. W. Weber
in seiner Schrift: „Die Formen der organischen Hochwald=Produktion“,
1930, gibt, wo alle neuen Klärungsversuche sorgfältig zusammengetragen
sind, so daß ein gutes Bild des heutigen Zustands entsteht. Klärung und
brauchbare Ordnung auf diesem Gebiet hat die Schrift jedoch leider nicht
gebracht, konnte sie nicht bringen.

Mir haben einst, wie bereits mitgeteilt, die Betriebsarten viel Kopf=
zerbrechen gemacht, bis ich die Spaltfläche zwischen „Schlag“ und „Hieb“
fand, nach der sie dann allerdings schließlich ganz auseinanderfielen.

Diese Spaltfläche Schlag/Hieb wird nun bei der systematischen Anord=
nung der Betriebsarten entweder gar nicht erkannt, oder es wird bald der
Schlag, bald der Hieb als übergeordneter Einteilungsgrund angesehen.
Letzteres rührt daher, daß die „Betriebsarten“ bald als echte, volle Be=
triebsarten, bald nur als Verjüngungsmethoden betrachtet werden,
wobei man sich aber doch auch im letztern Fall energisch gegen die Unter=
stellung verwahrt, als würde hier bei den Betriebsarten nur einseitig wald=
baulichen Bestimmungsgründen Rechnung getragen. „Selbstverständlich“
so sagt man, werden auch Forstschutz, Ernte, ja selbst die Betriebsführung
beachtet, nur merkt man dabei augenscheinlich nicht, daß damit diese Ge=
bilde denn doch wohl im Waldbau nicht mehr auf ihrem richtigen Platze
stehen!

Weiter ist ein Streit, ob Schlag oder Hieb erster Einteilungsgrund
sein soll, leicht zu schlichten. Es scheint hier übersehen zu werden, daß na=
türlich jeder Einteilungsgrund an sich vorangestellt werden kann, es fragt
sich nur, von welchem Gesichtspunkt aus man einteilen will,
bzw. dann auch, welches der richtige ist!

Wer vom Standpunkt der Betriebslehre aus die Betriebsart nach ihrem
Namen wirklich als Form des Betriebsvorgehens betrachtet, muß
selbstverständlich die Schlagform als technisch beherrschendes und den
Waldaufbau bestimmendes Element als Einteilungsgrund voranstellen und
darf nur im Rahmen des Schlags das naturgesetzlich beherrschte Element,

den Hieb, als Einteilungsgrund verwenden. Wer dagegen in der Betriebs=
art entgegen ihrem Namen nur einseitig etwas Waldbauliches sieht,
— ein Verjüngungsverfahren — der wird die Hiebsart als das waldbau=
lich beherrschende Element voranstellen und ihr die Schlagform mit ihrem
nur modifizierenden waldbaulichen Einfluß soweit er ihn überhaupt be=
achtet, nachstellen. Man kann also an sich so oder so einteilen, nur muß man
dann auch die Benennungen danach wählen. Der Waldbauer muß von
„Hiebsformen" sprechen, der Betriebsführer von „Schlagformen". Hier
herrscht jedoch leider die bedauerlichste Verwirrung, in der nur die
Wirrnis der Gedanken zum Ausdruck kommt!

Wir stoßen somit, als Grund der Wirrnisse auf Unklarhei=
ten über die Aufgaben des Waldbaus und seiner Abgrenzung
gegen die Betriebslehre (vgl. S. 71).

Selbstverständlich ist nun aber nur der Standpunkt richtig, der die „Be=
triebsarten" als echte Betriebsarten betrachtet, denn so sind sie in unserer
Wissenschaft ausgebildet und von der Wirtschaft gemeint, wobei sie aller=
dings aus dem Waldbau logischerweise herausfallen. Und ebenso selbst=
verständlich müssen wir dann die Schlagbildung als obersten Einteilungs=
grund anerkennen, auch wenn sie rein waldbaulich nicht an erster Stelle
steht, denn hier muß gesamtwirtschaftlich geurteilt werden. Wollte man die
von uns eingehaltene logische Folge des Betriebsaufbaus nach Schlag und
Hieb umkehren und in der Gliederungsfolge die Hiebsart voranstellen,
wie das auch in der Benennung gemacht wird, mit der Begründung, die
Schlagbildung sei nur eine formale Aufgabe, während die Hiebsart das
primäre Element bilde, so wäre das ein unverkennbarer Denkfehler, denn
im Betrieb steht der betriebstechnische Rahmen als zuerst bestimmend
voran. In ihm kann sich erst das waldbaubiologische neben andern Mo=
menten entwickeln.

Wollte man in solcher Umkehr die Betriebsart nur als „Verjüngungs=
methode" betrachten, so müßte man sie als reine Verjüngungsmethode
erst aus dem Gesamtgefüge herauslösen und käme bei allen Breitschlag=
methoden, die ja den Großteil aller Methoden bilden, wie auch beim Schmal=
schlag ohne weiteres zu den Baumständen und ihrer biologischen Wirkung
und damit zum Hieb nach Art und Gang. Nur beim echten Saumschlag
wäre auch der Schlag wegen des hier im Vordergrund stehenden Rand=
stands und der biologischen Wirkung der Himmelsrichtung auf ihn mit=
bestimmend — und verwirrend!

Man würde jedoch beim Herausschälen der reinen Verjüngungs=
methode aus den Betriebsarten finden, daß selbst hier zahlreiche Be=
stimmungsgründe anderer Grundlagegebiete, wie Forstschutz, Forstbenut=
zung und die Betriebsführung selbst nicht ausgeschaltet werden können, so
daß sich schließlich der Waldbau auf die biologische und waldbautechnische
Betrachtung der Baumstände, ihre Wirkung in sich und ihre Wechsel=

wirkung mit der Umgebung, sowie auf die Wirkung der Weiterentwicklung (Veränderung) der Baumstände und damit auf die Betrachtung des Hiebs und seiner Wirkung vor allem zurückziehen müßte. Gegenstand waldbaulicher Forschung auf diesem Gebiet wäre die biologische und waldbautechnische Wirkung von Kahlhieb, Blenderhieb, Schirmhieb, Randhieb, Löcherhieb, Buchten-, Keil- und Kulissenhieb usf., der von ihnen geschaffenen und weiterentwickelten Baumstände und damit von Hiebsart und Hiebsgang. Die räumliche Auswirkung des Hiebs im Schlag, die Hiebsart, wie seine zeitliche Folge, der Hiebsgang, schaffen allein die holzerzeugenden Bedingungen für Verjüngung, Zuwachs usf., sind zugleich die waldbauliche Äußerung des Waldeingriffs und der Kernpunkt des Betriebsvorgangs überhaupt. Ihre Verwirklichung am Schlag würde trotz einiger biologischen Beziehungen bereits weit über das rein waldbauliche Grundlagegebiet hinaus ins betriebstechnische Aufbaugebiet hinübergreifen. An den Schlag hat der Waldbau nur Forderungen zu stellen und zwar vor allem bezl. seiner Technik.

Ein geschlossenes **rein waldbauliches** Verjüngungsverfahren gibt es somit auch nicht! (Vgl. S. 71.) Jedes Verjüngungsverfahren hat als komplexer Vorgang eine waldbauliche, schutz- und erntetechnische wie auch betriebstechnische Seite. Sein Aufbau aus diesen Elementen fällt damit der Betriebslehre zu, sonst besteht die Gefahr der Einseitigkeit. Man kann nur den starken waldbaulichen Kern herauslösen und für sich rein waldbaulich betrachten.

Insofern sind deshalb auch die sonst guten Einteilungen zu beanstanden, welche die Betriebsarten rein nur als Verjüngungsarten betrachten und die Hiebsart voranstellen. Vanselow[1] faßt „das Gesamtphänomen der natürlichen Verjüngung als komplexen, an sich unteilbaren ökologischen Vorgang“ auf. Damit aber schält er Hiebsart und Hiebsgang heraus; auf die Schlagform als solche bezieht sich der ökologische Vorgang (von der besprochenen Ausnahme abgesehen) ja nicht.

Rubner[2] gibt eine gute Einteilung ebenfalls vom rein waldbaulichen Standpunkt aus betrachtet, nur müßte er in seinen Bezeichnungen überall statt „Schlag“ das Wort „Hieb“ setzen.

Für die richtig verstandene Betriebsart ist der Waldbau somit — wir haben das schon im 2. Abschnitt (S. 71) gesehen — nur wichtigstes Grundlagegebiet, neben dem die andern Grundlagen nicht vergessen werden dürfen, wenn wir drohender Einseitigkeit entgehen wollen. Jede nur waldbauliche Betrachtung irgend eines Vorgehens des Ernteeingriffs in den Wald führt mit zwingender Notwendigkeit zu Einseitigkeiten und ist darum wissenschaftlich unhaltbar, praktisch aber unbrauchbar, wie klas-

---

[1] Vanselow: Forstw. Zbl. 1930, S. 216 und „Die Naturverjüngung im Wirtschaftswald“ 1931.

[2] Rubner: Sudetendeutsche F. u. J.-Ztg. 1930, S. 359.

fische Beispiele — durch ein Jahrhundert nunmehr — bewiesen haben. Ich habe darauf schon oft hingewiesen! Wir dürfen die Betriebsarten gar nicht anders, als gesamtwirtschaftlich betrachten, müssen folglich auch die verschiedenen Eingriffsformen in den Wald vom Betriebsstandpunkt aus einteilen, mögen wir nun beim Eingriff **deduktiv** vorgehen, d. h. die Form unseres Vorgehens aus allgemeinen Grundsätzen und gegebenen Lehren ableiten, oder **induktiv** an der Hand des Waldbilds aus Ablauf und Erfolg des Eingriffs selbst.

Nicht ohne Schuld am besprochenen Zustand der Unklarheit auf dem Gebiet der Einteilung der Betriebsarten ist aber die ganz unhaltbare Verwirrung in den Bezeichnungen wie sie aus jeder waldbaulichen Veröffentlichung, besonders deutlich aus der Sammlung in der erwähnten Schrift von H. W. Weber sich uns aufdrängt.

Wenn man sich über Aufgabe und Stellung der Betriebsarten nicht klar ist — was schon aus der mangelhaften Abgrenzung von Waldbau= und Betriebslehre erhellt, und wenn man sich darum auch nicht einigen kann über den Vortritt des Schlags oder des Hiebs als Einteilungsgrund, so können natürlich auch die Bezeichnungen nicht einheitlich festgelegt werden. So müßte z. B. der Waldbauer von einem „Saumfemel**hiebs**= verfahren", d. h. von saumförmigem Femelhieb als einer waldbaulichen „Betriebsart" (Verjüngungsart) sprechen, der Betriebsführer dagegen von „Femelsaum**schlag**", d. h. femelweise eingreifendem Saumschlag als einer echten Betriebsart. Falsch ist dagegen unter allen Umständen die übliche Bildung „Saumfemelschlag", denn es gibt keine Schlagform, die „Femel" hieße und keine Eingriffsweise in diesen Schlag (Hiebsart) die man „Saum" nennen könnte. Dagegen gibt es einen Femelhieb, den man auf verschieden geformtem Arbeitsfeld (z. B. Saum) anwenden kann, also einen Femelsaumschlag! Darauf habe ich schon vor bald 30 Jahren hingewiesen. Solange man sich jedoch in unserem Fach noch nicht sinn= loser Wortbildungen und Schreibungen („Plenter"!) schämen muß, wie etwa sonst im Leben falscher Orthographie oder Satzbildung, und sie darum grundsätzlich ausmerzt, hört diese babylonische Verwirrung nicht auf. Das kann kein Majoritätsbeschluß, sondern nur Fortschritt der Wissenschaft im ganzen und wissenschaftliche Selbstzucht aller Fachgenossen bringen!

Sieht man näher zu, so wird man finden, daß das Durcheinander auf waldbaulichem Gebiet, das Begriffe, Bezeichnungen, Erfordernisse und Wirkungen unserer Betriebselemente bunt durcheinander wirbelt, am Ende darauf beruht, daß der Waldbau seine Technik nicht entsprechend ausgebildet, daß er nicht alle Formen und Wege der Technik gegliedert und untersucht und mit klaren Begriffen und Bezeichnungen versehen und damit dem Schrifttum ein handliches und scharfes wissenschaftliches Werk= zeug in die Hand gegeben hat. Die Wirkung ist, daß von jeher Äußerungen waldbaulicher Art, soweit sie nicht Positives mitteilten, leider nur zu oft in ein stumpfes Gerede ausliefen, auf fromme Wünsche und Sentenzen allgemeinster Art, für die nicht klipp und klar ein gangbarer Weg gegeben wurde. In diesem Sinn habe ich ein allgemeines Waldbaulehrbuch vermißt, das allen unbestimmten mehrdeutigen und flachen Bezeichnungen zu Leibe geht und dem dann alle gerne folgen würden. Wir brauchen einen Waldbauführer, kein Terminologieparlament![1]

Leider muß festgestellt werden, daß wir in den Bezeichnungen nicht vorwärtsgekommen sind; eher ist ein Rückschritt da und dort festzustellen.

So spricht z. B. Gayer noch ganz richtig und klar von „Schirmbesamung in Saumschlägen" also zusammengezogen von „Schirmsaumschlägen", weil er richtig dachte, daß hier Schirmhiebe in einem saumförmigen Schlag geführt werden sollen! Heute aber hört man auch aus Gayers Heimat alles umgedreht, von „Saumschirmschlägen", als ob der Schirm das Arbeitsfeld und der Saum die Hiebsart wäre. Und ebenso hört man täglich die Bildung „Saumfemelschlag" kurz „Saumfemel" genannt. Gayer dagegen hätte das analog und richtig „Femelverjüngung in Saumschlägen" oder kurz „Femelsaumschlag" und „Femelsaum" genannt, spricht er doch in seinem Waldbau von „horstweiser Schirmbesamung bei saumweiser Verjüngung", wodurch er deutlich zeigt, daß er den biologischen Charakter der Hiebsart und den betriebstechnischen der Schlagform sehr wohl erkannte, was von seinem Nachfahren nicht mehr gesagt werden kann.

Einen ähnlich krassen Fall des Rückschritts in der Benennung finden wir bei Eberhards „Schirmkeilschlag"[2]. Der Vater hat hier seinem Kinde den richtigen Namen gegeben, weil es sich um Schirmhieb bei keilförmigem Schlage handelt. Noch besser wäre wohl „Schirmkeilsaum" gewesen = Schirmhieb auf keilförmigem Saum. Philipp dagegen hat ihn in „Keilschirmschlag" umgetauft und damit falsch benannt, denn daß das badische Verfahren etwas so ganz anderes wäre, daß es umgekehrten Na-

---

[1] Es ist sicher eine starke Zumutung an unser Fach, nach dem Beschluß eines Gremiums, dessen Aufgabengebiet ganz wo anders liegt, eine Schreibung annehmen zu sollen — „Plenter" — für die niemand einen vernünftigen Sinn anzugeben vermag, die also nach gewöhnlichem Sprachgebrauch sinnlos ist, nur, weil sie bisher üblich war, zumal ihr eine sehr sinnvolle Deutung und Schreibung seitens der größten deutschen Sprachforscher, der Gebrüder Grimm, gegenübersteht. Ich für meine Person lehne diese Zumutung grundsätzlich ab!

[2] Der Schirmkeilschlag ist eine systematisch schwer zu fassende Zwischenform. Im Grunde genommen ist er ausgesprochener Periodenbreitschlag, denn Eberhard will die „Bestände" möglichst rasch verjüngen, sie sollen ihren bisherigen Aufbau behalten und werden wie bisher mit anderen Beständen in Schlagreihen angeordnet. Das ganze Eingreifen in die Großbestände, erst Schirmhieb über die ganze Bestandsfläche hin, dann Keilhieb und schließlich Keilsaumhiebe, ist ein reines Hiebsverfahren. Weil aber dem Schirmhieb auf der Breitschlagfläche keine weitere Folge gegeben wird, das Verfahren vielmehr ganz in keilförmige Schirm- und Randhiebe übergeht, tritt die Breitschlagform in der weiteren Entwicklung des Verfahrens mehr und mehr zurück, um dem Waldbild des Schirmkeilschlags Platz zu machen.

men verdient, wird doch wohl niemand behaupten wollen. Die Bezeich=
nung ist falsch, denn einen keilförmigen Schirmhieb gibt es so wenig, wie
einen schirmförmigen Schlag.

Verkehrte Benennungen weisen aber stets, wenn sie auch für sich allein
harmlos wären, auf innere Wirrnis der Gedanken und Vorstellungen und
Unklarheiten beim Schöpfer hin. Und man sieht ohne weiteres aus meinen
Beispielen, daß solche Wirrnis nicht mehr vorkommen wird, sobald man
Schlag und Hieb richtig zu definieren gelernt hat. Denn es gibt logischer=
weise keinen „Femelschlag", „Schirmschlag", „Kahlschlag" mehr — Bezeich=
nungen, die nur dadurch entstanden sind, daß man als selbstverständliche
Schlagform den Breitschlag unterstellt und damit das Zwischen=
wort „breit" in der Bezeichnung ausgelassen hat —, sondern nur noch „Fe=
melhieb", „Schirmhieb", „Kahlhieb", die im Breit=, Schmal= oder Saum=
schlag angewendet werden können, also Femelbreitschlag u. s. f. Ich habe
meine bezüglichen Vorschläge vor nun bald 30 Jahren gemacht, die Zeit
der Keimruhe ist nun, hoffen wir, bald zu Ende!

Unser Kapitel zeigt:

Sich einer bestimmten Betriebsart anzuschließen, oder mehrere zur
Wahl nebeneinander zu stellen, ist schon von Hause aus und grundsätzlich
falsch (!), weil man dadurch den Betrieb an bestimmten Einzeleingriff in
den Wald nach Art und Gang und damit an bestimmte Baumstände bindet.

Der richtige Weg der Betriebsfestsetzung ist nach unsern gesamten bis=
herigen Ausführungen vielmehr Punkt um Punkt folgender:

1. Entscheidung, ob überhaupt Schläge gebildet, d. h. die Hölzer gleich=
wüchsig erzogen werden können, bzw. sollen.

Wenn nicht, dann bleibt nur Blenderbetrieb in irgendeiner Form!

Blenderbetrieb ist überall zu wählen, wo geschlossene Erziehung unmöglich
(Höhenlagen), wo genügender Deckungsschutz undurchführbar (Parzellen) und wo ge=
ringer Standort ökonomisch keinen erheblichen Begründungs= und Pflegeaufwand
gestattet (geringste Standorte).

2. Wo Schläge gebildet werden können, da werden wir sie aus öko=
nomischen wie technischen Gründen auch bilden.

Die Wahl der Schlagform ist eine rein erzeugungs= und betriebs=
technische Frage.

Breitschlag ist bei der Wahl fast allgemein zu verwerfen, Saumschlag dagegen
ist die Form der Technik, er ist übersichtlich, deckfähig, ausweichfähig, formbar,
darum anpassungsfähig.

3. Bei Wahl des Schlagsystems muß zuerst zwischen geschlossenem,
d. h. gebundenem und offenem, d. h. freiem Schlagsystem entschieden
werden.

4. Bei geschlossenem System: Wahl einer Betriebsart und damit
Bindung von Hiebsart und Hiebsgang allgemein oder von Fall zu Fall;
deshalb nach dem „Eisernen Gesetz" zu verwerfen.

5. Bei offenem System: Freiheit von Hiebsart und Hiebsgang. Anwendung auf Grund örtlicher Prüfung der Wirkung verschiedener Baumstände und Baumstandveränderungen am Waldbild.

Nun erst, nach diesen Entscheidungen, machen wir uns Gedanken darüber, wie wir unser Unternehmen nach Vorrat, Umtrieb usf. d. h. ökonomisch organisieren und auf welchem Wege wir den nachhaltigen Ertrag regeln wollen, ganz im Gegensatz zur bisher üblichen Folge der Bestimmungen — vgl. S. 21.

Damit ist dann der logisch richtige, der natürliche Beststand erreicht! Es ist der Weg der Zukunft den zuerst Biolley[1] beschritten hat. Folgen wir ihm!

Auf dem Gebiet des technischen Betriebs muß es in unserem Fach entschieden anders werden! Längst empfand ich so manches, was in den zahlreichen Veröffentlichungen aus dem Gebiet der „Betriebsarten" (d. h. der Eingriffsweise der Ernte in den Wald unter diesen und jenen Umständen — ein sehr beliebtes Thema! —) ausgeführt wurde als ein, um es drastisch auszudrücken, Umrühren im Brei der Betriebsarten, einem Brei, weil jede klare systematische Grundlage fehlte und das Ganze mit vielen Wenn und Aber, mit frommen Wünschen und Forderungen gespickt war oder von unerfüllten Voraussetzungen ausging („natürlich muß dafür gesorgt sein, daß ..."). Diese systemlose Kost war mir allmählich ungenießbar geworden, so daß ich sie schließlich überschlug, wie man sich ja heute leider unsere halbe Literatur schenken kann, ohne daß im Wald eine Lücke entstünde.

Heute, wo ich endlich auf diesem Gebiet selbst klar sehe, weil ich die Grundlagen genau geprüft und geordnet, und mir das Ganze systematisch aufgebaut habe, beschäftige ich mich wieder eher mit Nutzen mit solchen Waldbauergüssen, liefern sie doch so manches prächtige Beispiel für die üblen Folgen fehlender systematischer Beherrschung des Stoffs, Übungsbeispiele für Untersuchung der systematischen Fehler und ihrer Folgen im Seminar!

Damit möchte ich aber keinem Fachgenossen zu nahe treten — der einzelne kann ja nichts für den Stand seines Fachs! —, vielmehr nur dringend die Anregung geben, diesen Komplex als einen der wichtigsten unseres Fachs zu erkennen und systematisch durchzudenken! Dazu mag dieses Buch Hilfsdienste leisten! Solches Durchdenken wird sich **jedem** als sehr nützlich und anregend erweisen, selbst wenn seine Arbeit im entferntesten Grundlagengebiet des Fachs liegt und wird Ergebnisse zeitigen, die auch für andre, für das ganze Fach wertvoll sind.

---

[1] Vgl. Wagner: Aufsatz über „Das Waldbild als Weiser..." D. Fw. 1931 Nr. 49 bis 51, besonders Nr. 51.

Drittes Kapitel.

Kritik des Breitschlags.

Eines der bemerkenswertesten Ergebnisse unserer Analyse ist ohne Zweifel die Beleuchtung, in welcher der Breitschlag, der Herrscher in Vergangenheit und Gegenwart hier vom Standpunkt der Technik aus erscheint! (Vgl. S. 113—114.) Von allen Gebieten der Betriebstechnik aus gesehen zeigt er sich im gleichen Lichte und wir gelangen zum selben Urteil, mögen wir ihn nun waldbautechnisch, schutztechnisch, erntetechnisch oder schließlich allgemein betriebstechnisch betrachten. Der Gegenstand ist um so wichtiger, als hier erstmals volles **technisches** Licht auf diejenige Form des Schlags fällt, die durch eineinhalb Jahrhunderte von Wirtschaft wie Wissenschaft als selbstverständlich gegebene und allgemein anwendbare Einheit des Waldeingriffs ohne jede Kritik einfach hingenommen würde. Die Frage der zweckmäßigsten Schlagform hat man gar nicht gestellt, noch weniger untersucht. Jetzt stehen uns die technischen Eigenschaften dieser Schlagform klar vor Augen und wir wollen nun unsere Schlüsse aus ihnen ziehen. Bei der großen, vor allem auch praktischen Wichtigkeit des Gegenstands für die Forstwirtschaft ist es daher geboten, den ganzen Fragenkomplex hier nochmals zusammenfassend zu behandeln auf die Gefahr hin, manches zu wiederholen.

Als einst die deutsche Forstwirtschaft mit dem Ziel des Ordnungsschaffens und der gleichwüchsigen Holzerziehung vom Plendern zum Schlagweishauen überging, da hat sie, wie wir bereits gesehen haben und im folgenden Kapitel noch weiter erfahren werden, damit auch eine neue technische Lage geschaffen, gekennzeichnet durch weitgehende Unselbständigkeit aller Glieder des Waldes, der Bäume, der Gruppen, der Bestände, und hat damit deren Deckungsbedürftigkeit nach außen, wie nach innen, sowie ein gesteigertes seitliches Ausweichbedürfnis für Ernte und Bringung erzeugt. Diese Bedürfnisse beherrschen seither den Betriebseingriff in den Wald und damit die Technik in besonderem Maße, ohne daß man sich dessen recht bewußt geworden wäre.

Wir werden im folgenden Kapitel sehen, daß und wie der Betrieb im Schlaghochwald der Unselbständigkeit seiner Glieder, der Bestände **nach außen,** also der Bestände unter sich, durch Bildung von Schlagsystemen Rechnung trägt. Daß aber die Betriebsumstände auch noch durch die Unselbständigkeit der Bäume **im Innern** der Bestände von Grund aus geändert wurden, das hat man weder einst beim Übergang, noch auch inzwischen, bedacht. Das besondere Deckungsbedürfnis auch nach innen rührt nämlich von der geringen Tiefenwirkung sowohl des Deckungsals auch des Traufschutzes her. Dazu kommt noch das seitliche Ausweichbedürfnis der Ernte und Bringung in der Kinderstube des Waldes.

Hier hätte eine entsprechende Ausgestaltung der Schläge nach

Größe und Form Platz greifen müssen, da ja überdies auch noch bestem Überblick und freier Gestaltung des Hiebs im Schlag Rechnung zu tragen war.

Die forstliche Lehre hat es jedoch bis heute versäumt, die Eingriffseinheit des Schlaghochwalds, den Schlag, als den Ausgangspunkt für alle Betriebstechnik erst und vor allem andern einmal genau unter die Lupe zu nehmen und der Technik mit seiner Ausgestaltung erst den Weg nach oben zu öffnen. So konnte auch den obigen Betriebsumständen des Schlaghochwalds nicht Rechnung getragen werden, weder die maßgebenden alten Autoren von G. L. Hartig und Cotta ab, welche die Überleitung zum Schlaghochwald vertraten, noch die neueren bis zu Judeich, Hugo Speidel u. a. haben der Ausgestaltung des Schlags in ihren Schlagsystemen besondere Beachtung geschenkt. Man hat allgemein den **Breitschlag** stillschweigend als gegebene Eingriffsform hingenommen, **ihn damit generalisierend als Regel unterstellt,** hat sich höchstens über seine Größe Gedanken gemacht und die ursprünglich sehr große Ausdehnung mehr und mehr vermindert. Nur für ganz besondere Verhältnisse hat man auch die schmale Form in Aussicht genommen (z. B. Fichtenkahlschlag, „Saumfemel" für besondre Sturm- und Frostgefahr, geringe Standorte). Es ist in hohem Maß bemerkenswert, weil es folgenschwer für die Entwicklung des Betriebs war, daß sich weder Wissenschaft noch Praxis mit dem forstlichen Arbeitsfeld beschäftigt und dieses genauestens untersucht haben, das doch Angelpunkt der ganzen Erzeugungstechnik ist, und alle technische Möglichkeit fast allein in sich schließt, denn innerhalb Schlags bietet die von der Natur abhängige Hiebsart für die Technik nur noch wenig Raum. Schlag waren Abteilung (Fachwerk!) oder Bestand (Bestandswirtschaft!)! Daß sich die Technik des Waldbaus im vorigen Jahrhundert nur wenig entwickelt hat, tritt auf diesem Gebiet scharf in die Erscheinung.

Die Vernachlässigung des Schlags in der forstlichen Lehre ist mir einst zuerst aufgefallen, als ich beim Verlassen des Fachwerks nach einem Ersatz für dessen Schlagsystem suchte. Ich fand nur das Schlagsystem der Bestandswirtschaft, das jedoch meine Forderungen in waldbautechnischer, schutztechnischer und erntetechnischer Hinsicht nicht befriedigen konnte, eben weil es auf dem Breitschlag als Einheit des Flächeneingriffs aufgebaut war. Deshalb habe ich diesem System zwar den Gedanken der Schlagreihe und der Traufbildung nach außen im Sinne H. Speidels entnommen, den Breitschlag aber seiner Unübersichtlichkeit, seiner Deckungsuntüchtigkeit nach innen, seiner mangelnden Ausweichmöglichkeit für die Ernte und anderer großer technischer Mängel wegen, die mir im praktischen Betrieb täglich vor Augen standen, gleich von Anfang an abgelehnt und mich dem Saum zugewendet. Und dieser hat mir auch praktisch alles gehalten was er mir theoretisch versprochen, er hat mich nie und nach keiner Seite hin im Stich gelassen.

Breitschlag und Technik.

Betrachtet man den Breitschlag und seine Bestände, so wird man finden, daß in diesen die Bäume durch $^4/_5$ des Umtriebs im Schlußstand erwachsen (also in gegenseitiger seitlicher Deckung von Boden, Schaft und Krone gegen Sonne, Bodenwind, Sturm, Duft, Frost usf. Sie haben sich in ihrem Wuchs dieser Deckung angepaßt, sind unselbständig geworden. Und dann werden sie im letzten Fünftel ihres Lebens, da sie Deckung für sich selbst, wie ihre Nachkommenschaft am dringendsten brauchen, dieses Schutzes meist gleichzeitig auf breiter Fläche mehr und mehr beraubt, während zu gleicher Zeit Ernte und Verjüngung am Boden infolge der Unmöglichkeit des seitlichen Ausweichens in schärfsten Widerstreit geraten. Dabei fehlt auch noch bei den sich dadurch auftürmenden Betriebsschwierigkeiten auf der Breitfläche der erforderliche Überblick, ein im höchsten Grad verschärfendes Moment. Die Technik wird sich unter solchen Umständen vergeblich bemühen, diesen Nachteilen aus dem Wege zu gehen; der Breitschlag ist starr; auch bezüglich der Hiebsart, welche die Technik auf der Breitfläche spielen lassen kann, sind ihr enge Grenzen gezogen. Bei Naturverjüngung ist nämlich der Breitschlag stets Periodenschlag, er ist also auch zeitlich gebunden, die Verjüngungsdauer befristet. Und hat erst einmal eine bestimmte Hiebsart von der Breitfläche Besitz ergriffen, so sind auch dem Betriebsführer in dieser Hinsicht die Hände gebunden, er muß den Hiebsweg — meist als Leidensweg! — fortsetzen, den er oder sein Vorgänger auf der Breitfläche einmal betreten hat, auch wenn er bald erkennt, daß er ihn nicht zum Betriebsziel führen wird, weil die Natur selbst ihm die Zügel aus der Hand gerissen hat. Der Breitschlag hat ihn in eine Sackgasse geführt! Nachträgliche Änderungen der Betriebsart auf breiter Fläche retten meist die Lage nicht mehr! Was will man z. B. machen, wenn man sieht, daß ein breiter Schirmhieb nicht zur Besamung, sondern zu Verrasung führt, oder wenn der Sturm in ihm weiterfrißt.

Da bedarf es keines besonderen Beweises mehr, wenn festgestellt wird, daß die Eigenschaften des Breitschlags stark zur Kunstverjüngung als ultima ratio hindrängen; die Geschichte zeigt ja auch diesen Erfolg in allen alten Naturverjüngungsgebieten. Man ist in erschreckendem Umfang praktisch wie anschauungsmäßig bei der Kunstverjüngung gelandet, wurde doch im Schrifttum mehrfach festgestellt, daß höchstens $^1/_{10}-^1/_{20}$ der deutschen Waldfläche auf natürlichem Wege verjüngt werde.

Gayer hat zwar zu Ende des vorigen Jahrhunderts das Streben nach Naturverjüngung und Mischung wieder neu belebt, aber sein technischer Weg, der Femelbreitschlag, hat sich, weil er eben Breitschlag war und nicht allen Bestimmungsgründen des Betriebs gleicherweise Rechnung trug, als ein Mittel von nur örtlicher und nur teilweiser Wirksamkeit erwiesen, das zwar auf sehr günstigem Standort da Gutes bieten kann, wo Naturleistung und Betriebsziel voll in Einklang stehen, das aber sofort versagen muß, wo man über diese Voraussetzungen hinausgeht, wie beim „künstlichen Femelschlag" mit seinen Löcherhieben oder im Buchengebiet, wo auf Mischwald verjüngt werden soll.

So hat also der Umstand, daß man beim Übergang zum Schlaghochwald einst allgemein den Breitschlag wählte und sich bis heute auf ihn festlegt, dazu noch zunächst in sehr großen Formen, im Laufe der Zeit zu einem fast allgemeinen Versagen der Naturverjüngung geführt. Die Technik konnte sich nicht entwickeln, der Betrieb verlor die Zügel der Verjüngung und die Natur spottete der neuen Betriebsziele — mit dem Ergebnis fast allgemeinen Übergangs zur Kunstverjüngung.

Daran aber trägt nichts anderes die Schuld, als die technischen Eigenschaften des Breitschlags[1], das zeigen unsere bisherigen Untersuchungen.

Der Breitschlag ist:

1. technisch entwicklungsunfähig — allgemein technischer Mangel —,

2. starr, ohne Dehnbarkeit und Beweglichkeit in waldbaulicher Hinsicht; er bindet die Hiebsart auf großer Fläche an die erstgewählte Form, ist waldbaulich betrachtet eine Falle! — waldbautechnischer Mangel,

3. durchaus deckungsuntüchtig nach innen wegen der geringen Tiefenwirkung des Deckungsschutzes. Er deckt zwar nach außen, im Innern aber weder die alte Bestockung noch den Jungwuchs und Boden gegen Sonne, Wind, Sturm, Duft, Frost usf. — schutztechnischer Mangel —,

4. ohne Ausweichmöglichkeit für Ernte und Bringung — erntetechnischer Mangel —,

5. unübersichtlich, rückt die Waldbilder ungünstig auseinander bzw. durcheinander — betriebstechnischer Mangel —.

Den wichtigsten Bedürfnissen des Vollzugs, gerade im Schlaghochwald nach Hiebsbeweglichkeit, Deckung, Übersicht und Ausweichen, Bedürfnissen, die dazu noch mit der Ausdehnung der Schläge im quadratischen Verhältnis wachsen, steht also die Technik auf breitem Schlag mehr oder weniger hilflos gegenüber.

An dieser Eigenschaft seiner Schlagform krankte, ohne daß man es erkannte, der ganze Naturverjüngungsbetrieb der früheren Zeit. Über sie halfen auch die schönsten Hiebsführungsrezepte, die Hiebsart und Hiebsgang variierten, nicht hinweg! Man ist neben der Hiebsart vor allem auf verschiedene Regelung des Hiebsgangs verfallen, um Anpassung an bestimmte Verhältnisse zu erzielen, hat rasche und langsame Gangart, stärkere und schwächere Eingriffe („Lichtfreunde und Dunkelmänner") usf. eifrig empfohlen und damit den Hiebsgang im einzelnen festgelegt statt befreit!

---

[1] Vgl. Wagner: Vortrag auf der Deutschen Forstversammlung in Stuttgart 1932. Ber. S. 125—128.

Erst wenn die deutsche Forstwirtschaft **diesen wahren Grund ihrer Mißerfolge allgemein erkennen wird**, kann auch trotz Festhalten am Schlagwald wieder die freie Leistung der Natur — die Naturverjüngung — allgemein und überall, **wenn auch nur allmählich** im deutschen Wald ihren Einzug halten und unsern Wirtschaftswald zur Gesundung und Höchstleistung bringen.

Ohne richtige Lösung der Frage der Schlaggestaltung jedoch gibt es keinen wirklichen Auftrieb nach dieser Richtung hin.

Saumschlag und Technik.

Und fragen wir nun die Technik, welche Schlagform vermag den oben festgestellten Bedürfnissen am besten zu entsprechen, so kann die Antwort nach meiner langjährigen theoretischen wie praktischen Prüfung der Frage nach allen Seiten hin nur ganz eindeutig lauten: Der Saumschlag! Er ist Jahresschlag, daher ohne zeitliche Bindung an Perioden und vermag dachziegelförmig über die Verjüngungsflächen überzugreifen. Er hat alle technischen Eigenschaften, die dem Breitschlag nach den obigen Ausführungen mangeln und es diesem unmöglich machen, auch nur einem der dringendsten Bedürfnisse des Schlaghochwaldes voll gerecht zu werden.

Der Saumschlag ist seiner Form nach:

1. im höchstmöglichen Maße beweglich und dehnbar, denn er vermag die verschiedensten Formen der Linienführung und Lagerung anzunehmen (Anpassung an Himmelsrichtung, Gelände und gegebene Bestockungsformen) und besitzt jede erwünschte Dehnbarkeit nach der Tiefe.

Da er durch die Hiebsart nur in verhältnismäßig geringem Grade beeinflußt wird, kann deren Wechsel von Jahresschlag zu Jahresschlag ohne Nachteile erfolgen.

2. in höchstem Maße deckungsfähig, weil er sich überall an die seitlichen Deckmöglichkeiten der geschlossenen Bestockung engstens anzuschmiegen vermag, wobei die geringe Tiefenwirkung des Deckungsschutzes entscheidet. Er verletzt deshalb nie den Deckungsschutz auf breitem Raum.

3. die Idealform für seitliches Ausweichen von Ernte und Bringung, darüber bedarf es keines Wortes des Beweises,

4. ebensowenig der Tatsache gegenüber, daß er je schmaler, desto mehr die Übersichtlichkeit selbst ist.

Niemand wird mir den Satz widerlegen können, daß die Technik keine andere Form des Schlags zu finden vermag, die mit auch nur ähnlich weitreichender Gültigkeit in gleichem Maße alle Vorzüge für den Betriebsgang auf sich vereinigen würde wie der **Saum**!

Wer mich da ohne genaue Prüfung der ganzen Frage einfach für „einseitig eingestellt" erklärt, — ein sehr bequemer Standpunkt, den viele einnehmen,

— der hüte sich wohl, daß er nicht selbst als einer erscheint, der zu einseitiger Ausbildung durch die Vergangenheit nichts zulernt!

Daß obige Anschauung nicht längst Gemeingut in unserem Fache geworden ist, daran trägt vor allem die Tatsache Schuld, daß sich keine selbständige forstliche Betriebslehre entwickelt hat und nicht als Lehrfach vorgetragen wurde. Dadurch ist auch die Lehre von der Technik des Waldbaus auf wichtigstem Gebiet zurückgeblieben.

Baumwirtschaft und Technik.

Eine technische Weiterentwicklung über den Saum hinaus gibt es nicht! Eine Entwicklung nach der anderen Seite, der „verfeinerten Baumwirtschaft" als „intensivstem Betrieb" ist, betriebstechnisch betrachtet, gar keine Höherentwicklung — das zu glauben, wäre ein verhängnisvoller Irrtum — sondern vielmehr ein technischer Rückschritt, eine Rückkehr zum ursprünglichen Zustand des unbestimmten Arbeitsfelds! Auf ihm wäre es der Technik nicht möglich, der Erfüllung all der vielerlei Bestimmungsgründe des forstlichen Vollzugs den Weg zu bereiten, da ihr jede Entwicklungsmöglichkeit fehlte. Die so viel gerühmte „Baumwirtschaft", auch „Vorratspflege" oder „Erziehungswirtschaft" genannt, wäre somit die Rückkehr zum Ausgangspunkt einer, wenn auch nur langsamen Vorwärtsbewegung durch ein und einhalb Jahrhunderte, deren Errungenschaften wieder restlos aus der Hand gegeben würden, ein großer Rückschritt planmäßiger Forstwirtschaft! **Vor der Schädlichkeit eines solchen Schritts im Gebiet des Schlaghochwalds kann darum nicht oft und nicht nachdrücklich genug gewarnt werden!**

Die Idee der „Baumwirtschaft" ist dem Kleinwaldbild entnommen, muß auch Kleinwaldideal bleiben und darf nicht auf unsere großen Nachhaltbetriebe übertragen werden, das sagt uns die einfachste technische Erwägung. Für die forstliche Vorstellungswelt derjenigen Fachgenossen allerdings, die nicht einen entwickelten technischen Sinn haben, denen Wirklichkeitssinn fehlt, ist dies Kleinwaldidyll geradezu gefährlich.

Vom Breitschlag weg bleibt der Technik zum Fortschritt nur ein gangbarer Weg, nämlich der zum Saum, als entwicklungsfähigster Form. Der Saum bedeutet betriebstechnisch den Schlußpunkt für die Entwicklung der Schlagformung, er läßt aber in sich den größten Spielraum für Entwicklung der Technik.

Die Technik schafft im Saum eine feste räumliche Basis für die Höherentwicklung auch der andern Betriebselemente, der Hiebsart und des Hiebsgangs und zur Gewinnung von Richtpunkten und Erfahrungssätzen biologischer und waldsichernder Art, die im Laufe der Zeit zu standörtlichen Waldbauregeln erweitert und verdichtet werden können.

Der Breitschlag mit seinen kollektivistischen Folgeerscheinungen hat

im deutschen Wald abgewirtschaftet! Das wird heute in immer weiteren
Kreisen erkannt. Darum mehren sich auch die Freunde des Blenderbetriebs von Tag zu Tag und ihre Rufe, welche die deutsche Forstwirtschaft zu dem weiten darum gewagten Sprung aus dem Breitschlag ins
andre Extrem der individualistischen Baumwirtschaft, — des Blenderbetriebs — anzuspornen suchen, erklingen täglich lauter und eindringlicher.
Die Gefahr des Übergangs vom Schlagweishauen in die andre Richtung
hing ja immer schon drohend, wie ein Damoklesschwert über der deutschen
Forstwirtschaft und tut es heute mehr denn je, wurden uns doch die
Vorzüge des Blenderwalds stets nur in den leuchtendsten Farben geschildert.

Dieses Gespenst kann nur durch die Saumidee dauernd
beschworen werden! Der Saumbetrieb allein ist berufen, den ver-
hängnisvollen Sprung aufzuhalten und die Entwicklung unserer Forstwirtschaft aus den Extremen auf den goldenen Mittelweg zu leiten, denn
sie erhält uns die gleichwüchsige Erziehung mit vielen anderen Vorteilen
des Schlagbetriebs und bringt dazu waldbauliche Freiheit, besten Deckungsschutz und leichte Ernte bei äußerer Ordnung und Übersicht für den Betrieb. Sie entzieht damit allen Einwänden gegen das Schlagweishauen
im breiten Schlag den Boden.

Sobald wir uns aus ernteökonomischen Gründen zum Grundsatz
gleichwüchsiger Erziehung des Holzes bekennen, also zum „Schlagweishauen", führt uns auch das Deckprinzip, das nun im Wald zur
Herrschaft kommt, mit zwingender Notwendigkeit zum Saumschlag und
schließt bei rationellem Denken den heute herrschenden Breitschlag aus,
weil dieser das Deckprinzip nach allen Seiten hin verletzt und dadurch
die Schuld trägt an allem Mißerfolg der Schlagbetriebe in der Vergangenheit!

Was aber folgt aus unseren Betrachtungen für den Betriebsführer?

Er ist durch den Breitschlag und seine Betriebsarten in dreifacher Weise
gebunden:

1. Durch die Festlegung der Hiebsart.

2. Durch den bestimmenden Einfluß von Betriebsart (Verjüngungszeitraum) und Ertragsregelung (Nutzungszeitraum) auf den Hiebsgang
nach Frist und Gangart.

3. Durch die breite Schlagfläche, die ihn zu bestimmter Form des
Weiterhauens zwingt, sobald er erst angefangen hat in sie einzugreifen.

Will er diesem Zwang entgehen, so muß er seine Technik in dem Sinne
weiterentwickeln, daß er grundsätzlich den Breitschlag verläßt und zum
Saumschlag übergeht als dem Endglied der Entwicklung vom großen zum
kleinen Arbeitsfeld.

Zum Übergang muß ihm Zeit gelassen werden[1], hat ja doch auch der Breitschlag durch 1½ Jahrhunderte Zeit und Muße gehabt, den ganzen Waldaufbau in Deutschland in seinem Sinne umzuwandeln. Da wäre es ebenso unbillig, wie unverständig, die neue Wandlung von heute auf morgen zu erwarten oder durchführen zu wollen.

Im übrigen ist ein stetiger Übergang sehr einfach; der Wald wird ohne Reibung und Opfer in den Saumbetrieb ebenso stetig hineinwachsen, wie er einst aus dem Blenderwald in den Breitschlagbetrieb hineingewachsen ist.

Nur drei Dinge muß der Betriebsführer tun:

1. den Breitschlag im Prinzip aufgeben,

2. ein saumgerechtes Hiebszugsnetz über den Wald legen und befestigen und die Bestockung in Anpassung an ihre Altersverteilung in kurze Schlagreihen gliedern, die sich nach Beseitigung aller Hindernisse der Schlagfolge ohne Hemmung oder Gefahr in den Hiebszügen bewegen können,

3. den ökonomischen Rahmen der Hiebsreife voll ausnutzen und zwar ebenso nach unten, wie nach oben!

Man denkt bei Umwandlungen immer nur an die Altbestände und beachtet nicht, daß der Spielraum der Hiebsreife immer sehr viel weiter nach unten, als nach oben reicht und daß er in den Althölzern bereits seine Obergrenze erreicht, vielfach überschritten hat. Die Gliederungsschläge müssen sich darum bis ins jüngere Holz erstrecken.

Erfüllt der Betriebsführer diese drei Bedingungen, so kann es ihm bei dehnbarer Schlagtiefe und freiem Hieb nach Art und Gang nicht schwer fallen, sich allen im Schlaghochwaldgebiet denkbaren Verhältnissen anzupassen und sich aus ihnen in hochentwickelter Technik das biologisch, wie ökonomisch Beste herauszuholen. Er wird nicht nur das Eiserne Gesetz, sondern auch das Ökonomische Gesetz überall erfüllen können.

Ein Hauptergebnis unserer Analyse ist das Gebot:

Aus dem Walde müssen verschwinden die „Betriebsarten" genannten Waldbaurezepte, weil sie festlegen, was frei bleiben muß und unbeachtet lassen, was technisch festgelegt und weiterentwickelt werden sollte! An ihre Stelle müssen offene Schlagsysteme treten mit frei beweglichem Hieb als voll betriebsgerechte Systeme. Sie dürfen sich darum auch nicht auf Breitschlag gründen, er vor allem muß aus dem Walde verschwinden.

Solange die Forstwirtschaft diesem Gebot nicht folgt, wird sie betriebstechnisch nicht vorwärtskommen, denn es wird ein nach dem Befund im Walde geleiteter Betriebseingriff nicht möglich sein, auch wird sich im Schlaghochwald kein schutztüchtiger Waldaufbau ergeben.

---

[1] Vgl. dazu meinen Aufsatz über „Betriebsumwandlungen in der Forstwirtschaft" (Allg. F. u. J.-Ztg. 1929, S. 161 ff.), wo ich die Umwandlungsfrage ganz allgemein untersucht habe.

Viertes Kapitel.

Das Schlagſyſtem, ſein Aufbau[1] und ſein Verhältnis zum Betriebsſyſtem.

Aus unſerer Analyſe folgt für den Schlaghochwald, einerſeits die Mög=
lichkeit, andrerſeits aber auch die Notwendigkeit, ſeine Schlagfüh=
rung d.h. den Flächeneingriff in den Wald in ein Syſtem zu bringen, vgl.
S. 37ff. und S. 207.

Schon ein Überblick über all die vielen Beſtimmungsgründe, die wir
bei Unterſuchung der Schlagbildung und Schlagausformung im 2. Kapitel
des 2. Abſchnitts feſtgeſtellt haben, drängt uns — zumal bei letzterer der
Technik und ihren Belangen unbeſtritten das erſte und entſcheidende
Wort gebührt — den Gedanken an ſyſtematiſchen Aufbau förmlich auf,
den Gedanken eines Schlagſyſtems als Krönung des Ganzen. Dem kann
ſich kein Einſichtiger verſchließen!

Und es hat denn auch, wie wir ſchon auf S. 38 gezeigt haben, **von jeher,**
ſeit man ſchlagweiſe haut, keinen erfolgreichen **Betriebs**ein=
griff gegeben ohne Schlagſyſtem. Wir müſſen das nur erſt erkennen!
Die meiſten Betriebsarten ſind ohne Schlagſyſtem überhaupt nicht durch=
führbar und wo es fehlte, da hat auch der Betrieb verſagt, und den Wald
in Schaden geſtürzt, hat „Wirrbau“ geſchaffen[2].

Iſt beim Schlaghochwald auf dem Gebiet des Flächeneingriffs in den
Wald die Möglichkeit der Syſtembildung an ſich ſchon ohne weiteres
gegeben, ſo erhellt ebenſo klar ihre Notwendigkeit aus der Tatſache, daß
der aus dem Schlag erwachſende gleichwüchſige Beſtand oder Beſtockungs=
ſtreifen für ſich allein im Waldverband nicht beſtehen könnte, und zwar,
je kleiner er iſt, um ſo weniger (!), weil er unſelbſtändig iſt und daher
dem Deckungszwang unterliegt. Wir fügen deshalb dieſe unſelbſtändigen
Elemente des Waldaufbaus zur Schlagreihe zuſammen und ſorgen, da auch
dieſes Gebilde nach außen unſelbſtändig iſt, mit Hilfe von Deckungsſchutz
oder von Traufſchutz für deſſen Sicherung — und das Schlagſyſtem iſt
fertig!

Wir ſind dem Schlagſyſtem ſchon auf dem Weg unſerer Analyſe mehr=
fach begegnet (S. 37—40, 207 . . .), ſo daß ſeine Entſtehung und ſeine Be=
dingungen bereits geklärt ſind. Es bedarf alſo nur noch einer Zuſammen=
faſſung.

An dieſe Zuſammenfaſſung aber muß ſich anſchließen eine Gegenüber=
ſtellung des ſich aus unſern Unterſuchungen ergebenden offenen Saum=
ſchlagſyſtems und der bisher üblichen Betriebsarten=Syſteme,

---

[1] Vgl. meinen Vortrag vor der Deutſchen Forſtverſammlung Stuttgart 1932,
Bericht S. 123ff.

[2] Vgl. Baader: Allg. F. u. J.=Ztg. 1931, S. 246ff.

um hier endlich Klarheit zu schaffen. Der Vergleich meiner Vorschläge mit den Betriebsarten, ja gar deren Einreihung unter diese läßt nämlich deutlich erkennen, daß man in weiten, ja selbst maßgebenden Kreisen den ganzen Fragenkomplex noch nicht völlig durchgedacht hat, daher nicht beherrscht und mich deshalb auch nicht verstehen kann.

Aus unsern bisherigen Betrachtungen ergeben sich als Elemente des Schlagsystems:

1. Die Gestalt des Schlags, d.h. die gewählte Einheitsfläche für Eingriff und Aufbau — Abteilung, Bestand, Streifen — (Breitschlagsysteme, Saumschlagsysteme).

2. Die Art der Verbindung der Einheiten zu Schutzverbänden (Schlagreihen) und die Verwendung der Schutzmittel, der Deckung und der Traufbildung zwischen ihnen (Decksysteme, Hiebszugssysteme).

Die Aufstellung eines Schlagsystems besteht somit in:

1. der Wahl der Schlagform und Schlaglage (Hiebsrichtung),

2. der Vereinigung der Schläge zu Schlagreihen,

3. der Deckung der Schlagreihen nach der Seite (Decksysteme) oder der Bildung traufbefestigter Hiebsbahnen für die Schlagreihen („Hiebszüge").

Die Entstehung von Schlagsystemen ergibt sich wie bereits gezeigt, aus den Bedingungen des Schlaghochwalds, dessen Schlagbildung eine gleichwüchsige Bestockung und damit Unselbständigkeit aller Glieder schafft. Sie nötigte die Forsteinrichtung schon seit Einführung des Schlaghochwalds zur Bildung von Schlagsystemen, die aber in der Folge leider nur geringe Weiterentwicklung erfuhren.

Diese Schlagsysteme stützten sich auf die Periodenschlagbildung der Vergangenheit — erst die Abteilung, die Einheit der Waldeinteilung (Fachwerk), dann den Bestand, die Einheit der Bestockung (Bestandswirtschaft) — also durchaus auf Breitschläge. Die Periodenschläge wurden zu ihrer Deckung nach außen, vor allem gegen Sturm, in Schlagreihen (Periodentouren oder Hiebszüge genannt) angeordnet und schließlich auch noch seitlich abgedeckt (Decksysteme von Reuß usf.) oder durch Seitentrauf (Wirtschaftsstreifen in Sachsen) selbständig gemacht (Sächsischer Hiebszug, Speidels Hiebszug). Damit war das Schlagsystem als Ordnung der Arbeitsfelder fertig — ein Gebilde der Forsteinrichtung!

Für den Einzeleingriff der Ernte in die Breitschläge des Systems während der Nutzungsperioden lieferte dann der Waldbau die Methoden, die Hiebsart und Hiebsgang vorschrieben — „Betriebsarten" genannt —. So entstand das geschlossene, d.h. an bestimmte Hiebsform gebundene Betriebssystem (s. 2. Kap.).

Das war der bisher übliche Weg, um zu einem Schlagsystem und weiterhin zu einem Betriebssystem zu gelangen, auch wenn diese Systembildung niemand zum Bewußtsein kam.

Ich selbst habe nun auf Grund von Erwägungen, die ich schon so oft und in jeder denkbaren Beleuchtung dargelegt habe — die auch jetzt im Laufe unserer Analyse wieder zu Wort kamen —, einen ganz andern Weg eingeschlagen und bitte nun die Fachgenossen, zur Förderung der Sache dringend, das künftig in Erwägung zu nehmen, ehe sie wieder Parallelen mit den „Betriebsarten" ziehen. Sonst ist eine Verständigung — zum Schaden der Sache der Forstwirtschaft — nicht möglich.

Ausgangspunkt meines Systems ist nicht mehr der Breitschlag, sondern ein Streifenschlag entlang dem Bestandsrand, der **„Saum"**, ein übergreifender Jahresschlag, der stetig, in bestimmt gewählter Richtung fortschreitend, Schlagreihen bildet (keine „Bestände"). Ich wählte ihn vor allem wegen seiner Übersichtlichkeit und Formbarkeit nach allen Seiten hin, seiner Deckfähigkeit, Anpassungsfähigkeit, Schmiegsamkeit und Ausweichfähigkeit. Jene Schlagreihen werden dann behufs seitlicher Deckung in eine nach außen durch Traufbildung gesicherte Hiebsbahn eingeschlossen und das Schlagsystem ist fertig (!) — zugleich aber auch das Betriebssystem, denn bei Verwendung des Saums ist ein freies, offenes System ohne eine bestimmte Betriebsart möglich, frei dadurch, daß es an keine bestimmte Hiebsart gebunden ist, die ja auch bei Saumform des Schlags nur eine geringe Rolle spielt, und offen, weil durch das Verlassen des zeitlich befristeten Periodenschlags und Übergang zum übergreifenden Jahresschlag dieser, wie auch der zeitliche Hiebsgang nach vorne offen bleibt.

Dieses freie offene Betriebssystem habe ich einst „Blendersaumschlag" genannt, ohne zu erwägen, daß viele sich nur an den Namen halten und sich nicht mit der Sache genau bekannt machen. So hat der Name zu vielen Mißverständnissen geführt. Ich hätte in Erwägung obigen Umstandes wohl besser von „freiem oder stetigem Saumschlagsystem" gesprochen.

Mein Schlagsystem ist, wie jedes Schlagsystem, auf technischen Bestimmungsgründen aufgebaut, soll allen technischen Forderungen selbsttätig Verwirklichung schaffen. Als technisches System erscheint es als Schutz- und Betriebsrahmen für den Ernteeingriff, bildet Kern und Gerippe unseres Betriebssystems. Es ist der äußere, feste Schutzbau, innerhalb dessen der Einzeleingriff nach biologischen Bestimmungsgründen (Waldbau) sich frei bewegen kann. Je mehr freie Bewegung ein solcher Schutzbau dem Waldbau und damit dem Betriebsführer bei gleichzeitigem Schutz gegen allerlei Nachteile von außen her gestattet, desto wertvoller ist er für den Betrieb, erst betriebstechnisch, dann biologisch und schließlich ökonomisch.

Im offenen Schlagsystem ist das Problem der vielgeforderten **„Befreiung des Waldbaus"** gelöst, wofern man nicht Freiheit mit Willkür und nachfolgenden Chaos gleichsetzt!

Am schmalen Schlag kann sich der Waldbau — durch das Schlagsystem nach außen gesichert und von allen technischen Hemmnissen befreit — ziel-

bewußt höher entwickeln, was vor allem auf dem Gebiet der Naturver=
jüngung einem dringenden Bedürfnis entspricht. Der bisherige Mangel
einer festen räumlichen Stütze, die dem Einzeleingriff und damit dem
Waldbau Freiheit schaffte, hat es verschuldet, daß die Naturverjüngung in
Methode wie praktischem Erfolg trotz einer jahrhundertelangen und gewiß
doch eifrigsten Pflege nicht vorwärts gekommen ist und auch heute noch
fast bei allen Verwaltungen stockt, wird doch gegenwärtig nur ein verschwin=
dender Bruchteil der deutschen Waldfläche wirklich natürlich verjüngt. Das
ist nicht zuletzt Schuld des Breitschlags. Man ist auf der Breitfläche zu lange
Zeit richtungslos herumgetappt, hat sich im Kreise bewegt, und konnte
nicht vorwärts kommen.

Kunst der Technik im System ist: äußere Ordnung, innere Frei=
heit! Die äußere Ordnung hat die Aufgabe einerseits einer selbsttätigen
Erfüllung aller normierbaren Bestimmungsgründe und andrerseits der
Befreiung aller nicht normierbaren behufs freier Erfüllung von Fall
zu Fall.

Das System soll **selbsttätig** (automatisch) Einseitigkeiten ver=
hüten, indem jedem Glied des Waldaufbaus sein Platz im System richtig
zugewiesen, die Leitung übersichtlich, der Ort des Eingriffs und jeder an=
dern Art von Betriebsvollzug jederzeit klar gegeben ist.

Unser System wird auch bei der Verjüngung durch seine stetig abneh=
menden Vorgriffe in den Altbestand hinein **selbsttätig** jeden Flächenteil
durch alle möglichen Lockerungsgrade hindurchführen —gleich=
sam über einen Kamm ziehen — so daß jede Fläche unabwendbar und
selbsttätig früher oder später unter die für jede Holzart und jeden Standort
günstigsten Bedingungen für Keimen, Fußfassen und Zusammenschluß der
Ansamung gebracht wird. Dies technische Mittel schafft dem Waldbau
ein Höchstmaß von Wahrscheinlichkeit, daß nun auch jeder Flächenteil best=
möglich besamt wird.

Angesichts der wechselnden Bedingtheiten der Naturverjüngung nach
Holzart, Standort, Waldzustand und Witterung gibt es keinen andern tech=
nischen Weg, der in gleichem Maß alle Bestimmungsgründe der Natur=
verjüngung gleichzeitig und selbsttätig erfaßt, als der im Saum stetig vor=
wärtsschreitende Hieb, für den unser Schlagsystem den sichernden Betriebs=
rahmen bildet.

Das System sichert auch — selbst das ist Aufgabe der Technik — vor
den nachteiligen Folgen eines Wechsels in der Person des Betriebsführers,
die so sehr drohen und bei Breitschlag auch in die Erscheinung treten. Die
klaren Waldbilder der Säume und ihre eindeutige Sprache werden jeden
Nachfolger ohne Schwierigkeiten in seine Aufgabe einleiten. Ein Rückschritt
ist da kaum zu befürchten, um so eher werden die neuen Augen von den
gebotenen Waldbildern neue Fortschritte ablesen!

Auch dem Einfügen neuer Erkenntnisse, der Grundlagenforschung in unser Vorgehen im Walde sind die Wege aufs beste geebnet, so daß Baaders Forderung, die wir mit gutem Grund an die Spitze unserer Betrachtungen gestellt haben, Genüge geschieht: „Alle Erkenntnisse der Tatsachenforschung bleiben totes Kapital, wenn sie nicht in Technik umgemünzt werden können." Dafür muß das Schlagsystem sorgen! Wie wenig von dem Vielen, was emsige Forschung in langen Jahrzehnten zutage gefördert, hat sich in der Vergangenheit sofort und ungehemmt im Walde ausmünzen lassen! Und was ist der Grund?

Ziel unserer Betriebstechnik muß sein, den Eingriff im offenen Schlagsystem allen biologischen und waldsichernden Bedingungen nun auch so gut anzupassen, daß der Schlaghochwald auch hierin bestem Blenderbetrieb ebenbürtig zur Seite tritt. Das ist nur in dem alles Waldbauliche offen lassenden Saumschlagsystem möglich. Gelingt es auf diesem Wege, dann werden in der Streitfrage: „Blenderwald oder Schlaghochwald?" auch alle bisher noch zweifelhaften Bestimmungsgründe zugunsten des Schlaghochwalds entscheiden, wird dieser auch in Waldbau und Forstschutz dem Blenderwald sicher überlegen sein.

In der besprochenen Richtung haben sich von jeher meine Vorschläge im Blendersaumsystem bewegt und ich kann hier mit Beruhigung feststellen, daß unsere ganze Analyse von A bis Z das bestätigt und auch rein deduktiv als richtig nachweist, was ich von Anfang an vorgeschlagen und gefordert hatte. Auch diese Schrift ist, ohne daß dies beabsichtigt gewesen wäre, zu einem weiteren Unterbau für die Saumwirtschaft der Zukunft geworden.

Schließlich gibt mir Gegenstand und Ergebnis dieses Kapitels noch Anlaß, einer **Mythenbildung** entgegenzutreten, die durch irrige Deutung und unvollständige Beachtung meiner Vorschläge entstanden ist. Die Irrtümer haben sich, von einer Stelle ausgehend, immer mehr ausgebreitet und haben schließlich sogar den Weg in Denglers Lehrbuch des Waldbaus gefunden, was Rebel mit sichtlicher Befriedigung feststellt; die falsche Behauptung ist also damit „historisch" geworden[1], weil sich offenbar niemand die Mühe nimmt, die Urschrift nachzuschlagen.

Auf solche Mythenbildung stößt man übrigens leider gerade in der Forstwissenschaft nur zu oft, ihr sind selbst die ersten Vertreter unseres Fachs zum Opfer gefallen wie G. L. Hartig, Hundeshagen, Preßler. Wir haben ihre Lehren zum Schaden der Sache durch die Lehrbücher teilweise in falschem Lichte überkommen, sehen z. B. G. L. Hartig durch die Brille Pfeils, Hundeshagen durch die der Fachwerker und Preßler durch die der Bodenreinerträgler.

Ich habe bezüglich meiner Lehre lange schweigend zugesehen, wie selbst ernste Beurteiler meiner Vorschläge im Irrtum über diese befangen sind

---

[1] Auch auf andern Gebieten ist Mythenbildung zu Hause. So stellt z. B. Bier (Med. Klinik 1934, Nr. 37) bezüglich der Auslegung des Hippokrates fest: „Eine immer wiederholte falsche Behauptung wird ‚historisch' und gilt als Wahrheit."

und ihren Irrtum reihenweise auf andere übertragen. Nun ist es jedoch Zeit, dem Weitergreifen zu steuern, solange ich das noch selbst tun kann, denn ich möchte künftig nicht durch die Brille der Breitschlägler gesehen werden, die mich nicht verstehen.

Der Mythos beruht vor allem auf zwei Irrtümern, der eine ist der doch ganz unmögliche Vergleich zwischen dem von mir vorgeschlagenen Blendersaumsystem und irgend welchen „Betriebsarten", wie sie der Waldbau lehrt oder gar die Einreihung meines Systems unter diese. Solcher Vergleich zeigt glatt, daß man mich nicht versteht und noch gar nicht in meine Gedankengänge eingedrungen ist. Der zweite Irrtum bezieht sich auf die Dehnbarkeit der Saumtiefe meines Schlagsystems. Hier liest man von einem „ursprünglich schmallippigen Saumschlag", der später verbreitert worden sei, ja selbst von einem „früheren" und einem „späteren Wagner", welch letzterer erst „nach Bayern hinübergespitzt" haben soll[1], um Saumtiefe und Hiebsart dem dortigen Verfahren anzupassen.

Eines Gegenbeweises bedarf es hier nicht, weder gegenüber dem ersten Irrtum, noch auch der zweiten Unterstellung, meine gesamten Veröffentlichungen von der **ersten** Auflage der „Grundlagen der räumlichen Ordnung" ab zeugen gegen sie[2]. Es kann sich höchstens darum handeln, die Irrenden zu bestimmen, die Sache in der Urschrift nachzulesen und diese erst genau zu studieren, statt sich auf das Urteil anderer zu stützen[3]. Bis heute ist das allerdings nicht gelungen.

---

[1] „Hinüberspitzen" ist bei uns nicht landesüblich! Wir richten unsere Augen stets offen dahin, wo wir etwas sehen wollen und bekennen uns dazu!

[2] Man lese z. B. nach: „Grundlagen", **1. Aufl.** 1906, S. 115, 135, Abb. 136 (!), 137, 139 ff., 142, 146—150 uff., ferner das Buch „Blendersaumschlag und sein System" (das ja für meine Vorschläge **allein** maßgebend ist!), **1. Aufl.** S. 28, 34, 35, 36, 41, 71, 72 uff. uff.

[3] So sagt z. B. Rubner (Allg. F. u. J.-Ztg. 1931, S. 50/51): „Der Blendersaumschlag kann ... hier eingefügt werden, nachdem er sich durch die größere Beweglichkeit und femelschlagartigen Eingriffe in den rückwärtigen Bestand, **die Wagner zugestanden hat** (!) (von mir hervorgehoben), prinzipiell kaum mehr vom Saumfemel unterscheidet", und: „In seiner **ursprünglichen schmallippigen Form** und wenig tiefen Erstreckung in den Bestand ..."

Noch deutlicher wird Seeholzer (Allg. F. u. J.-Ztg. 1930, S. 33 f.): „Es (das ‚Riedenburger Verfahren') ist aber auch eine Kleinschlagwirtschaft, wie der Blendersaumschlag, mit dem es aufs Nächste verwandt ist, insbesondere seitdem Wagner die femelschlagweise Verjüngung **ausdrücklich übernommen** hat (von mir hervorgehoben). Rebel sagt anschaulich (S. 286 dieser Zeitschr. 1929): „jener ursprüngliche schmallippige Blendersaum ist das nicht mehr, wenn in sein Herrschaftsgebiet auch Saumfemelschlag und Vorverjüngung von Buche und Tanne miteinbezogen wird!" Soweit Seeholzer! Sein Verfahren hat 25 Jahre nach dem Blendersaum das Licht der Öffentlichkeit erblickt (1906 und 1921). Wer also bei der „nächsten Verwandtschaft", die er feststellt Vater und Kind ist, darüber brauche ich nicht zu streiten. Seehofer hat einfach die Kelheimer Regeln verlassen und ist zur Schlag- und Hiebsform des echten Blendersaumschlags übergegangen.

Wenn immer wieder die geiſtige Abhängigkeit des Saumſchlags von Bayern betont wird oder wenigſtens deſſen Priorität, zuletzt auf der deutſchen Forſtverſammlung zu Stuttgart (v. Schelling), ſo muß man doch fragen, warum man uns die Saumſchlaglehre theoretiſch wie praktiſch ſo lange vorenthalten hat, bis wir ſelbſt darauf kamen und wie es zu erklären iſt, daß nicht einmal unſer erſter Fachtheoretiker auf dieſem Gebiet, der große Gayer, der doch ſelbſt Bayer war und die dortige Forſtwirtſchaft ſicherlich von Grund aus kannte, jedenfalls auf dieſem Gebiete, uns in ſeinen eingehenden und bahnbrechenden Veröffentlichungen zum Gegenſtand nicht ein Wort über den echten Saum, den Randſtand und ſeine Beziehungen zur Himmelsrichtung, verraten hat, ganz zu ſchweigen von andern Schriftſtellern auf dieſem Gebiet: **Mayr**, **Huber**, **Wappes** u.a.

Wenn der wahre Sinn meiner Vorſchläge nicht von allen Fachgenoſſen erkannt worden iſt, ſo trägt daran die bedauerliche Tatſache die Schuld, daß man einſt zwar meine waldbaulichen Grundlagen mit Eifer aufgenommen hat — der Waldbau beherrſchte ja immer das ganze Denken des Betriebsführers — daß man aber vielfach dabei ſtehen geblieben iſt. Man iſt mir nicht weiter, vollends nicht zum Syſtemaufbau gefolgt. So konnte man mich natürlich auch nicht verſtehen und ſo kam es zu dem ſonſt unbegreiflichen Mißgriff, an dem ſich auch heute noch niemand ſtößt, mein Syſtem mit den „Betriebsarten“ in eine Linie zu ſtellen, alſo unvergleichbare Dinge zu vergleichen.

Wohl ſtand mir zu Anfang noch nicht die Terminologie zu Gebot, in der ich heute meine Gedanken viel beſſer ausdrücken kann, dieſe mußte erſt im Lauf der Jahre ausgebaut werden; aber was ich wirklich wollte, darüber konnte doch von Anfang an nicht der leiſeſte Zweifel beſtehen, ſonſt hätten mich ja nicht ſo zahlreiche beſte Wirtſchafter **wirklich und richtig** verſtanden!!! Daß das gerade in Bayern ſo wenig glückte, bedaure ich ſehr, denn ich hatte von Anfang an gerade von dort her, da ich dem gleichen Ziel zuſtrebte, nur auf anderem Wege, beſonderes Verſtändnis, Zuſtimmung und Unterſtützung erwartet.

Bei der Freiheit, die mein Syſtem dem Einzeleingriff in den Wald läßt, kann es natürlich leicht geſchehen, daß aus ihm, wo Standort, Holzart und Waldzuſtand es erfordern, auch Formen erwachſen, die örtlich gut angepaßten Betriebsarten nahekommen, ſofern dieſe den Breitſchlag verlaſſen haben. Um z.B. ein femelſchlagartiges Bild zu erhalten, darf man nur den Saum vertiefen (Schatthölzer), ſich des gedeckten Schirmſtands und Blenderſtands im Innern bedienen und den Hiebsgang verzögern, alſo ſpät und langſam räumen. Man wird dabei zweckmäßig buchten=, zacken= oder keilförmigen Rand zu Hilfe nehmen, um eine Verbindung des Rands mit den freien Flächen für die Holzbringung aufrecht zu erhalten. Man wird allerdings — je tiefer der Saum um ſo mehr — manche Ernte= und Rückungsnachteile, vielleicht auch Sturmgefahr, Mangel an Überſichtlichkeit usf. mit in Kauf nehmen müssen. Ein Abwägen der Vorteile gegenüber den Nachteilen wird auch hier die örtlich richtige Form finden lassen. Aus betriebstechnischen Gründen wird man dann zu dem bereits ausgesprochenen Grundsatz kommen, den Saum nie tiefer zu machen, als gesamtwirtschaftlich notwendig erscheint! So kann, wie jede andre Betriebsform des Schmalschlags auch der bayrische „Saumfemel" dem Blendersaumschlag naherücken, aber nur dann, wenn er über seine ursprüngliche Aufgabe — der Verhütung von Sturmschaden und Verjüngung geringer Standorte — hinaus, die biologische Bedeutung des Randstands allgemein erkennt und in den Vordergrund stellt, und damit vor allem auch die Himmelsrichtung nach diesem Gesichtspunkt wählt. Dann verläßt er allerdings das Gebiet des Femelschlagbetriebs (Riedenburg!), und wird Blendersaumschlag!

Zum Schluß möchte ich hier übrigens noch besonders darauf aufmerksam machen, daß Einwände gegen geringe Tiefe des normalen Saums dann irregehen, wenn sie, wie üblich, sich auf biologische Begründung stützen, indem man annimmt, ein schmaler Saum gefährde im besondern die biologischen Bestimmungsgründe, lasse vor allem nicht die Verjüngung aller Holzarten zu. Der Einwand läuft darauf hinaus, man könne Schatthölzer und Mischungen nicht unter reinem Randstand natürlich verjüngen. Diese Annahme ist falsch! Nach tausendfacher Wahrnehmung ist gerade das Gegenteil der Fall, fühlen sich alle Holzarten, wo sie auch nur einigermaßen Schatten ertragen — also von sehr hoher Lichtbedürftigkeit abgesehen — bei uns unter nördlichem, gelockertem Randstand innen und außen in den ersten Lebensjahren, die empfindlichen Lichthölzer wenigstens in den ersten 2—3 Jahren, gleicherweise wohl, ja meist ganz besonders wohl!

Mir scheint, bei Beurteilung dieser Frage werden meist die rein biologischen Bestimmungsgründe mit den waldbautechnischen bei der Mischung und noch mehr mit den ökonomischen durcheinandergeworfen bzw. verwechselt(!) — nämlich mit der Frage des Erntefortschritts im gleichaltrigen Wald(!), denn in Wirklichkeit sind es die **ökonomischen** Bestimmungsgründe allein, die auf mehr oder weniger großer Vertiefung der Säume (in Verbindung mit Beschleunigung der Verjüngung) drängen, nicht etwa die biologischen!

Der wahre Grund, der die reine Randverjüngung für die Praxis meist unbrauchbar macht und diese auf größere Schlagtiefe drängen läßt, ist die verfügbare Zeit also ein ökonomischer Grund, meist geboren aus dem formverschiedenen Bestockungsaufbau, den der Saumschlag im heutigen Fachwerkswald findet. Wir haben es mit einer Übergangserscheinung zu tun. Weniger dringend wird die Waldbautechnik einer Saumvertiefung zustreben, um die Holzarten in geeignetster Weise zur Mischung zu vereinigen, denn die Schatthölzer stellen sich ja meist frühzeitig genug bei guter

Bestandspflege von selbst ein. Am wenigsten aber werden der Forstschutz, die Ernte und der Betrieb selbst große Schlagtiefe fordern!

Fünftes Kapitel.

Die betriebstechnische Aufgabe des Betriebsführers und ihre Stützung.

Eines der bedeutsamsten Ergebnisse unserer Analyse ist es wohl, daß sie die ganze Tätigkeit des Betriebsführers in klarstem Lichte zeigt. Dabei erweist sich diese Tätigkeit, soweit sie dem Betrieb die Richtung zu geben und dadurch die Wirtschaft ihrem Ziele zuzuführen hat, als eine überaus schwierige und verwickelte, weil vielseitig und wechselnd bedingte Aufgabe.

Unter diesem Eindruck muß unser erster praktischer Gedanke sein, hier stützend und erleichternd einzugreifen und wir erkennen als eine besonders vordringliche Aufgabe der Betriebstechnik die, dem Betriebsführer seine schwierige Arbeit durch alle Mittel der Betriebsorganisation nach Möglichkeit zu erleichtern.

Nur so läßt sich an jedem Ort der betriebstechnisch wie ökonomisch mögliche Erfolg sicherstellen.

In der Vergangenheit ist die betriebstechnische Aufgabe des Wirtschafters nicht selten Gegenstand ausgeprägtester Stellungnahme seitens der Fachgenossen gewesen und zwar im Sinn völliger „Befreiung" des Betriebsführers von jedem bestimmenden Zwang. Ihm sollte volle Handlungsfreiheit, d.h. volle Eingriffsfreiheit in seinen Wald gesichert bleiben, für den er verantwortlich ist. „Der ganze Wald ist sein Königreich", lautet hier das Schlagwort!

Solche ausgesprochen subjektive „Freiheit", wie sie — am lebhaftesten in der Systemzeit aus demagogischen Gründen — für ein falsch, nämlich subjektiv, ausgelegtes „Oberförstersystem" gefordert wurde, könnte bestenfalls einige Hoch= und Spitzenleistungen liefern, wenn man jeden frei machen ließe. Für den großen praktischen Betrieb brauchen wir aber nicht Einzelspitzenleistung, sondern Spitzenleistung im ganzen!

Auf Grund unserer Analyse erscheint jedoch die Frage der Stellung bzw. Freiheit des Betriebsführers bezüglich seines Eingriffs in den Wald in ganz anderem Lichte. Es zeigt sich nämlich da, daß es nicht an dem ist, dem Betriebsführer betriebstechnische Ellenbogenfreiheit zu schaffen, um ihn das beste erreichen zu lassen — auf solchen Irrweg konnte nur eine rein subjektive Betrachtung der Frage führen —, sondern vielmehr daran, ihn in seiner oft sehr schwierigen Aufgabe zu **unterstützen**, ihm helfend beizuspringen, damit ihm beste Lösung überhaupt möglich oder doch leichter möglich wird. **Nicht zur Beengung und Bevormundung des Betriebs=**

führers führt ein guter systematischer Aufbau des Betriebs, sondern zu seiner Befreiung von einer überschweren Aufgabe!

Betrachten wir darum das Problem des Waldeingriffs in der Erkenntnis von dessen stark komplexer Natur nunmehr auch noch vom subjektiven Standpunkt des Betriebsführers aus, dessen objektiven Standpunkt wir während der ganzen Analyse eingenommen hatten, so ist keine Frage:

Der Betriebsführer steht, wenn er sein Holz zum Hieb bestimmt, ununterbrochen vor schwierigsten Aufgaben, die sich bei ihrer vielgestaltigen Bedingtheit überhaupt nicht immer ohne weiteres in ihrer vollen Tragweite übersehen lassen und die häufig nicht ohne besondere Vorbereitung von langer Hand nach allen Seiten hin glücklich lösbar sind.

Hier bedarf es darum nicht der „Befreiung", sondern vielmehr der Stützung! Und wer hätte auch als sich verantwortlich fühlender Betriebsführer dieses Bedürfnis nach Stützung bei seiner Arbeit nicht selbst schon vielfach empfunden, zumal da, wo es an äußerer Ordnung fehlte?

Suchen wir aber nach Mitteln, dem Betriebsführer seine Aufgabe leichter und damit auch erfreulicher zu machen, so finden wir neben gründlicher Aus- und Fortbildung und geeigneter Stellung in der Verwaltung, die natürlich erste Voraussetzungen sind, noch zahlreiche Stützungsmittel besonderer Art, als da sind: klare Scheidung der verschiedenen Betriebsaufgaben, da hier jede Vermengung erschwerend wirkt („arbeitsteiliger Vollzug"), dann die Wahl einfacher Formen für den Betrieb, selbsttätige Erfüllung der technischen Bestimmungsgründe durch das Schlagsystem, ein übersichtliches Arbeitsfeld, Freiheit des Hiebseingriffs und Lieferung von Richtpunkten und Regeln für die Betriebstätigkeit im einzelnen. Diesen Mitteln wollen wir uns nun im einzelnen zuwenden, zuvor aber die Aufgaben des Betriebsführers und ihre Erfordernisse erst einmal allgemein ins Auge fassen.

I. Die Aufgaben des Betriebsführers und ihre Erfordernisse.

Gegeben sind dem Betriebsführer im heutigen Betrieb des Schlaghochwalds die periodischen Arbeitsfelder, die nach bisheriger Übung meist ökonomisch, ertragstechnisch und schutztechnisch ausgewählt durch den periodischen Betriebsplan bestimmt werden. Sie sind ihm gegeben in dem Zustand, in den die bisherige Eingriffsweise die Bestockung versetzt hatte. Dazu ist ihm gegebenenfalls eine bestimmte „Betriebsart" vorgeschrieben!

Auf diesen Arbeitsfeldern soll nun der Betriebsführer ein meist vom Wirtschaftsplan vorgeschriebenes Betriebsziel verwirklichen und zwar:

1. Beim Fachwerk haben die Arbeitsfelder die Form künstlich ge-

bildeter Abteilungen (Einheiten der Waldeinteilung „Abteilungswirt=
schaft"), sind somit Breitschläge, die dem Betriebsführer als „Bestände
der I. Periode" zur Nutzungserfüllung durch befristete Vollabholzung und
Verjüngung in den nächsten 20 Jahren überwiesen sind. Für diese Voll=
abholzung ist ferner neben der Frist (I. Periode und deren Jahrzehnten)
eine bestimmte „Betriebsart" vorgeschrieben, welche Hiebsart und Hiebs=
gang festlegt und mit deren Hilfe bei einigem Spielraum innerhalb des
Jahrzehnts ein bestimmtes Betriebsziel erreicht werden soll.

2. Bei der „Bestandswirtschaft" sind die „Bestände" grundsätz=
lich die gegebenen Bestockungseinheiten des Schlaghochwalds, Arbeits=
felder der nächsten Nutzungsperiode; auch Bestandsteile sind zugelassen,
die dem „Hauungsplan" zugewiesen sind, also ebenfalls befristete Breit=
schläge mit der Vorschrift einer „Betriebsart" und feststehendem Betriebs=
ziel. Die Aufgabe ist somit hier im Grundsatz dieselbe, wie beim Fachwerk.

3. Beim Saumbetrieb sind, wie gezeigt wurde, die Arbeitsfelder
sämtlich nach vorne, räumlich wie zeitlich, offene Verjüngungs=
säume. Die Hiebsart ist frei, ebenso an sich — d. h. wo keine ökonomischen
Hindernisse vorliegen — die Verjüngungszeit; da sie ja nach vorne offen
bleibt. Die Verjüngungsgangzahl bildet hier einen nur überschläglich ge=
schätzten Richtpunkt für die Gangart des Hiebs.

Beim Breitschlag, also in den beiden ersteren Fällen, ist es somit
Aufgabe des Betriebsführers, aus den Nutzungsflächen der I. Periode
bzw. des Hauungsplans die Jahresschläge auszuwählen und für sie Art
und Maß des Hiebs im Rahmen der vorgeschriebenen Betriebsart und des
festgelegten Verjüngungszeitraums in massengebundenem Hiebsgang zu
bestimmen.

Bei dem dieser Auswahl folgenden „Auszeichnen der Schläge"
fallen dann aber alle jene Bestimmungsgründe zumal mit all ihren For=
derungen geschlossen über den armen Betriebsführer her, nicht nur die
biologischen, sondern auch die technischen und ökonomischen, die wir für
die Verjüngungsernte oben festgestellt haben. Ähnlich bei der Erziehungs=
ernte! Er soll ihnen allen gleichzeitig unter Beachtung des bisher ge=
schaffenen Zustands —, des Waldbilds und seiner Entwicklung in der Ver=
gangenheit — gerecht werden und wehe ihm und seinem Erfolg, wenn er
auch nur einen dieser gewichtigen Bestimmungsgründe übersieht oder
zurücksetzt.

Solche Häufung der Rücksichten erschwert ohne Zweifel die Aufgabe
des Betriebsführers ungemein, nicht selten bis zur Unlösbarkeit, stellt
mindestens die beste Lösung in Frage. Sie schafft mehr Arbeit und stellt
geringeren Erfolg in Aussicht, als eine einfache Problemstellung. Wer
hätte das als Verwalter bisher ohne klaren Fernblick betreuter Reviere
nicht aufs nachhaltigste empfunden?

Einfache, in jedem Fall klare Aufgaben stellt nur der dritte Fall, der

Saumbetrieb — wir haben das bereits eingehend bewiesen — und zwar dank der übersichtlichen Form und stetigen Folge der Arbeitsfelder, von denen die Form das Ganze leicht überblicken und erfassen läßt, während die Folge durch die lineare Aneinanderreihung der Waldbilder und das stetige Vorwärtsschreiten der Schläge überall unmittelbaren Vergleich von Eingriff und Erfolg zuläßt.

Voll erfolgreicher Betrieb ist undenkbar ohne ein offenes Schlag= system, das innere Ordnung bietet und den Wald nach außen sichert. Es bildet selbst schon die vornehmste Stütze für den Betriebsführer, nimmt es ihm doch für den laufenden Betrieb alle technischen Sorgen ab und läßt ihn seine ganze Aufmerksamkeit auf das biologische Gebiet vereinigen, wozu er auf einem günstig geformten Arbeitsfeld vollen Anschluß seiner Arbeit an das Ergebnis der bisherigen Eingriffe und deren Waldbilder findet. Letztere werden ihm „am laufenden Band" geboten! Wir werden noch eingehender auf diese praktisch besonders wichtigen Dinge zurück= kommen.

Nun ist aber neben der Art auch das Maß der Bedingtheit un= serer Betriebseingriffe ein sehr verschiedenes und erschwert dem= gemäß auch unsere Aufgabe in sehr verschiedenem Grad, es ist abhängig von Aufbau, Zustand und Lage des Walds, am meisten von der Aufbau= form nach Alter, Holzart und Standort, dann auch von der Geländebildung.

Meistbedingt und damit meistbelastet ist ceteris paribus der Eingriff natürlich da, wo Ernte, Verjüngung, Erziehung, Schutz und Pflege alle zusammen in einem Eingriffsakt erledigt werden müssen, nämlich beim Blenderbetrieb; gesteigert noch in den Bergen, wo er heimisch ist, weil hier auch noch Geländerücksichten mit zu beachten sind. Hier steht der Betriebsführer, technisch betrachtet, unbestreitbar vor den schwierigsten Aufgaben.

Im Blenderbetrieb drängen sich also bei jedem Eingriff alle nur denkbaren Bestimmungsgründe der Forstwirtschaft, soweit sie überhaupt gegebenenfalls in Frage kommen, stets gleichzeitig an den Handelnden heran. Der Eingriff soll ihnen allen zugleich helfen, während gerade hier beim Blenderbetrieb, wie wir früher schon gesehen haben, die beste technische Hilfe fehlt, weil die leichte Möglichkeit technischer Verbesserung beim Mangel jeder Schlagbildung abgeschnitten ist, ebenso, wie bester Überblick auf großer Fläche und günstige ernteökonomische Umstände!

Im Übergang zum Schlaghochwald liegt an sich schon eine große Erleichterung der Aufgabe für den Betriebsführer, insofern hier die beiden Hauptaufgaben der Erziehung und der Ver= jüngung voneinander räumlich und zeitlich getrennt werden und insofern der Technik im „Schlag" ein sehr wirksames Mittel der Verbesserung und Übersichtssteigerung in die Hand gegeben wird.

Mindestbedingt und damit auch mindestbelastet aber ist derjenige

Eingriff in den Schlaghochwald, der nur mit einer Holzart und einer Altersklasse, womöglich auch mit einem Standort auf der Einheitsfläche des Betriebs zu rechnen hat, zumal, wenn der Wald in der Ebene liegt und wo nicht nur Erziehung und Verjüngungsernte, sondern auch noch Verjüngung und Ernte räumlich und zeitlich getrennt werden, also bei allen Schlagbetrieben, die mit Kahlhieb arbeiten!

Zwischen beiden Gegenpolen — Blenderbetrieb und Kahlschlag — finden wir dann alle Grade von Bedingtheit je nach Schlagform und Hiebsart und je nach Verteilung der Holzarten und Altersklassen, nach Standort, Waldzustand, Geländebildung, endlich auch je nach dem Betriebsziel! Dabei kann festgestellt werden: die natürlichen, besonders biologischen Bedingungen schaffen, wo sie vorherrschen Mannigfaltigkeit und Wechsel, die technischen, vor allem die betriebstechnischen, dagegen drängen auf Einfachheit der Formen. Vereinfachung der Aufgabe des Betriebsführers aber ist ein betriebstechnischer Hauptbestimmungsgrund, der im Wirtschaftswald uneingeschränkte Beachtung finden muß, denn, was helfen uns die besten Absichten und feinst ausgestalteten Methoden, wenn ihr Vollzug so verwickelt und schwierig ist, daß die Praxis, so, wie ihre Umstände nun einmal sind (!), in vielen Fällen versagt, oder den Nutzen gar in Schaden kehrt? Dieser Bestimmungsgrund stellt uns somit die Aufgabe; die äußeren Bedingungen für den Waldeingriff stets so einfach und so durchsichtig als möglich zu gestalten, damit die in der Regel an sich schon verwickelte und vielseitig bedingte Arbeit des Betriebsführers so leicht als möglich richtig durchgeführt werden kann. Wir haben keinen Nutzen davon, sie durch falsche Technik noch weiter zu erschweren, wie das eine wirklichkeitsfremde Pseudowissenschaft nicht selten erstrebt.

Die Rationalisierung des Betriebs hat somit Wege der Technik zu suchen, auf denen einerseits die natürlichen Voraussetzungen der Holzerzeugung soweit erfüllt werden, als das Wirtschaftsziel dies notwendig macht (z. B. Naturverjüngung, Holzartenmischung usf.), auf denen andrerseits aber eine möglichste Vereinfachung und Übersichtlichkeit des Vollzugs sichergestellt wird.

Aufgabe der Technik ist nämlich ganz allgemein, die Erleichterung der Arbeit des Betriebsführers, um diese zu verbessern und ihre Leistung zu steigern. Ihr Weg aber kann nur Vereinfachung dieser Arbeit und Vermeiden jeder Häufung und Verwicklung ihrer Bestimmungsgründe sein. Mindestforderung der technischen Rationalisierung ist jedenfalls, daß nicht betriebserschwerende Verhältnisse und Umstände mit verwickelten Aufgaben geschaffen werden, wo es ebensogut auf einfachem Wege geht. Das mögen besonders die Freunde des Blenderbetriebs in Erwägung ziehen, ehe sie uns große und unbestimmte Arbeitsfelder, bunte Mischung der Altersklassen, Mischung beliebiger Holzarten in unübersichtlicher und erziehungserschwerender Form — Kleinbestands= und Baumwirtschaft —, als letztes Ziel der Forstwirtschaft allgemein empfehlen. Sie müßten ja gleichzeitig die Zahl der Betriebsführer vervierfachen.

Solche Vorschläge können vom Standpunkt der technischen Rationalisierung aus überall da ohne Erörterung als wirklichkeitsfremd (doktrinär) abgelehnt werden, wo nicht örtlich ein betriebsbestimmender Umstand für das Ganze, z. B. eine örtlich gesteigerte Gefahr an erste Stelle tritt und die Technik bestimmt, wie z. B. in Hochlagen, verwahrlosten Wäldern usf. Es ist jedenfalls auffallend, das zeigt eine 150jährige Geschichte unseres Fachs und läßt uns auch für die Zukunft das beste hoffen, daß solche Vorschläge, so vielfach sie zu allen Zeiten auftraten und so sehr sie nicht selten die Theorie beherrschten, doch nie in der großen Praxis Fuß fassen konnten, von der sie meist ohne Versuch abgelehnt wurden. So ist zu hoffen, daß sie und ihre Folgen auch fernerhin dem deutschen Wald erspart bleiben!

Da wir nun aber betriebserschwerende Ziele, wie Naturverjüngung und Holzartenmischung mit ihren wechselvollen biologischen und waldsichernden Bestimmungsgründen, als solche vom rein betriebstechnischen Standpunkt aus selbstverständlich nicht ablehnen können, so müssen wir um so mehr auf technischem Gebiet für übersichtliche Raumverteilung und einfache Methoden sorgen, Methoden, die womöglich alle gemeingültigen Bestimmungsgründe mehr oder weniger selbsttätig erfüllen und dem Betriebsleiter dadurch freie Hand schaffen, seiner eigensten Aufgabe, der biologischen, sich ungeteilt zuzuwenden.

Wie es stets Pseudowissenschaft ist, wo Denken und Vorstellung nicht vereinfacht und klargelegt, sondern verdunkelt, verwirrt und verwickelt werden, so ist es auch Pseudotechnik, die durch ihre Methoden das forstliche Handeln erschwert und unsicher macht, statt es immer zielsicherer und übersichtlicher zu gestalten und dadurch zu erleichtern und zu verbessern. Darum folge man niemals schwerverständlicher oder gar geheimnisvoller Wirrlehre, die sich an Gefühle wendet und sich hinter unklarer Begründung und langer mathematischer oder logischer Entwicklung verschanzt, sondern man folge den klaren und einleuchtenden Forderungen des gesunden Menschenverstands, der allein Träger wahrer Wissenschaft und fördernder Technik ist.

Nun steht also der Betriebsführer vor seinem Wald! Er soll in ihn eingreifen, aber 100 Determinanten bestimmen seinen Eingriff. Wie soll er, wenn er nun eingreift, allen gleicherweise gerecht werden und seine Aufgabe damit aufs beste lösen?

Das geht, wie wir gesehen haben, auf dem Gebiet der Verjüngungsernte nur dann ohne große Schwierigkeiten, wenn alle technischen, damit ge-

meingültig bestimmbaren Forderungen für den Eingriff im offenen Schlag=
system mehr oder weniger selbsttätig erfüllt und damit durch allgemeinen
Vorentscheid von der Entscheidung des Einzelfalls losgelöst werden und
wenn die räumlichen Verhältnisse technisch so gestaltet sind, daß die Beur=
teilung des einzelnen Falles und die Übertragung von Beobachtungen am
Waldbild mittels geeigneter Schlagformung und Schlagfolge erleichtert
wird. Auch davor muß der Betriebsführer durch den technischen Aufbau
bewahrt werden, daß er der großen Gefahr zum Opfer fällt, sich selbst und
seine Nachfolger unfrei zu machen, indem er seinen Betrieb in die Zwangs=
jacke der Breitschlagfläche steckt! Die sachliche Freiheit, die er braucht, liegt,
wie wir gesehen haben, auf biologischem Gebiet. Es ist bewegliche Schlag=
tiefe, freie Hiebsart und freier Hiebsgang, die ihm gestatten, allen Winken
der Natur ohne äußere Hemmung frei zu folgen, dazu die Sicherung dieser
Freiheit durch ein offenes Schlagsystem.

Aber auch bei Ausschaltung aller gemeingültigen Bestimmungsgründe
durch die Kunst der Technik und bei der Möglichkeit voller Sammlung der
Aufmerksamkeit auf das biologische Gebiet bleibt die Aufgabe des Betriebs=
führers immer noch sehr schwierig, zumal für den Anfänger und örtlich
noch nicht Erfahrenen! Seine Arbeit bedarf daher noch weiterer Stüt=
zung.

II. Die Aus= und Fortbildung des Betriebsführers.

Die erste und beste Stütze für die Arbeit des Betriebsführers liegt in
seinem persönlichen Wissen und Können selbst. Dieses ist somit vor allem
zu pflegen durch beste Ausbildung und fortlaufende Fortbildung.
Dabei möchte ich, der ich in Theorie wie Praxis gleicherweise tätig war,
hier — im Gegensatz zu sonstiger Auffassung, besonders in den Kreisen
der Praktiker — den Wert der **theoretischen Ausbildung des Betriebs=
führers** nach eigener Erfahrung besonders unterstreichen!
Vgl. auch S. 45.

Die Theorie ist ganz allgemein die feste, unentbehrliche und frucht=
bare Grundlage, auf der sich jede höherstehende praktische Tätig=
keit aufbauen muß, wenn sie nicht zum reinen Handwerk herabsinken will
und wenn sie bestes leisten und vor der Kritik bestehen soll. Und ganz be=
sonders ist es gerade die Betriebsarbeit des Forstmanns, die ver=
möge ihrer außergewöhnlichen Vielbedingtheit aller betriebs=
technischen Maßnahmen und wegen ihrer Planung und Wirkung auf
ferne Sicht sich nicht zu handwerksmäßigem Vollzug eignet, vielmehr eines
vollen theoretischen Schulsacks ganz besonders bedarf. Es wäre ein Kin=
derspiel, nachzuweisen, daß die Mehrzahl der Irrtümer, Irrungen und
Wirrsale, die unser Fach kennzeichnen, der Kämpfe der Meinungen und
Vorschläge samt ihren Mißverständnissen letzten Endes auf den so oft fast
leeren Schulsack theoretischer Vorbildung zurückzuführen sind. Denn die

Theorie stand gerade in unserem Fach, wo sie hätte mehr als irgend wo sonst gepflegt werden sollen, damit sie klare Ordnung schaffen und Weg und Richtung hätte zeigen können, immer schlecht im Kurs. Darum möchte ich auch bei diesem Anlaß wieder, nicht nur an die Betriebsführer und die es werden wollen, sondern auch — ja vor allem — an die Führer in der Oberleitung nochmals die ernste Mahnung richten:

Fachgenossen, ehrt Eure **Theorie,** mißachtet sie nicht, fördert sie vielmehr, wo ihr könnt und bildet euch selbst in ihr ständig fort!" Nur sie bringt euer Fach wirklich vorwärts und hebt euch selbst über den Handwerker und Bureaukraten hinaus, dem Vorbildung oder Fähigkeit fehlt, das Ganze geistig zu umfassen und seine Entwicklung und Bedürfnisse in Vergangenheit, Gegenwart und Zukunft gleicherweise zu überblicken.

Nicht ohne zwingenden Grund wird von den Ersten unseres Fachs, mit Hundeshagen beginnend, schon seit 100 Jahren für den Forstmann Universitätsbildung gefordert, d. h. **umfassende** theoretische Bildung, im Gegensatz zu allen andern technischen Berufen denen die Fachschule genügt, denn eine Vereinigung von biologischem mit wirtschaftlichem Denken und technischer Methode fordert weiten Blick. Solches Denken kann dem Forstmann, wie dem Mediziner nur der Ort der Geisteswissenschaften vermitteln. In Süddeutschland wird ihm solche Ausbildung seit einem halben Jahrhundert mit sichtbarem Erfolg zuteil! Sie steht im Gegensatz zu dem enger gezogenen geistigen Horizont der Fachschule, wo der Student in geistiger Vereinzelung nur mit Kommilitonen seines eigenen Fachs zusammenlebt.

Nur eine umfassende, dabei vertiefte theoretische Ausbildung der Betriebsführer kann die Forstwirtschaft auf betriebstechnischem Gebiet auch praktisch vorwärts bringen und aus der Ära des rein mechanischen Vollzugs oder des tastenden Herumprobierens mit allerlei ihrem Wesen nach nicht erkannten und verstandenen, darum als Rezepte gehandhabten Methoden — aus der Ära des „Revierförstersystems"[1] — herausführen. In diesem System stecken wir nämlich immer noch sehr tief drinne, besonders in Norddeutschland. Und da herauszukommen, ist die vordringlichste Aufgabe der nächsten Zukunft.

Verfasser hat in einem Vortrag vor der Deutschen Forstversammlung zu Breslau 1933 gezeigt, daß die deutsche Forstwirtschaft auf rein ökonomischem Gebiet ihre Probleme bereits gelöst hat, daher kaum noch

---

[1] „Revierförstersystem" nenne ich eine Verwaltungsorganisation, bei der der Betriebsvollzug in der Hand eines Betriebsführers liegt, dem volle theoretische Vorbildung fehlt, oder bei der der Vollzug nicht restlos in der leitenden Hand des theoretisch voll gebildeten Betriebsführers ruht, sondern in mehr oder weniger weitem Maß dem vorwiegend nur praktisch geschulten Betriebsgehilfen überlassen bleibt.

einer wesentlichen Weiterentwicklung fähig ist, trotz aller wirtschaftlichen Theorien, die heute die Welt bewegen und die man auch auf die Forstwirtschaft anwenden möchte. Denn die Entwicklung der Vergangenheit zeigt dem, der sie zu deuten weiß, aufs eindringlichste, daß die Forstwirtschaft sich nach ihrem ganzen Wesen und ihren Bedingtheiten praktisch nie anders als in weitem ökonomischem Rahmen wird bewegen können, daß sie hier immer mit allgemeiner Schätzung auf Grund theoretischen Beherrschens des Ganzen wird arbeiten müssen, denn ihre Arbeit erstreckt sich nicht allein auf drei Menschenalter mit ihrer verschiedenen wirtschaftlichen Umwelt, sondern sie hat auch gleicherweise dem Einzelnen wie der Gesamtheit zu dienen.

Anders steht es auf dem Gebiet der Betriebstechnik. Hier findet, wie unsere Analyse bereits deutlich gezeigt hat, die künftige Entwicklung ein weites, noch wenig bebautes Feld für die Höherentwicklung der forstlichen Erzeugungstechnik und hier bedarf auch wieder zunächst das theoretische Gebiet einer Bearbeitung durch den Ausbau einer selbständigen Forstbetriebslehre.

Da nun aber der Betriebsführer, wie gezeigt wurde, der Träger der Betriebstechnik in der Forstwirtschaft ist und sein muß, ist für ihn, so habe ich in Breslau gefordert, in Zukunft eine volle sorgfältigste theoretische Ausbildung und stete Fortbildung notwendig, wie sie heute leider noch vielfach fehlt bzw. nicht für jeden gleichmäßig bindend gepflegt wird. Nur dann vermag der Betriebsführer seine schwierige Aufgabe zu erfüllen! Denn — darüber herrscht wohl überall Klarheit — dem Betriebsführer allein ist der ganze Wirtschaftsvollzug und damit der Wirtschaftserfolg zu treuen Händen anvertraut und überlassen, **er allein** trifft — ähnlich dem Arzt — die letzte Entscheidung über jeden **Einzeleingriff in den Wald** und damit über Massen- und Wertserzeugung. Alle Pläne, Vorschriften, Kontrollen vermögen nichts an dieser Tatsache zu ändern. Ähnliches gilt dann auch für die Verwertung, so daß letzten Endes die ganze Ergiebigkeit, wie der Reinertrag des Unternehmens ganz von den Kenntnissen des Betriebsführers abhängt.

Der Betriebsführer ist es also, der durch die Art seines Vollzugs, seines Eingriffs in den Wald, unsere wissenschaftlichen Erkenntnisse zu verwirklichen hat! Und dieser Eingriff in den Wald bildet bei intensiver Wirtschaft in jedem einzelnen Fall — hier liegt der entscheidende Punkt! — ein Problem für sich, eine Entscheidung, abhängig von ganzen Gruppen verschiedenartigster Bestimmungsgründe: ökonomischer, biologischer, schutz- und erntetechnischer, betriebs- und selbst verwaltungstechnischer und sozialer Art, die überall wieder mit verschiedenem Gewicht auftreten und von denen jeder volle Beachtung heischt, soll nicht der Erfolg des ganzen Vorgehens in sein Gegenteil umschlagen.

Bei so schwieriger Aufgabe kann nur — das muß immer wiederholt werden — ein in seinem Fach praktisch und **mehr noch theoretisch** (!!!) durch und durch gebildeter Fachmann immer sicher das Richtige treffen.

Die Hand des forstlichen Betriebsführers können wir nur mit der des Arztes vergleichen. Beide haben in einen organischen Körper bzw. in eine organische Lebensgemeinschaft verwickeltster Art unter verschieden= artigsten Umständen und äußern Beziehungen einzugreifen. Dazu ist bei beiden vor allem andern biologisches Denken Voraussetzung, beim Arzt tritt Kenntnis der menschlichen Psyche, beim Forstmann das ökono= mische Gebiet hinzu, das ebenfalls psychisch bestimmt ist.

Beim Eingriff in den kranken Körper hat der Arzt immer wieder allein die schwierigsten und folgenschwersten Entscheidungen unter eigener Ver= antwortung zu treffen. Wehe dem Kranken, wenn sein Arzt nicht aufs gründlichste und nach allen Seiten hin theoretisch wie praktisch ausgebildet ist. Mängel in der theoretischen Vollbildung oder Halbbildung können die verhängnisvollsten Folgen haben. Darüber ist sich die leidende Menschheit wohl einig! Würde man bei uns öfters die Parallele mit dem Ärzteberuf ziehen, die selbst dem Laien einleuchtet, so würde manche Irrmeinung in unserem Fach verschwinden, nicht selten als unmöglich ja lächerlich erkannt werden.

Die Person des Betriebsführers ist somit das A und das O der Forstwirtschaft, seine Qualitäten und seine Stellung in der Verwaltung bilden diejenigen Probleme, an deren heutiger Lösung die Weiterentwicklung unseres Fachs und das künftige Wohl und Wehe der Forstwirtschaft, ihre ganze Zukunft, hängt.

Hier liegt also der Ausgangspunkt für unsere künftige Entwicklung, denn, was helfen uns alle Erkenntnisse und Fortschritte der Tatsachenforschung auf dem forstlichen und seinen Grundlagegebieten, wenn die betriebs= technische Brücke zur Wirklichkeit fehlt, wenn jene nicht alsbald im gan= zen deutschen Wald bis ins letzte ihre Wirkung tun, d. h. wenn nicht alle Betriebsführer theoretisch gleich gut ausgebildet und fortgebildet sind.

Die theoretische Ausbildung der Forstwirte war und ist nun aber, das muß ich hier rein sachlich feststellen, in Deutschland keine einheitliche, wie die der Mediziner. Sie ist vielmehr einzelstaatlich stark beeinflußt, so daß sich die Fachgenossen zuweilen nur schwer verstehen, weil sie eine verschie= dene Sprache reden; besonders zwischen Nord und Süd tritt dies hervor. Das ist auch aus den Umständen voll erklärt, zeigt doch auch die ganze Forst= wirtschaft in den einzelnen Ländern starke Abweichungen. Sie hat sich näm= lich in der Vergangenheit länderweise ganz verschieden, oft einseitig, ent= wickelt und das mußte notwendig auch auf die Theorie, die Entwicklung der Forstwissenschaft abfärben. Deren ersten Aufbau wir vor allem hessi= schen Fachgenossen: G. L. Hartig, Hundeshagen und Heyer verdanken.

Es erklärt sich aufs einfachste daraus, daß in Deutschland die Länder selbst die weitaus größten Waldbesitzer sind und meist dazu auch noch den Gemeindewald betreuen, so daß ihre Forstverwaltungen das ganze Forstwesen des Landes beherrschend bestimmen, so auch die forstliche Lehre und deren Entwicklung auf ihren Fachschulen, die ihnen bzw. ihrem Ressort teilweise sogar unmittelbar unterstehen und deren Lehrer und Forscher zumeist aus ihnen hervorgegangen sind.

Süddeutschland hat sich allerdings schon vor 50 Jahren von den Fachschulen freigemacht und ist zur Universität übergegangen, die der Unterrichtsverwaltung untersteht, ohne jedoch den beherrschenden Landeseinfluß vollkommen loszuwerden. So kommt es, daß trotz gegenseitiger starker Befruchtung, die nicht geleugnet werden soll, doch die Entwicklung auch der forstlichen Lehre in den verschiedenen Reichsgebieten in der Vergangenheit auseinanderstrebte und damit auch die Ausbildung der Forstleute, die sich vielfach nicht verstehen, eine verschiedene Literatur lesen usf.

Vor allem aber gab es unleugbar immer und gibt es heute noch eine spezifisch preußische, sächsische, bayrische, württembergische, badische, hessische usf. Forstwirtschaft, besonders verschieden in ihrer Betriebstechnik, was sich doch wahrhaftig nicht mit dem so viel mißbrauchten „Eisernen Gesetz des Örtlichen“ begründen läßt. Dieses reicht wahrhaftig nicht aus, um selbst jede partikularische Blöße zu decken. Man spricht von Standortsgrenzen und meint die Landesgrenzen!

Warum — so muß ich fragen — hat man sich denn nicht wenigstens auf dem neutralen technischen Gebiet geeinigt und hier zusammen vorwärts gearbeitet? Jeder machte es wieder anders, keiner hörte auf den andern! Zur Begründung muß das „Eiserne Gesetz“ herhalten, ein bequemes Ruhekissen! Jedes Land ging also und geht — echt deutsch — auch betriebstechnisch seinen eigenen Weg. Daß solch getrenntes Marschieren und getrenntes Schlagen in Wirtschaft und Wissenschaft nicht zum Sieg führt, das Ganze nur sehr langsam vorwärts bringt, das liegt auf der Hand.

Mancher allerdings wird — wieder echt deutsch — dies bunte Allerlei begrüßen und mit der lehrreichen Mannigfaltigkeit und gegenseitigen Befruchtung, die es schafft, verteidigen und begründen. Man wird auch dem in unserem Fach so hochgerühmten individuellen Sichausleben des Betriebsführers in seinem Walde unter den angeblich überall, d. h. in jedem Revier so grundverschiedenen Verhältnissen das Wort reden und der Förderung einheitlicher Betriebstechnik die beliebten Schlagwörter des „Uniformierens“ und „Generalisierens“ entgegenhalten — je übler das Fremdwort, desto besser paßt es zum sinnverwirrenden Schlagwort!

Heute ist nun in Deutschland — Gott sei Dank! — die Erkenntnis zum Durchbruch gekommen, daß nur der Blick aufs Ganze, nur die große straffe Zusammenarbeit auf allen Gebieten uns helfen und vorwärts bringen kann. Diesem Ziel muß alles weichen! Gerade der Forstwirtschaft tut solche Erkenntnis ganz besonders not. **Sie ist noch eine Hochburg des Sondergeists in Deutschland!**

Übrigens brauchen die, so um unsere örtliche Mannigfaltigkeit, die Pflege des Besonderen und die gegenseitige Befruchtung bangen, sich keine Sorge zu machen. Im Deutschen steckt eine so große Portion von Eigenbrötelei, daß selbst bei straffster Gleichschaltung die Mannigfaltigkeit und ihre Pflege immer noch reichsten Boden finden wird. Der Sondergeist steckt bei uns ohnehin vor allem im Persönlichen, in den Anschauungen und der Ausbildung der Beamtenschaft der Länder.

Auch in der Forstwirtschaft muß ihm darum entgegengetreten werden, wenn diese in Zukunft in Deutschland einen gesunden und kräftigen Auftrieb erfahren soll!

Das kann nun aber selbstverständlich nicht wohl geschehen durch unmittelbare Einwirkung auf die Wirtschafts- und Betriebsführung. Unmittelbarer Zwang wäre weder gesund, noch wirksam, die Einwirkung erfolgt viel besser mittelbar und kann hier in sehr wirksamer Weise erfolgen, wenn das Reich die Sorge für eine einheitliche theoretische Ausbildung aller Forstwirte und für die wissenschaftliche Forschung selbst in die Hand nimmt, worauf auch andere Gründe dringend hinweisen.

Eine gleichmäßige und beste theoretische Ausbildung aller deutschen Forstwirte, wie sie z. B. die deutschen Ärzte genießen, würde unbegründete provinzielle Verschiedenheit und ein Zurückbleiben ganzer Waldgebiete hinter der Entwicklung anderer bald zum Verschwinden bringen, denn sie würde jeden befähigen, die örtlichen Verhältnisse und Möglichkeiten klar und sachlich zu sehen und zu den Fortschritten in andern Gegenden des Reichs ins richtige Verhältnis zu bringen.

Die Übernahme der Sorge für den gesamten höheren Forstunterricht samt der wissenschaftlichen Forschung ist eine großzügige Lösung des vorliegenden Problems und heute leicht durchzuführen, da die formellen Hemmnisse früherer Art weggefallen sind. Die Wirkung der Maßregel wird zwar nur ganz allmählich eintreten, dafür aber um so tiefer greifen und nachhaltiger wirken, der Weg ist reibungslos und stetig! Die technischen Formen werden dann künftig vielleicht an den Waldgebieten ihre Grenzen finden, nicht aber an den Grenzpfählen der Länder.

Für die Gestaltung des theoretischen forstlichen Unterrichts samt Forschung in der Hand des Reichs unterbreitete ich der Versammlung zu Breslau folgenden Vorschlag:

„Das Reich gründet **eigene** und **selbständige Reichsfakultäten** an geeigneten **Universitäten** als Lehr- und Forschungsstätten für die Forstwissenschaft und zwar in **möglichst geringer Zahl** (drei würden m. E. genügen) und stattet sie **aufs beste** mit Lehrkräften, Instituten und Etatsmitteln für den theoretischen Unterricht und die wissenschaftliche Forschung aus. Alle bezüglichen Ländereinrichtungen werden aufgehoben.

Gleichzeitig erläßt das Reich ein **Gesetz**, das den **Reichsbefähigungsnachweis** für die Bewirtschaftung aller deutschen Wälder fordert, d. h. es darf künftighin der gesamte deutsche Wald nur noch durch Personen sei es verwaltet und bewirtschaftet (größerer Besitz) oder beaufsichtigt (Gemeinden, mittlerer Privatbesitz) oder wenigstens beraten werden (Kleinbesitz), die den Befähigungsnachweis für volle theoretische Vorbildung durch die Fachprüfung bei den Reichsfakultäten nachgewiesen haben.

Bei nur drei Reichsfakultäten an Stelle der jetzigen sechs Lehrstätten ergäbe sich zunächst der Vorteil, daß sie bei gleichem, ja geringerem Gesamtaufwand für Deutschland alle gleichmäßig und nach allen Seiten hin sehr viel besser ausgestattet werden könnten, als heute die sechs. Und ebenso verschwände auch der geradezu lähmende gesetzmäßige Wechsel von Flut und Ebbe an Hörern auf den Hochschulen der Mittelstaaten. Auch die heute ganz ungleiche Belastung der Länder würde einer gleichmäßigen Verteilung der Kosten weichen und schließlich wäre die volle Freizügigkeit der Studenten, auf die sich so manche Wünsche richten, in idealer Weise sichergestellt.

Der wichtigste Erfolg der Neuorganisation durch das Reich, von dem wir ausgingen, wäre aber die gleichmäßige, gleichartige und sicher auch beste **theoretische** Ausbildung aller deutschen Forstleute der Zukunft nur noch an Universitäten als den für den Forstmann unbestreitbar besten Bildungsstätten. Der Länderpartikularismus in allen forstlichen Fragen, den abzuleugnen niemand sich unterfangen wird, würde an dieser Neuordnung sein berechtigtes Ende finden. Die an den Reichsfakultäten theoretisch gleich ausgebildeten jungen Fachgenossen würden weiterhin unter den örtlich gegebenen Verhältnissen ihres Heimatlands ihre praktische Ausbildung erhalten und würden dadurch den vollen Anschluß an die Örtlichkeit ihres künftigen Wirkungskreises gewinnen, dabei aber geistig über ihm stehen!

III. Die Stellung des Betriebsführers in der Verwaltung.

In gleichem Maße, wie die theoretische Ausbildung des Betriebsführers ist auch ein entsprechender Aufbau der Verwaltung erste Vorbedingung für beste Durchführung des verwickelten und vielbedingten Forstbetriebs. Dem bestausgebildeten Betriebsführer muß nun auch innerhalb der Verwaltung die Aufgabe und Stellung zugewiesen werden, in der er sein Wissen und Können zum Besten des Walds und Betriebs voll einzusetzen vermag. Das ist einfache Notwendigkeit und logische Folge des Vorausbesprochenen. Von seinen drei Aufgaben, der Verwaltung, der Wirtschaft und des Betriebs muß der Schwerpunkt auf die Aufgabe der Betriebsführung selbst gelegt werden, auf den Wirtschaftsvollzug als die Quelle der Wertserzeugung im Walde. Der Aufbau der Forstverwaltung muß ihm hier die Führerrolle zuweisen!

Der „Oberförster" ist nach seiner Ausbildung wie nach den Bedürfnissen des Walds der einzig gegebene Führer im Betrieb, d. h. im Vollzug der Forstwirtschaft im Walde draußen; darum nenne ich ihn hier auch grundsätzlich nur „Betriebsführer"! Es muß ihm aber auch mit allem Nachdruck diese Aufgabe gestellt werden und er muß, vielfach mehr als bisher, den Willen und die Fähigkeit dazu haben, er muß lernen, seine eigenste Aufgabe in der Betriebsführung zu sehen!

Für eine Betriebsorganisation nach dem Grundsatz: **„Gemeinnutz vor Eigennutz"** gilt ebenso allgemein wie selbstverständlich, daß sie **nur allein aus den sachlichen Bedürfnissen des Betriebs selbst heraus geschöpft**, nie aus persönlichen Wünschen der Beteiligten abgeleitet werden darf!

Voraussetzung für beste Organisation ist ferner, daß **jede Kraft am richtigen Platze** eingesetzt wird, d. h. diejenige Arbeit leistet, für die sie im besondern befähigt, weil ausgebildet ist.

Beste Organisation fordert schließlich noch, daß die Aufgaben im Betrieb **für alle Beteiligten klar abgegrenzt** sind, um Reibungen und Verstimmungen unter ihnen auszuschließen, denn solche erschweren den Betrieb und hindern den Erfolg mehr als alles andre!

Nur so kann die höchste Stufe eines bestarbeitenden, reibungslosen Betriebs erreicht werden. Das alles gilt überall und nicht zuletzt in unserem Forstbetrieb! Überbildung aber ist gleich schädlich, wie unzulängliche Ausbildung irgend einer Kategorie der Mitwirkenden.

Der Betriebsführer bedarf, wie gezeigt, höchster theoretischer vor allem biologischer und ökonomischer Ausbildung, muß dann aber auch den **gesamten Vollzug selbst** in die Hand nehmen! Mir aber scheint in weiten Gebieten der Verwaltungen die allgemeine Anschauung, wie bei vielen Wirtschaftern die persönliche Neigung, noch nicht in dieser Richtung zu liegen. Noch fühlt sich der gegebene Betriebsführer oft viel zu sehr als Vertreter des Staats, als Verwalter eines großen Besitzes usf., sieht seinen Beruf noch nicht vor allem in der technischen Betriebsführung und überläßt den Betriebsvollzug in weitem Maße seinem Unterpersonal, ist auch durch die Größe seines Verwaltungsbezirks und anderweitige Inanspruchnahme nicht selten dazu gezwungen und durch das Auto dazu verführt, das ihn von Punkt zu Punkt bringt und ihn nicht zwingt von Ort zu Ort durch den Wald zu gehen! Was Wunder, daß da seine Vollzugsorgane das Bedürfnis nach theoretischer Ausbildung empfinden und diese anstreben. Welche Folgen das alles hat, sehen wir ja an der Erhaltung des wirklichen Revierförstersystems im Norden, wie an seiner allmählichen Wiederkehr im Süden!

Der Betriebsführer müßte also — wie der Arzt — den gesamten Vollzug selbst in der Hand haben, denn dafür ist er — vor allem biologisch — vorgebildet. Nicht so die übrigen Vollzugsorgane, seine Gehilfen, denen die entscheidende theoretische, im besondern biologische Vorbildung fehlt. Sie sind nicht für selbständigen Betriebsvollzug vorgebildet. Ihnen liegt bei normaler Führung — wiederum wie beim Arzt — nur die Ausführung von Aufträgen des Betriebsführers ob, sie haben in Betriebsfragen keine selbständigen Entscheidungen zu treffen. Sie bedürfen darum auch **nur rein praktischer Ausbildung**, dagegen vollster **Zuverlässigkeit, Gewissenhaftigkeit** und **Sorgfalt** und dazu noch **praktischer Erfahrung auf allen Gebieten des mechanischen Vollzugs,** die sich auf eigene Vollzugsarbeit in der Vergangenheit stützt und nur hier gewonnen werden konnte. Man wird daher die besten Gehilfen im forstlichen Betrieb im Wege sorgfältiger Personenwahl aus dem großen Kreis der Waldarbeiter gewinnen und sie in praktischen Kursen fortbilden.

Theoretische Schulbildung dagegen, da sie ja doch keine vollkommene sein kann, weil die Grundlagen fehlen, macht den Gehilfen ungeeignet für die einfachsten Verrichtungen, wie sie sich nun einmal im Vollzugsdienst tausendfach wiederholen, weil sie ihn geistig weit über seine Arbeit hinaushebt. Man braucht dann erfahrungsgemäß eine weitere unterste Gehilfenkategorie für die Kleinarbeit des Vollzugs und verteuert damit die Verwaltung. Überbildung verleitet auch den Gehilfen zu kritischer Beurteilung der vom Führer empfangenen Aufträge und zu Übergriffen und Reibungen mit dem Führer. Jede Zwischenstellung zwischen Betriebsführer und Betriebsvollzug gefährdet das Führerprinzip, hindert eine Höherentwicklung der Technik und verteuert den Betrieb!

Demgegenüber kann nicht bestimmt genug festgestellt werden: Die Stellung des Betriebsführers muß bei intensivem Betrieb **für alle Zeit die Schlüsselstellung jeder Forstorganisation bleiben!** Dieser Stellung und ihren Bedürfnissen haben sich Stellung, wie Ausbildung aller andern Vollzugsorgane anzupassen und unterzuordnen.

Auf diesem Gebiet sind uns jedoch von der Vergangenheit Anschauungen überkommen — teils infolge geringer örtlicher Intensität und übergroßer Bezirke, teils aus der Zeit der Parteienherrschaft, dem Marxismus entstammend — und vielfach eingewurzelt, die eine nicht zu unterschätzende Gefahr für die deutsche Forstwirtschaft der Zukunft bedeuten, denn sie führen letzten Endes zur Erschwerung und Verteuerung des Betriebs und zum Stillstand in seiner Aufwärtsentwicklung. Ihre Ausbreitung verdanken diese Anschauungen gewiß nicht dem Grundsatz des Gemeinnutzes, der sonst die Forstwirtschaft beherrscht, denn sie sind nicht aus sachlichem Bedürfnis entstanden, wir müssen sie darum wieder verlassen!

Dadurch sollen nicht berührt werden — ich unterstreiche das — die Stellungen, welche heutige Inhaber aus der Systemzeit herübergebracht haben. Sie sollen grundsätzlich unangetastet bleiben! Ich spreche nur von der zukünftigen Entwicklung und ihrer heutigen Vorbereitung. Damit sind alle persönlichen Belange ausgeschaltet, die Frage der künftigen Organisation wird dem persönlichen Gebiet entrückt und kann von höherer Warte aus rein sachlich betrachtet werden. Solcher Standpunkt muß zum Wohl der deutschen Forstwirtschaft und ihrer Zukunft von jedem deutschen Forstmann verlangt werden!

Ich selbst kann für mich in Anspruch nehmen, daß ich das fragliche Gebiet beherrsche, wie auch, daß mein Urteil durch keinerlei Eigenbelange getrübt ist, sondern allein das Beste Deutschlands will, denn ich selbst habe in der untersten, wie in der obersten Stellung der Verwaltung — als Oberförster und Leiter einer Privatverwaltung, wie als Präsident einer großen Staatsverwaltung die Wirkung von Organisationen genauestens kennen gelernt, die auf den sachlichen Grundsatz des Gemeinnutzes aufgebaut waren. In der ersten Stellung arbeitete ich unter typischen und mannigfaltigen Verhältnissen und mußte höchste Anforderungen an mein Personal stellen, in der letzteren habe ich die gleiche Organisationsform in ihrem Bestand aus vollster Überzeugung und mit Erfolg verteidigt. Auch meine wissenschaftliche Arbeit war besonders der Erforschung des Betriebsvollzugs und seiner Umstände gewidmet und schließlich stehe ich nach meinem Beruf als Universitätslehrer der ganzen Frage vollkommen frei, nur rein sachlich bestimmt, gegenüber und habe keinerlei Anlaß, im Streit der Belange für irgend eine Interessentengruppe Partei zu ergreifen. Mein Urteil aber lautet: **Bei intensivem Betrieb ist in der Forstwirtschaft** — von einigen besondern Fällen abgesehen — **kein Raum für Mittelstellen,** so wenig wie beim Arztberuf. Was würde man vom Arzt sagen, der die Einzelbehandlung seiner Kranken den Krankenwärtern überließe, die etwa in Fachschulen nur praktisch ausgebildet wurden?

Wenn wir jenem Ideal heute noch ferne sind, so hat das neben den angedeuteten noch verschiedene andere Gründe. Wo sich die Betriebstechnik in sehr einfachen Formen bewegt — bei Kahlbreitschlag mit Kunstanbau — da genügt auch eine weniger eingehende Führung des Betriebs, da kann dem Gehilfen vieles zu eigener Entscheidung überlassen werden. Treten hiezu noch sehr große Bezirke, wird der Betriebsführer durch Verwaltungsgeschäfte vom Walde ferngehalten oder sind weit abgelegene Revierteile vorhanden, so bleibt die Einzelentscheidung in Wirklichkeit mehr oder weniger vollkommen dem Gehilfen überlassen, der Betriebsführer wird zum Verwalter. Hier, wie auch überall da, wo bei der Person des Betriebsführers die Führereigenschaften für den Bezirk versagen, oder eine überlegene theoretische Vorbildung fehlt, der Führer selbst nur Handwerker ist, der nach Vorgang arbeitet, da empfindet der sich selbst überlassene Geführte das Bedürfnis nach höherer Ausbildung und strebt nach solcher! Auch viele Wirtschafter selbst, ja ganze Verwaltungen, in denen man die Betriebsführung mehr oder weniger dem Unterpersonal zu überlassen gewohnt ist, müssen sich deshalb an die eigene Brust schlagen, wenn die Forstwirtschaft ständig in Gefahr steht, auf falsches Geleise geschoben zu werden.

Nur beste und einheitliche Ausbildung der Führer und deren Einstellung auf eigene Betriebsführung führen uns auf die Bahn zur Höherentwicklung der Forstwirtschaft!

IV. Die Stützung des Betriebsführers in seiner Ernte= und Verjüngungsaufgabe und die Mittel der Stützung.

Die Möglichkeiten einer Stützung des Betriebsführers sind, wie wir bereits gesehen, mannigfaltiger Art. Voraussetzung für ihre Wirksamkeit ist aber immer ein fachlich vollgebildeter Betriebsführer, der vermöge seiner theoretischen Durchbildung den Betrieb von Grund aus durchschaut, dem vor allem die Wissenschaft das biologische Auge geschärft hat, das Wald= bild und seine Entwicklung zu lesen und der die Brücke zur Verwirklichung seiner Erkenntnisse kennt.

1. Die Aufgabentrennung.

Ihr sind wir bereits begegnet bei Besprechung des End= und Vorein= griffs in den Wald. Der Übergang vom Blenderbetrieb zum Schlaghoch= wald hat der Forstwirtschaft solche Trennung gebracht nach Verjüngungs= und Erziehungsaufgabe. Durch sie wird eine erste große Erleichterung der Arbeit des Betriebseingriffs geschaffen, da die ganz verschiedenen Be= stimmungsgründe von Verjüngung und Erziehung im Schlaghochwald nicht mehr am gleichen Gegenstand zusammentreffen und die Einzelent= scheidung beim Auszeichnen erschweren.

Dem „arbeitsteiligen Vollzug" noch weiter zu folgen, und auch die Ver= jüngungsernte nach ihren beiden Aufgaben, Ernte und Verjüngung zu zer= legen, wie dies der Kahlschlagbetrieb tut, ist dagegen meist nicht zu emp= fehlen, weil hier betriebsbestimmende Momente biologischer, wie ökono= mischer Art verletzt würden.

2. Die Wahl einfacher Formen in Plan und Vollzug.

Die Aufgaben des Betriebsführers gliedern sich auf erzeugungstech= nischem Gebiet in:

a) Die Diagnose, d. h. die Beurteilung der Lage und Umstände für den Eingriff und zwar durch Ablesen der Bedingungen am Waldbild. Von ihr, von der Ausbildung des Forstmanns als Diagnostiker, soll unter 4. die Rede sein.

b) Das laufende Planen in den Jahresplänen des Betriebs und das Planen während des Vollzugs.

Das periodische Planen dagegen fällt unter die Aufgaben der „Wirt= schaft", weil es ja den Betrieb nach den Entscheidungen der Wirtschaft erst bestimmt.

c) Den Vollzug, das Eingreifen in die Bestockung selbst bei der Er=

ziehungs- und Verjüngungsernte — das Auszeichnen der Schläge und Durchforstungen.

d) Die fortlaufende Überwachung des Betriebs mit Einschluß des Ablesens der Wirkungen der laufenden Eingriffe am Waldbild.

Einfache Formen für Diagnose, Planen, Vollzug und laufende Überwachung ergeben sich nun vor allem aus einem einfach geformten übersichtlichen Arbeitsfeld, dann aus einem einfachen Bestockungsaufbau und endlich aus einfachen Verjüngungs- und Erziehungsformen. Darauf wird somit beim Aufbau des Betriebs mit besonderem Nachdruck hinzuwirken und alles Verwickelte und Unübersichtliche zu vermeiden sein.

Die betriebstechnisch günstigste Form des Arbeitsfelds ist, wie wir festgestellt haben, der Streifen, während ein übersichtlicher Aufbau der Bestockung durch räumliche Scheidung der Altersklassen (Gleichaltrigkeit) und der Holzarten (Reinbestockung) oder doch durch übersichtliche Mischformen (Einzelmischung) den Betrieb erleichtert und einfachen Eingriffsformen den Weg ebnet.

Auch die Darstellung des periodischen Plans, der dem Betriebsführer sein Handeln vorschreibt, kann einfachste Formen annehmen und dadurch die Arbeit erleichtern. So läßt sich die Betriebskarte zu einem vollkommenen Betriebsplan ausgestalten, neben dem nur noch der nachhaltige Gesamtnutzungssatz bekannt zu sein braucht, um dem Betriebsführer alles zu sagen, was er für die laufende Durchführung seines Betriebs braucht.

3. Die vorweg selbsttätige (automatische) Erfüllung der **technischen** Bestimmungsgründe durch das Schlagsystem.

Für den Endeingriff lassen sich alle technischen Forderungen von Waldbau, Schutz, Ernte und Betrieb vorweg befriedigen in einem offenen Schlagsystem, wie es oben geschildert wurde und unsere Forderung an das Schlagsystem geht deshalb dahin, daß es den Endeingriff befreit:

1. vom Zwang, in jedem einzelnen Fall stets neben der Schar der biologischen und gegebenenfalls ökonomischen, auch noch alle **technischen** Bestimmungsgründe zu Rate ziehen und erfüllen zu müssen. Für ihre selbsttätige Erfüllung hat vielmehr das Schlagsystem als solches zu sorgen.

2. Von der Gefahr für den Betriebsführer, durch sein Eingreifen selbst Zwang und Bindung zu schaffen, wie sie z. B. vom Eingriff auf der Breitfläche drohen. Davor hat ihn das Schlagsystem zu behüten!

4. Das übersichtliche Arbeitsfeld im Hinblick auf das Waldbild.

Schon oben haben wir die fortlaufende Diagnose an der Hand der Entwicklung des Waldbilds als eine Hauptaufgabe des Betriebsführers bezeichnet. Die Güte dieser Diagnose bestimmt den Erfolg des Eingriffs, der sich auf sie stützt und fordert vom Schlagsystem, es müsse seine Einheiten, seine Schläge, so übersichtlich formen, daß sich die induktive Betriebsführung auch auf ein sprechendes, leicht zu erfassendes und in seiner Entwicklung leicht zu verfolgendes Waldbild stützen kann, das sie ja selbst weiter zu entwickeln hat.

Welche Forderungen stellt nun ein Betrieb, der sich auf das Waldbild stützt, an dessen Ausgestaltung?

Die Frage des Waldbilds und seiner Bedeutung für den forstlichen Betrieb habe ich in einem Aufsatz im Deutschen Forstwirt 1931, Nr. 49—51 (S. 385—403) eingehend behandelt und darf darauf verweisen, möchte aber doch, da es sich um Veröffentlichung in einem Wochenblatt handelt, hier wenigstens auf Begriff und Bedeutung des Waldbilds für den Betrieb mit einigen Worten eingehen.

Das Waldbild als waldbauliche Stütze für den Betriebsführer.

Der Laie betrachtet das Waldbild vor allem nach der physischen und psychischen Wirkung der Pflanzengemeinschaft „Wald" auf den nichtfachmännischen Beschauer, wobei die landschaftliche Wirkung im Vordergrund steht. Dem Forstmann dagegen ist das „Waldbild" die Erscheinung der Waldbestockung im Hinblick auf seine ökonomischen und mehr noch auf seine technisch-biologischen Aufgaben. Das Maß seiner forstlichen Bildung gibt dem Fachmann neben seiner natürlichen Veranlagung in verschiedenem Grad die Fähigkeit, das Waldbild durch sein forstliches Auge zu erfassen und seine Runenschrift zu lesen. Günstige äußere Umstände werden weiterhin ein rasches und richtiges Lesen erleichtern!

Das fachmännisch gut ausgebildete Auge findet im Walde in **einem** Bild zusammengefaßt die Bedingungen der Holz- und Wertserzeugung für Ausnutzung der vorhandenen Kräfte und Stoffe, deren heutigen Zustand, deren Entwicklung und deren Leistung und zwar im einzelnen:

die Zusammensetzung des Walds aus Holzarten und Altersklassen,

den Standraum und die Ausformung und wirtschaftliche Eignung der Bestockungsglieder,

den Charakter und Zustand des Bodens, dargestellt vor allem durch die Flora und schließlich

die Lage und Umgebung des Waldorts,

je mit ihren Rückwirkungen auf das Ganze.

Dieses Ganze kann hier mit einem einzigen Blick als Bild erfaßt werden! Und in seiner zeitlichen Veränderung zeigt uns weiter noch das Waldbild — wohl seine wichtigste Eigenschaft für den Betriebsführer — die Entwicklung des Waldzustands, die niemals stillsteht, unter dem Einfluß einerseits des Wachstums, und andrerseits des Eingriffs von Mensch und Natur!

Das leibliche Auge umfaßt den Wald räumlich als Einzelbild im allgemeinen nur im Umfang einer Gruppe, also von 10—20m im Geviert (200—400qm). Erst im Fortschreiten reiht sich uns Einzelbild an Einzelbild und entsteht schließlich vor unserem geistigen Auge das Gesamtbild der Betriebseinheit des Schlags oder Bestands, und endlich das Bild des ganzen Walds.

Da das Einzelbild vom leiblichen Auge nur auf kleinstem Raum zu erfassen ist, so wird es auch von erheblicher betriebstechnischer Bedeutung sein, welche Phasen des Erzeugungsgangs nun die einzelnen Waldbilder enthalten und zur Darstellung bringen, wie sie über die Fläche verteilt sind, ob sie gleichartige oder ungleichartige Umgebung aufweisen und in welchem Maß sie deshalb in Beziehung zueinander gebracht werden können, um aus ihrem Vergleich Schlüsse zu ziehen.

Das alles hängt vom Waldaufbau und vom Bestockungsaufbau ab und hier stehen sich wieder Blenderwald und Schlaghochwald mit ganz verschiedenen Bedingungen für Erfassung des Waldbilds gegenüber.

Der Blenderbetrieb bewegt sich mit seinen Blenderhieben ununterbrochen auf unbegrenztem Arbeitsfeld; hier ist — theoretisch wenigstens und im Idealzustand — der ganze Betriebseingriff für Ernte Verjüngung, Erziehung, Schutz und Pflege samt allen Nebenwirkungen, und damit auch der ganze Waldaufbau mit allen Altersklassen auf der Flächeneinheit vereinigt. Jede Gruppe kann hier für das leibliche Auge als umfassendes Waldbild gelten, denn der ganze Betrieb ist hier im sichtbaren Waldbild der Gruppe beschlossen, wird durch dieses als Ganzes dargestellt, bzw. könnte doch im Idealaufbau dargestellt werden.

Im Schlaghochwald dagegen begrenzen wir durch Schlagbildung die Arbeitsfelder, trennen damit die Altersklassen und zerlegen nach ihnen den Wald in mehr oder weniger große und verschieden bestockte Einzelflächen. Alle Entwicklungsphasen des Betriebs sind somit hier räumlich auseinandergelegt, jede erscheint für sich auf getrennter Fläche. Das Bild des ganzen Betriebs ergibt sich hier erst aus der Summe der unter sich abweichenden Einzelbilder aller Altersklassen — der verschiedenen Erziehungsklassen und der Verjüngungsklasse — und zwar selbstverständlich nur für das geistige Auge.

Im Schlagwald brauchen wir somit im Gegensatz zum Blenderwald ein Dutzend verschiedener Altersklassenbilder nebeneinander, um den Betriebsgang als Ganzes zu erfassen und eine Gleichzahl normaler Waldbilder muß uns vorschweben, denen wir unsern wirklichen Wald zuführen wollen. Für diese Normalbilder muß allen am Betrieb Beteiligten das erforderliche Augenmaß geschaffen werden (Sehen des Normalbilds mit dem geistigen Auge).

Für die Erziehungsklassen geschieht dies am besten durch Anlage ständiger Musterflächen (Weiserflächen), die überall verteilt angelegt werden,

damit sich das Auge aller im Betrieb Tätigen an das Bild der anzustreben=
den Stammzahl (Standraum), der Holzartenverteilung usf. gewöhnt, wie
es den verschiedenen Altersklassen und in ihnen den verschiedenen Holz=
arten und Standorten entspricht[1].

Des weiteren wollen wir uns nun allein noch mit dem betriebstech=
nisch wichtigsten Waldbild, dem der Verjüngungsklasse, beschäf=
tigen. Auch dieses Waldbild verändert sich mit dem Fortschreiten der Ver=
jüngung durch Eingriff und Wachstum — auf großer Fläche ebenfalls
großflächenweise! —

Daraus geht hervor, daß eine intensive Beachtung des Waldbilds durch
den Betriebsführer, oder gar ein Betrieb, der sich unmittelbar auf das
Waldbild stützt (induktiver Betrieb), beim Blenderbetrieb — wenigstens
rein theoretisch — sehr erleichtert, beim Schlagbetrieb dagegen an sich sehr
erschwert ist. Es muß deshalb, soll bei letzterem induktiver Betrieb Wirk=
lichkeit und dabei auf diesem Gebiet die Tätigkeit des Betriebsführers er=
leichtert werden, wie wir es ja anstreben, bei Durchbildung der Technik
(d. h. im Schlagsystem) entsprechende Erleichterung geschaffen werden, um
den Nachteil der Blenderung gegenüber auszugleichen.

Im Gegensatz zum Blenderwald zeigt also der Schlagwald Zerreißung
und Zerstreuung der Waldbilder über weite Flächen hin. Ihr müßte ge=
steuert werden durch übersichtliche Anordnung und ein Zusammen=
rücken der zusammengehörigen Bilder unter Schaffung gleicher Umwelt=
bedingungen für jedes Bild. Der Weg dazu geht über Schlagform und
Schlagfolge, welche die Verteilung und Lage der Waldbilder zueinander
bestimmen.

Schmale langgestreckte Form (Saum) und Anordnung der Streifen in
stetigen Schlagreihen genügt hier allen Bedürfnissen in denkbar bester Weise,
denn sie bietet die Waldbilder der Verjüngungsklasse „am laufenden Band"
und reiht senkrecht dazu alle Erziehungsbilder in steter Abstufung mit an.
Eine bessere Anordnung der Waldbilder als im stetig fort=
schreitenden Saumwald ist, technisch betrachtet, überhaupt
nicht denkbar; dieser übertrifft darin den wirklichen Blenderwald, der
durchaus nicht, wie seine Idealform dasselbe Waldbild von Schritt zu
Schritt wiederholt.

Da nach unserer Analyse bei Hiebsart und Hiebsgang nur der induktive
Weg allein in Frage kommt, so müssen wir dem Waldbild und seiner
Sprache in besonderem Maß unsere Aufmerksamkeit zuwenden und das
Lesen wie das Verfolgen seiner Entwicklung für den Betriebsführer zu er=
leichtern suchen.

Schon Pfeil hat in seinem viel angeführten Wort: „Fraget die Bäume,
wie sie wachsen! Sie werden Euch besser belehren, als Bücher das tun,"

---

[1] Vgl. meinen Aufsatz: Vom Fichtenstangenbestand und seiner Behandlung.
Allg. F. u. J.=Ztg. 1922, S. 1ff.

den forstlichen Betrieb an den Wald als Quelle der Erkenntnis verwiesen, dessen Bäume ihm sagen werden, wie sie behandelt sein wollen, also auf einen Betrieb nach Befund. Man hat ihm zwar seither stets eifrig zugestimmt — in Worten! — aber trotzdem an der hergebrachten Lehre von den „Betriebsarten" festgehalten und diese dem Wald im Wirtschaftsplan nach sorgfältiger Wahl als Rezept verordnet, also den Weg der Regel eingeschlagen und sich um das Waldbild erst im Rahmen der „Betriebsart", also in zweiter Linie gekümmert. Man hat deshalb auch nie das Bedürfnis empfunden, dieses Waldbild übersichtlich und leicht lesbar zu gestalten und die technischen Bedingungen hiefür zu schaffen. Auf der Breitschlagfläche aber, die unsern Betrieb bis zur Stunde beherrscht, sind diese Bedingungen, wie jeder beobachtende Praktiker weiß, die denkbar ungünstigsten (!), schon weil die Einwirkung der Umwelt in jedem Punkt eine verschiedenartige ist, also Vergleiche erschwert.

Die Ersten, die das Waldbild in den Mittelpunkt ihres Betriebs stellten und alles andre, die ganze Wirtschaft, auf ihm und seiner Sprache aufbauten, waren wohl Biolley und von Kalitsch. Der erstere tat dies in seiner von ihm selbst und allen andern ebenso allgemein, wie irrtümlich als Methode der Ertragsregelung aufgefaßten „Kontrollmethode", in Wirklichkeit einem Betriebssystem bzw. Wirtschaftssystem nach Befund, das ich in dem oben angeführten Aufsatz von diesem Gesichtspunkt aus gekennzeichnet habe.

Da Biolley den Blenderbetrieb als die auf dem Weg des Befunds — allerdings einseitig örtlich — gewonnene Betriebsordnung zugrunde legt (sein Vorgehen verletzt die ernteökonomischen Bestimmungsgründe, sowie den Grundsatz des arbeitsteiligen Vollzugs), so hat er auf der ganzen Fläche nur ein Normalbild anzustreben und so genügt es ihm, wenn er die Betriebsfläche in kleine Einheiten (Abteilungen) zerlegt, ein engmaschiges Einteilungsnetz über seinen Wald spannt, um die Waldbilder leichter erfassen und das Ganze vor allem auch mengenmäßig überwachen zu können („Kontroll"-Methode). Seinem Betriebsvorgehen, das sich auf den Befund im Walde stützt, paßt er dann seine ganze zeitliche Organisation, sowohl die ökonomische, wie die der nachhaltigen Ertragsregelung an.

Biolley bedarf somit für seinen Blenderbetrieb nur geringer technischer Voraussetzungen; eine engmaschige Waldeinteilung genügt! Die Ertragsregelungsmethode „paßt sich dem Wald an", d. h. sie begleitet ihn in seiner Entwicklung, sie „forscht", sie verknüpft in fortlaufender Darstellung für jede Abteilung alle wirtschaftlichen Maßnahmen miteinander (Kontrolle), sie beachtet und überwacht ständig nicht nur den Einschlag (Ertragsregelung), sondern auch dessen Folgen und Wirkungen (ökonomische Organisation)[1].

---

[1] Vgl. Biolley: Forsteinrichtung, übersetzt von Eberbach, S. 27.

Nur Eines fehlt Biolley bei seiner Methode: es ist die Kontrolle der inneren Holzgüte, die ihn auf andre Wege geführt hätte!

Das intuitive Erfassen des Walds nach Zustand und Entwicklung als Grundlage für seinen Betrieb nach dem Befund erreicht Biolley:

1. durch fortlaufende Kontrolle des Waldbilds durch das Auge auf Wüchsigkeit, Gesundheit, Bodendecke des Walds, dann auf den Baumstand (Standraum) und seine Wirkung, auf die Verbindung der Altersklassen und Holzarten, sowie auf die äußeren technischen Eigenschaften der Bestandsglieder (Astreinheit, Geradschaftigkeit usf.).

Die Kontrolle umfaßt das große Gebiet der biologischen und waldsichernden Bestimmungsgründe, mit Beschränkung auch der ernteökonomischen.

Aber auch, was dem Auge nicht zugänglich ist, der mengenmäßige Erfolg wird von Biolley ergänzend der Kontrolle unterstellt:

2. durch fortlaufende Messung von Vorrat, Zuwachs, Stärkeklassenentwicklung mittels Vorratsaufnahme nach gleichen Fristen — allgemein ökonomische Bestimmungsgründe —.

Ein Drittes fehlt Biolley, was sich der Augenkontrolle, wie der Messung gleicherweise entzieht — und hierin liegt die Schwäche des sonst ausgezeichneten Systems —:

3. die Kontrolle der **inneren** technischen Holzgüte, welche die ernteökonomischen Bestimmungsgründe voll erfassen würde. Biolley müßte seine Erzeugnisse auf dem Sägewerk auch nach ihrer inneren Güte prüfen und mit den Hölzern des Schlaghochwalds vergleichen, um damit seinen ersten — biologisch begründeten Entschluß zur Blenderung einer ernteökonomischen Kontrolle zu unterziehen. Ich bin gewiß, er würde seinen ersten Entschluß fallen lassen und zum Schlaghochwald übergehen!

Nur alle drei Kontrollen zumal ermöglichen ein nicht einseitiges Urteil über den Wert bestimmter Eingriffs- und Aufbauformen.

Auch Cajander, obgleich er nicht den Blenderbetrieb wählt, geht in seiner Waldtypenlehre vom Waldbild aus, schafft „waldbaulich gleichwertige Waldtypen" und faßt damit bereits die Flächen zusammen, die gleiche oder ähnliche biologische Behandlung zulassen, denn er stellt fest: Für jeden Waldtypus ist nur eine und zwar dessen spezifische waldbauliche Behandlung anzuwenden. Er behauptet die Möglichkeit der Anwendung einer irgendwo erprobten Waldbaumethode in andern Wäldern desselben Typs, der übrigens nur als Hinweis dienen, Wahrscheinlichkeit für richtige Behandlung geben, den Rahmen für örtliche Erfahrung bilden soll.

Im Gegensatz zum Blenderwald bindet sich der Schlagbetrieb an Schlagbildung, trennt dadurch die Altersklassen, läßt das Holz gleichwüchsig erwachsen und macht die Bäume und Bestände unselbständig. Er erfordert darum auch weitere technische Vorbedingungen, bedarf eines durchgebildeten offenen Schlagsystems, das dem Deckprinzip dient und induktives Vorgehen möglich macht, dabei auch dem Waldbild und seiner Kontrolle beste Bedingungen schafft. In diesem offenen Schlagsystem ist es, wie wir bereits festgestellt haben, die Schlagform (daneben die Schlagfolge), an die sich die Forderung sprechender und vergleichbarer Waldbilder in übersichtlicher Anordnung richtet. Als solche hat Verfasser, der gleich den bisher Genannten den induktiven Weg des Betriebs beschritt, wie im oben

angeführten Aufsatz näher erläutert ist, den schon oben gekennzeichneten
stetig fortschreitenden Saum gewählt, der ja das Waldbild der Verjüngungsklasse am sprechendsten und übersichtlichsten und bei überall gleicher
Umwelt bietet, ja besonders hervortreten läßt und so dem Betriebsführer
für Leitung der Natur den besten Schlüssel in die Hand gibt. Denn, steht
beim Saumschlag der Betriebsführer am Schlagrande, so hat er hinter sich
die bisherige Erfahrung, vor sich sein Arbeitsfeld mit überall gleich bedingten sprechenden Waldbildern in übersichtlichstem Aufbau. Die Gleich-
artigkeit der äußeren Form der zahlreichen Säume und ihrer Teile wie
der biologischen Bedingungen (Randstand) und nicht zuletzt die gleichartige Umwelt, unter der jeder Punkt des Randstreifens steht, liefert
eine solche Menge geeigneter Vergleichsobjekte beim Suchen nach
dem besten Waldbild, nach Form und Maß des Eingriffs, wie sie keine andre
Eingriffsform auch nur entfernt bieten könnte. Die zu vergleichenden
Waldbilder sind einerseits in der Längserstreckung mit gleichem Hintergrund linear aneinandergeordnet und andrerseits in der Tiefenrichtung
in allen Stadien der Entwicklung aneinandergereiht. Diese Anordnung
zeigt dem Betriebsführer die biologischen Bedürfnisse aufs klarste, er kann
sich in seinem Eingriff ganz ihrer Erfüllung nach den Winken der Natur
zuwenden und dabei sein Betriebsziel im Auge behalten, ohne durch andre
Bestimmungsgründe, wie Schutz, Ernte, Bringung abgelenkt und behindert
zu werden.

Im Gegensatz dazu versagt auch hier der Breitschlag vollkommen, da er die Waldbilder der Verjüngungsklasse sowohl in größter
Ausdehnung häuft, wie gleichzeitig unübersichtlich und ohne Aneinander-
fügen von Entwicklungsreihen über weite Flächen hinstreut. Auch spricht
in den Großbeständen des Breitschlags, die dazu noch in weitem Umfang
gleichaltrige Reinbestände sind, das Waldbild nicht mehr vernehmbar zum
Beschauer, es ist „eintönig“ geworden, seine Sprache ist verstummt, er-
stickt in der Technik, die hier allein noch das Wort hat, und ihren deduktiv
gewonnenen Waldformen. Die Bestockung selbst ist, waldbaulich
betrachtet, auf dem toten Punkt angelangt.

Sind die Waldbilder, die der Breitschlag erzeugt, stumm, so spricht der
stark gegliederte und gemischte Wald eine um so deutlichere und anregendere
Sprache und es wird eine der ersten Aufgaben der Betriebstechnik sein, zu zeigen, wie der alte Breitschlagwald mit Fach-
werksaufbau durch Gliederung in seinen Waldbildern wieder
sprechend gemacht und über den toten Punkt hinweg ins
waldbauliche Leben zurückgebracht werden kann! Dies zu erreichen, dazu ist allerdings die Geduld eines Jahrzehnts notwendig
und die scheint heute den meisten Fachgenossen noch zu fehlen! Wenn eine
technische Methode nach 2—3 Jahren nicht wirkt, so wird sie als „bei uns
nicht brauchbar“ auf die Seite gelegt. Erst wenn der tote Punkt über-

wunden ist (auf dem die Wälder sehr verschieden stark festsitzen!), ist der Wald reif zum Betrieb nach Befund!

Schaffen wir darum erst — das ist die nächste Aufgabe — im Schlag=hochwald überall technische Bedingungen für induktiven Betrieb, die ihn hierin über den Blenderbetrieb stellen! Suchen wir solche Bedingungen, so gelangen wir zum offenen Saumschlagsystem, das uns bezüglich der Waldverjüngung das Buch der Natur weit aufschlägt, uns leicht und sicher darin lesen läßt, das uns gleichzeitig aber auch gestattet, überall sofort und ohne Hindernis einzugreifen und gleich nebenan das zu verwirklichen, was wir irgendwo im Wald aus dessen Entwicklung abgelesen haben.

Haben wir unsere Technik auf diese Stufe entwickelt, dann bleibt uns nur noch die Aufgabe, dem Fachmann die Augen zu öffnen und ihn zu befähigen, im Buch der Natur richtig zu lesen und alles auch richtig zu verstehen, was dort geschrieben steht über Ursachen, Zusammenhänge und Bedürfnisse alles Waldgeschehens und seinen Blick zu schärfen für die Zeichen der Natur am einzelnen Ort. Das aber wäre Aufgabe einer sorgfältigen theoretischen Ausbildung — besonders auf wald=baulichem Gebiet. Sie muß dem Betriebsführer alle Bestimmungs=gründe klar vor Augen führen, damit sie ihm in jedem einzelnen Fall lücken=los zum Bewußtsein kommen. Analphabeten im Lesen des Waldbilds können wir nicht brauchen!

Hauptaufgabe der Waldbaulehre und ihrer Forschung ist es nach meiner Auffassung (vgl. den oben genannten Aufsatz über das Waldbild), nicht etwa, ihre Erkenntnisse unmittelbar in Regeln zu verdichten und damit deduktivem Aufbau, von „Betriebsarten" zu dienen (vgl. S. 71), wie dies der herrschenden Meinung entspricht (davon unter 6.), ich sehe vielmehr die Aufgabe des Waldbaus lediglich darin, den Betriebsführer allgemein theoretisch vorzubilden und ihm den Blick zu schärfen für das Lesen im Buche der Natur. Ich glaube auch nicht, daß soweit sich künftig unsere Er=kenntnisse auf biologisch=ökologischem Gebiete des Waldbaus und seiner Grundlagen durch Tatsachenforschung vertiefen und so weit sie fortschreiten mögen und so sicher wir vielleicht einmal alle Faktoren und ihre Wirkungs=weise werden zu werten wissen, wir doch jemals imstande sind, aus diesem Heer von Einzelerkenntnissen heraus unsern Betriebseingriff im Wald unmittelbar deduktiv abzuleiten und vorausbestimmend festzulegen. Dazu sind die Bedingungen für den forstlichen Betrieb zu mannigfaltig ver=schieden, ist die Wirkung jedes Eingriffs die Resultante zu vieler wechseln=der, dabei schwer erkennbarer und noch schwerer abwägbarer Kräfte und sonstiger Bestimmungsgründe, das hat unsere Analyse zur Genüge gezeigt. Da ist und bleibt der sichere und einfachste Weg die unmittelbare Ableitung aus der natürlichen Entwicklung, die Induktion.

Das Ergebnis unserer Betrachtungen wäre somit: wir stützen un=sern Betriebsführer dadurch, daß wir ihm die Waldbilder leicht lesbar und vergleichbar anordnen und ihn befähigen sie richtig zu lesen.

5. Die Leitung des Betriebsführers durch das „waldbauliche Gefühl".

Ist der Betriebsführer vom Druck der technischen Bestimmungsgründe durch das Schlagsystem befreit, das ihnen selbsttätig Rechnung trägt, so braucht er weiterhin volle Bewegungsfreiheit zur Beachtung der biologischen Forderungen für sein Eingreifen, die ihm das Waldbild zeigt.

Vollkommen freie Hiebsart finden wir, wie bereits festgestellt wurde, nur im Streifen, besonders am Saum, nie auf der Breitfläche und weiterhin in der Abkehr von den „Betriebsarten" des Waldbaus, also im offenen Schlagsystem. Freien Hiebsgang aber erzielen wir nur bei einer Ertragsregelung nach freier Masse, nie bei an bestimmte Nutzungsflächen gebundener Masse oder gar bei Flächenzuteilung.

Ist nun die Bahn für den Eingriff in diesem Sinn nach allen Seiten hin frei, so soll den Betriebsführer weiterhin nach herrschendem Sprachgebrauch sein richtiges „waldbauliches Gefühl", sein „natürlicher Instinkt", seine „waldbauliche Kunst" beim Einzeleingriff leiten.

Fassen wir zunächst diese Ausdrucksweise näher ins Auge. Es ist üblich von „feinem waldbaulichem Gefühl", von „hoher waldbaulicher Kunst", von einer „glücklichen waldbaulichen Hand" zu sprechen, die immer „gefühlsmäßig" zur rechten Zeit eingreift und das Richtige trifft. Man spricht vom „Fingerspitzengefühl" usf. und unterstellt bei allen diesen Ausdrücken — oder die Ausdrucksweise verleitet doch dazu, dies anzunehmen — das rein Technische werde verstandsmäßig, das Biologische aber gefühlsmäßig erfaßt! Man kommt wohl zu dieser irrigen Vorstellung, weil das biologische Urteil (wie übrigens auch das wirtschaftliche!) vielfach unmittelbar aus dem Kopf springt und man bei seiner Schöpfung keinerlei Verstandsfunktionen wahrnimmt, keine unmittelbar erfaßbaren Bestimmungsgründe erkennt. Auch ich selbst habe mich solcher Ausdrucksweise bedient und erst Baaders[1] Einwand hat mich auf die Unstimmigkeit aufmerksam gemacht, als er sagte „Wagner verweist die Handhabung der Hiebsart aus dem Reich der Technik in das der Kunst" und Wagner scheint die Aufgabe für unlösbar zu halten und traut dem ‚feinen Gefühl' mehr als der wissenschaftlich begründeten technischen Norm, spricht von ‚Gottesgabe' !"

Natürlich meinte ich das nicht — das waldbauliche Können fließt nicht aus dem Gefühl — sondern ich bin da nur ein Opfer des forstlichen Sprachgebrauchs geworden, der so viele Mißverständnisse schafft! Hier von „Gefühl" oder „Kunst" im üblichen Sinn zu sprechen, ist sicher falsch, insofern es sich nicht um eine gefühlsmäßige Einstellung handelt, sondern um Funk-

---

[1] Baader: Allg. F. u. J.-Ztg. 1930, S. 143.

tionen des Verstands. Wo ein richtiges Urteil oder zweckmäßiges Eingreifen sich „ohne Besinnen", „unbewußt" schlagartig ergibt, da fließt es aus richtiger Zusammenfassung aller Bestimmungsgründe im Unterbewußtsein als Ausdruck vollkommener geistiger Durchdringung und Beherrschung des ganzen Betriebs, richtiger Vorstellungen vom Ganzen und seinem Aufbau und ist das Ergebnis fortlaufender feiner Beobachtung der örtlichen Entwicklung und ihrer Merkmale samt sofortiger geistiger Verarbeitung aller Wahrnehmungen. Das aus solch steter Bereitschaft unmittelbar dem Unterbewußtsein entspringende Urteil, die Intuition, die den tüchtigen Fachmann sofort und scheinbar ohne jede Überlegung das Richtige treffen läßt, während er die Verstandsgründe für sein Urteil oder Tun erst nachher zusammensucht, wo er Widerstand findet oder sein Tun vor anderen begründen oder verantworten muß, wird dann meist unrichtig als ein gefühlsmäßiges, statt als verstandsmäßiges Urteil empfunden und bezeichnet.

Allerdings gibt es auch Leute, bei denen der klare Überblick über die Sache bei ihrem Urteil durch „Lust= und Unlustgefühle" ersetzt, zurückgedrängt oder überwuchert wird. Hier entstehen dann allerdings statt verstandsmäßiger Urteile „Gefühlsurteile". In diese Kategorie gehören die verschiedenen „Hubereien".

Wie nun aber das richtige waldbauliche „Gefühl", die waldbauliche „Kunst" gewonnen wird, wie die besprochene Eigenschaft sicherer Urteilsfähigkeit beim Betriebsführer gepflegt und gesteigert werden kann, das haben wir bei Besprechung des Waldbilds und der Öffnung der Augen für sein richtiges Lesen gesehen.

Ohne natürliche Anlage, ohne Naturverbundenheit geht es hier jedoch nicht! Wer naturblind zur Welt kam, der wird auch nicht sehend werden und im Buch der Natur mit Erfolg lesen, wenn man ihm den Star sticht! Dagegen ist es sehr leicht, dem an sich Sehenden den Blick zu schärfen und das ist neben den Naturwissenschaften die uns biologisch denken lehren, die Hauptaufgabe des Waldbaus, der, richtig verstanden, d. h. von ihm nicht zustehenden Aufgaben befreit, den Forstmann, ohne ihn auf Irrwege zu führen („Betriebsarten") erst zum vollwertigen Betriebsführer macht.

Doch gibt es hier auch noch weitere Möglichkeiten, dem Betriebsführer zu helfen. Denn haben wir ihm erst durch Befreiung von Hiebsart und Hiebsgang für seinen Einzeleingriff in die Bestockung Ellenbogenfreiheit geschaffen, so ist es auch noch notwendig, ihm in dieser Freiheit weitere Hilfe zu leisten, indem wir ihm gute Richtpunkte und Regeln für sein Handeln an die Hand geben.

Je weniger sich allerdings waldbauliche Tatsachen in ihrer Anwendung verallgemeinern lassen, je weniger also allgemeine waldbauliche Sätze aufgestellt werden können, desto mehr ist der Betriebsführer auf den induktiven Weg, d. h. auf das hingewiesen, was der Wald selbst ihm in der Entwicklung seiner Waldbilder sagt. Nur beste wissenschaftliche Vorbildung befähigt ihm zum richtigen Lesen dieser Bilder. Bei gleichartigen Voraus=

setzungen für die Wirkung der Eingriffe wird er auch immer neue örtliche Erfahrungen sammeln und die alten bestätigen und ergänzen. Diese Erfahrungen werden sich allmählich zu örtlichen und schließlich teilweise auch allgemeinen Regeln verdichten, die — richtig betrachtet — am **Ende,** nicht am **Anfang** der betriebstechnischen Arbeit stehen! Solche „Grundsätze" und „Regeln" können ihm jedoch nur Richtlinien für sein Tun geben. Festlegen dürfen wir den Betrieb auch dann noch nicht!

6. Richtpunkte und Regeln für den Betriebsführer.

Hier ist zunächst das Verhältnis der fortlaufenden Erforschung des Waldbilds zu den Ergebnissen der biologischen und bodenkundlichen Forschung und deren Verwendung durch den Betrieb ins Auge zu fassen.

Der Waldbau gibt die Erklärung für die beobachteten Erscheinungen, wie dann auch die Grundlagen für örtliche Regeln bei gleichen Bedingungen. Die exakten Forschungsergebnisse biologisch-waldbaulicher Art können dagegen den laufenden Betrieb nicht unmittelbar — in Regelform — bestimmen, da eine sichere Brücke von der allgemeinen Theorie zum einzelnen praktischen Fall fehlt. Hier können jene Ergebnisse nur Einfluß üben auf die allgemeine Planung z. B. die Holzartenwahl, das Mischverhältnis usf. Ihre Hauptaufgabe ist vielmehr, den Betriebsführer für seine Betriebsaufgabe vorzubereiten, ihm die Augen zu öffnen! Die Betriebsführung wird, wie bereits festgestellt wurde, bei aller Hochentwicklung der biologischen Forschung für ihren Eingriff in die Bestockung immer von der Betrachtung des Waldbilds bestimmt werden und getragen sein, nicht von den Sätzen der Waldbaulehre, Bodenkunde usf., denn die Bedingungen für Ableitung aus allgemeinen Sätzen sind die denkbar ungünstigsten angesichts der Mannigfaltigkeit und des steten Wechsels der biologischen Bedingungen der Örtlichkeit und der sonstigen Umstände nach Holzarten, Standorten, Waldzuständen, Witterung usf., die nie alle zusammen voll erfaßt werden können, daher größte Fehlergefahr in sich schließen.

Dem Betriebsführer bleibt — auch bei den besprochenen Hilfen — immernoch die schwierige Aufgabe, die Natur beim Einzeleingriff in die Bestockung im Sinne des Betriebsziels **richtig** zu leiten! Er muß dabei das biologische Gebiet der Waldbaulehre vollkommen überblicken und beherrschen. Das wird ihn dann auch befähigen, jede neue Erkenntnis der Tatsachenforschung auf diesem Gebiet in waldbaulichen Erfolg umzumünzen. Eine Überführung der Forschungsergebnisse aus den Grundlagegebieten in die technische Norm ist nur auf induktivem Wege möglich. Am Ende der Entwicklung steht dann die Erfahrung und ihr Ausdruck, die Regel.

Es liegt nahe, den Betriebsführer in seiner Aufgabe weiterhin durch Regeln zu unterstützen und in der Tat spielen ja auch „Waldbauregeln",

„Wirtschaftsregeln" usf. — die Bezeichnung wechselt, man versteht aber wohl immer dasselbe darunter — in unserer Praxis und unserem Schrifttum eine große Rolle. Leider nur erwähnt man sie meist, ohne sich Rechenschaft über Begriff und Inhalt zu geben und ihre Aufgabe scharf abzugrenzen. Den Meisten genügt die Ansicht, daß Waldbauregeln etwas Wünschenswertes ja Notwendiges seien oder aber — umgekehrt — daß sie schädlich seien, eine Einengung des Betriebsführers bedeuten. Erst wer solche Regeln aufstellen soll, stößt, wenn er es gründlich tut, und seine Aufgabe richtig erfaßt, wenn er also nicht nur allgemeine Waldbausätze zusammenträgt bzw. wiederholt, auf Bedenken bezüglich Aufgabe, Inhalt, Abgrenzung usf.

Unter „Regeln", wie sie im vorliegenden Fall in Frage kommen, versteht man allgemein Erfahrungssätze, Aussagen, daß unter angegebenen Umständen bei bestimmtem Vorgehen bestimmte Folgen stets wiederkehren. Regeln können auch in die Form der Aufforderung gekleidet werden, unter bestimmten Voraussetzungen so oder so zu verfahren, damit bestimmte Folgen eintreten.

Waldbauregeln können deshalb auch in verschiedener Form aufgestellt werden:

1. Als allgemeine Aussagen über regelmäßig wiederkehrende Folgen aus Zuständen und Handlungen, die als Grundlagen für das waldbauliche Vorgehen verwendet werden. — Lehrsätze, Richtlinien, Richtpunkte. —

2. Als Vollzugsbestimmungen, d. h. Vorschriften oder Anweisungen für das Handeln mit verschiedenen Graden des Zwangs, von denen später die Rede sein soll.

Erste Voraussetzung für die Möglichkeit der Aufstellung von Regeln ist häufige Wiederkehr!, d. h. entweder eine Fülle gleichgerichteter Fälle (häufige Wiederkehr gleichgerichteter Umstände) oder aber weiter Geltungsbereich der Sätze, auch für verschieden gelagerte Fälle, also Passen der Regel auf zahlreiche verschiedene Umstände.

Die Weite der Regel bestimmen Standort, Holzart und äußere Wirtschaftsbedingungen, auch die Technik, also dauernde Umstände. Die Weite kann in Inhalt und Fassung des Satzes selbst, oder aber in den äußern Verhältnissen liegen.

Bei nicht häufiger oder gar bei seltener Wiederkehr des Falls oder seltenem Zusammentreffen gleicher Bedingungen ist kein Raum für eine Regel gegeben.

Was Inhalt und Form von Regeln betrifft, so müssen sie Wahrheiten aussprechen, deren Nichtbeachtung beim forstlichen Handeln im gegebenen Fall einen groben Verstoß bildet. Sie müssen ferner klare Aussagen machen und eine scharfe Abgrenzung ihres Geltungsbereichs geben. Ist dieser beschränkt, so ist besonders sorgfältiges Abwägen nötig, ob die Regel gegebenenfalls anwendbar ist.

Der Satz: „Keine Regel ohne Ausnahme" gilt darum, weil sich durch begrenzende Sätze nie alle Bestimmungsgründe und Möglichkeiten komplexer Gebiete in kurzen Worten erfassen lassen. Die Regel aber soll kurz gefaßt sein!

Ferner müssen Inhalt und Fassung dem Bedürfnis des Betriebsführers angepaßt sein, dieser muß in seinem Wald mit der Regel „etwas anfangen können"!

Wenn man von „Regeln", z. B. Waldbauregeln also in der Mehrzahl spricht, so denkt man dabei an etwas Geschlossenes, an eine das fragliche Gebiet mehr oder weniger **erschöpfende** Sammlung von Erfahrungssätzen, die über jede Frage, z. B. des praktischen Waldbaus für das betreffende Gebiet Auskunft gibt. Da nun aber gute Regeln aus der Erfahrung des Vollzugs herauswachsen müssen, so liegt bei ihrer Aufstellung stets die Gefahr vor, daß alle mehr oder weniger großen Erfahrungslücken aus Lehrbüchern ausgefüllt werden, um ein lückenloses Werk zu schaffen, dies natürlich um so mehr, je weniger wirkliche Erfahrung vorliegt! Besonders ist solches der Fall, wo für ein neues Vorgehen Regeln gegeben werden sollen, was regelmäßig erwartet wird! Wir werden darauf zurückkommen.

Treten wir im besondern an die hier zu besprechenden „Regeln" heran, so muß erst festgestellt werden, auf was sie sich nun eigentlich beziehen sollen. Der wahllose Gebrauch verschiedener Bezeichnungen läßt Unklarheit darüber vermuten.

Forstliche Wirtschaftsregeln im weitesten Sinn würden zunächst alle Regeln unseres gesamten Wirtschaftsgebiets umfassen. Wenn wir jedoch bei unserer bisher verfolgten Begriffsgliederung bleiben, den Begriff „Wirtschaft" enger fassen, auf das rein ökonomische Gebiet beschränken, so können wir unterscheiden:

Regeln, die sich innerhalb der Forstwirtschaft beziehen:

1. auf die „Wirtschaft" — Wirtschaftsregeln — sie haben ökonomischen Inhalt,

2. auf den Betrieb — Betriebsregeln — sie haben technischen Inhalt,

3. auf Holzwuchs und Waldsicherung — Waldwuchsregeln — sie haben biologisch-ökologischen Inhalt.

Eine Trennung von Betriebs- und Wuchsregeln ist nun allerdings praktisch nicht auf allen Gebieten durchführbar, da im forstlichen Betrieb bei Vollzugsregeln Technisches und Biologisches sich meist nicht scheiden läßt. Eine solche Verbindung von Technischem und Biologisch-Ökologischem bilden die sog. „Waldbauregeln" oder auch etwaige Waldsicherheitsregeln.

1. Wirtschaftsregeln sind solche, die sich auf das spezifisch Wirtschaftliche, den ökonomischen Komplex in der Forstwirtschaft beziehen, also forstökonomische Regeln!

Bei der ökonomischen Undurchsichtigkeit der Forstwirtschaft und dem im praktischen Betrieb vielfach zu beklagenden Mangel ökonomischen Denkens, das nicht selten durch die Technik überwuchert wird, darf man sich füglich wundern, daß noch nie jemand — den Nichtfachmann Preßler ausgenommen — es unternommen hat, forstökonomische Regeln, also eigentliche „Wirtschaftsregeln", für den Betriebsführer aufzustellen. Solche ökonomische Regeln müßten, wenn sie in ausgeprägter Form die ökonomische Vorstellungswelt der Wirtschafter erst einmal durchdrungen hätten, von allergrößtem Wert und Nutzen für die Verwaltungen bzw. Waldbesitzer sein und ein Mittel bilden den so beliebten einseitig technischen Ausschreitungen zu begegnen.

Zu den ökonomischen Regeln gehören auch Richtlinien auf ernteökonomischem (Sortimentsaushaltung) und auf markttechnischem Gebiet.

Da der Gegenstand nicht ins Gebiet unserer Betrachtungen gehört, beschränke ich mich darauf, wenigstens als Beispiel eine solche ökonomische Regel anzuführen, — ein Beispiel, aus dem man erkennt, wie durch sie ökonomische Irrvorstellungen und anschließende Irrwege der Praxis mit ihren Verlusten verhütet werden könnten.

Unsere Regel besagt:

„Wende deine Sorge wie die Kräfte und Mittel des Betriebs vor allem den guten und besten Standorten zu, denn sie sind vor anderen geeignet, Volk und Besitzer die aufgewendete Sorgfalt durch hohen Nutzen zu lohnen. Je geringer dagegen der Standort, um so mehr zieh dich auf eine vorsichtige Leitung der selbsttätigen Natur zurück und beschränke dich auf bescheidene Nachhilfe."

Die Praxis pflegt, wie jeder weiß, umgekehrt zu denken und zu handeln. Die guten Standorte erreichen das Ziel auch ohne viel Pflege, deshalb vereinigt sich alle Sorgfalt auf die geringsten, die Schmerzens- und daher auch vielfach Lieblingskinder des Betriebsführers.

2. Betriebsregeln beziehen sich auf den technischen Vollzug der Wirtschaftsgrundsätze am Objekt.

Theoretisch wären hier, wie gezeigt, technische und biologisch-ökologische Regeln zu scheiden. Mag nun zwar diese Scheidung praktisch nicht immer durchführbar sein, so wollen wir dies hier doch so weit als möglich versuchen.

a) Technische Betriebsregeln. Die Technik ist ausgesprochen der Ort der Regelbildung, denn alles Technische ist leicht generalisierend zu erfassen, da es meist gemeingültige Grundlagen hat und deduktiver Methode folgt.

Ganz allgemein besitzen technische Betriebsregeln, wie alles Technische seinen Grundlagen gemäß, weitgehende Gültigkeit und geben Anweisung für bestimmte Eingriffsweise in den Wald vor allem im großen — betreffen somit die Schlagbildung — weniger im kleinen — den Hiebseingriff in die Bestockung —.

Wo ein Schlagsystem dem Betrieb zugrunde liegt als Inbegriff und systematischer Ausdruck aller technischen Regeln, da werden sich diese nur eben auf die Durchführung dieses Systems und deren Einzelheiten beziehen.

Bei Hiebsart und Hiebsgang dagegen kommt eine Aufstellung rein technischer Regeln weniger in Frage, weil hier das Biologische herrscht.

Man könnte die technischen Regeln nach den verschiedenen technischen Aufgaben des Betriebs weiterhin scheiden in — betriebsführungstechnische, waldbautechnische, schutztechnische und erntetechnische Regeln, doch ist solche Scheidung bei dem engen Zusammenhang aller Teile des Erzeugungsgangs praktisch nicht zweckmäßig.

b) Biologisch-ökologische Betriebsregeln. Hier handelt es sich um Aussagen über Bedingungen des Einzel- und Gesellschaftslebens der Holzpflanzen und deren Wirkungen unter gleichartigen Umständen bezüglich Holzart, Standort, Waldzustand, Alter und vor allem Baumstand, mit ihren Auswirkungen auf Hiebsart und Hiebsgang. Einer Gewinnung brauchbarer biologischer Regeln von entsprechender Reichweite widerstreitet jedoch das bezüglich seiner Bestimmungsgründe besonders komplexe Wesen des ganzen Gebiets. Auf ihm gilt auch Pfeils „Eisernes Gesetz", das nicht auf Ableitung von Regeln, sondern auf induktiv geleiteten Vollzug hinweist.

Es ist darum auf diesem Gebiet größte Vorsicht geboten, weil sich biologische Tatsachen im Walde zumeist auf ganz bestimmte und vielgestaltig bedingte Wuchsgrundlagen beziehen, also zunächst nur Einzelgültigkeit haben, während Sätze von allgemeiner Gültigkeit den Inhalt der Biologie bzw. Ökologie selbst ausmachen würden, also nicht Vollzugsregeln sind.

Deshalb sind auch die üblichen „Waldbauregeln" nicht Regeln rein biologischer Art, sondern verbinden diese mit technischen, ja selbst ökonomischen Momenten, wie die Regeln über Holzartenwahl, über Mischverjüngung und -Erziehung usf. — So zeigen z. B. Mischwaldregeln neben den biologischen Bedingungen vor allem den technischen Weg zur Gewinnung bestimmter Mischungen durch bestimmten Ernteeingriff oder Anbau und zur Erhaltung der Mischung durch Erziehungseingriff, beides mit biologischer wie ökologischer und selbst ökonomischer Begründung.

Solche Verbindung biologischer und technischer Tatsachen zur Regel hat besondere praktische Bedeutung, weil wir ein bestimmtes Betriebsziel ohne einen örtlich erprobten technisch fein ausgedachten Weg, wie ihn eine gute Regel gibt, überhaupt nicht oder nur mit besondern Schwierigkeiten und vermeidbaren Kosten erreichen können. Ebenso müssen uns Regeln für den Hiebsgang (Hiebsfortschritt) einen guten Weg des Ausgleichs zwischen biologischen und ökonomischen Belangen zeigen.

Was auf diesem Gebiet von Regeln zu halten ist, die vorwiegend der unmittelbaren Deduktion entstammen und sich zu weit festlegend aufs biologische Gebiet vorwagen, das sehen wir bei den alten „Betriebsarten", die solche Regeln durch ein Jahrhundert schmiedeten in der Anordnung von „Vorbereitungsschlägen" (d. h. = Hieben), von an „Mastjahre" gebun-

denen, „Besamungsschlägen“ (d. h. = Hieben), getrennt nach „Dunkel=
schlägen“ und „Lichtschlägen“, von „Nachhiebs= und Abtriebsschlägen“, die
in ihrem Eingriffsmaß und ihrer Gangart (Tempo) durch Zuteilung be=
stimmter Massenanteile festgelegt wurden. Zu erwähnen sind hier auch die
„Tannenregeln für die Vogesen“, die seitens der Praxis eine so
scharf ablehnende Kritik erfuhren, daß sich die meisten Verwaltungen da=
durch in der Folge abhalten ließen, mit solchen Regeln für ihr Gebiet vor
die Öffentlichkeit zu treten.

Übrigens erschwert die große Variabilität der Bestimmungs=
gründe für die räumliche Hiebsart und noch mehr für den zeitlichen Hiebs=
gang an sich schon jede Regelgebung; sie mahnt jedenfalls zu größ=
ter Vorsicht, selbst wo sich auf großen Flächen durchaus gleichartige Um=
stände vorfinden — wegen der Gefahr der Mechanisierung!

Gute Regeln ergeben sich hier erst allmählich aus der Erfahrung des
Betriebs durch mittelbare Deduktion, am sichersten im Rahmen eines be=
stimmten Betriebssystems also gleicher räumlich=technischer Grundlagen.
Erst langjährige Erfahrung wird unter gleichartigen äußeren Umständen
— gleichen Wuchsbedingungen, gleicher Schlagordnung — die technischen
Wege mit den biologischen Erkenntnissen zur Regel vermählen. Diese ge=
läuterte Regel ist dann bestimmt, in Zukunft dem Anfänger, dem örtlich
noch nicht Vertrauten oder Naturblinden ein wertvoller Mentor zu sein für
seine Betriebseingriffe, dem erfahrenen Betriebsführer aber die Grund=
mauer, auf der er seine Erfahrungen weiterbaut.

Die Vorsicht bei Aufstellung von Waldbauregeln wird sich für
den, der an der Schwelle einer neuen Betriebsform steht, am besten
dahin auswirken, daß er sich zunächst auf rein technische Übergangs=
regeln beschränkt, also auf eine Verbindung mit biologischen Aussagen
verzichtet, weil ihm ein entsprechend gesichertes und lückenloses Erfahrungs=
kapitel noch fehlt. Sonst entsteht die Gefahr, daß die Regeln, um erschöp=
fend zu sein — und das erwartet man von ihnen bei Einführung neuer Be=
triebsgrundsätze ganz besonders — mehr oder weniger deduktiver Ableitung
verfallen, ein Auszug der Waldbaulehre werden.

Es fehlt ja meist nicht an alten Waldbauregeln und Betriebsprotokollen
auf Grund alter Erfahrung wie auch an Einzelfeststellungen waldbaulicher
Art in bezug auf den fraglichen Standort. Aber, sie stützen sich meist auf die
Waldzustände, Betriebsformen und äußere Umstände früherer Zeit und
müssen deshalb durch die neue Betriebsführung erst unter Probe gestellt
werden und ihre Bestätigung finden, die z. B. sehr oft ausbleiben wird,
wenn im neuen Betrieb an Stelle der Periodizität die Stetigkeit getreten ist.

Ich möchte deshalb dringend empfehlen, bei Durchführung neuer Be=
triebsformen sich zunächst auf erfahrungsmäßige Einzelfeststellungen
zu beschränken, die geeignet sind, dem Betriebsführer künftig eine wert=
volle Stütze zu bieten, sie eifrigst zu sammeln und weiterzuprüfen und erst

später, wenn sie zahlreich geworden und alle Gebiete umfassen zur Auf=
stellung geschlossener „Regeln" zu schreiten.

Solche Erfahrungsfeststellungen, wenn sie nur erprobt und gut ge=
faßt sind, genügen vorerst als Stützen für den Betriebsführer. Sie haben
den Vorzug, daß sie, jede für sich bestehen und stärker hervortreten und sich
einprägen, als wenn sie nur Glieder einer geschlossenen Sammlung wären,
eingebettet in weniger wertvolle Ableitungserzeugnisse. An sie kann
sich der Betriebsführer beim Auszeichnen seiner Schläge und
Durchforstungen sicher halten, ich möchte sie deshalb als

„Richtpunkte"

bezeichnen und wähle diese Bezeichnung absichtlich, um geschichtlich
belastete Benennungen zu vermeiden. Ich glaube, dem Betriebsführer
ist mit einzelnen erprobten Richtpunkten als praktischen Winken in guter
Fassung mehr gedient, als mit langatmigen Regelsammlungen, die vor=
wiegend nur allgemeine waldbauliche Wahrheiten wiederholen und in
welche wirkliche Erfahrungssätze nur wie einzelne Goldkörner eingestreut
sind.

Solche Richtpunkte aber müssen die Betriebsführer in ihrer fortlaufen=
den Arbeit selbst suchen und gut formulieren, zunächst für die einzelne Ört=
lichkeit und Holzart. Je umfassender sich in der Folge die Geltung eines
Richtpunkts erweist, um so wertvoller ist er. Man wird auf diesem Wege
nicht wenige Sätze von weitestem Geltungsbereich finden, die dann ein
wertvolles Rüstzeug der Betriebsführung werden. Es bedarf hier nur
einer entsprechenden Sammelorganisation bei der Forsteinrichtung.

Aus der Retorte eines wissenschaftlichen Versuchsleiters dagegen, der
den Betriebsgang, wie die Tätigkeit und Nöte des Betriebsführers kaum
kennt, werden brauchbare Richtpunkte nie springen, wie wohl mancher
glaubt! Aufgabe solcher Versuche kann nur sein, die Grundlagen aufzu=
hellen und damit den Blick des Betriebsführers zu schärfen, auch wohl,
die wissenschaftliche Begründung für praktische Erfahrungssätze nachträg=
lich zu suchen. Wollte die Praxis ihre Richtpunkte von der Versuchsfor=
schung erwarten, so müßte sie lange Geduld üben, und hätte zu Ende doch
keine Sicherheit, ob die Auslegung des Ergebnisses nun auch richtig ist.
Wie viele Versuche haben doch durch Generationen versagt, bis endlich der
Gedanke in der richtigen Hand zum Erfolg führte. Auch praktisch direkt
schädliche, den Fortschritt hemmende Feststellungen und Falsch=
deutungen haben nicht gefehlt. Hüten wir uns vor ihnen!

Freie Richtpunkte vermeiden die Gefahr von Generalregeln und dok=
trinären Ratschlägen derer, die Regeln am grünen Tisch schaffen. Solche
Regeln sind ja als „Rezepte", „Zwangsjacken" usf. seit alter Zeit bei der
Praxis verpönt. Am meisten verschrien sind wohl G. L. Hartigs „Ge=
neralregeln". In diesem Fall allerdings zum großen Teil zu Unrecht! Ge=

lesen hat sie heutzutage wohl niemand, sondern hält sich an das Schrifttum und damit an Pfeils Urteil, sonst hätte man längst gefunden, daß es sich bei diesen schrecklichen Regeln zumeist um Wahrheiten handelt, die inzwischen längst Gemeingut geworden sind und heute als Selbstverständlichkeiten wirken. Sie wurden einst für einen noch sehr zurückstehenden Betrieb und für theoretisch kaum vorgebildete Betriebsführer aufgestellt. Nur Hartigs Regeln für Schirmbreitschlag sind zu beanstanden.

Die Schwierigkeit, brauchbare Richtpunkte zu gewinnen und der Mangel vollkommen gleichartiger betriebstechnischer Umstände für planmäßige Sammlung solcher bewirkt denn auch größte Zurückhaltung auf diesem Gebiet, denn jedem Satz, den einer aus seinen Verhältnissen heraus aufstellte, widersprachen sofort andre aus ihren andern Verhältnissen heraus! Bei der großen Variabilität von Bedingungen und Umständen und bei der Verschiedenheit der technischen Wege kann dies nicht Wunder nehmen!

Darum eben kann nur der oben empfohlene Weg des Ausgehens von einem bestimmten Schlagsystem und des allmählichen Fortschreitens zur Regel und zu deren Erweiterung und Verallgemeinerung zum Ziele führen und deshalb kann auch nur ein Waldgebiet mit gleichem Schlagsystem Arbeitsfeld für Regelbildung werden.

Der Weg zu guten Betriebsregeln ist somit schwierig und langwierig, führt auch nicht zu mechanischen Gesetzen des Handelns, wie sie wohl mancher erwartet, die eigenes Denken und Beobachten entbehrlich machen, die Regeln bilden vielmehr nur eine Sammlung von sehr vorsichtig mit erfahrener Hand und offenem Blick gewonnenen und nur ebenso anwendbaren Richtpunkten. Aber dieser Weg muß trotzdem angetreten werden, und es ist grundsätzlich als schädigend abzulehnen, wenn einer durch viele Fälle erhärteten Erfahrungstatsache immer nur anders gelagerte Einzelfälle entgegengehalten werden, um sie in Zweifel zu ziehen. Denn Ausnahmen lassen sich bei der Vielgestaltigkeit des forstlichen Betriebs natürlich immer finden! Mit der rein negativen Leistung, solche aufzuzeigen, ist aber dem positiven Bedürfnis des Betriebs und seinem Fortschritt ein schlechter Dienst geleistet.

Es wäre nützlicher an einer sicheren Abgrenzung positiv mitzuarbeiten, statt rein negativ die Ausnahmen als Keile gegen die Regel einzutreiben. Man gibt dem Betriebsführer, wenn man sich auf so komplexem Gebiet in allen Stücken der zweifelnden Skepsis vorschreibt, Steine statt Brot und erschwert ihm seine ohnehin schwierige Aufgabe bis zur Unmöglichkeit bester Lösung! Das bedarf nach unserer Analyse keines weiteren Beweises.

Unsere Aufgabe kann es nun nicht sein, hier selbst waldbauliche Richtpunkte zu suchen, zu sammeln und auf ihren Geltungsbereich zu untersuchen. Wir würden auch heute noch nicht viele Sätze von entsprechender Sicherheit und Reichweite finden, denn sie kristallisieren nur schwer aus einem noch tastenden technisch unsicheren Betrieb, wie es der Forstbetrieb seit seinem Bestehen ist. Das muß vielmehr durch Verwaltungen und Betriebsführer geschehen, wenn erst überall technisch vergleichbare Umstände geschaffen sind.

Hier sollen — nur um unsere allgemeinen Betrachtungen zu beleben und als **Beispiele** zur Kennzeichnung des Gesagten — **einige erprobte Richtpunkte für Saumbetrieb** angeführt und nach Inhalt, Fassung und Gebrauch besprochen werden. Sie haben übrigens meist auch über den Saumbetrieb hinausreichende Geltung!

Diese Richtpunkte sind etwa so zu formulieren:

1. „**Jeder Waldeingriff soll schwach sein und oft wiederkehren**", denn waldbaulich ist Stetigkeit der wirksamste Grundsatz für jede Art des Waldeingriffs.

Daraus ergibt sich für den Saumbetrieb ein stetiges Vorwärtsschieben jedes Saums verbunden mit stetiger Durchforstung der Schlagreihe.

2. „**Verjünge nur im zerstreuten Licht und sorge dafür, daß beim Übergang zum direkten Licht letzteres höchstens die Verjüngungszone III**[1] **nicht aber die Zonen I und II trifft**[2]."

3. „**Beste Kinderstube des Walds ist zumeist** (für die meisten Standorte und Holzarten Deutschlands) **nördlicher gelockerter Randstand**, d.h. der nach Nord bis Nordwest geöffnete, von dieser Richtung her abnehmend gelockerte Randstreifen des Altholzes."

4. „**Im Saum haue grundsätzlich auf den schwächsten Stamm!**"

Dies im Gegensatz zum Breitschlag, bei dem mangels Ausweichmöglichkeit bei der Ernte auf den stärksten Stamm gehauen zu werden pflegt, um Schlagschäden zu vermeiden.

Das sind sämtlich Sätze, mit denen der Betriebsführer bei seiner Arbeit etwas anzufangen weiß, die ihm, sofern sie richtig sind, wertvolle Winke für seinen Eingriff geben und ihn vor manchem Mißgriff bewahren.

Der erste Richtpunkt, der keines Beweises und keiner weiteren Erklärung bedarf — wir haben sie längst gegeben — gilt als Grundprinzip der Forstwirtschaft überall und immer! Seine besondere Betonung darf trotzdem in Waldbauregeln nie fehlen, da dieses Prinzip noch nicht überall durchgedrungen und zur forstlichen Grundanschauung geworden ist, vielmehr noch periodisches Denken und Handeln vorherrschen. Die Forderung an den Betriebsführer, mit jedem Waldeingriff nur schwach zuzugreifen, und oft wiederzukehren, wird ihn antreiben, die Axt nirgend ruhen zu lassen und jede Gelegenheit zu nützen, wo ohne betriebstechnischen oder ökonomischen Nachteil immer wieder, dabei nur schwach eingegriffen werden kann.

---

[1] Über Zonenbildung beim Saumschlag siehe oben S. 146—147.

[2] Vgl. Wörnle: Das Naturverjüngungsprinzip und die Betriebsarten. Allg. F. u. J.-Ztg. 1925, S. 1—15.

Abweichungen vom Grundsatz der Stetigkeit sind nur aus zwingenden, vor allem ökonomischen Gründen gerechtfertigt.

Selbsttätig wird die Durchführung des Grundsatzes der Stetigkeit in zeitlicher Hinsicht mit der Einhaltung eines kurzen Umlaufs für alle Betriebseingriffe erreicht, räumlich ist das beste technische Mittel ein stetiger Saumbetrieb, der die gesamte Verjüngungsfläche in gleichmäßiger Folge gewissermaßen über den Kamm laufen und dadurch selbsttätig und unentrinnbar jeden Flächenteil alle Stufen der Lockerung vom Vollbestand bis zum Rand- und Freistand stetig durchlaufen läßt. Jeder Punkt der ganzen Betriebsfläche durchläuft damit sicher auch jenen — unbekannten — Baumstand (und dessen Kleinklima), der gerade für ihn günstigste Bedingungen, erst für Keimung, dann für Fußfassen und Zusammenschluß des jungen Walds, und zwar für jede Holzart für sich, bietet. Das ist ohne Zweifel eine nicht hoch genug anzuschlagende **technische** Hilfe für den auszeichnenden Betriebsführer, wie sie nur der stetige Saumschlag leistet.

Ebenso wertvoll ist der zweite Richtpunkt, — Wörnles „Naturverjüngungsprinzip" — für jeden Naturverjüngungsbetrieb, der Erfolg haben will, vorab für den hier vorausgesetzten Saumbetrieb. Aus diesem Richtpunkt folgt vielerlei, was sich der Betriebsführer zu eigen machen muß, wenn er natürlich verjüngen will.

Obgleich Wörnle sein „Naturverjüngungsprinzip" in einem Aufsatz behandelte, mit dem die Allg. Forst- u. Jagdzeitung ihr zweites Jahrhundert eröffnete, der also dem Ort der Veröffentlichung nach nicht wohl übersehen werden konnte, hat dieses Prinzip doch bezeichnenderweise — nämlich für den heutigen Stand unseres Fachs auf diesem Gebiet — in Theorie und Praxis des Waldbaus bisher nicht das gebührende Verständnis gefunden. Und doch ist in diesem „Naturverjüngungsprinzip" ein Grundsatz aufgestellt, der in Zukunft noch zu einem wichtigen Grundstein jeder erfolgreichen Naturverjüngungstechnik werden wird! Hat er doch weit über den Saumschlag hinaus Gültigkeit. (Bei den „Betriebsarten" des Breitschlags setze man statt der drei Zonen für Z. I und II den Vorhiebs- und Besamungsstand, für Z. III den Nachhiebsstand.) Deshalb sei hier mit besonderem Nachdruck auf ihn hingewiesen!

Der Satz Wörnles ist der wertvollste Fingerzeig für die praktische Verjüngungsarbeit des Betriebsführers, den ich in unserem an Verjüngungsvorschläge so reichen Schrifttum überhaupt gefunden habe. Es ist ein Satz, mit dem man wirklich etwas beim Schlagauszeichnen anfangen kann und der vor manchem Mißgriff bewahrt. Er bedarf wohl noch der sicheren Abgrenzung besonders nach dem Verhalten der einzelnen Holzarten (Lichthölzer?) und teilweise der Standorte, aber der Betriebsführer, dem durch den Satz die Augen geöffnet sind, wird die örtlichen Grenzen selbst finden. Jedenfalls ist die Beachtung dieses biologischen Be-

stimmungsgrunds für die Technik des Eingriffs und ihren Erfolg unerläßlich.

Aus dem kurzen Satz ist praktisch sehr viel herauszulesen: die Bestands=
krone des Altholzes darf erst dann soweit durchbrochen werden, daß Sonne
flächenweise zum Boden gelangt, wenn sich dieser mit festgewachsener Ansamung bereits bedeckt hat. Lücken= und Löcherhiebe über unbesamter oder
neubesamter Fläche dürfen die Verjüngungseingriffe in den geschlossenen
Bestand nicht eröffnen, dürfen nicht über unbesamtem Boden erfolgen, sondern bilden den Abschluß der Eingriffe nachdem die Fläche selbst
und ihre Umgebung bereits besamt sind. Also auch hier Warnung der
Technik vor Löcherhieben (vgl. S. 135)! Wie viel wird wohl im Walde
draußen durch Verfehlung gegen diesen Richtpunkt gesündigt und Schaden
gestiftet! Die Norm: „keine Sonne auf den unbesamten Boden!" gibt
dem Auszeichnenden klaren Anhalt, eine Grenze, die er nicht überschreiten
darf, wenn er nicht Gras statt Ansamung schaffen will. Sie gibt ihm den
Hinweis, daß, wo er mehr Licht zur Besamung braucht, er dies nur als
indirektes Licht vom Rand her beischaffen darf, nicht durch starke
Lockerung von oben her! Gleiches gilt für stärkere Befeuchtung. Die
Norm wäre schon dann segensreich, wenn sie auch nur der allgemeinen
Erkenntnis zum Durchbruch verhälfe, daß Löcherhiebe waldbautech=
nische Fehler sind, weil sie biologisch ungünstig wirken.

Wörnle geht von der Tatsache aus, daß das Sonnenlicht, das in zer=
streutem Zustand nur günstig wirkt, bei flächenweise direktem Auftreffen
die ungünstigen Wirkungen der Übersonnung und Austrocknung übt, daß
darum Verjüngung nur möglich ist mit indirektem Licht und wandernden
Sonnenflecken. Der Breitschlag wirkt technisch ungünstig, weil nur das
Oberlicht zur Regelung der Belichtung zur Verfügung steht mit der Gefahr zu starker Lockerung und damit Übersonnung, während der Saum=
schlag deshalb technisch günstigere Bedingungen zeigt, weil hier das
Seitenlicht ohne weitere Lockerung des Oberstands in reicher Menge zu=
geleitet werden kann. Das gleiche gilt für die Befeuchtung.

Will man bei gruppenweiser Vorverjüngung den Satz von Wörnle beachten, so müssen die ersten Eingriffe grundsätzlich nur Blenderstand und
gedeckten Schirmstand (durch Gruppenschirmhiebe) schaffen, während die
Abdeckung der Gruppen und Horste erst nach voller Ansamung der Fläche
selbst, wie ihrer Umgebung und erst im Endstadium, bei Saumbetrieb in
Zone III, erfolgen darf. Gerade für gruppen= und horstweise Vorverjüngung ist der Saum als Schlag von besonderem Wert, weil hier die
schließliche Abdeckung der Gruppen ganz von selbst in Zone III also gegen
den Rand hin erfolgt und daher keine ungünstige Wirkung auf eine noch
unbesamte Umgebung mehr üben kann, wie bei Breitschlag. Wörnles
Satz führt zu gebuchtetem Nordrand als Endstand.

Aber auch beim Femelschlagbetrieb wirkt er klärend. Wörnle kommt in seinen Untersuchungen sogar zu dem Ergebnis, daß der Bayrische Femelschlag dem Naturverjüngungsprinzip widerspreche. Und dies ist trotz seiner vielfachen Erfolge auch der Fall, sofern man von der allgemeinen, aber falschen Deutung der wirklichen Vorgänge im Walde ausgeht und sie auf andere Standorte übertragen will. Bei richtiger Deutung dagegen bildet er eine Bestätigung des Naturverjüngungsprinzips!

Den Beweis dafür, daß die Deutung falsch ist, gibt die Tatsache, daß die aus ihr geschöpfte Regel — der „künstliche Femelschlag" — versagt.

Der Bayrische Femelschlag stammt aus einem Standortsgebiet, in dem die Natur die geringste örtliche Bestandslockerung, sei es durch Zufall oder Betriebseingriff, sofort mit reichlicher Besamung des Bodens durch Schatthözer (Tanne, Buche, auch Fichte) beantwortet, die sich dauernd oder doch lange erhält und bei weiterer Lockerung sofort auf die weitere Umgebung um sich greift. Wohin zerstreutes Licht oder ein wandernder Sonnenstrahl trifft, da tritt Besamung auf und hält sich, sie entsteht im gedeckten Schirm- und Blenderstand. Die ersten Lücken- und Löcherhiebe erfolgen also über schon vorhandener Ansamung (Gruppen), die sich bereits ringsum in den Bestand erstreckt. Wo solches der Fall, da blüht der Femelschlagbetrieb. Man ist hier einst den Winken der Natur nachgegangen, hat da gelockert, wo Besamung zufällig schon vorhanden war und ist so zur Gruppenverjüngung gelangt. Wo Zufallsbesamung fehlte, wurden Blender- und Gruppenschirmhiebe eingelegt und nach Abdeckung der Gruppen wurde der ringsum vorhandenen Besamung folgend weitergerändelt. Man ist also zu Anfang auf einem großen Teil der Fläche unserem Richtpunkt gefolgt. Wo man es dann im weiteren Verlauf des Verjüngungsgangs nicht mehr konnte, da entstanden wohl die bekannten Fehlplatten, die sich Ernte und Bringung zunutze machten und die nachher ausgepflanzt werden mußten.

So ist man auf den geschilderten Standorten (ich nenne Kelheim und Passau) den Winken der Natur nachgegangen und induktiv zu bestem Erfolg gelangt. Man hat nun aber deduktiv aus dem Vorgehen eine „Betriebsart" abgeleitet, und auf andere Standorte übertragen, auf denen die Natur ihr Füllhorn nicht so reichlich und allseitig ausschüttet. Hier fanden sich keine Ansamungsgruppen, man mußte künstlich anbauen und mußte, wenn es Lichthölzer sein und wenn Schlagschäden vermieden werden sollten, die Gruppenflächen vorher räumen. Auch die weitere Umgebung besamte sich nicht, sie verraste oder verhagerte, der „künstliche Femelschlag" versagte (vgl. z. B. Wiedemanns Untersuchungen), weil die entscheidende Bedingung von Kelheim hier nicht erfüllt werden konnte. Die Natur hat das Verfahren von der Vorverjüngung zur Nachverjüngung gedrängt, das Naturverjüngungsprinzip war verletzt.

Wir dürfen, um im Bilde zu reden, den Harnisch des Walds, das Kronendach, nur da durchbrechen, wo der Waldboden darunter bereits ein sicheres Panzerhemd trägt oder sich doch jederzeit rasch anzulegen vermag, fehlt es beim Durchbrechen des Harnischs, so verwunden feindliche Pfeile (von Sonne und Wind) den Körper des Waldes.

Der Femelschlagbetrieb bayrischer Prägung ist in seinem ersten Stadium biologisch richtig aufgebaut, da er vom Blenderhieb und Gruppenschirmhieb ausgeht und da er erst zur Gruppenabdeckung schreitet, wenn die Gruppenfläche samt weiterer Umgebung festgewurzelte Besamung trägt. Im spätern Verlauf werden die biologischen Bedingungen auf der Breitfläche immer ungünstiger. Nicht so auf dem Streifen!

Über den dritten Richtpunkt, — die beste Kinderstube des Waldes — habe ich mich schon vielfach und eingehend ausgesprochen, vor allem in dem Buch „Die Grundlagen der räumlichen Ordnung" 4. Aufl. 1922. Dieser Richtpunkt weist auf saumförmigen Schlag mit Deckung gegen Süden hin und schließt die Stetigkeit (Richtpunkt 1) im besten Sinn in sich.

Folgt der Betriebsführer diesem Richtpunkt, so gelangt er ganz von selbst zu einem stetigen Saumschlagsystem, in dem sich alles aufs Beste im Sinne dieses Richtpunkts einrichten läßt, einem System, innerhalb dessen er allein den Forderungen der Kinderstube voll gerecht werden kann, während jedes andre die Forderungen höchstens beschränkt und bedingt zu erfüllen vermag.

Der viertgenannte Richtpunkt fordert den „Hieb auf den schwächsten Stamm", d. h. ceteris paribus die Entnahme zuerst des zwischenständigen und mitherrschenden — darum schwächeren — Holzes beim Naturverjüngungseingriff und Belassung der vorherrschenden, darum auch stärksten und bestbekronten Bäume bis zuletzt. Sie wird gefordert zur Ausnutzung der Vorteile eines höheren und wertvolleren Lichtungszuwachses, einer reicheren Samenlieferung und größeren Standfestigkeit des bleibenden Bestands. Gerade beim Saumschlag können diese Vorteile vermöge der biologischen Eigenschaften des Randstands und der idealen Ausweichmöglichkeit für Ernte und Bringung vollausgenützt werden, ohne die Nachteile, wie Regen- und Lichtverdämmung, Schlag- und Rückschäden der stärksten vollbekronten Bäume mit in Kauf nehmen zu müssen, die uns beim Breitschlag meist nötigen, umgekehrt auf den stärksten Stamm zu hauen, d. h. zuerst die bestbekronten, zuwachsreichsten und standfestesten Bäume wegzunehmen, und damit vielerlei Gefahren heraufzubeschwören, auf reichste Besamung und höchsten Wertzuwachs zu verzichten.

Diese wenigen Beispiele weithin gültiger Richtpunkte, die sich vermehren ließen, zumal durch solche von mehr nur örtlicher Geltung, sei es für bestimmte Holzarten, bestimmte Standorte oder Waldzustände, mögen die allgemeine Nützlichkeit von Richtpunkten für den Betriebsführer beim Eingriff in den Wald darlegen. Sie bilden ohne allen Zweifel, wenn sie ihm in großer Zahl zur Verfügung stehen, eine besonders wertvolle Stütze bei seinem betriebstechnischen Handeln.

Unterstellen wir das freie Saumschlagsystem zu dem wir oben gelangten, so sagen hier die vier erwähnten allgemeinen Richtpunkte dem Betriebsführer, daß er stetig vom Rand her eingreifen und bei gleicher Güte zuerst die schwachen Stämme greifen, daß er Morgen= und Mittagssonne von der Besamungsfläche fernhalten soll und daß er endlich in der Tiefe des Saums über noch unbesamtem oder jüngstbesamtem Boden nie Löcher hauen darf. Will er gruppenweise vorverjüngen, so muß er mit ringsum gedecktem Gruppenschirmstand beginnen und darf erst nach Bildung dauerhafter Besamungsgruppen und erst gegen den Rand hin diese allmählich abdecken.

V. Die Stützung der Erziehungsaufgabe.

Auch bei der Erziehung haben wir es, wie unsere Analyse ergab, mit einer Eingriffsaufgabe des Betriebsführers zu tun, die in ähnlicher Weise, wie der Verjüngungseingriff, vielseitigen Bedingungen unterliegt und die daher ebenfalls, soll sie anders von der Praxis immer bestmöglich gelöst werden, der Stützung des Betriebsführers durch technische Mittel und biologische Richtpunkte bedarf. Mit papierenen Feststellungen, Vorschlägen und Vorschriften ist es da nicht getan, sonst wäre unsere Praxis längst von bester Durchforstung beherrscht und durchdrungen, was sie ja leider nicht ist! Das muß jeder zugeben, denn wer den Blick dafür hat, sieht es alltäglich auf Schritt und Tritt an den Waldbildern, die ihm begegnen, er braucht sich da gar nicht in ferne abgelegene Waldgebiete zu verirren.

Auch hier muß organisatorisch eingegriffen werden, ich habe das längst für einen bestimmten Fall, das reine Fichtenstangenholz gefordert[1]).

Die Erziehungsaufgabe ist, wie wir im dritten Abschnitt gesehen haben, einerseits biologisch und ökologisch, andererseits ernteökonomisch bestimmt, dort auf Zuwachs, Gesundheit, Sicherheit, hier auf Holzgüte und begehrteste Ausmaße gerichtet. Technischer Hilfe und Ordnung dagegen ist sie dabei nur wenig zugänglich. Und doch muß gerade in dieser Hinsicht von der Praxis größtes Gewicht auf Einfachheit und Leichtigkeit der Ausführung gelegt werden, denn Eingriffsentscheidungen müssen hier in so großer Zahl und so rasch getroffen werden, daß es, wenn wir von der Wirklichkeit ausgehen und uns ihr nicht völlig verschließen, Selbsttäuschung wäre, anzunehmen, der Betriebsführer könne und werde sie stets alle in Person und in eingehender Erwägung aller Umstände vor-

---

[1] Vgl. Allg. F.=u.J.=Ztg. 1922, S. 1—9 und Deutscher Forstwirt 1929, S. 694 bis 695.

nehmen, was allerdings manche Fachgenossen nach ihren literarischen Äuße=
rungen vorauszusetzen scheinen. Das ist in Wirklichkeit bei der Zeit,
die solche Arbeit erfordert und der heutigen Reviergröße nicht möglich, um
so weniger möglich, je verwickelter die Aufgabe ist. Die Entscheidung bleibt
vielmehr — ob man es wahrhaben will oder nicht — in weitem Umfang
nur rein praktisch vorgebildeten Gehilfen oder gar den Arbeitern über=
lassen, ähnlich, wie die „Vorratspflege" im großen! Hat man sich zur Er=
kenntnis und Anerkennung dieser Tatsache erst durchgerungen, so ergibt
sich aus ihr die Forderung an den Bestockungsaufbau, daß in
ihm die Erziehungsarbeit einfach und nach leicht verständ=
lichen und anzuwendenden Arbeitsregeln vollzogen werden
kann.

Der Voreingriff wird allgemein bestimmt auf der einen Seite durch
die im Bestand vertretenen Holzarten, Altersklassen, Stammklassen
und Schaftformen, auf der andern Seite durch das Betriebsziel, dem
die Bestockung zugeführt werden soll. Er besteht in der Baumwahl nach
Holzart, Schaft= und Kronenform im Hinblick auf Wertszuwachs (d. h. ernte=
ökonomische Bestimmungsgründe) und in der Standraumgewährung.
Der sich stetig ändernde Standraumbedarf der Bäume ist fortlaufend zu
regeln und die Aufgabe ist somit um so einfacher, je weniger von jenen
bestimmenden Momenten im Bestand vertreten sind und je mehr die Be=
stockung bereits betriebszielgemäß aufgebaut ist. Der Vollzug ist also am
einfachsten im gleichaltrigen Reinbestand, der auch das Betriebsziel
weitgehend festlegt, am verwickeltsten bei ungleichaltriger Mischung,
zumal wenn sie, wie das meist der Fall sein dürfte, dem Betriebsziel noch
nicht vollkommen entspricht. Da nun aber der Mischwald und in gewissem
Maß auch die Ungleichaltrigkeit heute fast regelmäßig Ziel des Betriebs
ist, so werden wir in Zukunft auch mit einer Zunahme der Schwierig=
keiten bei dieser Aufgabe zu rechnen und damit doppelten Grund
haben, auf Abhilfe im Weg der Technik zu sinnen.

Wie läßt sich hier nun Einfachheit erreichen? Die Mittel dazu werden
wichtige Bestimmungsgründe für den Bestockungsaufbau und damit
den Endeingriff im großen wie im kleinen zutage fördern.

Vereinfachung bringen:

1. ein übersichtliches Arbeitsfeld. Die Bestockungseinheiten
dürfen, da sie die Arbeitsfelder für den Erziehungseingriff sind, nicht zu
groß gewählt werden und müssen übersichtliche Form — also am besten
Streifenform — haben. Der Bestimmungsgrund wendet sich an die
Schlagbildung;

2. ein einfacher Bestockungsaufbau, der es von Anfang bis
Ende leicht macht, die Bestockung dem Betriebsziel d. h. ihrer gewollten
Endzusammensetzung zuzuleiten. Dieser Bestimmungsgrund wendet sich
an Hiebsart und Hiebsgang des Endeingriffs, die solchen Aufbau

schaffen und zwar im Sinne einer gleichartigen Eingriffsform und kurzer Frist für den Eingriff;

3. einfache und klare Eingriffsgrundsätze unter Beachtung des weiten Spielraums, den die Massenleistung bei Beachtung des Minimagesetzes (siehe nächstes Kapitel) läßt, so daß mehr die Baumwahl und damit der Gütezuwachs entscheidet. Sie sind jedoch dadurch erschwert, daß es sich neben leicht zu erfassenden ernteökonomischen Bestimmungsgründen, die sich an Schaftform, technische Eigenschaften des Holzes und dessen Ausmaße richten und in der Baumwahl ihre Erfüllung finden, vor allem um biologische und ökologische handelt, die von mannigfach wechselnden Umständen — von Holzart, Standort, Zustand der Bestockung usf. — abhängen und durch geeignete Standraumgewährung verwirklicht werden. Sie sind technisch schwer zu fassen, so daß wir uns zunächst den ersten zwei Bedingungen zuwenden müssen, deren Erfüllung dann auch im Hinblick auf die letztere Erleichterung schafft.

Erziehungsregeln im besonderen beziehen sich auf den jeder Altersklasse nach Stärke, Holzart und Schaftform zu gewährenden Standraum, der am besten in der Stammzahl auf dem Hektar ausgedrückt wird und die Auswahl der zu begünstigenden Stämme bestimmt.

Häufige Wiederkehr der Eingriffe erleichtert den einzelnen Eingriff, insofern als etwaige Versäumnisse sich frühstens nachholen lassen, also auch besondere Sorgfalt und das für die Arbeitsausführung so verhängnisvolle Nachzeichnen in den Durchforstungen sich erübrigt. Bei zweifelhaften Fällen hält sich der Auszeichnende nicht mit ihnen auf, sondern stellt sie für den nächsten Eingriff zurück (vgl. S. 195).

Da nun aber der zu gewährende Standraum für jede Holzart, auf jedem Standort, bei jedem Zustand der Bestockung (z. B. Kronenausbildung) jedem Alter und jedem Durchforstungsgrad wieder ein anderer ist, so stützt sich die Praxis am einfachsten auf die Stammzahl, die man für die verschiedenen Durchforstungsgrade Tabellen entnehmen kann, und sucht durch sie für alle Beteiligten ein richtiges Augenmaß für das Waldbild zu gewinnen und zu erhalten. Ein anderes Mittel hilft dem Betriebsführer wohl kaum durch diese Mannigfaltigkeit. Auf kleine Unterschiede kommt es ja bei dem weiten Rahmen für den Beststand der Standraumgewährung auch nicht an.

Der Praxis für Gewinnung zweckmäßiger Richtpunkte der Eingriffsstärke besonders zu empfehlen sind die Köhlerschen Stammzahlen, die man sich mit Hilfe der Baumhöhen jederzeit errechnen kann, da sie eine bei normalem Wuchs sich ähnlich bleibende Baumform und damit auch ein gleichbleibendes Verhältnis von Kronendurchmesser und Baumlänge unterstellen, das Köhler für die Fichte zu 1:6 als Regel angibt. Probezählungen und Probeauszeichnungen werden am besten auf kleinen Probequadraten oder Rechtecken von 10/10, 10/20, 20/20 m usf. vorgenommen, die sich an jedem geeigneten Ort, womöglich in jedem einzelnen Bestand leicht ausstecken lassen und dann dauernd dazu dienen, durch ihr Waldbild bei Personal und Arbeitern das richtige Augenmaß herzustellen und zu erhalten.

Wie das leider bei uns üblich ist, werden derartige technische, so überaus praktische, im Walde wirklich brauchbare und daher für den Betriebsführer wertvolle Vorschläge vom Theoretiker abgelehnt, ja bekämpft — hier z. B. mit der Behauptung, das Verhältnis 1 : 6 treffe nicht immer zu —, und finden dann auch in der Praxis keinen Widerhall. Solche Einwände sind vom Gesichtspunkt des praktischen Fortschritts aus betrachtet, Schädlingsarbeit! Statt ihrer wäre es förderlicher, und würde in der Richtung einer wesentlichen Besserung der praktischen Erziehungsarbeit im Walde liegen, solche Vorschläge ihres technischen Werts wegen lebhaft zu begrüßen und einzuführen. Sollte die Regel, hier das Verhältnis 1 : 6, nicht immer und nicht genau zutreffen, was Köhler selbst als wahrscheinlich bezeichnet, so mögen doch die, so das besser wissen, die Regel verbessern und verfeinern, die Abweichungen nachweisen und der Praxis verbesserte und bezüglich der Holzarten ergänzte Tabellen in die Hand geben, diese wird ihnen dafür dankbar sein; denn das wäre positive und darum wertvolle Arbeit! Mit kritischer Ablehnung allein gewinnt die Praxis nichts.

Auf das mehr oder weniger genaue Zahlenverhältnis kommt es hier übrigens gar nicht entscheidend an, sondern auf die praktisch wertvolle technische Methode, die allein einen wirklich gangbaren Weg aus dem Durchforstungsnebel nach der Richtung des Beststandes zeigt.

Wie denkt man sich sonst die Regeln für die praktische Durchforstung? Wie sollen die Errungenschaften auf diesem Gebiet von jedem Betriebsführer und allen seinen Gehilfen in jeden Wald mit seinen wechselnden Bedingungen übertragen werden, wenn diesen Forschungsergebnissen nicht eine einfache Ausführungstechnik mit auf den Weg gegeben werden kann? Mögen dabei die Zahlen theoretisch genau zutreffen oder nicht! Auf genaueste Einhaltung einer ganz bestimmten Stärke des Eingriffs kommt es ja gar nicht so sehr an, denn der Bestand läßt wohl auch hier bei Geltung des Minimagesetzes (6. Kap.) meist einen weiten ökonomischen Spielraum. Jedenfalls aber wäre hier am wenigsten praktisch ohne ihn auszukommen!

Auch die Forstwissenschaft kann am Fortschritt ihres Objekts, der Forstwirtschaft, nur dann positiv mitarbeiten, wie es ihre Aufgabe ist, wenn sie sich auch der Betriebstechnik annimmt, die sie bis heute vernachlässigt, wenn sie dem Betriebsführer einfache technische Wege als sichere Richtpunkte zur Verwirklichung ihrer Erkenntnisse zeigt oder solche doch gelten läßt, wo sie aus der Praxis heraus empfohlen werden und wenn die Wissen-

schaft eine Brücke schlägt zwischen dem absolut Richtigen der wissenschaft=
lichen Forschung und den Möglichkeiten des praktischen Betriebs. Hier muß
für den in der Praxis Arbeitenden eine empfindliche Lücke geschlossen
werden. Am schwierigsten liegen die Verhältnisse im Mischwald, den
wir nunmehr vor allem ins Auge fassen wollen.

Zur Technik der Mischerziehung.

Auch beim Ziel des Mischwalds lassen sich für den Bestockungsaufbau
zu jeder Mischung und auf jedem Standort technische Wege und Auf=
bauformen finden, deren Holzarten= und Altersverteilung die Erzie=
hungsarbeit für Betriebsführer, Personal und Arbeiten erleichtert, so
wenig sie auch bis heute entwickelt sein mögen.

Der Weg zum Mischwald ist zunächst einmal eine ökologische, da=
neben aber auch ökonomische Erziehungsfrage bezüglich Bestockungs=
aufbau und Eingriffsweise. Ziel ist dabei nicht eine beliebige, sondern eine
ganz bestimmte Mischung!

Die Erkenntnis und Annahme des ökologischen Mischwaldprinzips
als eines durchgreifenden Betriebsgrundsatzes ist nicht das Ende, sondern
der Anfang unserer Aufgabe, die nun vor allem dahin geht, auch noch von
Fall zu Fall die wirtschaftlich beste, die „ökonomische Mischung"[1]
zu suchen.

Den Weg zu solcher ökonomischen Mischung finden wir aber nur durch
eine systematische Entwicklung der Mischwaldtechnik überhaupt,
die uns alle Möglichkeiten des Vorgehens klarlegt. Leider ist aber die Misch=
waldtechnik bisher nie systematisch behandelt worden.

Wollen wir dem Ziel einer einfachen Gestaltung der Mischungstechnik
näher kommen, so müssen wir eine Anfangsmischung schaffen, die bei
gutem Überblick einfache Regeln für die Weiterentwicklung zuläßt.

Für das weitere sind zunächst einige Worte über die Mischformen vor=
auszuschicken:

Räumlich betrachtet stellen wir Einzelmischung mit Einschluß
der Truppmischung als „innige Mischung" der Gruppen= und Horst=
mischung als räumlich „gegliederter Mischung" gegenüber. Zeit=
lich betrachtet trennen wir Mischungen, in denen jede Holzart voll=
kommen gleichaltrig auftritt, wie dies bei den künstlichen Mischungen zu
sein pflegt (einaltrige Mischungen) und solche, bei denen jede oder
wenigstens eine Mischholzart Ungleichaltrigkeit im Rahmen natürlicher Ver=
jüngungsdauer aufweist (mehraltrige Mischungen), wie dies bei na=
türlich begründeten Mischungen regelmäßig der Fall ist. Schließlich kön=
nen wir Mischungen scheiden, bei denen sämtliche Holzarten dieselbe Auf=

---

[1] „Ökonomische Mischung" nenne ich eine solche, deren ökonomischer Erfolg
dem des Reinbestands der wertschaffenden Holzart mindestens gleichkommt.

gabe haben, von solchen, in denen die Holzarten verschiedene Aufgaben zu erfüllen haben, als wertschaffende und bodenschützende oder allgemein waldschützende, hier scheiden wir gleichwertige und ungleichwertige Mischungen.

Betrachten wir nun diese Möglichkeiten zunächst rein betriebstechnisch, so weisen Überblick und Regelmäßigkeit uns ganz gewiß nicht auf gegliederte Mischung d. h. Gruppen= und Horstmischung hin, in der man so oft sein Heil sucht, um durch Holzartentrennung auf der Breitschlagfläche den Schwierigkeiten der Mischerhaltung zu entgehen. Gegen diese Form sprechen jedoch nachdrücklich die Vollzugsschwierigkeiten, da Ordnung und Überblick gänzlich fehlen, was Richtpunkte unmöglich macht und jede Aufsicht bei der Durchführung erschwert. Dazu erscheint eine gruppen= oder gar horstweise Holzartentrennung vom Mischstandpunkt aus betrachtet als unhaltbare **Halbheit,** die der Waldbau und mehr noch der Forstschutz von Hause aus ablehnen müssen.

Alles weist vielmehr auf innige Mischung hin. (Einzel= und Truppmischung) — bei übersichtlichem Arbeitsfeld! Zu ihr führen alle Bestimmungsgründe des Mischwalds überhaupt, weil sie allen Mischungszwecken am meisten entspricht. Nur mit ihr wird ökologische Vollwirkung der Mischung erzielt.

Mit der Wahl der innigen Mischung (Einzel= und Truppmischung) wird die Betriebstechnik auf das andere Mittel der Mischungserhaltung hingewiesen, auf das richtige Altersverhältnis der Mischholzarten unter Mitbenutzung der Eigenschaft der Schattenfestigkeit.

Sollen die Holzarten zusammen hochgehen und sich dauernd vertragen, so muß bei dem verschiedenen Höhenwachstum in der Jugend eine bestimmte Altersspanne zwischen ihnen bestehen, verschieden nach Holzarten, Standort und Mischzweck. Eine solche Altersspanne nun aber in jedem einzelnen Falle sicher festzulegen, ist unmöglich, weil sie nicht nur von feststehenden Bestimmungsgründen abhängt, wie den Wuchsgesetzen der Holzarten und dem Standort, sondern auch von stark wechselnden, wie der Witterung, ja von Zufälligkeiten, wie Frost, Wildverbiß, Insektenfraß, Pilzbefall. Dazu kommt noch, daß sich das Verhältnis des Höhenwuchses der verschiedenen Holzarten mit zunehmendem Alter ändert, so daß eine erst vorwüchsige Holzart später von der nachkommenden sogar überwachsen werden kann.

Bei inniger Mischung stehen nun der Technik zur Überwindung dieser Schwierigkeiten zwei Wege offen: ein besonderer Altersaufbau des Jungbestands bei der Verjüngung, der die Aufgabe des Erziehens einer bestimmten Mischung ungemein erleichtert, und dann die Ausnutzung der verschiedenen Schattenfestigkeit der Holzarten.

Der erste Weg ist der einer mehraltrigen oder Schichtmischung.

Vom Bestockungsaufbau des Mischwalds ist zu fordern:

Mindestens eine der Mischholzarten, am besten das Schattholz, muß durch Pflanzen mehrerer Samenjahre reichlich auf der Fläche vertreten sein. **Hierin liegt das Geheimnis der Mischverjüngung**! Bei solchem Aufbau kann weder die eine noch die andre der vertretenen Holzarten untergehen, weil stark vorwachsende Altersstufen jederzeit entfernt werden können, ohne daß die Mischung gefährdet ist, denn es tritt hier dann immer die nächste Altersstufe aus dem Zwischenstand in den Oberstand — man setzt eine Holzart in der Mischung um eine Schicht („Etage") zurück. Die Erhaltung einer solchen Mischung durch das ganze Bestandsleben nach einfacher Regel ohne erheblichen Pflegeaufwand — Material meist von Anfang an verwertbar! — ist bei mehraltrigem Aufbau nur eine Frage rechtzeitigen Pflegeeingriffs, wofür dazu noch ein mehr oder weniger weiter Spielraum gegeben ist.

Solche mehraltrige Mischungen liefert, dazu in der Regel mit reicher Pflanzenzahl über die ganze Fläche gleichmäßig verteilt, ohne weiteres und regelmäßig die Naturverjüngung, bei der, wie jeder weiß, die Pflanzen verschiedener Samenjahre (besonders der Schatthölzer) bunt durcheinander stehen. Man bringt hier zunächst die Holzarten etwa mit der geschätzten Altersspanne auf die Fläche, verjüngt z. B. die Schatthölzer (Buche, Tanne) voraus, die Lichthölzer in entsprechendem Zeitabstand hintennach und regelt dann das Zusammenwachsen lediglich durch Entfernen vorwachsender Altersstufen, die eine Dauermischung durch Überwachsen gefährden (einfache Regel!), die auch am ehesten noch verwertbares Material liefern.

Bei der einaltrigen, ungeschichteten Mischung dagegen, wie sie die Kunstverjüngung liefert, ist ein Fehler in der Altersspanne nicht mehr gut zu machen, jedenfalls nicht ohne großen Pflegeaufwand, denn mit der Wegnahme vorwachsender Pflanzen verschwindet allmählich die eine Holzart aus der Mischung, oder wird doch stark zurückgedrängt.

Wir können somit allgemein den Satz aufstellen, der den Schlüssel zur Mischverjüngung bildet:

Eine Mischung wird nie verloren gehen, wenn jede beteiligte Holzart — besonders das Schattholz — in der Jugend mit einem reichen Kapital zwischenständiger Pflanzen in die Mischung eintritt, also mehraltrig ist, denn sie gestattet ein Zurücksetzen vorwachsender Holzarten um eine Schicht (Etage).

Deshalb ist Naturverjüngung Voraussetzung und normale Verjüngungsform des Mischwalds!

Und von allen Naturverjüngungsformen ist es wieder der Saumschlag der unserer Technik freie und übersichtliche Eingriffsbewegung gestattet und dadurch die reichsten Möglichkeiten bietet, einen für seine Erhaltung bestgeeigneten Aufbau des jungen Mischwalds zu schaffen. Die Mittel sind hier eine entsprechende Schlagtiefe und Gangart des Hiebs. Je weiter die Altersspanne für ein normales Zusammenwachsen der Holzarten, desto tiefer, je enger, desto schmäler der Saum, der erforderlich ist, sie zu schaffen; und ebenso: Je langsamer die Gangart des Hiebs, desto weiter, je rascher, desto enger wird der Spielraum für die Altersspanne. Ist der Spielraum enger als die normale Spanne zweier Holzarten, so wird das Lichtholz, ist er weiter, das Schattholz begünstigt (wieder einfache Regel).

So fordert die in der Jugend langsamwüchsige Tanne einen sehr tiefen Saum bei Mischung mit der von Anfang an raschwüchsigen Fichte, zumal, wenn sie auch noch durch Verbiß zurückgehalten wird. Vertiefen wir den Saum, so geschieht dies zum Vorteil der Tanne, verschmälern wir ihn, so fördern wir die Fichte. Gleichgerichtete Wirkung hat eine langsame oder rasche Gangart.

Nun hängen aber Altersspanne und dadurch Saumtiefe und Gangart neben den allgemeinen Wuchseigenschaften der Holzarten auch noch von Standort, Bodenzustand, Witterung und andern Momenten ab, da diese die Jugendentwicklung der Holzarten verschieden beeinflussen. Sie können darum nicht im voraus gemeingültig bestimmt, sondern müssen örtlich auf empirischem Weg gesucht werden.

Mit zu engem oder zu weitem Spielraum für die Altersspanne ist jedoch die Mischung noch nicht verloren, wird die eine Holzart noch nicht rettungslos von der andern überwachsen. Hier bleibt dem Betriebsführer der oben zweitgenannte Weg: die Ausnutzung der verschiedenen Schattenfestigkeit der Mischhölzer in entsprechend frühzeitigen Pflegeeingriffen. Auf diesem Wege lassen sich selbst größte Mängel im Mischungsaufbau heilen.

Ja! Die nachfolgenden Beispiele werden deutlich zeigen, daß wir in diesem Weg offenbar dasjenige technische Mittel der Mischerhaltung vor uns haben, das bei Einzelmischung von Schatt- und Lichthölzern — um diese handelt es sich ja fast immer — in sehr vielen Fällen am sichersten und ökonomisch einwandfreiesten zum Ziele führt.

Mehr als die vorstehenden Erwägungen haben mir mehrfache zufällige Entwicklungsbilder im praktischen Betrieb, wie viele Einzelerscheinungen die mir dort entgegengetreten sind, deutlich gezeigt, daß der technische Weg zu bester Mischung — neben einer Verbindung mehraltriger Einzelmischung mit frühzeitigem Pflegeeingriff vor allem in der Ausnutzung der verschiedenen Schattenfestigkeit der Mischhölzer zu suchen ist.

Aus ihr ergäbe sich folgende Mischtechnik für ökonomische Mischung, die in vielen Fällen sicher zum Ziel führt:

Man verjüngt Licht- und Schattholz (Wertholz und Bodenholz) in inniger Mischung mit kleiner Altersspanne möglichst auf natürlichem Weg — mindestens gilt letzteres für das Schattholz —, läßt das Lichtholz über dem Schattholz in Schluß treten und greift dann früh, zunächst schwach, dann immer kräftiger unter schärfster Schaft=auslese und bester Kronenpflege in das geschlossene Lichtholz ein. Dabei wird das zwischen= und unterständig gewordene Schattholz zunächst lebens= und wuchsfähig erhalten, später soll es sich dann bei immer stär=ker Lockerung im Oberstand zwischen dem Lichtholzschleier hochschieben. Dieses Verfahren schließt gleichzeitig auch noch die großen Vorteile bester Schaftwahl im Wertholz, wertvollster Vornutzung (Stangen, Papierholz, Grubenholz usf.), ausreichender Sicherung durch stufigen Wuchs, wie schließlich einen durch Natureinbrüche kaum je voll zerstörbaren Aufbau des Ganzen (vgl. S. 128) in sich. Das nenne ich „ökonomische Mischung"!

Alle später durch Einbrüche von Schnee, Pilzen, Insekten usf. etwa ent=stehenden Lücken und Löcher werden durch den Schattholzzwischenstand selbsttätig geschlossen.

Überhaupt schlummern in solchem Aufbau inniger Mi=schungen alle technischen Möglichkeiten des Mischwalds. So ließe sich z. B., falls sich in der Zukunft das Wertsverhältnis der Holzarten etwa umkehren und damit das Betriebsziel ändern sollte, ohne viel Mühe die bisher dienende Holzart zur wertschaffenden umstellen.

Man könnte z. B. bei Fichten= und Buchenmischung, bei der heute die Fichte wertschaffende Holzart ist, die Buche die Sicherung von Boden und Bestockung über=nimmt und nur Brennholz liefert, leicht und sogar mit ökonomischem Vorteil von der Weichholz= zur Hartholzzucht übergehen, wenn man die Fichte sofort mit Beginn ihrer Verwertbarkeit vorsichtig und ganz allmählich auszöge, um die besonders schlank und astrein zwischen ihr aufgewachsenen Buchen freizustellen und als ganz besonders hiezu geeignete Objekte zur Starkholzzucht vorzubereiten und weiterzupflegen!

Ausgeschlossen ist natürlich der hier empfohlene Weg auf Standorten, auf denen sich das im ersten Wuchsstadium zurückgebliebene Schattholz nicht mehr zum Nachwachsen ermannt oder wo das Lichtholz auch bei vor=sichtigster allmählicher Lockerung sperrig wird.

Wie ich zu meinem Vorschlag gekommen bin, der dem Forstbetrieb in sehr vielen praktischen Fällen den Weg zu guter Mischungstechnik zeigen dürfte, möge aus den drei nachfolgenden, m. E. sprechenden Beispielen entnommen werden, die aus dem praktischen Betrieb selbst stammen und von mir aus größerer Zahl ausgewählt wurden, weil sie eine besonders deutliche Sprache reden. Sie mögen auch als Beispiele dafür dienen, auf welchem Wege man allgemein wohl am besten zu praktisch brauchbaren und wirksamen Mischwaldregeln kommen könnte, — es ist der Weg der Er=forschung der Art und Weise, wie vorhandene schöne, ökonomisch beste Mischungen, die dem Betriebsziel voll entsprechen, tatsächlich entstanden sind. Auch hier gilt die Mahnung Pfeils: „Fraget die Bäume".

Den Verfasser haben nämlich Fälle aus der Praxis zu der Erkenntnis geleitet, daß ungleichwertige Mischungen[1], bei denen fast regelmäßig von den Lichthölzern vor allem Wertsleistung, von den Schatthölzern vor allem Sicherung und Bodenpflege erwartet wird, am übersichtlichsten, billigsten und vor allem sichersten aus inniger mehraltriger Mischung beider Holzartengruppen herauszuarbeiten sind, wobei dann keinerlei Zweifel bezüglich der Eingriffsgrundsätze besteht. Der Aufbau gibt hier in seinen Waldbildern von sich aus sichere Richtpunkte.

1. Fall. Auf schwerem Tonboden (III. Standortsklasse) in niederschlagsreichem Tannengebiet war einst unwüchsiger verbissener Tannenunterstand nach Altholzräumung mit Fichten geschlossen überpflanzt worden, da man nicht mehr mit seiner Erholung rechnete. Die Fichten hatten dann auch die Tannen geschlossen überwachsen und diese standen schließlich nur meterhoch unter geschlossenem Fichtenstangenholz, erholten sich nun aber doch allmählich und begannen sich nach lockernden Eingriffen in das Fichtenstangenholz zu strecken und zwischen den Fichten hochzuschieben. Heute zeigt das Waldbild nach weiteren Eingriffen in die Fichten schöne Einzelmischung beider Holzarten.

2. Fall. Auf Keupersandboden im Kieferngebiet (III. Standortsklasse) in niederschlagsarmer Gegend waren 30 Jahre zuvor weite Flächen mit einer Mischung von Kiefern- und Fichtensamen besät worden. Beide Holzarten waren reichlich angekommen und seither ohne jede Pflege beisammen geblieben. Der Befund war nun nach 30 Jahren innige Mischung beider und zwar unter geschlossenem Kiefernstangenholz ein 2 m hoher Fichtenunterstand fast ohne Höhentriebe, nur an einzelnen lückigen Stellen des Kiefernbestands zwischen diesem hochwachsend. Diesem Wink der Natur folgend wurden nun in alljährlichem Hieb alle sperrigen und krummen Kiefern allmählich ausgezogen und der Dichtstand bei Kiefern wie Fichten unter scharfer Auslese nach der Schaftform aufgelöst. Die Fichten setzten wieder sich streckende Höhentriebe auf und wuchsen zwischen den Kiefern hoch. Es entstand eine Einzelmischung ausgesucht geradschaftiger Kiefern mit zunächst zwischenständigen Fichten.

3. Fall. Auf gutem sandigem Lehm im Fichten-Buchengebiet (II. Standortsklasse) hatte einst die Natur volle Besamung wenig verschiedenaltriger Buchen und Fichten in inniger Mischung geliefert. Da in der Folge jeder Betriebseingriff unterblieb, hatten die Fichten nach Räumung des Schlags die Buchen geschlossen überwachsen und sie in den Zwischen- und Unterstand gedrängt. Der dichte undurchforstete Bestand wurde dann etwa 40jährig vom Schnee schwer heimgesucht und ein-

---

[1] Die von mir gebrauchte Bezeichnung „Ungleichwertigkeit" einer Mischung hat natürlich nichts mit der Geldbewertung der einen oder andern Holzart zu tun, wie angenommen wurde, sie bekundet vielmehr nur, daß die Holzarten verschiedenartige und verschieden bewertete Aufgaben in der Waldgemeinschaft und damit für den Betrieb haben. Durch die Bezeichnung „wertvoll" (Dengler) kann also der Ausdruck nicht ersetzt werden. Er kommt aus der Chemie, die von der verschiedenen Wertigkeit der Atome ihrer Grundstoffe spricht. Die Mischhölzer haben verschiedene Wertigkeit in biologischer, waldsichernder und ökonomischer Hinsicht, gehen verschiedenartige Verbindungen untereinander ein. Dementsprechend fallen ihnen dann auch in der Mischung verschiedene Aufgaben zu und verschiedene Stellungen im Aufbau, was bei gleichwertigen Holzarten nicht in Frage käme. Beim Mengenverhältnis verschiedener Holzarten in der Mischung von „Wertigkeit" zu sprechen, wäre offenbar falsch, weil sehr mißverständlich. Das Mischungsverhältnis von 0,7 Fichte, 0,3 Buche sagt doch an sich nichts über die Wertigkeit beider Holzarten aus, läßt sie höchstens mittelbar vermuten.

zeln und truppweise durchbrochen, auch gab es viele Gipfelbrüche die erst in den folgenden Jahrzehnten im Wege der Durchforstung allmählich entfernt wurden. Betroffen wurden nur die Fichten, der Buchenunter- und -zwischenstand blieb erhalten, füllte alle Lücken und wuchs, wo er freien Kopf erhielt, zwischen den Fichten hoch, so daß aus dem Bestand, den man nach dem Schneedruck erst glaubte bald ganz abtreiben zu müssen, im Laufe von weiteren zwei Jahrzehnten ein schöner Fichten-Buchenmischbestand geworden ist, wenn auch mit nicht ganz regelmäßiger Verteilung der Holzarten über die Fläche. Hätte man schon 10 Jahre vor dem Schneedruck stetig lockernd in die Fichten eingegriffen, so wäre nicht allein der Schneedruck mindestens teilweise vermieden und der Buchenzwischenbestand überall erhalten worden, sondern man hätte auch eine innige Mischung mit gleichmäßiger Verteilung der Fichten über die Fläche hin erreicht.

Diesen drei Fällen ähnlich war auch der Erfolg einer sehr dichten, zunächst von Stockausschlägen und Hainbuchen überwachsenen Eichen-Buchenbesamung auf fruchtbarem Liaslehm, wo nach Abdeckung und Aushieb aller verwüchsigen Buchen ein zunächst sehr dichter Eichenbestand mit unter- und zwischenständigen Buchen hochwuchs, in dem nun fortlaufend bei intensivster Schaftwahl unter den Eichen gleichzeitig zur Erhaltung der unter- und zwischenständigen Buchen eingegriffen wurde.

Diese Beispiele, die absichtlich ganz verschiedenen Holzarten und Standorten entnommen sind und die wohl jeder praktisch erfahrene Leser um weitere Fälle vermehren kann, deuten wohl auf eine Mischtechnik von großer Einfachheit und Sicherheit hin, wie wir sie oben (S. 286) empfohlen haben. Sie kann auf geeignetem Standort keinen ernsten Schwierigkeiten begegnen, wo doch die Natur ohne jede Beihilfe auf gleichem Weg selbst Mischungen schafft und erhält. Die Sache ist auch so einfach, daß der Betriebsführer weiterer Richtpunkte für seine Eingriffe eigentlich nicht mehr bedarf, denn alles weitere sagt ihm der Befund im Walde selbst für jede Holzart und Örtlichkeit im Zusammenhalt mit dem Betriebsziel.

Eine für den Durchforstungseingriff ähnlich einfache Gestaltung der Mischungen, wie sie unsere Beispiele andeuten, muß die Betriebslehre in ihrem System anstreben und ausbauen, wenn den großen Schwierigkeiten im Vollzug und der tiefen Kluft zwischen den Forderungen der Theorie und der praktischen Wirklichkeit gesteuert werden soll. Diese Kluft aber läßt sich nur überbrücken durch geeigneten Bestockungsaufbau (mehraltrige Einzelmischung), ohne diese Brücke sind alle Mischungsvorschläge, so schön sie sonst ausgedacht sein mögen, zum Mißerfolg verdammt.

So ist die übliche Breitschlagverjüngung an sich schon eine unbrauchbare Grundlage für erfolgreiche Mischungstechnik — auch im ökonomischen Sinn! —, denn sie liefert das Schattholz (Buchenaufschlag oder Tannengruppen) meist viel zu alt für die Mischung. Das hängt damit zusammen, daß die Räumung über der Schattholzansamung schon erfolgt sein muß (Schlagschäden), ehe das Lichtholz eingebracht wird; kein Wunder, daß die zu alt gewordenen Buchen, auch bei zunächst unscheinbarer oberirdischer Gestalt vermöge ihres großen Wurzelvermögens auf ihnen zusagendem Standort dem Lichtholz, das erst Fuß fassen muß, weit vorauseilen und zu hohem Pflegeaufwand führen. Dieser Umstand, wie auch der, daß auf

Breitschlag das Schattholz meist gruppenweise ankommt, hat ja zum Gedanken der Gruppenmischung geführt. Diese aber kann abgesehen von den bereits oben betonten Nachteilen schon deshalb auch betriebstechnisch nicht befriedigen, weil sich hier die Mischholzgruppen nicht selten wie feindliche Heerhaufen gegenüberstehen und sich zu überwachen und seitlich zu überlagern suchen, jedenfalls stets sehr schwer innig zu verbinden sind. Die Gruppenmischung erschwert dem Betriebsführer seine Aufgabe über Gebühr.

Bleibt man aber bei der Einzelmischung und durchstellt den Aufschlag oder die Kultur der Schatthölzer mit einzelnen Lichthölzern, so werden diese entweder da, wo sie vorauseilen, sperrig, bilden stärkere Äste auch am untern Stamm, wo dies ökonomisch am schlimmsten wirkt, ohne Möglichkeit wirksamer Schaftauslese oder aber, sie gehen früher oder später im Schattholzbestand unter (z. B. Kiefer in Fichte, Eiche, Esche in Buche), erfordern mindestens eine lange teure Pflege bei unsicherem Erfolg, bilden also eine **unökonomische** Mischung.

Diese mischungstechnischen Fehler im Bestockungsaufbau erklären auch die nachweislichen Mißerfolge der Praxis auf diesem Gebiet, die zu ausgedehnter Reinbestockung oder doch unerwünschten, weil unökonomischen Mischungen führte, und machen ebenso die früher verbreitete Abneigung der Praxis gegen Mischwald verständlich, die jede zufällige Holzart durch ihre „Reinigungen" aus dem Reinbestand entfernte.

Und doch sollte es nach unsern Ausführungen einer entwickelten forstlichen Betriebstechnik nicht schwer werden, erst einmal einen mischungsgerechten Bestockungsaufbau zu schaffen, in ihm dann aber auch **auf ökonomisch einwandfreiem Wege** die Mischung mit einfacher Methode zu erhalten und dem gesteckten Betriebsziel, der „ökonomischen Mischung" zuzuführen. Denn es kann ja doch die heutige Forstwirtschaft nicht mehr, wie so manchem heute noch vorzuschweben scheint, nur Mischwald als solchen unter Verzicht auf bestimmte Mischung anstreben. Solcher Zufallsbetrieb wäre keine schwierige Aufgabe, aber einer hochentwickelten Technik unwürdig. Diese muß sich vielmehr die ökonomische Mischung des Betriebsziels selbst zum Ziel setzen und schaffen lernen. Die Natur weist uns solche Wege, bedient sie sich doch selbst des Schneedrucks, um ihre Mischungen zu erhalten. Wollen wir aber ihren Fingerzeigen folgen, so ist eines jedenfalls Voraussetzung: Wir müssen den Breitschlag verlassen!

Sechstes Kapitel.

Forstliche Betriebsgesetze.

Immer wieder und aus allen Richtungen her kamen wir bei unsern Untersuchungen und ihren Folgerungen zu denselben allgemeinen Grundsätzen für den forstlichen Betrieb und es könnte — oberflächlich betrachtet — fast langweilen und Widerwillen erregen, wenn man, wohin man auch sein Steuer richtet, doch immer wieder am selben Punkte landet! Aber der aufmerksame Leser wird im Gegenteil hieraus klar erkennen, wie fein alles menschliche Tun im Walde nach der Seite des Naturwirkens und der vernünftigen Zweckmäßigkeit des wirtschaftlichen und betriebstechnischen Handelns innerlich zusammenhängt, wenn letzteres nur auf dem rechten Wege ist. Es ist der innere Einklang des naturgemäßen und des betriebsgerechten Vollzugs, der uns immer wieder zu gleichen Grundsätzen leitet und zu gleichen Folgerungen zwingt, z. B. zum Nachhalt-Stetigkeitsprinzip, zum Saumprinzip usf.

Was hat es da zu sagen, wenn Oberflächlichkeit, die statt sich erst ins Ganze ernst zu vertiefen, nur am Ende jedes Kapitels einige gesperrte Sätze liest und da Gleichem oder Analogem begegnet, den Eindruck von „Wiederholungen", von „Einseitigkeit" oder von „Breite" gewinnt. Solche Urteile habe ich seit den „Grundlagen der räumlichen Ordnung" immer wieder gehört. Sie bestätigen mir immer nur zweierlei: einmal eben jene innigen, wie ein Wunder anmutenden Zusammenhänge, dann aber auch die weniger anmutende Tatsache, daß der Kritiker das Buch nur durchblättert hat, um die Schlußsätze der Kapitel zu lesen, statt sich, wie es seine Pflicht gewesen wäre, in den Gegenstand zu vertiefen, um den Grund der Wiederholungen zu erfassen, daß er also der behandelten Frage überhaupt nicht gewachsen ist!

So führt eine zusammenfassende Betrachtung der Ergebnisse unserer Analyse zu einer Reihe alles durchdringender Wahrheiten, ich möchte fast sagen: Gesetzmäßigkeiten, die als ungeschriebene Gesetze alle Gebiete des forstlichen Betriebs durchdringen und beherrschen. Wenn sie natürlich auch nur teilweise den strengen Namen verdienen, den ich ihnen hier gebe, weil sie meist mehr „Regeln" sind oder weithin reichende Grundwahrheiten darstellen, so wollen wir sie doch weiterhin: „Betriebsgesetze" nennen. Wir werden sie auch, soweit sie nicht längst bekannt und benannt sind, benennen, um dadurch **recht eindringlich** auf diese Wahrheiten und ihre Nachachtung im Betrieb hinzuweisen.

Ich habe die nachstehenden Sätze absichtlich als „Gesetze" scharf herausgestellt, um jedem Fachgenossen zum Bewußtsein zu bringen, daß jeder, der sie in seinem Betrieb unbeachtet läßt oder verletzt, an Wald und Wirtschaft sich versündigt und der Strafe des Mißerfolgs nicht entgehen wird.

Der Betrieb soll künftig vor ihrer Verletzung geschützt werden und jeder Fachmann soll sich bloßgestellt fühlen, wenn er dieses Betriebs-ABC seines Fachs nicht kennt oder nicht beachtet. Daneben möchte ich denjenigen Fachgenossen, die auf dem Gebiet der Betriebslehre wissenschaftlich arbeiten, Schutzwaffen schmieden gegen Einwände, die solche Selbstverständlichkeiten mißachten oder übersehen — exempla trahunt!

Wem die Bezeichnung „Gesetz" zu streng erscheint, weil dies Wort bei ihm harte Deutung auslöst, und alles in Zwang und Strafe erstarren läßt, der mag von forstlichen Betriebswahrheiten sprechen.

Selbstverständlichkeiten sind natürlich diese Gesetze für den praktisch denkenden Menschen, der ihnen folgt, selbst, wenn er sich ihrer nicht voll bewußt sein sollte. Er richtet sich ohne weiteres in seinen betriebstechnischen Urteilen und Plänen nach diesen Wahrheiten, auch wenn sie ihm nicht formuliert und benannt vor Augen stehen. Erst wo er sie verletzt sieht oder in der Kritik anderer nicht beachtet findet, gewinnen sie vor seinem geistigen Auge Gestalt und fordern Benennung und kennzeichnenden Ausdruck als Schutz gegen Verletzung und Nichtbeachtung.

Noch ein anderes Ziel leitet mich bei der Zusammenstellung bzw. Aufstellung dieser „Gesetze", die übrigens nur der Versuch einer erstmaligen Sammlung sein soll und keinen Anspruch auf Vollständigkeit macht, nämlich die Aufgabe aller echten Wissenschaft, der auch ich dienen möchte, alles so einfach und durchsichtig als möglich zu gestalten, alle Erkenntnisse auf klare, einfache Form zu bringen, handlich auch fürs praktische Leben. So sollen auch die nachfolgenden Sätze einer andersgerichteten Neigung, nämlich der, alles zu verwickeln, zu verwirren und unverständlich zu machen, entgegentreten.

Solche den Betrieb bestimmenden Gesetze, also „Betriebsgesetze" wären:

1. Das Gesetz der Wirtschaftlichkeit,
2. das Intensitätsgesetz der Standorte,
3. das Gesetz der Stetigkeit,
4. das Gesetz der Naturgemäßheit,
5. das „Eiserne Gesetz des Örtlichen",
6. das Ordnungsgesetz,
7. das Minimagesetz,
8. das Einklangsgesetz (Harmoniegesetz),
9. das Gesetz der Aufgabenscheidung,
10. das kampftechnische Gesetz der Rückendeckung,
11. das technische Gleichheitsgesetz.

Wir haben diese Gesetze hier aufgezählt, wie sie uns während dieser Arbeit entgegentraten, ohne systematische Ordnung! Wir werden sie nun in diesem Sinne kurz besprechen.

1. Das Gesetz der Wirtschaftlichkeit.

Wir können es schlechthin als ökonomisches Betriebsgesetz bezeichnen.

Es besagt, daß „**jedes** Ziel, das wir im Betrieb verfolgen, sei es Gesamtziel oder Teilziel, sei es technischer oder biologischer Art, auf dem Wege geringsten Aufwands angestrebt werden muß".

Dieses allbekannte und anerkannte Gesetz durchdringt als Ausfluß des ökonomischen Prinzips den ganzen Betrieb nach allen Seiten hin und be-

darf als Äußerung des Rationalprinzips keines Beweises. Um so
mehr bedarf es aber schärfster Betonung und Beachtung
in einem so verwickelten und ökonomisch wenig durchsich=
tigen Betriebskomplex wie es der forstliche ist und bei dem vielleicht
gerade hierdurch veranlaßten Umstand, daß von altersher das öko=
nomische Denken in der Forstwirtschaft sehr wenig ent=
wickelt war, in geringem Ansehen stand und darum ganz von
der Technik überwuchert wurde. Wohl kein Gesetz ist häufiger und
schwerer in unserem Betrieb verletzt worden, wie gerade dieses! Deshalb
muß es hier ausgesprochen und an die Spitze gestellt werden.

Die ökonomischen Verhältnisse der Forstwirtschaft, wie sie nun einmal
unausweichbar gegeben sind, die geringe Wertsleistung des Waldes im
Verhältnis zu seinem Wert und Aufwand und die Naturgebundenheit der
Technik stellen dieser, wie schon mehrfach betont wurde, die entscheidende
Aufgabe der Sparsamkeit mit Kapital und Arbeit, nach dem Grundsatz,
nicht die Natur mit Aufwand unter ihr Wollen zu zwingen, sie vielmehr
bei ihrem erzeugenden Wirken in der Richtung unseres Betriebsziels und
damit auch des Wirtschaftsziels vorsichtig und mit geringstem Aufwand zu
leiten, also teueren Zwang nach Möglichkeit zu vermeiden.

2. Das Intensitätsgesetz der Standorte.

Das Beispiel einer ökonomischen Regel auf S. 269, die davon ausgeht,
daß die ökonomischen Bedingungen für den Betriebserfolg mit Abnahme
der Standortsgüte immer ungünstiger werden, also immer größere Spar=
samkeit nahelegen, liefert uns ein engeres ökonomisches Gesetz für die
Forstwirtschaft, das um so wichtiger ist, als das Pflegebedürfnis der Stand=
orte umgekehrte Richtung zeigt, mit Geringerwerden der Standort immer
mehr steigt und den Forstmann leicht verführt, nun auch auf geringstem
Standort höchsten Betriebsaufwand zu machen.

Das Gesetz lautet:

„Sorgfältige Pflege durch den Betrieb verdienen nur
diejenigen Standorte, die solche Sorgfalt durch Wertslei=
stung lohnen. Auf geringsten Standorten beschränke sich des=
halb der Betrieb auf vorsichtige Ernte der Naturgaben und
Förderung des Wachstums mit bescheidensten Mitteln.“

Der Betrieb legt damit seinen Nachdruck auf die besseren Waldstand=
orte und beschränkt sich auf den geringen, und zwar je geringer sie sind, um
so mehr, auf ein vorsichtiges Leiten der Holzerzeugung bei geringstem Be=
triebsaufwand. Damit strebt der Betrieb auf geringstem Standort allmäh=
lich dem Blenderwald zu, mag auch die Bestockung meist mehr oder
weniger zu wünschen übrig lassen[1].

---

[1] Zu gleichem Vorschlag gelangt auf ganz anderem Wege Friedrichs (Silva 34
S. 50) für geringe Kiefernstandorte in Mecklenburg zur Bekämpfung der

Wenn dies Gesetz hier besonders betont und benannt wird, so geschieht es darum, weil es leider, so selbstverständlich es für den wirtschaftlich Denkenden sein sollte, in der Forstwirtschaft noch kein Heimatrecht besitzt. Im Gegenteil! Der meiste Kulturaufwand wird vielfach gerade den geringsten Standorten zugewendet, im Bestreben, auch die geringsten Wälder den guten Standorten in Bestockung und Leistung nahezubringen, wie auch in der Aufforstung natürlicher Ödflächen.

Bei dem Bestreben, geringste, zuweilen hoffnungslose Standorte durch Bepflanzung mit allerlei Holzarten, durch Unterbau, Düngung und Bearbeitung zu bessern, müssen dann gerade die guten Böden, die eine besonders sorgsame Pflege lohnen würden, solcher Fürsorge entraten, denn auf ihnen gedeiht der Wald ja schließlich auch ohne besondere Pflege. Ebenso erscheint in der Forstwirtschaft nicht selten das oft geradezu fanatische Streben, alle ihr unterstellten Flächen zu Wald zu machen, selbst natürliche Ödflächen, wie südliche Steilabhänge der Kalkberge, ob nun Wald dort gedeiht, oder nicht. In nicht selten jahrzehntelangem Bemühen hat man solchen Flächen den forstlichen Willen aufzuzwingen versucht. Man sehe sich daraufhin nur die Kulturnachweisungen der Vergangenheit an, es fehlt dort nicht an krassen Beispielen, an „chronischen Kulturflächen", die sich nur damit erklären lassen, daß eben „Sorgenkinder Lieblingskinder" sind.

Man suche aber nur nicht, wie früher üblich, diesen ökonomischen Betriebsfehler mit dem angeblich gemeinwirtschaftlichen Bedürfnis zu rechtfertigen, daß auch auf geringstem Boden möglichst viel wertvolles Holz geerntet werden müsse. Man hat ja von altersher in unserem Fach ökonomische Blößen gerne mit dem gemeinwirtschaftlichen Mäntelchen zu decken gesucht! Doch wird hier sicher kein vernünftiger Mensch einsehen, welchen Belangen der Gesamtheit es dienen soll, Mittel und Kräfte auf geringsten Boden nutzlos zu verschwenden, statt sie mit höchstem Nutzen auf die guten Standorte zu vereinigen.

Sollte es unserem Gesetz gelingen, für die Zukunft solche ökonomische Unüberlegtheiten zu verhindern, so hat es seinen Dienst getan!

3. Das Gesetz der Stetigkeit.

„Aller Betriebsvollzug im Walde soll den Charakter des ununterbrochen Fortlaufenden tragen und soll jedes nur periodische, dann aber notwendig starke und plötzliche Eingreifen vermeiden."

Kieferneule. Dieser Waldschädling findet nämlich meist nur auf geringstem Standort unter gleichaltrig geschlossenem Kiefernreinbestand die erforderlichen klimatischen Bedingungen (Wärme) zur Massenvermehrung. Die solcher Massenvermehrung immer wieder unterliegenden Waldflächen in Mecklenburg wurden erst seit 70—80 Jahren geschlossen verjüngt und dadurch „Ungeziefernester" geschaffen. Diese geringen Standorte sollten künftig „wieder der Natur überlassen werden".

Wir sind diesem Gesetz mehrfach begegnet als Ausdruck sowohl biologischer, wie ökonomischer und technischer, ja selbst sozialer Bestimmungsgründe und haben es dort bereits begründet. Vgl. S. 165ff.

Es ist ein Gesetz, das neuestens mehr und mehr als für die Forstwirtschaft allgemeingültig anerkannt wird, wenn sich auch der forstliche Betrieb, ja das ganze forstliche Denken heute meist noch — vielfach unbewußt — unstetig nämlich in Perioden bewegt, wie es dem Forstmann in 100=jähriger kameralistischer Fachwerkspraxis angewöhnt worden ist und wie es der notwendig periodischen Planung und Abrechnung entspricht, die fälschlicherweise auch auf den Vollzug übertragen wird.

Auch dieses Gesetz durchdringt den Wald und seine Bewirtschaftung bis in die letzten Lebensäußerungen, muß somit auch den ganzen Betrieb, vor allem den Waldeingriff, vollkommen beherrschen. Jede Verletzung der Stetigkeit im Betrieb bedeutet eine Verletzung der ganzen Wirtschaft, insbesondere schafft jede Unstetigkeit im Waldeingriff Zuwachsverluste und Gefahren.

In der Ertragsregelung tritt unser Gesetz vorwiegend ökonomisch begründet, als Nachhaltprinzip auf. Ich meine da nicht jene papierne — nur periodische — Nachhaltigkeit der alten Ertragsregelung, die nur in Perioden dachte und nicht zum Einzeleingriff in den Wald, vor allem nicht ins Gebiet des Waldbaus vordrang und sich nicht durch ihn mitbestimmen ließ. Diese Art von Nachhaltigkeit, die durch die Fachwerksmethoden und den „Ausgleichungszeitraum" der Normalvorratsmethoden gekennzeichnet ist, finden wir auch heute noch bei großen Verwaltungen, wenn sie ihre Nachhaltigkeit auf den Gesamtbesitz als Einheit beschränken, dagegen in den einzelnen Revieren nach Lage der Altersklassenverteilung unnachhaltig wirtschaften möchten. Sie verkennen das Wesen der Nachhaltigkeit.

Den Gegensatz zum natürlichen und ökonomischen Stetigkeitsgesetz bildet das betriebstechnische Prinzip der Periodizität, das den forstlichen Betrieb in der Vergangenheit beherrschte und vielfach heute noch beherrscht. Es hat der Stetigkeit in der Forstwirtschaft zu allen Zeiten schweren Abbruch getan. Schon der Übergang von der Blenderung zum Schlagweishauen bewegte sich stark in dieser Richtung, dazu kam dann die Forsteinrichtung mit ihrem periodischen Wirtschaftsplan und ihrer periodischen Ertragsregelung im Wege der Flächenaufteilung unter die Perioden.

Mag und muß die Planung wohl periodisch wiederkehrend sein, so darf doch ihr Inhalt nicht durch das Prinzip der Periodizität beherrscht werden und vor allem darf dieses Prinzip nicht aus dem Plan in den Vollzug übergehen, wie dies leider so leicht geschieht.

Den Betriebsgang und damit Ernte, Verjüngung, Erziehung periodisch zu planen, ist wohl notwendig, schon der langen Zeiträume wegen, die zur Gliederung in Perioden nötigen. Aber die Periodizität des Wirtschaftsplans darf die Sinne des vollziehenden Betriebsführers nicht gefangen nehmen. Sie hat jedoch leider Ernte, Verjüngung und Erziehung in periodische Schranken gelegt und sogar den Einzelvollzug vielfach nur periodisch vorgesehen, so z. B. jeden Bestand in 10 oder 20 Jahren voll zu verjüngen, jeden Bestand in jedem Jahrzehnt nur einmal zu durchforsten usf.

Die Schuld am forstlichen Denken und Handeln in Perioden trägt, wie bereits erwähnt wurde, das Fachwerk, das die Periodizität dem forstlichen Denken und Handeln so sehr eingehämmert hat, daß es auch heute, nachdem das Fachwerk als Ertragsregelungsmethode längst gefallen, doch als Betriebsprinzip noch lange nicht als überwunden gelten darf, wie Rebel meint; es tritt uns auch heute noch im forstlichen Betrieb auf Schritt und Tritt entgegen.

Das betriebstechnisch begründete Prinzip der Periodizität muß aber in Zukunft auf die Planung beschränkt und als für den forstlichen Vollzug falsch und schädlich erkannt und daher bewußt und grundsätzlich überall aufgegeben werden. An seiner Stelle muß grundsätzlich ein stetiges Fließen aller Betriebsvorgänge treten. Mag die Planung periodisch wiederkehren, so darf sie doch den Betrieb nicht im Sinne nur periodischer Wiederkehr auch der Vollzugsarbeiten beeinflussen, sondern muß nach dem Gesetz der Stetigkeit alle Periodengrenzen des Plans flüssig machen, alle Zeitbestimmung nach vorne offen lassen, wie es z. B. die Verjüngungsgangzahl tut.

Das Gesetz der Stetigkeit gilt auch für den häufigen Fall des Übergangsbetriebs, d. h. bei Änderung der Zielsetzung oder Wegbestimmung, also beim Erkennen eines neuen Beststands für Eingriff und damit Aufbau des Walds nach Altersklassen, Holzarten oder Waldbehandlung. Auch bei Betriebsumwandlungen muß dem neuen Ziel oder Weg immer stetig — allmählich — langsam unter Ausnutzung alles Gegebenen und Anpassung an dieses zugestrebt werden, nicht in überstürztem, stürmischem Übergang, der dem neuen Ziel oder Weg große Opfer bringt. Das Opfer soll womöglich nur in der Preisgabe der alten Überzeugung und des altgewohnten Verfahrens bestehen! Das neue Wollen findet am Gegebenen den Gegenstand, der dem Neuen ohne Opfer nähergebracht wird.

Beispiele für stetigen Übergang sind auf zeitlichem Gebiet, im Gegensatz zu allen andern Methoden der Ertragsregelung, diejenigen von Hundeshagen und von Biolley, die dem Normalvorrat und damit Normalzustand grundsätzlich stetig, nicht in abgegrenzter Frist zustreben, und auf räumlichen Gebiet der Blendersaumschlag, der die Verjüngungszeit auch bei heute gleichaltriger Bestockung nach vorne grundsätzlich offen läßt. Beim Übergang zum Saumschlag, zu dem wir als technischer Bestform des Eingriffs oben gelangt sind, sollte man sich lediglich beeilen, das technische Gerippe für die neue Eingriffsform zu schaffen und zu festigen, d. h. das Hiebszugsnetz durch Traufbildung zu schaffen und in ihm die Schlag-

reihen durch Ordnen der Hiebsfolge und Wegräumen der Schlagfolgehindernisse zu formen, weil das Wirksamwerden dieser Maßregeln längere
Zeit erfordert. Sind sie eingeleitet, so kann der Betrieb auch beim Übergang aus dem Breitschlag stetig ohne jede Eile seinen Fortgang nehmen.

4. Das Gesetz der Naturgemäßheit.

Der Grundsatz „Mit der Natur, nicht gegen die Natur" ist
für die Forstwirtschaft eine Selbstverständlichkeit und doch müssen zuweilen auch Selbstverständlichkeiten ausdrücklich und nachdrücklich betont
und in ihrer Wirksamkeit verfolgt werden.

Die Natur ist die selbständige Trägerin der Erzeugungskraft, die sich
der forstliche Betrieb zum Erreichen seiner materiellen und letztlich ökonomischen Ziele dienstbar zu machen sucht. Darum ist es auch selbstverständlich, daß der Betrieb in jeder Hinsicht dem Wirken der Natur, ihren
Gesetzen, folgen und sich anpassen muß, sie nirgends außer acht lassen oder
sich ihnen gar entgegenstellen darf.

Naturgemäßheit ist darum ein Ausdruck des Rationalprinzips, bedarf
also ebenfalls keines Beweises!

Das gilt für alles menschliche Tun! Für die Forstwirtschaft aber
hat die Forderung der „Naturgemäßheit" noch einen besonderen Sinn! Sie steht nämlich in einem engeren Verhältnis zur Natur,
als andere Wirtschaftsgebiete, z. B. die Landwirtschaft. Ihre ökonomischen
Umstände gestatten nicht, oder doch nur in beschränktem Maße, die Natur
mittels Kapital und Arbeit zu bestimmter, erhöhter Leistung zu zwingen,
wie dies Technik und Landwirtschaft in weitem Maße tun. Der geringe
Wert der Naturleistung durch Holzwuchs gestattet uns vielmehr nur, die
Natur durch unsere Technik (Eingriffsweise in den Wald) mit kundiger Hand im Sinne unserer Ziele zu eigener Arbeit an-
zuleiten, nicht aber, sie mit gesteigertem Aufwand zu zwingen. Sie soll bei geringer Beihilfe seitens des Betriebs selbst arbeiten.

Zu dieser Leitung der Natur ist ein besonders tiefes Erkennen der
Naturbedingungen und engstes Anpassen an sie erste Voraussetzung. Mit
feinem Verstehen ihrer Gesetze gilt es also im forstlichen Betrieb die Natur
dem Betriebsziel zuzulenken; Zwang lohnt sich in der Regel nicht.

Das Gesetz der Naturgemäßheit steht in naher Beziehung zur Wirtschaftlichkeit, weil ja die Natur unentgeltlich leistet, wie zur Stetigkeit, die
selbst ein Ausfluß der Naturgemäßheit ist.

5. Das „Eiserne Gesetz des Örtlichen"[1].

Auch dieses Gesetz, das Pfeil so benannt hat, gehört zu den Grundwahrheiten des forstlichen Betriebs, muß ihn daher vollkommen durch-

---

[1] Vgl. S. 66 u. S. 149.

bringen und aufbauen. Vorbedingung für seine richtige Anwendung aber ist, daß man es richtig versteht und abgrenzt. Und hieran gerade fehlt es noch vielfach!

Das „Eiserne Gesetz", wie wir es weiterhin kurz nennen wollen, stützt sich auf die Tatsache der ungeheuern Mannigfaltigkeit der Wuchs= bedingungen im Walde, der schwierigen Bestimmbarkeit ihrer örtlichen Geltung und des Wechsels von Ort zu Ort nach Holzart, Standort und Zustand von Boden und Bestockung und von Zeit zu Zeit, nach wechseln= der Witterung.

Das Gesetz fordert daher: „daß der Betrieb mit eisernem Zwang den wechselnden Wuchsbedingungen der gegebenen Örtlich= keit, nicht aber Generalregeln, zu folgen habe".

Dieses Gesetz ist nun zwar heute sehr populär, ja bereits der Ver= flachung anheimgefallen und zum gerne und oft gebrauchten Schlagwort Unkundiger geworden. Dabei wird es leider meist auch noch falsch verstan= den bzw. ausgelegt und droht so zu einem Hemmschuh des forstlichen Fort= schritts zu werden. Es muß daher vor allem dieser Verflachung ent= gegengewirkt und der wahre Sinn dieses Gesetzes wiederhergestellt werden, gehört es ja doch zum eisernen Bestand forstlicher Vollbildung.

Vor allem ist es notwendig, den Geltungsbereich des „Eisernen Gesetzes" scharf zu umreißen. Es bezieht sich nur auf das **biologische,** vielleicht auch noch auf das ökonomische, keinenfalls aber auf das **technische** Gebiet. Das muß anderer Auffassung gegenüber mit allem Nachdruck festgestellt werden. Es wird ja auch allein nur auf die bekannte, durch unsre Analyse erhärtete Mannigfaltigkeit der biologischen Bedingungen gegründet.

Ist dies aber richtig, stützt es sich also auf die Verschiedenheit der Stand= orte und Waldzustände nach Boden und Bestockung im Zusammenspiel mit den hier wechselnden Ansprüchen der Holzarten, so kann es sich auch nur auf den Bestockungseingriff des Betriebs im einzelnen beziehen, der sich, weil biologisch bestimmt, ganz nach der Örtlich= keit zu richten hat; nicht aber kann es sich beziehen auf die technisch bestimmte Schlagbildung, die wenig mit der Örtlichkeit zu tun hat (dem Saumschlag darf man also z. B. mit ihm nicht entgegentreten, ohne sich selbst eine Blöße zu geben!). Das Eiserne Gesetz gilt dem vegeta= tiven Gedeihen des Walds und dessen Sicherheit und fordert darum volle Beachtung aller örtlichen Wuchs= und Gefährdungsbedingungen beim Aufstellen des Betriebsziels (Holzartenwahl) und beim Einzeleingriff in die Bestockung, beherrscht somit Hiebsart und Hiebsgang. Da= gegen liegt alles Technische, das die Schlagform bestimmt, außerhalb des Wirkungskreises des Gesetzes, wenn wir von Besonderheiten der Ge= ländebildung, von Hochlagen, Steilhalden, Auen usf. absehen.

So hat denn auch, wie bereits betont wurde, das Eiserne Gesetz nichts

mit der vorwiegend technisch bestimmten Schlagordnung im Schlaghoch=
wald zu tun, an die es nur eine Forderung mit Nachdruck stellt,
nämlich die der vollen Freigabe seines eigensten Herrschafts=
gebiets, der Hiebsart und des zeitlichen Hiebsgangs. Und
diese Forderung kann ihm nur von der Saumform des Schlags voll er=
füllt werden, am wenigsten von den „Betriebsarten" des Breitschlags,
die das Eiserne Gesetz aufs schwerste verletzen! **Die Betriebsform des
Eisernen Gesetzes ist der Saumschlag!**

Innerhalb weiter Mißerfolgsgebiete für ein Verfahren, „wo es nicht geht", liegt
zuweilen als einsame Oase, ein Erfolgsrevier — für den stetigen Saumschlag nenne
ich als solche Oasen: Härdtsfeldhausen im süddeutschen Weißjura, Follmersdorf
(bei Kamenz) in Oberschlesien, Daun für die Eifel usf. Wie erklärt sich nun diese
Oasenbildung? „Daran ist natürlich", sagen Gegner und Erfolglose, „nur der beson=
ders gute Standort schuldig!" — wie die Quelle in der Wüste! Das Eiserne Gesetz
des Örtlichen ist da ja ein so bequemes Ruhekissen. Diesem bequemen Gesetz möchte
ich aber auf Grund meiner Wahrnehmungen ein recht unbequemes „Eisernes Ge=
setz des Persönlichen" gegenüberstellen und das Phänomen meinerseits mit dem
guten Betriebsführer erklären. Für den wirklichen Erfolg ist die Person des Be=
triebsführers und seine Technik entscheidend! Wo es ihm, sei es an Fachbildung, sei
es an Verständnis, an Eifer oder gar an gutem Willen fehlt, da geht es auch auf bestem
Standort nicht. Die Oasenbildung zeigt vor allem, wie selten obige Bedingungen zu=
sammentreffen. Wenn mir einer behauptet: „Hier geht es nicht", so sagt er mir damit
zunächst nur: „Ich kann es nicht", oder aber „Ich will es nicht[1]". Übrigens ist ja für
das Saumsystem der relative Erfolg der Naturbesamung nicht allein bestimmend,
das wäre einseitig gedacht.

6. Das Ordnungsgesetz.

„Im Forstbetrieb sind alle Gegenstände und Handlungen
betriebsgemäß und übersichtlich anzuordnen."

Das gilt dem Überblick im großen, dem Einblick im kleinen, der Beherr=
schung des Betriebsobjekts, der steten Zugriffsmöglichkeit und der Aus=
weichmöglichkeit der Ernte und im Schlaghochwald vor allem noch der
Durchführung des Deckprinzips, wirkt also auf weiten Gebieten der Be=
triebstechnik. Das Ordnungsprinzip ist die oberste Richtschnur jeder Be=
triebstätigkeit nach ihrer technischen Seite hin, kann schlechthin als das
„Prinzip der Technik" bezeichnet werden. Ohne seine Erfüllung
ist ein zielbewußter Betrieb und dessen Verfeinerung über=
haupt nicht denkbar.

So entspringt auch dieses Gesetz unmittelbar aus dem Rationalprin=
zip, der sinn= und zielbewußten Anordnung alles menschlichen Tuns, be=
darf also keines Beweises, um so mehr aber des nachdrücklichsten Hin=
weises auf sein Bestehen und auf seine durchgreifende Be=
deutung und Wirkung. Denn leider wird die Aufgabe und Wirkung
der Ordnung im forstlichen Betrieb von vielen auch heute noch nicht in

---

[1] Vgl. auch Franke: Tharandter Jahrb. Bd. 85, 9. S. 535 ff.

ihrem wahren Gewicht erkannt, trotzdem dies ja durch die großen Flächen und langen Zeiträume, die Unübersichtlichkeit des Objekts doch nachdrücklich und leicht erkennbar begründet wird.

Ordnung im Betrieb führt immer zur Vereinfachung der Formen und Regeln. Man könnte deshalb im forstlichen Betrieb von einem „Gesetz der einfachen Form" sprechen, das sich aus dem Ordnungsgesetz ableitet und das bei der Form des Arbeitsfelds, bei der Holzartenmischung, der Erziehung, dem Kulturverfahren, der Erntemethode und an vielen entscheidenden Orten als bestimmend deutlich hervortritt.

Alle Umstände des forstlichen Betriebsvollzugs, die ungelernten Arbeiter, denen wir nicht selten den Vollzug anvertrauen müssen, die nur empirisch vorgebildeten Vollzugsgehilfen, der Vollzug vieler Maßregeln auf großer, dabei unübersichtlicher Fläche, der sich sicherer Leitung und Überwachung im einzelnen entzieht, die Abwesenheit des Betriebsführers, der ferne wohnt und durch Verwaltungsgeschäfte ferngehalten, höchstens auf Stunden am Ort des Vollzugs weilen kann und viele andre Umstände zwingen den forstlichen Betrieb zum grundsätzlichen Streben nach **einfachen** Formen der Volzugsverfahren und ihrer räumlichen Bedingungen, wenn das gesteckte Ziel wirklich auch sicher und überall erreicht werden und das Verfahren mit seinen Vorzügen nicht nur auf dem Papier stehen soll. Solche Formen aber bietet eine übersichtliche äußere Ordnung.

Es wäre Selbstbetrug, zu glauben, daß verwickelte Formen, denen äußere Ordnung fehlt, Verfahren, die großes Geschick oder besondere Aufmerksamkeit, Sorgfalt oder Liebe zur Sache erfordern und voraussetzen, ins Kleine gehende Anordnungen usf. in der Forstwirtschaft zu gesteigerten Erfolgen führen könnten, denn sie widerstreiten dem Wesen des Forstbetriebs und müssen im großen Betrieb in der Regel auch dann versagen, wenn sie an sich — theoretisch betrachtet — unanfechtbar sind, und — abgesehen vom Grundsatz der einfachen Form — alle, selbst die letzten Bestimmungsgründe aufs eingehendste beachten. Sie scheitern am Vollzug, tragen mindestens den Kern des Versagens in sich, der überall eintritt, wo ungünstige Vollzugsumstände, wie unzuverlässiges Personal, untüchtige Arbeiter, mangelnde Aufsicht usf. vorliegen.

Schuld trägt hier vor allem der Ordnungsmangel, der Umstand, daß unser Eingriff im Vollzug ungeschriebene und unerkannte Gesetze der Betriebstechnik verletzt.

Der gute und erfahrene Praktiker, der den Wert der Ordnung und des Überblicks zu schätzen weiß, erkennt sofort die Undurchführbarkeit solcher Verfahren im großen Betrieb, sie stammen „vom grünen Tisch". Er lehnt sie ab, gerade wie der tüchtige Arbeiter überfeinerte Spezialgeräte beiseite legt und zur einfachen, gut gebauten Axt oder Haue greift, weil sie ihm vertraut in der Hand liegen und unter keinerlei äußeren Umständen versagen

7. Das Minimagesetz.

„Minima non curat prätor!" Der Satz galt nicht nur einst auf dem Forum Romanum, sondern er gilt und durchdringt auch heute noch in übertragenem Sinn das ganze menschliche Leben, wo wir ihn in schöne Lebensregeln gegossen finden. Und er gilt vor allem im wirtschaftlichen Leben, hat besondere Geltung in der Forstwirtschaft und ihrem Betrieb. Hier bildet er ein ungeschriebenes Gesetz, eine Selbstverständlichkeit für den Wirklichkeitsmenschen, bleibt jedoch leider nur zu oft unbeachtet und soll hier deshalb benannt und damit unterstrichen werden!

„Jage in der Forstwirtschaft und ihrem Betrieb nicht Kleinigkeiten nach!"

Wir wollen den Satz weiterhin „Minimagesetz" (Kleinigkeitsgesetz) nennen. Es fordert, daß wir auf allen Gebieten der Forstwirtschaft nicht am Kleinen haften bleiben, sondern unsern Blick aufs Ganze richten und den Bestimmungsgründen von großer Wirkung folgen. Wir müssen das tun, wenn wir hier vorwärts kommen und wirklichen Erfolg haben wollen.

Der Grund liegt nahe! Die ganze Struktur der Forstwirtschaft in zeitlicher Hinsicht, wie die ihres Betriebs in räumlicher ist in ganz besonderem Maß auf großzügige Betrachtung und Zielsetzung angelegt, bewegt sich diese Wirtschaft doch in so langen Zeiträumen und auf so großen Flächen, wie wir dies — auch nur annähernd — im ganzen übrigen wirtschaftlichen Leben nirgends finden. Da läßt sich nur in großer Linie denken und handeln, da muß vor allem der weite Spielraum voll ausgenutzt werden, den die ökonomische Unsicherheit so langer Zeiträume schafft. Kleinigkeiten, vor allem kleinem Nutzen dürfen wir nicht nachjagen.

Und die Wirklichkeit kommt uns hier auch weit entgegen, zeigt doch die Forstwirtschaft überall auch die Möglichkeit der Bildung mehr oder weniger weiter Rahmen, innerhalb deren die Wirkungsunterschiede unerheblich sind. Sie befreien den Betrieb von engem Zwang. Das weist auf großzügiges Planen und Handeln ohne zeitliche Einschränkung hin, keinenfalls aber darauf, Kleinem nachzujagen.

Das Minimagesetz soll nun diesen Betrieb schützen gegen Schadenkräfte, die seinen Gang gefährden, als da sind: Kleinlichkeit, Tüftelei, Doktrinarismus, d.h. das Sichverlieren ins Kleine bei Verlust des Überblicks über das Ganze und seiner großen Belange. Kleinlichkeit geht kleinen Vorteilen im einzelnen nach, die das Ganze kaum fördern und die rechnerisch auf ganz unsicheren Füßen stehen, vergißt über ihnen, ja schädigt sogar die Belange des Ganzen. Wer wäre nicht im praktischen Betrieb solchen Schadenkräften schon oft begegnet, wenn sie ihre ökonomisch wie technisch hemmende, ja zerstörende Wirkung übten?

Tüftelei z.B. muß die Aufgabe des Betriebsführers, wie wir sie oben

umrissen und gekennzeichnet haben, ohne sichtbaren Nutzen bis zur Un=
möglichkeit erschweren und verwickeln. Sie beruht auf Überschätzung des
Gewichts nebensächlicher Bestimmungsgründe. Der praktische Betrieb
darf in der Beachtung seiner vielerlei Bestimmungsgründe nicht zu sehr
ins kleine gehen und den Wert des Kleinen überschätzen. Auch theoretisch
vollkommen Richtiges verliert im praktischen Leben seinen Wert, wenn
es „kleinlich“ angewendet, d.h. ihm zu großes Gewicht beigelegt wird.

Jeder Bestimmungsgrund, so wichtig und zwingend er an sich sein
mag — selbst das „Eiserne Gesetz“ — hat im praktischen Betrieb seine na=
türliche Grenze, da, wo sein Gewicht stark herabsinkt gegenüber andern Mo=
menten. Hier wird seine Wahrheit, wo man sie weiterhin für den Vollzug
bestimmend sein läßt, zur praktischen Torheit, weil die Wirkung nicht mehr
im vernünftigen Verhältnis zum Maß der Berücksichtigung und damit
zum Ganzen steht.

Der Betriebsvollzug, für den das Gesetz gelten soll — es reicht übri=
gens weit über den Betrieb hinaus ins Wirtschaftliche hinein — tritt damit
in einen gewissen Gegensatz zur wissenschaftlichen Theorie, die auch dem
kleinsten nachgeht, es beachten muß. Aber der praktische Vollzug steht
unter andern Bedingungen, und gerade darum scheint es mir notwendig,
dieses Gesetz hier zu betonen, steht es doch gewissermaßen auf der Brücke
zwischen Theorie und Praxis und bestimmt dort, wie weit der praktische
Vollzug der theoretischen Feststellung folgen darf.

Es gibt wohl kaum ein Gesetz in unserem Fach, das in so vielen Fällen
Geltung forderte, das aber auch so vielfach und so schwer zum Schaden
für den Wald verletzt worden wäre, wie dieses, und zwar meist gerade da,
wo die Praxis der Wissenschaft und den von ihr gebotenen Grundlagen
aufs engste folgte, also auch unter voller wissenschaftlicher Begründung
und Deckung stand. Nur eben unser Minimagesetz blieb da un=
beachtet!

Der praktische Betrieb braucht und gibt überall Spielraum, er arbeitet
mit Rahmen= und Mittelwerten sowie allgemeinen Regeln, die mehr oder
weniger weitreichende Ausnahmen zulassen. Auch unsere meist sehr fern=
liegenden Endziele dürfen wir nie als scharfe Punkte setzen und sehen, eine
scharfe Ferneinstellung wäre da Selbsttäuschung, wir brauchen sie meist
nur nach der Richtung zu kennen, der wir zustreben.

Vom Betrieb ist somit in dieser Erkenntnis zu fordern:
Feststellung und volle Ausnutzung des in der Regel wei=
ten Rahmens für den Betriebsvollzug, nicht dagegen Suchen
und Setzen scharfer Zahlen und Zielpunkte, mindestens aber
kein Kleben an solchen Punkten und Zahlen, wo sie das Ziel
darstellen. Sie sind meist Mittelwerte und zeigen weite Fehlergrenzen.

So bedürfen auch unsere Regeln nicht ausschließlicher Geltung, sie
sollen uns vielmehr großzügig die Richtung zum Ziel weisen, dem wir zu=

streben. Danach sind die Bestimmungen zu werten, die Wirtschaft und Betrieb leiten sollen. Sie sind meist nicht starr geltende Gesetze, sondern Hinweise von mehr oder weniger weiter Rahmengeltung.

Wir täten deshalb gut daran, ich habe das schon an anderem Ort vorgeschlagen[1], unsere Vorschriften in den Plänen nach Muß-, Soll- und Kannvorschriften zu gliedern und ihren Charakter jeweils zu kennzeichnen, damit der Betriebsführer von kleinlichem Zwang freibleibt, der sonst leicht aus ihnen abgeleitet werden könnte.

Mußvorschriften stecken einen scharfen Punkt als Ziel. Sie schreiben mit Schärfe vor, was geschehen muß, um einen bestimmten Zweck zu erreichen. Ohne besondere Ermächtigung gibt es kein Abweichen von ihnen, weil solches schaden würde. Mußvorschriften sind im Forstbetrieb selten am Platz, sie sind meist ökonomischer Art.

Sollvorschriften sind für die Regel einzuhalten. Bei nicht zutreffenden Vorbedingungen kann mit Begründung ohne weiteres abgewichen werden. Sie lassen ohne Starrheit dem betriebstechnischen Handeln den durch die Mannigfaltigkeit der Umstände erforderlichen Spielraum, da nicht alle wirksamen Bestimmungsgründe vorauszusehen sind. Sie sind vor allem technischer Art.

Kannvorschriften geben dem Betriebsführer Anhaltspunkte und Richtlinien dafür, was gegebenenfalls gemacht werden kann, um eine bestimmte Wirkung zu erzielen. Sie erscheinen meist als Hinweise oder Voranschläge, geben eine Mittellinie für das Handeln oder einen Rahmen, innerhalb dessen sich dieses bewegen soll (Durchschnittswerte oder Grenzwerte). Sie sind besonders biologischer Art. Solche Kannvorschriften sind bei den vielfach schwer zu überblickenden Verhältnissen des forstlichen Betriebs von besonderer Bedeutung.

Der Kundige und daher innerlich Freie bedarf zwar obiger Scheidung nicht, denn er sieht bei jeder Vorschrift, wie sie gemeint ist; um so mehr braucht der Unfreie die Scheidung der hinter jeder Bestimmung Verantwortung und Strafe wittert, wohl auch mancher Vorgesetzte, der nur auf den Wortlaut der Bestimmungen sieht, statt ihren Geist zu erfassen.

An Fällen mehr oder weniger grober Verletzung des Minimagesetzes, ja an klassischen Beispielen solcher ist nun leider kein Mangel. Sie zeigen, wie notwendig es ist, dies Betriebsgesetz hier besonders zu betonen. Man denke nur an die Stellung der Reinertragsschule zu Hiebsreife und Umtriebszeit, an die weitgehenden Forderungen einer Beachtung des Standortswechsels bei der Holzartenwahl, die zur Kleinbestands- und Gruppenwirtschaft führten, an die zahlenmäßige Festlegung der Erziehungseingriffe, an manche Vorstellungen über Einhaltung des Betriebsziels, an die Betriebsklassenscheidung, die Ausscheidung von Unterabteilungen usf.

---

[1] Vgl. D. Fw. 1931 S. 402.

Auf Schritt und Tritt begegnen wir in unserem Fach gröblichster Verletzung des Minimagesetzes.

Dafür nur wenige lehrreiche Beispiele:

1. Aus dem ökonomischen Gebiet.

Die Reinertragsschule hat einst den finanziellen Umtrieb und die finanzielle Hiebsreife nach durchaus richtiger Methode berechnet, beide Zahlen aber nicht allein der nachhaltigen Ertragsberechnung unterlegt, wo sie ja benötigt wurden, sondern sie hat nach ihnen auch in Wirtschaft und Betrieb geurteilt und gehandelt. Vor allem wurde der finanzielle Umtrieb dazu benutzt, um das ganze Unternehmen ökonomisch zu organisieren, die Umtriebe wurden herabgesetzt und die Vorräte stark vermindert. Mit Hilfe der finanziellen Hiebsreife wurden die Bestände in enge Verjüngungszeiträume gebannt und dadurch zum Kahlhieb verurteilt.

Die Änderung der Umtriebe und die Einspannung großer Flächen in enge Nutzungsperioden hat somit sehr weitreichende und tiefeinschneidende wirtschaftliche, wie betriebstechnische Folgen gehabt. Wie stehts mit dem Gewinn?

Solche praktische Auswertung der Reinertragslehre ist für den unbegreiflich, der weiß, wie diese festen Zahlen zustande gekommen, auf welch schwachen Füßen alle Größen der Rechnung stehen, wie unsicher sie sind (Zinsfuß, Holzmassenbestimmung usf.) und wie veränderlich mit dem Wechsel der äußeren Umstände (z. B. Sortimentspreise, Kosten).

Am schwersten wiegt hier jedoch der Umstand, daß sich der Reinertrag und damit die Größen von Umtrieb und Hiebsreife bei sonst bester Betriebsführung, also Pflege des Wertszuwachses, in der Nähe seines Höchststands mit steigendem Alter nur sehr wenig ändern, so daß z. B. eine Umtriebsherabsetzung, die große Holzmassen und Werte in Bewegung setzt und damit ein großes Wagnis bildet, meist nur einer kleinen Änderung des Reinertrags entspricht, der selbst nur Pfennige je Jahr und Hektar betragen kann, während sie gleichzeitig aufs tiefste in die Betriebstechnik einschneidet!

Der kleine und unsichere Gewinn, dem die Reinertragsschule da nachjagte, steht meist in keinem vernünftigen Verhältnis mehr zu dem Wagnis einer schweren Störung des bisher stetig fließenden Nachhaltbetriebs! Er fällt also unter das Minimagesetz.

Feste Zahlen, auch wenn sie noch so unsicher und veränderlich sind, oder nur Mittelwerte bilden, mag man in der Rechnung verwenden, die ohne Zahlen nicht möglich ist. Im Betrieb aber haben Zahlen nur als Anhaltspunkte für die Schätzung oder als Rahmen und Grenzwerte Bedeutung. Sind die zahlenmäßigen Abweichungen klein, wie um den Höchststand der Bodenrente herum, so verdienen sie schon wegen der weiten Fehlergrenzen überhaupt keine Beachtung seitens der Praxis.

Und was wollte auch z. B. der laufende Betrieb selbst mit einer genau=
estens errechneten Hiebsreifezahl anfangen? Er kann sich für die Ernte
eines Bestands nicht auf ein bestimmtes Jahr festlegen lassen, er braucht
20, 30, ja 40 Jahre dazu, wenn nicht andere Belange der Wirtschaft not=
leiden sollen, braucht somit stets einen weiten Rahmen für die Hiebs=
reife und den läßt uns auch die Forstwirtschaft überall auf ökonomischem
Gebiet, sofern das Minimagesetz beachtet wird. Aber das geschieht leider
bis heute nicht. Ich erinnere nur an das bereits erwähnte Opfergeschrei
(S. 172), das sich weder begründen, noch verantworten läßt, das sich aber
sofort erhebt, wo jemand von der zwar unbegründeten, aber in den Köpfen
genau feststehenden „Hiebsreife" (= Umtriebszeit) aus guten Gründen
abweicht. Der Schaden, den diese falsche Vorstellung anrichtet, besteht
darin, daß sich wohl mancher durch sie im Betrieb ökonomisch gebunden
fühlt und deshalb abhalten läßt, bei der Verjüngung oder Gliederung
gleichaltriger Zusammenhänge rechtzeitig, d. h. möglichst frühzeitig ein=
zugreifen, oder andere betriebstechnisch wichtige Maßregeln durchzuführen.

Die gesamte Bewegung der Reinertragslehre auf so unanfechtbarer
wissenschaftlicher Grundlage sie ruhte, und so wertvoll ihre wissenschaftliche
Arbeit auch für unsere Praxis war, mußte bezüglich ihrer exakten Durch=
führung an der zeitlichen Struktur der Forstwirtschaft notwendig scheitern,
eben weil es hier praktisch gar keinen Wert hat, weder zeitlich noch räum=
lich, ins kleine zu gehen! Denn im forstlichen Betrieb gilt das Minima=
gesetz!

Daß die Reinertragslehre praktisch versagen mußte, das rührt auch
daher, daß ihr Gedanke nicht aus der Forstwirtschaft selbst herausge=
wachsen, sondern aus dem allgemeinen wirtschaftlichen Leben also von
außen her in sie, die ihr wesensfremd war, hineingetragen wurde.
Wäre sie aus der Forstwirtschaft selbst herausgewachsen, so hätte sie sofort andere Ge=
stalt angenommen. So aber hat es lange gedauert, und schwere Kämpfe erfordert
bis sie sich innig mit ihr vermählte.

Diese von uns teuer erkaufte Erkenntnis aus unserer Geschichte sollte uns aber
auch sagen, daß es uns ebenso mit allen andern neuen Ideen und Methoden auf öko=
nomischem Gebiete ergehen wird, die wir von außen hereinholen. So wertvoll ihre
Untersuchung und Erörterung auch für die Entwicklung unserer wissenschaftlichen
Erkenntnis sein mag, praktische Folgen — wie im übrigen wirtschaftlichen Leben —
werden wir ihnen nicht geben können, denn unser Betrieb erstreckt sich über hundert
Jahre und in ihm gilt das Minimagesetz. Unsere Fortschritte auf ökonomischem Ge=
biet müssen aus der Forstwirtschaft selbst herauswachsen, aus der hundertjährigen Er=
zeugungsfrist und dem Geltungsbereich des Minimagesetzes geboren sein.

Wie der Reinertragslehre, so wird es wohl auch der kaufmännischen Bilanzie=
rung bzw. Leistungskontrolle (S. 158) ergehen, um deren Durchführung im forst=
lichen Betrieb man sich heute bemüht. Auch hier wird bei den weiten Fehlergrenzen
aller Messung und Bewertung im Wald und dem engen Rahmen für die Möglichkeit
einer Leistungssteigerung durch irgendwelche ökonomische oder betriebstechnische
Maßregel der große Arbeitsaufwand sich nicht lohnen. Der Enderfolg wird einst dem
der Reinertragslehre gleichen: hoher Erkenntniswert, praktisches Scheitern am Minima=
gesetz.

Wollen wir die reine Waldleistung steigern, und das ist ja doch die unmittelbare Aufgabe der Forstwirtschaft unserem Volk, wie dem Einzelbesitzer gegenüber, so bleibt uns nach der klaren Erkenntnis, die uns die bisherige Entwicklung der Forstwirtschaft auf ökonomischem Gebiet vermittelt, heute nur noch der **eine** Weg der Pflege und Hebung unserer Betriebstechnik im weiten Rahmen des ökonomisch Zulässigen. Für diesen Weg und seine Bedeutung zeigt sich allerdings in den Reihen der maßgebenden Praktiker noch nicht überall volles Verständnis, noch viel weniger bei den Theoretikern.

2. Ein Beispiel aus dem Betrieb.

Erster Bestimmungsgrund bei der Holzartenwahl ist selbstverständlich die volle Beachtung des Standortswechsels. Solche Beachtung fordert das Eiserne Gesetz nicht weniger als das ökonomische Ziel der Wirtschaft.

Trotz alledem hat im praktischen Vollzug die Forderung nach Beachtung des Standorts bei der Wahl der Holzart eine ziemlich hoch gelegene Untergrenze, unter der sie nicht allein zum betriebstechnischen, sondern durch ihn auch zum ökonomischen Fehler wird. Diese Grenze wird aber von einseitig waldbaulich eingestellten Fachgenossen meist nicht beachtet, sondern überschritten. Man läuft kleinsten Standortswechseln und Standortsübergängen nach und sucht sie durch Wechsel der Holzart zur Geltung zu bringen, schafft dadurch aber im Schlaghochwald Schwierigkeiten vor allem betriebstechnischer Art, für Pflege, Schutz, Schlag- und Hiebsführung, wie solche ökonomischer Art für Berücksichtigung der Hiebsreife, die den vermeintlichen Vorteil feinster Standortswahl wegen Nichtbeachtung des Minimagesetzes in schweren Schaden umkehren können, und jene damit wirtschaftlich wie betriebstechnisch als kurzsichtige Tüftelei kennzeichnen. Ein an sich wertvoller Grundsatz wird hier zu Tode geritten.

Flächeneinheit für Wechsel der Holzart nach dem Standort kann im Schlaghochwald betriebstechnisch selbstverständlich nur die Betriebseinheit, der Bestand, der Schlag, die Schlagreihe sein, nicht Horst und Gruppe. Unter die Größe der Betriebseinheit geht aber auch der praktische Bedarf in der Regel nicht herab. Für diesen Fall bleibt die Mischungsmöglichkeit falls zwischen den fraglichen Holzarten voller ökonomischer und betriebstechnischer Einklang besteht — bezüglich Hiebsreife und waldbaulicher Behandlung.

Diese technischen Möglichkeiten genügen der Praxis vollkommen. Bei der Holzartenwahl kommen nämlich im Schlaghochwald neben den Standortsbedingungen noch andere Bestimmungsgründe wesentlich in Frage — ökonomische und in ihrem Gefolge schutz- und erntetechnische wie allgemein betriebstechnische. Sie verbieten, unter die Betriebseinheit (Bestand, Schlagreihe) herunterzugehen.

Übrigens liegen die Beziehungen zwiſchen Holzart und Standort nicht in ſo engem biologiſchem und ökonomiſchem Rahmen, wie man zu unterſtellen pflegt. Auch bei ſtärkeren Standortsſchwankungen laſſen ſich meiſt ohne bezifferbaren Schaden ſelbſt größere Flächen zu gemeinſamem Betriebsziel zuſammenfaſſen, denn hier gilt in beſonderem Maße das Minimageſetz.

Aus ſolchen Gründen ſind auch bekannte Vorſchläge in unſerem Schrifttum, wie Mayrs Kleinbeſtandswirtſchaft, Jankowsky Hochwaldbetrieb, dann die Heſſiſche Gruppenwirtſchaft, die „Wirtſchaft auf kleinſter Fläche" im Schlaghochwald und ähnliches, ſo gut und folgerichtig ſie rein biologiſch und waldbautechniſch begründet ſein mögen, doch für die große Praxis betriebstechniſch betrachtet totgeborene Kinder, weil ſie einſeitig waldbaulich aufgebaut ſind und viel zu ſehr ins kleine gehen, d. h. das Minimageſetz verletzen. So ſchaffen ſie vor allem betriebstechniſche Schwierigkeiten, die weit über den kleinen biologiſchen Vorteil engſter Standortsanpaſſung hinausgehen, dem ſie einſeitig und darum kurzſichtig nachjagen. Hier ſoll das Minimageſetz auf die beſtehenden praktiſchen Grenzen hinweiſen.

3. Lockere Erziehung.

Die forſtliche Vorſtellungswelt ſtellt ſich nur langſam nach den Veränderungen im Beſtockungsaufbau um, die uns die Betriebsgrundſätze des vorigen Jahrhunderts gebracht haben. In der aus meiſt lockerer Naturverjüngung hervorgegangenen Beſtockung von ehemals, die noch gemiſcht und ausgeſprochen ungleichaltrig war, ſpielten die Durchforſtungseingriffe, zumal im jungen Beſtand, infolge der Altersdifferenzierung nur eine beſcheidene Rolle, fanden doch die vorwüchſigen Bäume zunächſt ohne Betriebseingriffe genügend Raum für ihre Kronenentwicklung, während die zurückbleibenden zwiſchen ihnen von ſelbſt ausſchieden. Das iſt nun aber inzwiſchen mit dem Heranwachſen von Kunſtbeſtänden und gleichaltrigen ſorgfältig ergänzten Dichtverjüngungen gründlich anders geworden. Heute ſpielt der Betriebseingriff — zumal in der Jugend — eine ganz andere Rolle für die Beſtandsentwicklung als ehemals. Volle Gleichwertigkeit aller Nachbarn iſt in den Kunſtverjüngungen an Stelle der ehemals weitgehenden Ungleichwertigkeit der Beſtandsglieder getreten.

Über dieſe Tatſache und ihre Folgen ſcheint man ſich heute, wie wir ſchon oben feſtſtellten, noch wenig klar zu ſein, ſonſt würde man viel allgemeiner größtes Gewicht auf frühen Beginn und ſtetige Wiederkehr aller Erziehungseingriffe in kurzer Friſt legen. Sonſt hätten Vorſchläge, wie die von Köhler, von Gehrhardt u. a. ganz andern und allgemeineren Widerhall in der Praxis finden müſſen und zwar nach ihrer betriebstechniſchen Seite hin! Betriebstechniſch hat man sie überhaupt nicht gewertet. Und doch müßte heute vom Standpunkt des Betriebs jeder Vorschlag begrüßt und gefördert werden, der zu frühem Beginn und steter Verstärkung des Erziehungseingriffs in aller gleich= wüchsigen Bestockung, zumal den Reinbeständen führt, und der uns Mittel zur betriebstechnischen Organisation des Vollzugs in die Hand gibt. Statt dessen streitet man sich um das Maß des Eingriffs. Auf ein mehr oder weniger des Eingriffs kommt es hier wenig an, wenn nur locker erzogen und früh eingegriffen wird, denn hier spielen die Leistungsunterschiede nach der Masse keine entscheidende Rolle, sie fallen unter das Minimagesetz gegenüber der Gesamt**wert**sleistung, der innern Festigung und Gesundheit des Bestandsgefüges, der Erhaltung eines Unter= und Zwischenstands von Schattholz, einem gesunden tätigen Boden usf.

Tritt man solchen gesamtwirtschaftlich nützlichen Vorschlägen mit Zu= wachsgedanken entgegen, so verletzt man das Minimagesetz mit der allei= nigen Wirkung, daß man die Trägen abhält, künftig frühzeitig und oft lockernd einzugreifen.

Das Minimagesetz wird auch verletzt durch die Forderung, die Nach= haltigkeit der Ertragsregelung müßte statt nach dem Maßstab der Masse, nach dem Wert erfolgen, sofern sie allgemein gestellt wird.

Theoretisch ist gegen die Forderung nichts einzuwenden und in beson= dern Fällen, wo eine besonders weite Kluft zwischen den Werten der Mas= seneinheit innerhalb Reviers klafft, wie zwischen Buchenbrennholz und Eichenstarkholz, dürfte auch ein reiner Massenausgleich vom Standpunkt nachhaltigen Ertrags aus nicht mehr genügen. In den gewöhnlichen weit vorherrschenden Fällen der großen Praxis aber werden wir froh sein, wenigstens die Nutzungsmassen einigermaßen ausgleichen zu können. Das genügt meist auch vollständig. Im übrigen kann der Ausgleich größerer Wertsunterschiede im Holzanfall in praktisch genügendem Maß geschehen: periodisch bei Auswahl der Nutzungsbestände zum Hauungsplan, jähr= lich durch entsprechende Zusammensetzung des jährlichen Nutzungsplans aus Schlägen und Durchforstungen, die etwa gleichwertige Hölzer liefern.

Lohnt sich schon die große Mehrarbeit peinlich bestimmter Massenaus= gleiche in der großen Praxis nicht, so noch viel weniger die viel zeitrauben= dere Wertsermittlung und der Wertsausgleich, der ja doch auch durch Preis= schwankungen und Preisveränderungen immer wieder gestört wird.

8. Das Einklangsgesetz (Harmoniegesetz).

„Jede betriebstechnische Festsetzung darf erst dann voll= zogen werden, wenn sie in das Ganze eingepaßt und mit ihrer Umgebung harmonisch verbunden ist.“

Forsttechnische Pläne, Bestimmungen, Regeln usf., auch wenn sie in bestimmten Sätzen oder Zahlen ausgedrückt werden, können doch niemals alle möglichen oder auch nur alle gewöhnlich vorkommenden Verbin=

dungen und Beziehungen jener Bestimmungsgründe umfassen, wie wir sie in zahlreichen Gruppen festgestellt haben. Sie können immer nur für die Mehrzahl der vorkommenden Fälle gelten. Die Wirklichkeit wäre für allgemeine Geltung viel zu mannigfaltig. Wir dürfen deshalb irgendwelchen betriebstechnischen Bestimmungen niemals starre Geltung für unsern Betrieb zumessen, sie sind vielmehr lediglich richtunggebend für ihn, müssen in ihrer Anwendung dehnbar, fließend gemacht werden. Nur dann kann überall, wo er fehlt, der Einklang mit der Wirklichkeit hergestellt werden und ist ein harmonisches Einfügen in das Ganze möglich.

Damit sind aber allgemeine Festsetzungen durchaus nicht überflüssig, sondern vielmehr eben wegen der Mannigfaltigkeit und Variabilität der Umstände und ihrer Bestimmungsgründe als Richtpunkte ganz besonders notwendig. Eben darum dürfen sie aber auch nicht handwerksmäßig, schablonenhaft angewendet, sondern müssen erst mit dem Ganzen in Einklang gebracht und den Umständen des einzelnen Falls angepaßt werden.

Das ist gerade der Hauptgrund, weshalb der forstliche Betrieb nicht, wie die meisten andern wirtschaftlichen Unternehmungen von rein handwerksmäßig vorgebildeten Personen geleitet werden kann, sondern nur von wissenschaftlich und zwar biologisch, ökonomisch und betriebstechnisch vollgebildeten Fachleuten, die geistig über allen Festsetzungen stehen.

Starrheit der Festsetzung widerspricht dem Wesen der Forstwirtschaft. Ihr Betrieb fordert nach seiner komplexen Natur Beweglichkeit und Anpassung, damit immer wieder in allen Teilen Einklang geschaffen werden kann. Er fordert darum aber auch eine Führung, die diesen Einklang herzustellen vermag.

9. Das Gesetz der Aufgabenscheidung
(des „arbeitsteiligen Vollzugs").

Darunter verstehe ich den Grundsatz einer Trennung der Betriebsaufgaben zu selbständiger Lösung, soweit dies ohne deren Gefährdung irgend möglich ist, im Gegensatz zu dem verbreiteten Streben nach Verbindung, ja Vermengung der Aufgaben (vgl. z. B. den Blenderbetrieb S. 103).

Die Möglichkeit der Aufgabenscheidung ist im Forstbetrieb vielfach gegeben; sie gestattet ein klares Erfassen und richtiges Abwägen der Bestimmungsgründe für jede Aufgabe und beugt der Gefahr vor, durch ein Verquicken mehrerer Aufgaben die eine durch die andere zu verdrängen und sie in ihrer Lösung zu verkümmern.

Verquickung mehrerer Aufgaben führt fast immer zu einseitiger Voranstellung und Bevorzugung der einen. „Arbeitsteiliger Vollzug" bildet darum im Wirtschaftsleben eine allgemeine Betriebsforderung, wenn sie auch in der Forstwirtschaft in etwas anderem Sinn auftritt, als in der Industrie.

Im Lauf meiner Studien hatte ich schon mehrfach Anlaß, solche Auf=
gabenverquickungen festzustellen und ihre schädliche Wirkung nachzuweisen.
Es scheint in unserem Fach geradezu eine besondere Neigung zu
solcher Verquickung zu bestehen, was[1] um so verwunderlicher und
unverständlicher ist, und auch um so mehr Schaden stiftet, als ja, wie unsere
Analyse nachdrücklichst vor Augen führt, alle forstlichen Betriebsaufgaben
in ihren vielseitigen Bedingtheiten selbst schon, jede für sich, stark komplexe
Struktur zeigen.

Schon die allgemeine Aufgabe wahrer Wissenschaft, an sich
Einfaches auch einfach zu gestalten, Verwickeltes zu entwirren und Un=
klares durchsichtig zu machen, weist uns darauf hin, Aufgaben zu trennen,
die ohne Schaden getrennt betrachtet und gelöst werden können. Wer um=
gekehrt arbeitet, schädigt Wissenschaft und Wirtschaft!

Unser Gesetz soll also der Neigung eines Vermengens der ohnehin
komplex bedingten Aufgaben unseres Betriebs entgegenwirken, einer Nei=
gung, die alle Grenzen und Ziele verwischt und das klare Verfolgen eines
Ziels erschwert, und die das alles **ohne Not** tun! Es soll vor Ver=
quickung warnen, das Auseinanderhalten der Aufgaben fördern, wo immer
solches möglich.

An Beispielen, die das Bedürfnis nach diesem Gesetz in unserem Fache
dartun, fehlt es leider nicht. Ein Beispiel größter Aufgabenverquickung
liefert ja, wie ich längst nachgewiesen habe, die Forsteinrichtung, die
nicht allein die beiden wichtigsten Aufgaben der zeitlichen Ordnung, die
ökonomische Organisation des Unternehmens und die nachhaltige Rege=
lung des Ertrags unlösbar miteinander verquickt, obgleich keinerlei Grund
oder Bedürfnis dafür besteht, sondern die dazu auch noch, was von ver=
derblichster Wirkung war, diesen ganzen zeitlichen Aufgabenkomplex mit
dem räumlichen der technischen Betriebsordnung verkoppelte, der doch auf
ganz andern Grundlagen ruht und in seinem ganzen Aufbau nichts mit
der zeitlichen Ordnung zu tun hat. Erst im Vollzug am Objekt treffen die
Aufgaben der räumlichen und der zeitlichen Ordnung zusammen, und
hier hätte dann die Forsteinrichtung Einklang zu schaffen.

Eine gleich gefährliche Verletzung unseres Betriebsgesetzes liegt vor,
wo man sucht — heute in immer sich verstärkendem Maße — die Erzie=
hungsaufgabe auch im Schlaghochwald mit der Ernte= und
Verjüngungsaufgabe zu verkoppeln.

Die Trennung der Erziehungsaufgabe von der Ernte und Verjüngung
ist einer der größten betriebstechnischen Vorteile des Schlag=
hochwalds vor dem Blenderwald (vgl. S. 103)! Statt diesen großen
Vorteil zu begrüßen und voll auszunutzen, sind, wie schon im 3. Abschnitt
(S. 182—187) gezeigt wurde, immer wieder Kräfte an der Arbeit, dem

---

[1] Vgl. D. Fw. 1931. S. 395.

Schlaghochwald diesen betriebstechnischen Vorteil gegenüber dem ungleich=
altrigen Wald zu rauben durch Vermengung beider Aufgaben in der sog.
„Vorratspflege"[1].

Man gibt mit dem Grundsatz der „Vorratspflege" das Schlagprinzip
und damit die Möglichkeit der Aufgabenscheidung tatsächlich wieder preis
und kehrt zur Blenderung zurück, wo jeder Eingriffsakt eine untrennbare
Verbindung und damit Erschwerung beider Hauptaufgaben des Forst=
betriebs in sich schließt.

Wird nun aber gar dieser Grundsatz der „Vorratspflege" so begründet, wie das in
einem Vortrag vor dem Märkischen Forstverein durch Gericke[2] geschah:

„Kulturbegründung und Kulturpflege haben im Verhältnis zur
Pflege der über 40jährigen Bestände nur untergeordnete Bedeutung"
so müssen wir gegen solche Anschauung die allergrößten Bedenken staatswirtschaft=
licher Art erheben!

Wie kurzsichtig und einseitig, ja staatsgefährlich dieser Satz ist, muß selbst jeder Laie
erkennen, wenn ich die bevölkerungspolitische Parallele ziehe — denn beide
Gebiete stehen sich innerlich in vieler Hinsicht nahe und auf beiden wirkt der Satz gleich
verheerend — und sage:

„Kindersegen und Kinderpflege haben im Verhältnis zur Für=
sorge für die Erwachsenen nur untergeordnete Bedeutung."

Solche ganz unhaltbaren Anschauungen müssen aus der Forstwirtschaft verschwin=
den, wie sie aus unserer Staatspolitik gottlob nunmehr verschwunden sind. Im Wald
hat man immer schon anders gedacht; die Forstwirtschaft hat sich von jeher als die
Sachwalterin nicht nur der Gegenwart, sondern ebensosehr der fernen Zukunft be=
trachtet. Sie stand somit längst auf dem Boden der heutigen Staatspolitik!

So wenig ein Volk sich für alle Zeit auf der Höhe halten kann, das seiner Kinder
vergißt, so wenig kann ein Wald seinem Volk dauernd Höchstes leisten, in dem die
Verjüngung und Jugendpflege gegenüber der Pflege der Alten an zweite Stelle
gesetzt wird. In einem solchen Wald muß die Leistung später unaufhaltsam zurück=
gehen, weil keine vollwertigen Altersklassen nachwachsen!

Im Schlaghochwald muß ganz selbstverständlich für alle Zeiten der
Grundsatz gelten:

Die Zeit der „Vorratspflege" ist die ganze lange Um=
triebszeit, während deren sie aufs intensivste geübt werden kann und
muß, so daß gegen das Ende nichts mehr zu pflegen übrig bleibt! Gerade
der Schlaghochwald gibt in seiner stammreichen gleichwüchsigen Bestok=

---

[1] Unter „Vorratspflege" versteht man das Herüberziehen der Erziehungsauf=
gabe auch in die Ernte= und Verjüngungsphase, wodurch dann gleichzeitig die Ver=
jüngungsaufgabe grundsätzlich zurückgedrängt wird. Dieses nach seiner betriebstech=
nischen Wirkung, von seinen Gegnern als „planloses Herumhauen in den Althölzern"
bezeichnete Verfahren führt, wenn es zu Ende gedacht und wenn für Besamung der
gelichteten Orte gesorgt wird, letzten Endes zum Blenderbetrieb. Hält man aber am
Schlaghochwald fest, so entstehen leicht „verhauene" Wälder ohne Jungwuchsflächen
(Ausbleiben der jüngsten Altersklasse), mit viel Bodenverwilderung, wenig Besamung,
Sturm=, Schlag= und Bringungsschäden in großem Umfang. Schließlich müssen
weite Flächen, wenn sie unhaltbar geworden, geräumt und künstlich angebaut werden.
So lehrt uns die Geschichte unseres Fachs!

[2] D. Fw. 1934. S. 209.

kung durch 100 Jahre reichste Gelegenheit und reichstes Material zu sorgfältigster Auswahl, wie sie z. B. der Blenderwald entfernt nicht besitzt. Sind wir aber nach langer Erziehungsarbeit endlich in die Ernte des hiebsreif gewordenen Walds eingetreten, so gebührt von nun ab alle unsere Aufmerksamkeit und Sorge der Ernte und Verjüngung und mit letzterer dem Wohl der künftigen Geschlechter! Es gibt ja auch in dem durch 100 Jahre wohlgepflegten Bestand nichts mehr zu pflegen! Lichtungszuwachs nehmen wir gerne an, wo er sich bietet, ihn dagegen als Aufgabe gleichwertig neben die Verjügung zu stellen und uns durch ihn in unserem Eingreifen zuerst bestimmen zu lassen, wie merkwürdigerweise da und dort gefordert wird, wäre nicht nur ein betriebstechnischer, sondern sogar ein Denkfehler, der nur entstehen kann, wo man nicht das Ganze überdenkt. Eine Vermengung der Aufgaben kann nur schaden. Jedes zu seiner Zeit! Wo sich im hiebsreifen Alter noch Vorratspflegegedanken erheben, da stehen wir vor versäumter Durchforstung!

10. Das kampftechnische Gesetz der Rückendeckung.

Haben wir zahlreiche Feinde gleichzeitig zu bestehen, so stellen wir uns nicht mitten unter sie, das wäre ein schwerer kampftechnischer Fehler. Jeder Kämpfer sucht da vielmehr Rückendeckung, er stellt sich an die Wand und sichert sich dadurch vor Rückenstößen; er hat nun das Kampffeld und alle seine Gegner vor sich, überblickt ihre Stärken und Schwächen und vor allem ihr Tun, kann ihre Angriffe sofort abwehren und seine eigenen nach den Umständen einrichten. Rückendeckung ist für jeden Kämpfer eine Selbstverständlichkeit, die keines Beweises bedarf.

Daraus ergibt sich auch für die Forstwirtschaft das technische Gesetz der Führung ihres Kampfes gegen schädliche Naturkräfte stets nur nach **einer** Seite hin mit Rückendeckung nach der andern. Sobald wir nämlich in die labile Bestockung des Schlaghochwalds mit seinen unselbständigen Bestandsgliedern erntend und verjüngend eingreifen, stoßen wir auf zahlreiche Feinde, die von verschiedenen Seiten her auf den Wald eindringen. Jene fordert darum nach allen gefährdeten Seiten hin Deckung (das Deckprinzip des Schlaghochwalds, vgl. S. 37). Wir stehen beim Eingriff gleichzeitig im Kampf gegen Sonne, Bodenwind, Sturm, Duft, gegen Ernte= und Bringungsschäden, gegen Frost, Dürre, Unkraut, Pilze und Insekten, die aus ganz verschiedenen Richtungen her drohen oder von bestimmten Seiten her begünstigt werden.

Wollten wir bei der Verjüngung gleichwüchsiger Bestände unsere Aufgabe durch Eingriff ins Innere und Verjüngung von innen heraus lösen, wie es z. B. der Breitschlag tut, so glichen wir dem Kämpfer, der sich mitten unter seine Feinde stellt und der dort, weil er sich nicht gleichzeitig nach allen Seiten hin verteidigen kann, schließlich unterliegen muß. Wer denkt hier

nicht an den Verlauf der Verjüngung auf unseren Schirm= und Blender=
breitschlägen? Ich brauche die Parallele für den Kundigen nicht weiter
zu ziehen!

Beim Verjüngungseingriff in den gleichaltrigen Bestand lautet somit
unser Gesetz der Rückendeckung: „Grundsätzlicher Angriff von
einer Seite her, hinter uns den festen dichten Trauf oder das
abfallende Dach der jungen Bestandskrone, vor uns alle Geg=
ner, gegen die es sich beim Eingriff zu decken gilt: Sonne,
Bodenwind, Sturm, Duft, Ernteerzeugnisse usf. Zumeist gibt es eine
gemeinsame Kampfrichtung oder doch eine Hauptkampfrichtung gegen
sie alle.

Verjüngung von innen heraus leidet im gleichwüchsigen Wald unter
dem unverkennbaren technischen Mangel, daß hier gleichzeitig
Deckung gegen alle Angriffe unmöglich ist, der Kämpfer sich somit
von Hause aus in unhaltbarer Lage befindet als Folge eines
groben kampftechnischen Fehlers!

11. Technisches Gleichheitsgesetz.

„Die Technik hat die Aufgabe, die ganze Betriebsfläche
bei der Verjüngung unter gleich günstige biologische Bedin=
gungen zu stellen!" Auf der ganzen gleichzeitigen Verjüngungsfläche
sollen überall gleichmäßig beste Bedingungen für Ansamung usf. geschaffen,
dürfen nicht Flächenteile auf Kosten anderer bevorzugt werden. Letzteres
ist ein großer technischer Fehler, weil die benachteiligten Flächenteile
in der Regel unbesamt bleiben und in der Folge unter den ungünstigsten
Bedingungen für Wiederbestockung stehen: Verrasung mit Frost= und
Mäusegefahr, Wildverbiß, Feuersgefahr, hohen Kulturkosten, erschwertem
Zusammenwachsen der Ränder (Steilränder) usf.

Das beste Beispiel für diesen technischen Fehler durch Verletzung des
Gleichheitsgesetzes bildet der Löcherhieb (vgl. S. 135 u. 277) über un=
besamter Fläche. Er begünstigt den südlichen Teil der Fläche, der unter
dem Seitenschutz des Altholzes steht, auf Kosten des nördlichen Teils, den
die Sonne aushagert.

Der Forderung genügt der Schirmstand, nicht durchaus der Blender=
stand und nur bedingt der Randstand.

Das Mittel der Technik, die ganze Verjüngungsfläche fortlaufend
unter günstigste Bedingungen zu stellen und dort zu erhalten, ist der stetige
Saumschlag.

Die Synthese des Betriebs im Schlaghochwald.

Zergliedern einer Sache, Niederreißen eines Baus, Zerlegen einer Maschine, das alles ist nicht schwer! Schwer dagegen ist ein verbesserter Wiederaufbau des Ganzen aus den geschaffenen Trümmern an Hand der bei der Zerlegung gemachten Beobachtungen. Es begegnet nicht nur den Kindern, daß, wenn sie ihr Spielzeug zerlegen, sie es nachher nicht wieder zusammenbringen!

Noch nicht voll tritt nämlich bei der Zergliederung das Ineinandergreifen der einzelnen Betriebselemente und ihre Bedeutung fürs Ganze in die Erscheinung. Erst das Wiederzusammenfügen und das Aneinanderpassen der Glieder bringt sie voll zur Darstellung und läßt alle feinsten Beziehungen und Bedingtheiten der Glieder unter sich erkennen.

Dazu bedarf es also ergänzender synthetischer Betrachtung und diese haben wir schon in weitem Maße im 4. Abschnitt gepflogen. Wir wollen deshalb hier keine vollkommene Synthese der gewonnenen Erkenntnisse durchführen, auch aus dem Grunde nicht, weil wir die Einzelheiten dem Nachdenken des Lesers überlassen möchten, der mit uns in die Tiefen des forstlichen Betriebs hinabgestiegen ist. Er hat sich nun dort selbst umgesehen und möchte es als Nötigung oder Bevormundung empfinden, nun auch noch auf dem Rückweg zum Ganzen geleitet zu werden. Er weiß ja nun, wo im forstlichen Betrieb die treibenden Kräfte ihren Ausgang nehmen und ist darum selbst in der Lage, sich seinen Bau aufzurichten.

Hier soll deshalb der Aufbau nur angedeutet und nur so weit verfolgt werden, bis Gewicht und Bedeutung der einzelnen Glieder unserer Betriebsführung und die Bedingungen ihres harmonischen Zusammenwirkens klar hervortreten.

Wir bewegen uns auf erzeugungstechnischem Gebiet und verstehen hier unter „Betrieb" (in einem engeren Sinn) die Leitung der Natur im Sinn von Wirtschaftsziel und Betriebsziel zu höchster vegetativer und ökonomischer Leistung. Die Betriebstechnik, d. h. die forstliche Eingriffsweise in den Wald ist im Schlaghochwald letzten Endes darauf gerichtet, dem gegebenen Standort und seiner Bestockung, also den gegebenen Erzeugungskräften und -mitteln unter geringstem Aufwand eine möglichst große und nützliche, d. h. wertvolle Holzmenge nachhaltig abzugewinnen. Über die Nützlichkeit entscheiden Einzelverbraucher und Markt.

Ob nun der heute zufällig gegebene Aufbau der Bestockung und eine formgleiche Eingriffsweise beste Bedingungen bietet, ist fraglich, hier gilt es vor allem, eine technische Norm zu finden.

Unser Eingriff in den Wald hat eine doppelte bzw. dreifache Aufgabe. Neben der Ernte des Erzeugten steht die Schöpfung neuer Erzeugnisse, die sich wiederum scheidet in die Einwirkung auf die vorhandene Bestockung im Sinne gesteigerter Wertsbildung und in die Neuschöpfung von Bestockung (Verjüngung).

Ist uns nun wohl für die erste Aufgabe alles bereits gegeben, so sind wir bei der letzteren zwar an die vorhandene Bestockung und die Möglichkeiten, die sie bietet, gebunden, aber bezüglich der Eingriffsweise und der Schaffung künftiger Bestockung doch weitgehend frei, und diese Freiheit müssen wir dazu benutzen, unsern Betriebseingriff zunächst einmal ganz voraussetzungslos, d.h. ohne bestimmt gegebene Bestockung zu gestalten. Aus ihm ergibt sich dann sofort auch der zugehörige formgleiche Bestockungsaufbau. Das soll also zunächst unsere Aufgabe sein.

Der Waldeingriff soll also vor allem schöpferisch tätig werden, uns einen besonderen Aufbau der Waldbestockung liefern. Dazu bedarf er, wie für jede zielbewußte schöpferische Tätigkeit als erstes einer Norm, eines Sollzustands als Ziel, auf das hinzuarbeiten ist, auf das sich das geistige Auge des Schaffenden einstellt.

Jede Norm für unsern Betrieb abzulehnen, wie das zuweilen geschieht, um ganz ungebunden in den Wald eingreifen zu können, heißt entweder unbewußt in Wirklichkeit einer Norm folgen, d.h. selbst nicht erkennen, daß jedem tatsächlich bei allem Handeln doch eine Norm, d.h. ein Ziel vorschwebt oder aber bewußt auf jede klare Zielsetzung und Wegbestimmung verzichten und das Ganze dem Zufall, dem „Feind des Menschen" ausliefern!

In unserem Fall ist dieser Sollzustand ein Aufbau der Waldbestockung der allen genannten Bestimmungsgründen gleichzeitig aufs beste entspricht. Dieser Sollzustand für ein bestimmtes Betriebsziel hängt von den gegebenen Erzeugungsgrundlagen, vom Standort und seinen Bedingungen ab und wechselt mit diesen, steht also nicht fest, ist vielmehr für jeden Standort erst zu ermitteln, wobei aber alle geringen Standortsabweichungen auf kleiner Fläche, wie sie fast überall vorkommen nach dem Minimagesetz keine Beachtung finden zugunsten eines mittleren Standorts.

Wir bauen also zunächst mit Hilfe unserer Analyse einen Normalbetrieb auf und suchen einen ihm formgleichen Wald- und Bestockungsaufbau. Der Weg der Durchführung dieses Normalbetriebs im mehr oder weniger formverschiedenen Wald wäre dann eine weitere Aufgabe. Wir werden diesen Weg an der Hand einer Norm, die wir vorher aufstellen, leichter finden als wenn wir uns unmittelbar ins Getwirr der Wirklichkeit stürzen.

Solchen Aufbau können wir nun aber, wie die Analyse zeigt, nicht dem Waldbau überlassen, der ihn gewöhnlich übernimmt, denn dieser vermag kein Bauwerk des Betriebs zu liefern, wie Dengler annimmt, in dem man wohnen könnte, um im Bilde zu bleiben, d. h. keinen Waldaufbau, der allen Betriebserfordernissen gerecht würde. Der Waldbau (vgl. S. 71) ist ja nur ein Grundlagegebiet für den Betriebsaufbau neben andern, wenn auch das wichtigste, er liefert, wie die andern nur grundlegende Teile zu unserem Bau, die Baumstände usf.; den Bau selbst aber errichtet die Betriebstechnik, welche die Teilgebilde verschiedenster Herkunft zum Ganzen vereinigt. Ihre Aufgabe ist die Betriebssynthese!

Wenn Dengler von waldbaulichen Bauformen spricht, so ist das nur möglich im Sinne von rein waldbaulichen Gebilden, wie den verschiedenen Baumständen und ihrem Kleinklima, den Verjüngungsmethoden, Erziehungsmethoden, Mischformen usf., also Teilgebilden des Betriebsaufbaus, die jedoch als waldbauliche Einseitigkeiten im Betrieb nicht für sich allein bestehen können, sondern erst noch der Einfügung ins Ganze des Betriebsvorgangs und der Anpassung an dessen nichtwaldbauliche Elemente bedürfen (vgl. S. 71). Sie dürfen nicht als für sich abgeschlossene Gebilde, als „Betriebsarten" das Ganze umfassen wollen.

Die Betriebsaufgaben am gegebenen Wirtschaftsobjekt — dem Waldboden samt seiner Bestockung — die mit den verfügbaren Betriebsmitteln durchzuführen sind, entspringen natürlich ökonomischen Forderungen. Es sind drei an der Zahl und ergeben sich nacheinander in folgender Reihe:

1. Höchste vegetative Leistung des Ganzen an Holzmasse und Holzwert . . . . Ergiebigkeit (Produktivität)!

2. Günstigstes Verhältnis zwischen dieser Leistung und dem Aufwand
Rentabilität!

3. Sorge für gleichmäßig fließende Ertragslieferung . . . .
Nachhaltigkeit!

Diese drei Aufgaben sind zu lösen:

die erste durch geeignete technische Organisation des Betriebs,

die zweite durch geeignete ökonomische Organisation der Wirtschaft,

die dritte durch Organisation einer nachhaltigen Ertragslieferung.

Bemerkenswert ist, daß wir in diesen drei Wegen zur Lösung unserer drei Betriebsaufgaben die drei Planungsaufgaben der Forsteinrichtung wiederfinden; besonders aber muß hervorgehoben werden, daß hier als praktisch, wie auch logisch **erste** Aufgabe diejenige höchster Ergiebigkeit erscheint!

Das Ziel höchster Ausnutzung der vegetativen Leistungen der Natur bei Verjüngung und Erziehung des Waldes ist also Grundlage und Voraussetzung für die Lösung aller weiteren Aufgaben. Das leuchtet auch ohne weiteres ein! Die **erste** und wichtigste Voraussetzung für allen weiteren Erfolg im Walde, für Rentabilität, wie für nachhaltige Ertragsverteilung ist es, **den technischen Weg zu höchster Ergiebigkeit zu suchen und zu finden.**

Die Reihenfolge dieser Bedingtheiten zeigt deutlich, wie und in welcher Folge das Wirtschaftssystem Schritt um Schritt aufgebaut werden muß und zwar im ausdrücklichen Gegensatz zum gesamten Vorgehen der Vergangenheit und Gegenwart. Ich habe das schon in dem Aufsatz über „Das Waldbild als Weiser für den forstlichen Betrieb[1]" dargelegt und auf Biolleys Kontrollmethode hingewiesen.

Demnach ist also der allein richtige Weg der Organisation unserer Wirtschaft nach Festsetzung des Wirtschaftsziels der folgende:

allererste Aufgabe ist die Regelung des technischen Betriebs auf erzeugungstechnischer und biologischer Grundlage mit dem Ziel höchster Ergiebigkeit (Produktivität) auf dem gegebenen Standort;

ihr folgt — in einer dem vorher gewählten Betriebseingriff angepaßten Form — die Durchführung der ökonomischen Organisation des Unternehmens zur Sicherung der Rentabilität;

Und endlich, beiden angepaßt, die nachhaltige Regelung des Ertrags.

Das ist der richtige Weg zu rationeller Forstwirtschaft über eine Betriebsführung nach dem Befund im Walde, wie ihn zuerst Biolley eingeschlagen hat. Im Gegensatz dazu kennt die allgemeine Forstwirtschaft nur den umgekehrten Weg und ist so der Ableitung aus der Regel verfallen und betriebstechnisch auf der Stelle getreten.

In meinem Lehrbuch der Forsteinrichtung habe ich die Gesamtaufgabe der Forsteinrichtung in drei, nach Grundlagen und Zielen selbständige Aufgaben zerlegt:
1. Die ökonomische Organisation des Unternehmens.
2. Die technische Organisation des Betriebs.
3. Die nachhaltige Regelung des Ertrags.
Alle drei Gebiete lassen sich unter der, das Ganze beherrschenden Idee des Wirtschaftsziels, zum System verbinden, wie es ja — unbewußt — in der Wirtschaft und ihrer Einrichtung zum Ausdruck kommt. Ganz verschieden wird sich nun aber die Wirtschaft gestalten, je nach der Stellung der drei Aufgaben in der Synthese der Wirtschaft. Die frühere und heutige Forstwissenschaft überläßt den forstlichen Betrieb, d.h. den Vollzug der Forstwirtschaft, sich selbst, stellt ihn bald hinter die Ertragsregelung, bald hinter die ökonomische Organisation. Sie baut von sich aus keine breite, bequeme, weithin sichtbare Brücke von ihren Grundlagegebieten, auf denen sie emsig, aber vielfach ziellos, sich in Nebensächliches verlierend, arbeitet, ins Aufbaugebiet des Betriebs, pflegt nicht die Technik, verbindet nicht durch sie die grundlegenden Bedingungen mit dem Betriebsaufbau. Das alles bleibt der Praxis überlassen!

Doch bereitet sich wohl heute wieder, wie schon einmal, ein völliger Umbau unserer Wissenschaft und Wirtschaft nach Vorstellung und Aufbau vor, allerdings so wenig erkannt, wie das erste Mal, weil man sich über die Aufgaben der Forsteinrichtung, deren Verhältnis zueinander und die Art wie sie zusammen die Wirtschaft aufbauen, niemals klar geworden ist.

---

[1] D. Fw. 1931 S. 386—403.

Diese Feststellung zeigt die große Bedeutung unserer Synthese, die den Gang des Wirtschaftsaufbaus in das richtige Licht rückt.

Erst — seit Entstehen der Forstwissenschaft — war es die Epoche der nachhaltigen Ertragsregelung — des Fachwerks —, die durch ein ganzes Jahrhundert den Wirtschaftsaufbau und damit den Betrieb bestimmte und beherrschte (Abteilungseinheit, Periodentour), während die ökonomische Organisation noch ganz im argen lag.

Dann folgte unter dem Sturz der Ertragsregelung von ihrer alten Herrscherstellung seit 1871 bzw. 1900 sich entwickelnd die Epoche der Bestandswirtschaft, die unter Führung von Preßler bzw. Judeich die ökonomische Organisation entwickelte und an erste Stelle setzte, um die technische Betriebsordnung und nachhaltige Ertragsregelung in Abhängigkeit von ihr durchzuführen. In dieser Epoche stehen wir heute noch! Die heutige Wirtschaftsordnung wird immer noch durch die Anschauungen Judeichs beherrscht.

Aber schon steigt eine neue Zeit herauf, die wiederum eine neue Umstellung der Aufgaben beim Aufbau der Wirtschaft bringt. Sie geht davon aus, daß es, sobald das Wirtschaftsziel feststeht, die erste und alles weitere beherrschende und entscheidende Aufgabe ist, in den Wald selbst zu gehen, um dort als erstes eine technische Betriebsordnung zu suchen und in die Wege zu leiten, die alle Erzeugungsmittel aufs höchste anspannt mit dem Ziel größter Ergiebigkeit (Produktivität).

Diesen Weg haben — teilweise wohl unbewußt — alle diejenigen eingeschlagen, deren Wirtschafts- und Betriebsvorschläge in neuerer Zeit von sich reden machten, so vor allem Biolley, von Kalitsch, auch der Verfasser selbst.

Durch diese aus dem Wald selbst gewonnene Betriebsordnung bestimmt und ihr angepaßt wird dann erst die ökonomische Organisation und schließlich als letztes auch noch die nachhaltige Ertragsregelung durchgeführt. Erst die Holzerzeugung technisch und dann ökonomisch regeln und als letztes erst das Erzeugte nachhaltig verteilen, das ist ohne Zweifel der Weg der Zukunft, aber auch, bei näherer Überlegung, der Weg der Vernunft.

Die geschichtliche Entwicklung der Forstwirtschaft zeigt folgende Reihe:

1. Im 19. Jahrhundert: Fachwerk. Obenan steht die nachhaltige Regelung des Ertrags. Von ihr abhängig folgt die ökonomische Organisation und die technische Betriebsregelung.

2. Im ersten Drittel des 20. Jahrhunderts: Bestandswirtschaft. Alles beherrscht die ökonomische Organisation, sie entscheidet auch über die nachhaltige Ertragsregelung und die technische Betriebsordnung (vgl. Judeichs Sächs. Bestandswirtschaft).

3. In Zukunft wird erste Aufgabe sein die technische Betriebsregelung, an sie werden sich anpassen: die ökonomische Organisation und die nachhaltige Ertragsregelung.

Der Aufbau.

Folgen wir also der neuen Reihe und treten ihr folgend an den Aufbau des Betriebs selbst als **erste** Aufgabe heran, so sind zunächst Voraufgaben zu lösen, die wir der Vollständigkeit des Bilds wegen wenigstens aufzählen wollen, ohne auf sie einzugehen.

Es ist als Voraussetzung für jede rationelle Wirtschaft zu fordern, daß die Waldfläche, auf der sich der Betrieb vollziehen soll, „betriebsfähig", d. h. vermessen, eingeteilt und aufgeschlossen ist.

Daran schließt sich die im 2. Abschnitt behandelte Frage der Schlagbildung, d.h. der Scheidung der Standorte des Schlaghochwalds von denen des Blenderwalds in den Hochlagen usf., wobei ich einer Ausdehnung des Blenderwaldgebiets im höheren Gebirge wie vor allem auch auf geringstem Standort (vgl. S. 293), letztlich auch aus ökonomischen Gründen, das Wort reden möchte.

Bei Abscheidung der Blenderwaldflächen mit eigenem Wirtschaftssystem sind für diese eine selbständige Größe und Form und klare zügige Grenzen zu fordern, auf denen zwecks betriebstechnischer Selbständigkeit Wege verlaufen.

Der Blenderbetrieb als Betriebssystem führt uns sofort an die Grenze betriebstechnischer Möglichkeiten (vgl. S. 91), wir wollen ihn deshalb hier nicht weiter behandeln, sondern uns ganz auf die wirtschaftlich wichtigste Form, den Schlaghochwald mit seiner hohen betriebstechnischen Entwicklungsfähigkeit beschränken.

Wenden wir uns nun also der Synthese des Schlaghochwaldbetriebs zu, so ist, wie die Analyse zeigt, das erste und wichtigste, was uns als Aufbaueinheit entgegentritt, von dem somit auch die Synthese ausgehen muß:

Das Arbeitsfeld, der Schlag

nach seinen räumlichen und zeitlichen Eigenschaften! Jeder Betriebsaufbau muß hier vom Arbeitsfeld ausgehen. An dieses wendet sich die Betriebstechnik mit allen ihren Bestimmungsgründen. Da diese technischen Bestimmungsgründe aber, wie wir gesehen haben, in hohem Maße Gemeingültigkeit besitzen, so ist hier die Möglichkeit gemeingültiger Regelung in weitem Umfang gegeben, zumal es möglich ist, dem Arbeitsfeld jede Form und erforderliche Dehnbarkeit zu schaffen und es dadurch allen Verhältnissen anzupassen. Diese Möglichkeit muß darum auch voll ausgenützt werden.

Demgegenüber berühren die Forderungen der Biologie mit ihren für uns unsicheren und wechselnden Bedürfnissen das Arbeitsfeld kaum, ich möchte das hier denjenigen Herrn Fachgenossen nochmals besonders sagen, ja ins Stammbuch schreiben, die immer und immer wieder gegen mich mit dem „Eisernen Gesetz" und dem Vorwurf des „Generalisierens" anrücken. Eine einfache Erwägung müßte ihnen sagen, daß sie irren!

Hier zeigt sich uns also der Schlag sofort als Zentralorgan des ganzen Betriebs, als Werkzeug und Herrschaftsgebiet der ganzen Betriebstechnik, und damit als dasjenige Element, das den ganzen Betrieb ja die gesamte Forstwirtschaft regiert. Dafür muß aber auch der Schlag nach allen Bestimmungsgründen der Technik geformt und gelagert werden; er ist dann auch der Schlüssel für unsern technischen Erfolg! An der Ausformung des Schlags hängt alles, sie bestimmt den ganzen Erfolg unserer Betriebstechnik!

Das Arbeitsfeld des Betriebs ist aber nicht allein bestimmend für den Betriebseingriff. Aus diesem Eingriff ergibt sich weiterhin auch Größe, Form, Lagerung und Altersfolge, der gleichaltrigen Bestockungseinheiten und damit der Waldaufbau selbst mit allen seinen technischen, wie biologischen und waldsichernden Folgen.

So steht also der **Schlag** im Mittelpunkt unserer Synthese, unserer Aufbauarbeit; er ist Grundlage für den ganzen Betriebsgang und Waldaufbau.

Diese Erkenntnis der Bedeutung des Schlags für die forstliche Technik und seine Entwicklung und Herrschaft über den ganzen Betrieb, die uns schon die Analyse vermittelt hat, und die Synthese erst recht vor Augen führt, **muß zu einer neuen Epoche des forstlichen Betriebs überhaupt führen!**

Kein forstlicher Betriebsaufbau kann als vertretbar gelten, der sich nicht auf beste Schlagausformung stützt.

Wie stand es aber mit dieser Erkenntnis bisher, und wie steht es noch heute?

Wie schon mehrfach gezeigt wurde (S. 38—39, 202) haben Forstwissenschaft, wie Forstwirtschaft seit einundeinhalb Jahrhunderten trotz intensivster Verwendung die grundlegende, zentrale Bedeutung des Schlags für den ganzen Betrieb und seine Technik völlig übersehen, übersehen sie heute noch trotz meiner langjährigen nachdrücklichen Hinweise auf die Tragweite dieser Erkenntnis. Man steht ihr mindestens gleichgültig, ja oft feindselig gegenüber!

Die Forstwirtschaft ist einst zum Schlagweishauen übergegangen, hat damit den Schlag zur Grundlage ihres ganzen Betriebs gemacht, wie die richtige Bezeichnung „Schlaghochwald" hervorhebt. Man hat den Schlag aber in der Folge nicht weiter entwickelt, hat ihn vielmehr auch in der Praxis im innigen Verein mit der Wissenschaft so völlig übersehen, daß letztere selbst die Zweideutigkeit der Bezeichnung „Schlag" ruhig bestehen ließ, also nicht einmal das Bedürfnis fühlte, den „Schlag" zu definieren und damit begrifflich klarzustellen, obgleich sie das Wort in allerlei Zusammensetzungen stets fleißig im Munde führte. Der Schlag war ihr etwas Gleichgültiges, in Bestand und Abteilung selbstverständlich Gegebenes. Nichts kennzeichnet so sehr den Mangel einer zielbewußten Entwicklung unserer Betriebstechnik und damit deren Tiefstand durch mehr als ein Jahrhundert, als die Tatsache, daß deren wichtigstes, alles bestimmendes Werkzeug, ihr unbestrittenes Herrschaftsgebiet, so gar nicht beachtet, nicht praktisch entwickelt und nicht theoretisch untersucht wurde.

Das muß in Zukunft anders werden! Die Forstwissenschaft wird nicht umhin können, neben den vielen grundlegenden, dabei nicht selten nebensächlichen Dingen, denen sie heute vorwiegend ihre Kräfte widmet, sich endlich auch mehr um das Aufbaugebiet zu kümmern, endlich auch nach den wirklich entscheidenden Fragen des Fachs zu greifen! Sie wird dann den Betrieb als Ganzes, als Vollzugsorgan der Forstwirtschaft vorwärtsbringen und dadurch erst die Bedingungen schaffen für ein Nutzbarmachen ihrer Grundlageforschungen. Sie will ja doch wohl als die **Wissenschaft von der Forstwirtschaft** anerkannt werden!

Die erste, entscheidende weil grundlegende Etappe auf dem Weg unserer Synthese ist also das Arbeitsfeld! Es muß, wie bereits gezeigt wurde, in räumlicher Hinsicht nach Größe, nach Form, nach räumlicher Folge und nach Lage zur Schadenrichtung und im Gelände, in zeitlicher Hinsicht nach zeitlicher Folge und Verjüngungszeit (Jahresschlag, Periodenschlag) geformt bzw. bestimmt werden.

Auf dem Arbeitsfeld hat sich weiterhin der Betrieb zu vollziehen und auszuwirken, auch liefert es die Bestockungs- und Betriebseinheit. An seiner Gestaltung und seiner Lagerung, seinem Inhalt und seinen Aufgaben arbeitet die Technik, um es nach allen Seiten hin betriebsgerecht zu gestalten, es all den technischen Ansprüchen der verschiedenen Grundlagegebiete anzugleichen:

1. Den Bestimmungsgründen der **Waldbautechnik,** die einerseits eine volle Beherrschung der Verjüngungsfläche und des Verjüngungsgangs bei leichtem Überblick über das Waldbild, andrerseits aber — ihre Hauptforderung — volle Freiheit und Beweglichkeit in biologischer Hinsicht also bezüglich des Einzeleingriffs ins Arbeitsfeld anstrebt und am sichersten durch langschmale Form und Dehnbarkeit nach der Tiefe erreicht.

2. Den Bestimmungsgründen **schutztechnischer Art,** die wir beim Schlagwald im Deckprinzip, dem Deckungsschutz nach außen und innen, zusammenfassen können und die auf schmal-schmiegsame Form und geeignete Lage und Richtung der Schläge hinweisen.

3. Den **erntetechnischen** Bestimmungsgründen, welche Ausweichmöglichkeit für Ernte und Bringung fordern und darum auf Schmalform und Beachtung des Geländes bezüglich der Lage hinweisen, und nicht zuletzt

4. den **allgemein betriebstechnischen** Gründen für Überblick und leichte Erfassung aller Arbeiten wie des Waldbilds.

So formt sich uns der Schlag und findet beste Lage und Folge im Gelände.

Zeitlich können wir zwischen Jahresschlag und Periodenschlag wählen. Der geschlossene Jahresschlag, der nur Kahlhieb zuläßt, fällt für die Regel aus, wo Naturverjüngung gefordert wird, dagegen ist beim Jahresschlag die Möglichkeit gegeben, das Arbeitsfeld nach vorne offen zu gestalten. Der Periodenschlag bietet zwar längere Erntefrist als der Jahresschlag, aber er ist nach vorne geschlossen, was gegen die Freiheit des Einzeleingriffs verstößt. Der Schlag kann somit zeitlich scharf begrenzt sein, wie alle Breitschläge, die stets Periodenschläge sind und den „Bestand“ als Bestockungseinheit erzeugen; der Schlag kann aber auch — allerdings nur als Jahresschlag, wenn er schmale Form und stete Folge zeigt — offene fließende Grenzen erhalten, wenn nämlich Jahresschläge in steter Folge dachziegelförmig übereinandergreifen, wie die Saumschläge. Hier entstehen dann nicht Bestände, sondern stetig abgestufte Bestockungsreihen, „Schlagreihen“ als Bestockungseinheiten.

Wenn wir, wie oben geschehen (S. 62) im Waldeingriff bezüglich Schlagbildung ein **Punktprinzip**, ein **Linienprinzip** und ein **Flächenprinzip** unterscheiden, so zeigt die geschichtliche Entwicklung, daß die ordnungsuchende Technik vom Punkteingriff mit unbegrenztem Arbeitsfeld (Blenderbetrieb) ausgehend, über den Flächeneingriff mit breitem Arbeitsfeld (Breitschlag), an dem lange festgehalten wurde, obgleich er das den Schlaghochwald beherrschende Deckprinzip nach innen hin verletzte und ordnungswidrige Ausdehnung zeigte, zum Linieneingriff (Streifen) mit schmalem Arbeitsfeld (Saumschlag) geführt wurde. (Mathematisch gedacht beschreibt hier eine Linie in stetem Vorrücken die Fläche.)

Den besten Weg für die allgemeine Ordnung und Übersicht, wie für die Verjüngungstechnik zeigt das Linienprinzip.

Nach den Ergebnissen dieser Schrift ist der technisch beste Weg für den Aufbau folgender:

Soll eine große Fläche zwecks Naturverjüngung, besonders Mischung, in biologisch besten Baumstand gebracht werden, der vorher nicht sicher bekannt ist, also vielleicht steter Korrektur bedarf, die sich aus der Entwicklung des Waldbilds ergeben wird, soll ferner die gesamte Fläche gleichmäßig diesen besten Baumstand erhalten und will man endlich gleichzeitig den Verjüngungsgang im Hinblick auf das Betriebsziel fest in der Hand behalten, so fordert das technische Prinzip, dies nicht auf großer breiter Fläche zumal, d. h. flächenweise (Breitschlag) zu tun, sondern linear, d. h. streifenförmig. Von bestimmter Seite her in stetig sich steigernder Lockerung soll der Hieb über die Fläche fortschreiten, um so fortlaufend alle Flächenteile unter günstigsten Baumstand zu bringen. Naturverjüngung auf Mischwald fordert dazu noch freie Dehnbarkeit des Verjüngungsstreifens, d. h. mehr oder weniger weites Übergreifen einer Schlagfläche über die andere.

Den gleichen Weg weist das Deckprinzip, das alle gleichwüchsige Holzerziehung beherrscht.

Haben wir so unser Arbeitsfeld betriebsgerecht entwickelt und ins Gelände gestellt, so entsteht aus ihm die im Rahmen der Verjüngungszeit gleichaltrige Bestockungseinheit. Für diese tritt aber weiterhin das den Schlaghochwald in allen seinen Gliedern durchdringende Deckungsbe-

dürfnis nach außen auf gegen alle den Wald horizontal oder schräg
von oben treffenden Gefahren, seien sie biologischer oder mechanischer Art.
Dies Deckungsbedürfnis für Boden und Bestockung, dem nach innen zu
schon die Schlagform in weitem Maße Rechnung tragen kann, führt uns
nach außen zur Schlagreihenbildung und zur Vereinzelung (Isolierung)
der Bahnen für diese Schlagreihen durch Traufbildung, d. h. zum Hiebs=
zug und Hiebszugsnetz und damit zur systematischen Ordnung der Schlag=
führung, zum Schlagsystem, wie es jeder geordnete Schlaghochwaldbe=
trieb auch tatsächlich besitzt (vgl. S. 37). Ohne Schlagsystem hinge jeder
Schlagwaldbetrieb in der Luft, um so mehr, je schärfer das Deckprinzip
wirkt, d. h. einerseits je gefährdeter die Holzarten und andrerseits je kleiner
und langgestreckter die Schläge, man wollte denn — eine für den prak=
tischen Menschen undenkbare Ideologie — jede kleine Bestockungseinheit
vereinzeln (isolieren) und selbständig machen.

Ist nun unser Schlagsystem betriebsgerecht aufgebaut, so bildet es einen
gesicherten bzw. sichernden Rahmen für den laufenden Einzeleingriff des
Betriebs in die Bestockung, für Hiebsart und Hiebsgang. Ein technisch nach
allen Bestimmungsgründen geformtes Schlagsystem verbürgt uns sichere
Ordnung und darum auch — bei saumförmiger und dabei dehnbarer Ein=
heit — die Erfüllung der waldbaulichen Forderung nach Freiheit des
Einzeleingriffs in den Schlag zur Schaffung biologisch bester
Baumstände. Diese müssen ja an jedem Ort den dort herrschenden biolo=
gischen Bedürfnissen entsprechen.

Das Ziel jeder Betriebsrationalisierung ist ein allen tech=
nischen Belangen bestangepaßtes Schlagsystem, das gleich=
zeitig volle Freiheit des Einzeleingriffs sichert.

Damit ist dem Betriebsführer für seinen laufenden Eingriff in den Wald
ein Rahmen gegeben, wie er ihn sich nicht besser wünschen kann. Befreit
von allen technischen Rücksichten kann er sich ganz seiner biologischen Auf=
gabe widmen, die feinste Naturbeobachtung fordert. Dazu schafft ihm ein
gutes Schlagsystem freie Hand und sprechende Waldbilder! Er kann dann
alles, was er weiterhin bei seiner Ernte zu tun und zu lassen hat, aus seinen
Waldbildern ablesen und so den Winken der Natur folgen. Seine theore=
tische Vorbildung, seine eigene Erfahrung und das Erfahrungskapital der
Vergangenheit, das ihm in Richtpunkten oder Regeln zur Verfügung steht,
werden ihm die Augen dafür öffnen und seinen Blick schärfen.

So ergibt sich ein freier Betrieb in offenem Schlagsystem!

Übertragen wir schließlich diesen synthetisch entstandenen Normal=
betrieb auf den wirklichen Wald, weß Aufbaus er auch sei, so wird wieder=
um zuerst das Schlagsystem durchzuführen sein, um den eben geschilderten
Rahmen zu schaffen als Voraussetzung für künftig freien Eingriff. Das
aber kann ohne irgend welche Schädigung oder Betriebsstörung geschehen
durch entsprechende Ordnung der Schlagfolge und durch Traufbildung.

Im übrigen wird man sich bei jedem Übergang an Grundsätze zu halten haben, wie ich sie schon früher in einem Aufsatz über „Betriebsumwandlungen[1]" entwickelt habe, und die kurz folgendermaßen lauten:

1. Das Ziel der Änderung soll fürs erste nie höher gesteckt werden, als daß die Vorteile des neuen Betriebs gerade noch erreicht werden.

2. Nichts darf erzwungen werden; jede Wandlung soll allmählich, in stetiger Entwicklung vor sich gehen. Der Übergangszeitraum wird durch ökonomische und technische Erwägungen bestimmt.

3. Die Ernte muß sich an den in der Regel weiten ökonomischen Spielraum des einzelnen Falls halten, ihn aber voll ausnutzen.

4. Der Weg zum Ziel ist ganz der gegebenen Bestockung anzupassen, d. h. das Ziel soll auf dem Weg steter Weiterentwicklung der bisherigen Formen gesucht werden.

5. Die Vorteile einer Umwandlung im großen Stil müssen in die Augen springen, oder aber muß sich das bisherige Vorgehen und sein Ergebnis als unhaltbar erwiesen haben.

Voraussetzung für einen reibungslosen Übergang ist weiterhin selbstverständlich, daß alle Hemmungen und Beschränkungen zeitlicher Art (seitens der Ertragsregelung), die durch Fachwerke, periodische Hauungspläne der Bestandswirtschaft usf. veranlaßt werden — „das ängstliche Einrahmen des Betriebsgangs", wie es schon Hundeshagen nannte — von Hause aus fehlen, denn die technische Betriebsordnung geht ja bei uns der ganzen Regelung der zeitlichen Ordnung voraus, diese hat sich dem fertigen Betriebssystem anzupassen.

---

[1] Wagner: Allg. F. u. J.-Ztg. 1929. S. 161—172.

Schlußwort.

Wie man einst — vor allem aus rein betriebstechnischen Gründen — von der wilden Blenderung zum Schlagweishauen in der Form des Breitschlags übergegangen ist, um den Betrieb für intensive Forstwirtschaft fest in die Hand zu bekommen, so haben wir hier — zunächst auch wieder aus rein betriebstechnischen Gründen —, nachdem das „Fachwerk", des Breitschlags Hort und Stütze, gefallen war, in gleicher Richtung weitergehend den Schritt vom Breitschlag zum Saumschlag getan. Als Ersatz für das Fachwerk erwies sich die zunächst zur Verfügung stehende „Bestandswirtschaft" nach ihrer betriebstechnischen Seite hin als durchaus ungeeignet, unterstellte sie doch die technische Betriebsregelung der ökonomischen Organisation.

Waren es einst Gründe gewesen, wie intensivere Gestaltung des Holzanbaus, Fernhalten ungeregelter Waldeingriffe, vor allem der Waldweide, übersichtliche Durchführung der Ernte, gleichwüchsige Erziehung des Holzes usf. die zum Schlaghochwald führten, so kam nunmehr nach einer jahrhundertlangen Herrschaft des Breitschlags nicht Rückkehr zum alten Blenderwald in Frage, sondern nur ein Vorwärts innerhalb des Schlaghochwalds. Ziel war Befreiung und festere Zügelführung im waldbaulichen Gang, besonders der Mischverjüngungen, Entwicklung des Wald- und Bestockungsaufbaus im Sinne des Deckprinzips, Ausweichmöglichkeit der Ernte und Bringung usf., Weg dazu eine klare zielbewußte Betriebstechnik.

Der Weg, den ich einst einschlug, hat nun durch die vorstehenden Untersuchungen, ohne daß ich — ich betone das ausdrücklich nochmals — darauf ausgegangen wäre, in allen Teilen neue feste theoretische Stützen erhalten. Seine Wahl hat sich in jeder Hinsicht als richtig erwiesen! Das darf ich hier angesichts der jahrzehntelangen Gleichgültigkeit, ja Gegnerschaft, die meine Vorschläge von mancher Seite her erfahren haben, mit Befriedigung feststellen. Nicht mehr zu umgehende Pflicht der Gleichgültigen und Gegner wird es nun sein, das fordert die Tragweite der Sache, zu meinen Lehren Stellung zu nehmen, entweder in meiner Beweisführung wesentliche theoretische oder praktische Fehler nachzuweisen — Schlagworte und unerwiesene Behauptungen sind keine Gegenbeweise! — oder aber, wo solches nicht gelingt, ihre bisherige Stellungnahme zum Nutzen unseres Fachs einer ernsten sachlichen Prüfung und Berichtigung zu unterziehen. Vor allem ist vonnöten, daß sie ihre gesamte betriebstechnische Vorstellungswelt nach Bestimmungsgründen und Ablauf des Betriebs kritisch prüfen und weiter ausbauen. Wenn ich ehrlich sein darf, so vermisse ich bei allen meinen Gegnern richtige Vorstellungen auf dem Gebiet der Betriebstechnik. Dieser Mangel macht ein Verstehen unmöglich.

Dem Betrieb (vollziehenden Waldeingriff) theoretisch wie praktisch erhöhte Aufmerksamkeit zuzuwenden, als bisher üblich, das ist heute Pflicht jedes Forstmanns Deutschland und seinem Wald gegenüber, geradeso, wie dem Waldbesitzer, der uns sein Gut anvertraut hat. Im Wald kann noch sehr viel mehr geleistet werden, als heute geleistet wird. Das wird sich zeigen, sobald alle Waldbesitzer und ihre Vertreter darangehen, ihren Betrieb technisch zu rationalisieren und damit die Pfunde zu heben, die dort vergraben liegen.

Unsere Analyse hat aber auf der andern Seite, wir dürfen das hoffen, auch jedem, der uns unbefangen auf dem Weg der Zergliederung des Betriebs begleitet hat, gar manches im Fach aufgehellt, hat ihn mit uns zu wichtigen Erkenntnissen geführt und ihm nicht wenige Probleme gelöst. Wer diesem Weg weiterhin folgt, der wird es nicht zu bereuen haben.

Namen- und Sachverzeichnis.

Die geschichtliche Methode in der Forstwirtschaft mit besonderer Rücksicht auf Waldbau und Forsteinrichtung. Von Geh. Forstrat Dr. Dr. h. c. **H. Martin**, Professor der Forstwissenschaft i. R. VIII, 290 Seiten. 1932.   RM 13.50; gebunden RM 14.50

Die Forsteinrichtung. Von Geh. Forstrat Dr. Dr. h. c. **H. Martin**, Professor der Forstwissenschaft i. R. Vierte, umgearbeitete und erweiterte Auflage. Mit 5 Textabbildungen und 11 Tafeln. X, 286 Seiten. 1926. Gebunden RM 18.—*

Waldbau auf ökologischer Grundlage. Ein Lehr- und Handbuch. Von Forstmeister Dr. **Alfred Dengler**, o. Professor der Forstwissenschaft an der Forstlichen Hochschule Eberswalde. Zweite, verbesserte Auflage. Mit 271 Abbildungen und 3 farbigen Tafeln. XI, 556 Seiten. 1935.
Gebunden RM 30.—

Der Waldbau. Vorlesungen für Hochschul-Studenten. Von Professor Dr. phil. **Alfred Möller †**, Eberswalde.

I. Band: **Naturwissenschaftliche Grundlagen des Waldbaues.** Mit 1 Bildnis, 6 farbigen und 15 schwarzen Tafeln sowie 60 Textabb. Nach dem Tode Alfred Möllers bearbeitet und herausgegeben von Helene Möller geb. Soenke und Dr. phil. **Erhard Hausendorff**, Preuß. Oberförster in Grimnitz, U./M. XIV, 560 Seiten. 1929.   Gebunden RM 42.—*

Der Dauerwaldgedanke. Sein Sinn und seine Bedeutung. Von Dr. phil. **Alfred Möller †**, weiland Professor der Botanik, Oberforstmeister und Direktor der Forstakademie Eberswalde. II, 84 Seiten. 1922.   RM 1.60*

Der Dauerwald. Von **Philipp Sieber**, Fürstlich reußischem Forstmeister. XI, 110 Seiten. 1928.   RM 4.20*

Deutsche Waldwirtschaft. Ein Rückblick und Ausblick von Dr. phil. **Erhard Hausendorff**, Preuß. Oberförster in Grimnitz-Uckermark. Mit physiologischen Untersuchungen von Dr. agr. Georg Görz, Diplomlandwirt an der Preußischen Geologischen Landesanstalt, und Dr. phil. Wilh. Benade, Chemiker an der Bodenkundlichen Abteilung der Preußischen Geologischen Landesanstalt. Mit 9 Abbildungen und einer farbigen Tafel. VIII, 90 Seiten. 1927.   RM 4.80*

* Auf die Preise der vor dem 1. Juli 1931 erschienenen Bücher wird ein Notnachlaß von 10 % gewährt.

Handbuch der Forstpolitik mit besonderer Berücksichtigung der Gesetzgebung und Statistik. Von Dr. **Max Endres,** o. ö. Professor an der Universität München. Zweite, neubearbeitete Auflage. XVI, 906 Seiten. 1922.

Gebunden RM 25.—*

Lehrbuch der Waldwertrechnung und Forststatik. Von Dr. **Max Endres,** o. ö. Professor an der Universität München. Vierte, verbesserte Auflage. Mit 7 Abbildungen. XIV, 326 Seiten. 1923. Gebunden RM 12.—*

(W) Praktische Anleitung zur Waldwertrechnung. Von Ing. Dr. h. c. **Leopold Hufnagl,** Fürstl. Auerspergscher Zentralgüterdirektor in Wlaschim, Tschechoslovakei. Mit 4 Tafeln. VI, 62 Seiten. 1934. RM 3.80

Ertragstafeln für reine und gleichartige Hochwaldbestände von Eiche, Buche, Tanne, Fichte, Kiefer, grüner Douglasie und Lärche. Von Professor Dr. **E. Gehrhardt,** Hann.=Münden. Zweite, vermehrte und verbesserte Auflage. 73 Seiten. 1930. Gebunden RM 5.80*

Die Waldbautechnik im Spessart. Eine historisch=kritische Untersuchung ihrer Epochen. Von Dr. rer. pol. et phil. **K. Vanselow,** ordentl. Professor an der Universität Gießen. Mit 11 Textabbildungen und 4 Tafeln. IV, 234 Seiten. 1926. RM 15.—*

Edelrassen des Waldes. Ein Wegweiser zur Zuchtwahl für Forstmänner und Jäger. Ein Führer zur Walderkenntnis für Naturfreunde. Von **Walter Seitz,** Preuß. Forstmeister, Havelberg. Mit 98 Abbildungen auf 51 Tafeln. IV, 64 Seiten. 1927. Gebunden RM 14.—*

(W) Centralblatt für das gesamte Forstwesen. Zugleich Organ der staatl. Forstlichen Versuchsanstalt in Mariabrunn und forstlicher Lehrkanzeln an der Hochschule für Bodenkultur in Wien. Schriftleitung: Regierungsrat Professor Dr. **Leo Tschermak,** Mariabrunn bei Wien und Professor Dr. **Wilh. Graf zu Leiningen=Westerburg,** Wien. 61. Jahrgang. Erscheint monatlich.

Halbjährlich RM 7.50; Einzelheft RM 1.80

Zeitschrift für Forst= und Jagdwesen. Zugleich Organ für forstliches Versuchswesen. Begründet von Bernhard Danckelmann. Herausgegeben unter Mitarbeit der Professoren der Forstlichen Hochschulen zu Eberswalde und Hann.=Münden, sowie nach amtlichen Mitteilungen von Professor Dr. **A. Dengler** an der Forstlichen Hochschule zu Eberswalde. 67. Jahrgang. Erscheint monatlich. Vierteljährlich RM 6.—; Einzelheft RM 2.50

---

* Auf die Preise der vor dem 1. Juli 1931 erschienenen Bücher des Berliner Verlages wird ein Notnachlaß von 10 % gewährt. (W) = Wiener Verlag.